THERMODYNAMIQUE
Physique de la matière

DU MEME AUTEUR

Problèmes de Physique, commentés, D.E.U.G., 1re année – Masson, Paris, 1983, 3e édition.

Problèmes de Physique, commentés, D.E.U.G., 2e année – Masson, Paris, 1979, 2e édition.

Mécanique du point. Problèmes résolus. Math. Sup. – Dunod 1984, 2e édition.

Electrostatique et Dynamique des particules. Problèmes résolus. Math. Sup. et Math. Spéciales – Dunod 1984 ; 3e édition.

Relativité. Problèmes résolus. Math. Sup. et Math. Spéciales – McGraw-Hill 1984, 3e tirage.

Electromagnétisme, tome 1 ; Régimes stationnaires. Problèmes résolus. Math. Sup. et Math. Spéciales. McGraw-Hill 1984, 3e tirage.

Electromagnétisme, tome 2 : Régimes quasi stationnaires. Problèmes résolus. Math. Sup. et Math. Spéciales. McGraw-Hill 1984, 3e tirage.

Circuits électriques. Problèmes résolus. Math. Sup. – Dunod, 1985.

Hubert LUMBROSO

Agrégé de l'Université
Professeur en Mathématiques Spéciales
au Lycée Masséna (Nice)

Problèmes résolus de

THERMODYNAMIQUE
Physique de la matière

Troisième édition

MATHÉMATIQUES SUPÉRIEURES ET SPÉCIALES
PREMIER CYCLE UNIVERSITAIRE

Deuxième tirage

Programme 1984

McGRAW-HILL

Auckland — Bogota — Hambourg — Johannesburg — Lisbonne — Londres — Madrid — Mexico — Montréal — New Delhi — New York — Panama — Paris — San Juan — Sao Paulo — Singapour — Sydney — Tokyo — Toronto.

1985

Maquette de couverture : Françoise Rojare.

ISBN : 2-7042-1104-3

McGraw-Hill, 28, rue Beaunier, 75014 Paris

PROGRAMME DE THERMODYNAMIQUE DES CLASSES PRÉPARATOIRES AUX GRANDES ÉCOLES D'INGÉNIEURS

(Arrêté du 18 mai 1984)

- **Classe de Mathématiques supérieures**

A. Physique de la matière. Thermodynamique

1. Aspects cinétique et thermodynamique

— Théorie cinétique des gaz parfaits. Définition cinétique de la pression et de la température.
— Facteur de Boltzmann.
— Limitation du modèle du gaz parfait; gaz réels. Libre parcours moyen; notion statistique de section efficace.
— Phénomènes de diffusion. Conservation des particules. Loi de Fick. Coefficient d'autodiffusion d'un gaz.
— Conduction de la chaleur. Conductivité thermique. Loi de Fourier.

2. Systèmes thermodynamiques

— Description des systèmes en équilibre. Systèmes simples, homogènes, isotropes, hétérogènes. Notion de phase.
— Variables thermodynamiques. Variables extensives (volume, charge électrique, ...), variables intensives (pression, température, potentiel électrique, concentration).
— Relations expérimentales entre les variables d'un système en équilibre. Existence d'une relation P-V-T, coefficients thermoélastiques et calorimétriques c_p, c_v pour les corps purs.
— Vitesse d'évolution d'un système : constantes de temps associées aux divers paramètres d'un système évoluant vers un état final d'équilibre.
— Notion d'irréversibilité thermodynamique. Cas limite de la réversibilité.
— Systèmes isolés. Systèmes non isolés : systèmes pour lesquels se produit avec l'extérieur un transfert par exemple de chaleur, de travail mécanique ou électrique, de quantité de mouvement, de matière, de rayonnement, de charge électrique.

3. *Premier principe de la Thermodynamique*

— Bilans énergétiques. Energie interne U. Enthalpie H.

4. *Deuxième principe de la Thermodynamique*

— Second principe.
— Entropie S. Bilan entropique. Exemples simples de processus irréversibles. Définition thermodynamique de la température.

B. Thermodynamique : application du cours de physique

1. *Définition de l'énergie libre F et de l'enthalpie libre G. Expression différentielle de G*

2. *Potentiel chimique*

— Cas d'un corps pur.
— Cas d'un constituant d'un mélange idéal de gaz parfaits; état standard.

3. *Variation élémentaire des grandeurs U, S, H, F, G*

— Dans le cas du changement d'état d'un corps pur; équilibre entre deux phases d'un corps pur, relation de Clapeyron.
— Dans le cas d'une réaction chimique entre constituants gazeux parfaits.

4. *Equilibre chimique. Loi « d'action des masses »*

- **Classe de Mathématiques spéciales**

1. *Potentiel chimique d'un constituant dans une solution diluée; activité; état de référence.*

2. *Application des deux principes à la réaction chimique*

— Variation élémentaire des grandeurs U, S, H, F, G au cours d'une réaction chimique.
— Notion d'affinité chimique Δ; sens d'évolution possible du système.

3. *Equilibres en système fermé*

— Equilibres entre phases : liquide/vapeur et solide/liquide.
— 1) Equilibres chimiques en phase homogène; équilibres généralisés en système polyphasé; règle des phases; variance.
2) Loi dite « d'action des masses »; calcul de la constante d'équilibre. Relation de Gibbs-Heimholtz et relation de Van't Hoff; lois de déplacement des équilibres.

A ma femme

INTRODUCTION

Cet ouvrage est destiné aux étudiants du premier cycle universitaire et notamment aux élèves des classes préparatoires aux grandes écoles d'ingénieurs (mathématiques supérieures et mathématiques spéciales) dont il respecte le contenu et l'esprit des nouveaux programmes (1984).

Ce recueil s'intègre dans la collection d'ouvrages de problèmes de physique (Mécanique du point, Relativité, Electromagnétisme, Electrostatique, Circuits linéaires. . .) *dont le but est de faciliter aux étudiants le passage du cours théorique aux problémes d'application.*

La thermodynamique est une science délicate, régie par des lois et des principes utilisant un formalisme mathématique, certes nécessaire, mais qui ne doit pas cacher le sens physique des phénomènes étudiés ; c'est pourquoi, après avoir établi les principales relations thermodynamiques, on propose de nombreuses applications qui couvrent divers domaines des sciences physiques (phénomènes d'autodiffusion, de conduction de chaleur ; machines thermiques : pompe à chaleur, moteurs Diesel, turbomoteur ; systèmes électriques, magnétiques, mécaniques, chimiques. . .) pour des phénomènes réversibles et irréversibles.

Chacun des sept chapitres de cet ouvrage est précédé d'un rappel des principaux résultats du cours, et contient un large éventail d'exercices et problèmes résolus soigneusement choisis pour leur caractère formateur, et de façon à couvrir l'ensemble du programme de Thermodynamique sous tous ses aspects : microscopique, classique et chimique.

En appendice, on trouvera des notions de thermodynamique statistique et le lien qui existe entre les aspects "classiques" et "statistiques" des fonctions thermodynamiques, ainsi que des notions de thermodynamique avec écoulement des fluides.

TABLE DES MATIÈRES

CHAPITRE 1

THÉORIE CINÉTIQUE ET PHÉNOMÈNES DE TRANSPORT. LOIS DE BOLTZMANN, DE FICK ET DE FOURIER

I. PRESSION DANS UN FLUIDE. STATIQUE DES FLUIDES

1° Définition de la pression et unités

• La force pressante $\vec{df}$ exercée par un fluide en équilibre sur un élément de surface dS quelconque (de centre M) est normal à cet élément de surface et s'écrit sous la forme : $\vec{df} = p \,.\, \vec{dS}$ ($\vec{dS}$ vecteur surface de module dS, dirigé suivant la normale à l'élément de surface, vers l'extérieur) ; le scalaire p s'appelle la pression (macroscopique) au point M du fluide :

$$\boxed{p = \frac{\vec{df}}{\vec{dS}}}$$

et s'exprime en N/m^2 (ou pascal) dans le système S.I.
Notons la correspondance :

1 atmosphère = 76 cm de mercure = 1013 millibars = $1{,}013.10^5$ Pa.

2° Equation fondamentale de la statique des fluides

• Autour du point M, un élément de volume dv d'un fluide de masse volumique ρ est en équilibre sous l'action

– des forces de pression $\vec{df} = p\,\vec{dS}$

– et de la force de pesanteur $\vec{df'} = \rho\vec{g} \cdot dv$

• La condition d'équilibre du fluide $\vec{df} + \vec{df'} = 0$ conduit à *l'équation fondamentale*, valable en tout point *à l'intérieur du fluide en équilibre,*

$$\boxed{\overrightarrow{\text{grad}}\, p = \rho \cdot \vec{g}} \quad \text{ou} \quad \boxed{dp = -\rho g\, dz} \qquad (1)$$

où $\vec{g}$ désigne le champ de pesanteur et Oz la verticale ascendante (fig. I,1).

• Si g est supposé *uniforme* (indépendant de z), l'intégration de (1) donne

– si ρ = cte (fluide incompressible) :

$$\boxed{p_1 - p_2 = \rho g(z_2 - z_1)} \quad (2) \text{ équation de l'hydrostatique.}$$

– si T = cte (gaz parfait isotherme de masse molaire M) :

$$\boxed{p_2 = p_1 \, e^{-\frac{Mg}{RT}(z_2 - z_1)}} \quad (3) \text{ équation du nivellement barométrique.}$$

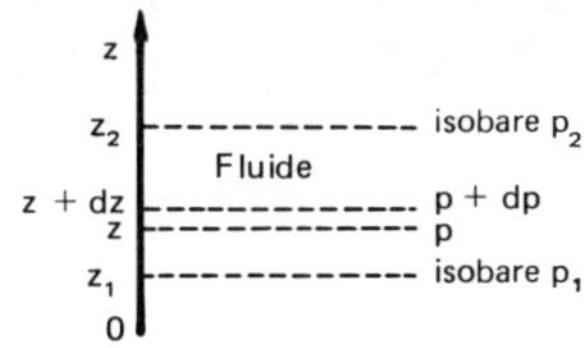

Figure I, 1

II. GAZ PARFAITS : PRESSION ET TEMPERATURE CINETIQUES

1° Equation d'état des gaz parfaits

La pression p, la température T et le volume v de n moles d'un gaz dit parfait sont liés par l'équation d'état :

$$\boxed{p \, . \, v = nRT}$$

où $R = 8{,}314 \, J/K$ désigne la constante molaire des gaz parfaits.

En particulier, on a pv = cte au cours d'une transformation isotherme (T = cte).

2° Théorie cinétique

Un gaz est formé de particules (molécules) électriquement neutres, en mouvement incessant. Dans le cas d'un gaz parfait,

– les dimensions des molécules sont infiniment petites devant les distance intermoléculaires ;

– les molécules n'exercent entre elles aucune force en dehors des chocs : les forces intermoléculaires sont supposées nulles.

Alors, la pression du gaz est uniquement due aux chocs des molécules, de masse m, sur les parois. On démontre que la pression du gaz est liée au nombre n de molécules par unité de volume et à la vitesse quadratique moyenne u des molécules par la relation

$$\boxed{p = \frac{1}{3} \, nmu^2} \, . \qquad \text{(cf. Exercice 2)}$$

Si l'on considère une mole de gaz, la densité moléculaire sera

$$n = \frac{\text{nombre de molécules}}{\text{volume}} = \frac{\mathcal{N}}{V} .$$

($\mathcal{N}$ = nombre d'Avogadro = nombres de molécules dans 1 mole = 6.10^{23}).

On en déduit

$$pV = \frac{1}{3} \mathcal{N} mu^2 ;$$

or, $\mathcal{N}m = M$ = masse molaire du gaz, donc $\boxed{pV = \frac{1}{3} Mu^2}$.

Introduisons l'énergie cinétique moyenne de translation des molécules du gaz :

$$E_c = \frac{1}{2} Mu^2 \text{ ; il vient } pV = \frac{2}{3} E_c .$$

En comparant avec l'équation d'état du gaz, on obtient l'énergie cinétique d'une mole :

$$\boxed{E_c = \frac{3}{2} RT}$$

donc celle d'une molécule : $e_c = \dfrac{3\,RT}{2\mathcal{N}} = \dfrac{3}{2} kT$, k étant la constante de Boltzmann ($k = R/\mathcal{N}$).

Ainsi l'énergie cinétique des molécules d'un gaz parfait (donc u) ne dépend que de la température T du gaz.

Remarques

① Souvent, les gaz réels obéissent à l'équation d'état de Van der Waals :

$$\left(p + \frac{a}{v^2}\right) (v - b) - nRT = 0 ,$$

qui introduit, par rapport à l'équation $pv - nRT = 0$ du gaz parfait, deux termes correctifs

– l'un, $\dfrac{a}{v^2}$, homogène à une pression, qui tient compte des forces intermoléculaires ;

– l'autre, b, homogène à un volume, qui tient compte du volume propre des molécules.

② La pression macroscopique du gaz parfait se confond avec sa pression cinétique : $p = \dfrac{1}{3} nmu^2$ ou (cf. probl. 1 et 2) $\boxed{p = knT}$ (4)

tandis que pour un fluide réel, la pression macroscopique totale est la somme de deux termes :

– la *pression cinétique* due à l'agitation thermique,

– la *pression moléculaire* due aux forces intermoléculaires.

III. SYSTEME THERMODYNAMIQUE A L'EQUILIBRE. FACTEUR DE BOLTZMANN

1° Equation du nivellement barométrique

L'équation (3) du nivellement barométrique s'écrit, d'après (4), à $T = \text{cte}$:

$$n(z) = n(0)\ e^{-\frac{Mgz}{RT}}$$

où $n(z)$ et $n(0)$ sont les densités particulaires aux altitudes respectives z et 0.

Si on introduit la constante de Boltzmann $k = \dfrac{R}{\mathcal{N}}$ et l'énergie potentielle des molécules $W = mgz$, on a :

$$\frac{M}{R} = \frac{m\mathcal{N}}{k\mathcal{N}} = \frac{m}{k},$$

donc

$$\boxed{n(z) = n(0)\ e^{-\frac{mgz}{kT}} = n(0)\ e^{-\frac{W}{kT}}} \qquad (5)$$

2° Loi de distribution de Boltzmann, à l'équilibre thermodynamique

L'équation (5), qui montre que la densité moléculaire des particules d'énergie W est proportionnelle à $e^{-\frac{W}{kT}}$, est un cas particulier de la loi de distribution de Boltzmann.

Pour un système thermodynamique, à température fixée, dont les constituants sont indépendants et discernables, sur une population de N particules,

- le nombre N_i de particules qui possèdent le niveau d'énergie W_i est $N_i = \lambda\, e^{-\frac{W_i}{kT}}$, (on peut calculer la cte λ a partir de l'équation de normalisation : $N = \sum\limits_i N_i$).
- la probabilité d'occupation de l'état d'énergie W_i est donc

$$\boxed{P(W_i) = \frac{N_i}{N} = \frac{e^{-\frac{W_i}{kT}}}{\sum\limits_i e^{-\frac{W_i}{kT}}}}$$

N.B. : La loi de distribution de Boltzmann écrite ci-dessus pour des niveaux d'énergie discrets peut être généralisée à des niveaux d'énergie continus.

IV. PHENOMENES DE TRANSPORT. LIBRE PARCOURS. LOIS DE FICK ET DE FOURIER

Si certaines propriétés d'un système telles que concentration température. . . n'ont pas même valeur en tout point du système, un écoulement de matière ou de chaleur se produira au sein du système dans le sens d'un rétablissement de l'équilibre. Ces phénomènes de transport sont régis par la loi de Fick et la loi de Fourier.

1° Libre parcours moyen

Si on attribue un diamètre δ non nul aux molécules d'un gaz (supposé *parfait* cependant), on démontre que la distance parcourue par une molécule entre deux chocs successifs, ou libre parcours moyen, est (cf. probl. 3, chap. 1)

$$\boxed{l = \frac{1}{\sqrt{2}} \cdot \frac{1}{n \cdot \sigma}}$$

avec $\begin{cases} n = \text{concentration moléculaire du gaz} = \dfrac{p}{kT} \text{ d'après (4) et} \\ \sigma = \text{section efficace} = \pi\,\delta^2 \end{cases}$

2° Diffusion unidirectionnelle. Loi de Fick

a) Définition

On appelle densité de flux de molécules diffusantes suivant la direction Ox, à l'abscisse x, le nombre moyen de molécules qui traversent par unité de temps l'unité de surface du plan x = cte.

b) Loi de Fick

La densité de flux de molécules, notée j_n, est proportionnelle en chaque point au gradient de la concentration suivant la direction de diffusion:

$$\boxed{j_n = -D\,\frac{\partial n}{\partial x}} \qquad (D = \textit{coefficient d'autodiffusion})$$

- Le signe $-$ indique que la diffusion s'effectue dans le sens des concentrations décroissantes.

- Le flux de molécules ou nombre de molécules qui diffusent par seconde à travers une surface s normale à Ox est donc : $j_n \cdot s$.

c) Equation de diffusion

La *conservation du nombre de particules*, jointe à la loi de Fick, permet d'établir (cf. probl. 13, chap. 1) l'équation de diffusion d'un gaz, si D est supposé constant :

$$\boxed{\frac{\partial n}{\partial t} = D\,\frac{\partial^2 n}{\partial x^2}}$$

d) Relation entre le coefficient d'autodiffusion D et le libre parcours l

On peut établir (cf. probl. 14, chap. 1) que le coefficient d'autodiffusion d'un gaz est proportionnel au libre parcours moyen l et à la vitesse moyenne $\overline{v}$ des molécules :

$$\boxed{D = \frac{1}{3}\, l\, \overline{v}} \qquad \text{avec} \quad \overline{v} = \sqrt{\frac{8\,RT}{\pi\, M}}$$

Ainsi D est proportionnel à $T^{3/2}$ et inversement proportionnel à la pression.

3° Conduction thermique unidirectionnelle. Loi de Fourier

a) Définition

On appelle densité de flux de chaleur suivant la direction Ox, à l'abscisse x, la quantité de chaleur qui traverse par unité de temps, l'unité de surface du plan x = cte.

b) Loi de Fourier

La densité de flux de chaleur, notée j_Q, est proportionnelle en chaque point au gradient de température suivant la direction Ox d'écoulement de la chaleur :

$$\boxed{j_Q = -\,K \cdot \frac{\partial T}{\partial x}} \qquad (K = \textit{conductibilité thermique})$$

- Le signe — indique que le transfert de chaleur s'effectue dans le sens des températures décroissantes.
- Le flux de chaleur (ou chaleur écoulée par seconde) à travers une surface s normale à Ox est $\dot{Q} = j_Q \cdot s$.

c) Equation de propagation de la chaleur

La conservation de l'énergie, jointe à la loi de Fourier, permet d'établir (cf. probl. 22, chap. 1) l'équation de propagation de la chaleur, si K est supposé constant :

$$\boxed{\frac{\partial T}{\partial t} = \frac{K}{\rho c} \cdot \frac{\partial^2 T}{\partial x^2}}$$

(ρ = masse volumique et c = chaleur massique de la substance).

d) Relation entre conductibilité thermique K et libre parcours l

On peut établir (cf. probl. 21, chap. 1) que la conductibilité thermique K est proportionnelle au libre parcours moyen

$$\boxed{K = \frac{1}{3}\, n \cdot l \cdot \overline{v} \cdot \frac{\partial \overline{\epsilon}}{\partial T}}$$

où $\begin{cases} \overline{\epsilon} = \text{énergie moyenne d'une molécule} = \dfrac{3}{2}\, kT \text{ pour un gaz parfait, et} \\ n = \text{concentration moléculaire du gaz : } n = \dfrac{p}{kT} \text{ d'après (4).} \end{cases}$

PROBLEMES DU CHAPITRE 1

1 – PRESSION CINETIQUE DU GAZ PARFAIT. VITESSE QUADRATIQUE

Un gaz parfait, formé de molécules neutres, occupe, à la température uniforme T, un volume v, sous la pression p. On désigne par n la densité particulaire (c'est-à-dire le nombre de particules par unité de volume) et par k la constante de Boltzmann.

1° Exprimer la pression du gaz en fonction des seules données, n, k et T.

2°

a) Rappeler la formule donnant la pression d'un gaz composé de particules monoatomiques, de masse m, en fonction de n, m et de la vitesse quadratique moyenne u des particules. En déduire l'énergie cinétique d'une particule en fonction de k et T.

b) Exprimer la vitesse quadratique moyenne en fonction de M, R, T, M étant la masse molaire du gaz et R la constante du gaz parfait relative à une mole.

3° *Application* : On donne $p = 3{,}8 \,.\, 10^{-3}$ mm de mercure ; $T = 273$ K ; $k = 1{,}38 \,.\, 10^{-23}$ J/K ; $M = 20$ g ; $R = 8{,}32$ S.I.
Calculer la densité particulaire, l'énergie cinétique d'une particule en électrons-volts, la vitesse quadratique moyenne pour le néon.

Solution

1° La pression d'un gaz parfait (x moles) occupant le volume v, à la température T, est

$$p = \frac{xRT}{v} \, ;$$

introduisons la constante de Boltzmann $k = \dfrac{R}{\mathcal{N}}$, où $\mathcal{N}$ est le nombre d'Avogadro (nombre de particules contenues dans une mole) ; on en déduit

$$p = \frac{x\mathcal{N}kT}{v} \, . \qquad (1)$$

Comme x moles du. gaz renferment $x\mathcal{N}$ particules, la densité particulaire du gaz est

$$n = \frac{x\mathcal{N}}{v}.$$

La relation (1) s'écrit donc

$$\boxed{p = nkT}. \qquad (2)$$

2°

a) Rappelons que la pression d'un gaz de particules monoatomiques de masse m est proportionnelle à la densité particulaire n et au carré de la vitesse quadratique moyenne des molécules monoatomiques :

$$p = \frac{1}{3}\, nmu^2. \qquad (3)$$

Or l'énergie cinétique moyenne de translation d'une particule est

$$e_c = \frac{1}{2}\, mu^2.$$

En égalant les expressions (2) et (3), on obtient $mu^2 = 3\,kT$, donc

$$\boxed{e_c = \frac{3}{2}\, kT}.$$

L'énergie cinétique de translation d'une particule d'un gaz monoatomique ne dépend que de sa température.

b) L'énergie cinétique s'exprimant de deux façons : $e_c = \frac{1}{2}\, mu^2 = \frac{3}{2}\, kT,$

on en déduit la vitesse quadratique moyenne :

$$u = \sqrt{\frac{3\,kT}{m}}.$$

Introduisons la masse molaire M (masse de $\mathcal{N}$ particules) : $M = m\mathcal{N}$; on obtient

$$u = \sqrt{\frac{3\,k\,\mathcal{N}T}{M}} \qquad \text{avec} \qquad k\mathcal{N} = R,$$

d'où

$$\boxed{u = \sqrt{\frac{3RT}{M}}}.$$

3° *Application :* Puisque 1 atm = 760 mm de mercure $\approx 10^5$ Pa, on a

$$p = \frac{10^5 \,.\, 3{,}8 \,.\, 10^{-3}}{760} = 0{,}5 \text{ Pa.}$$

– La densité particulaire est donc

$$n = \frac{p}{kT} = \frac{0{,}5}{1{,}38 \,.\, 10^{-23} \,.\, 273} = \mathbf{1{,}34 \,.\, 10^{20} \text{ particules/m}^3}.$$

– L'énergie cinétique d'une particule est

$$e_c = \frac{3}{2} kT = 5{,}65 \,.\, 10^{-21} \text{ J ou } \mathbf{3{,}5 \,.\, 10^{-2} \text{ eV}}.$$

– La vitesse quadratique moyenne est

$$u = \sqrt{\frac{3RT}{m}} = \sqrt{\frac{3 \,.\, 8{,}32 \,.\, 273}{20 \,.\, 10^{-3}}} = \mathbf{585 \text{ m/s}}.$$

2 – APPLICATION DU THEOREME DU VIRIEL A LA DETERMINATION DE L'EQUATION D'ETAT D'UN GAZ PARFAIT

Un gaz parfait, en équilibre dans un récipient de volume V, est considéré comme un système de molécules de masse m, supposées ponctuelles : les forces d'interactions moléculaires sont nulles (sauf au moment du choc de deux molécules).

On désigne par n le nombre de molécules par unité de volume et par u la vitesse quadratique moyenne des molécules. Lorsque chaque molécule M_i, repérée par le vecteur position $\vec{OM_i} = \vec{r_i}$, est soumise à une force $\vec{F_i}$, on définit le viriel v des forces agissantes sur le système, par l'expression

$$v = \frac{1}{2} \sum \vec{r_i} \,.\, \vec{F_i} \,.$$

1° En appliquant le théorème mécanique du viriel : "L'énergie cinétique d'un système de points matériels est égal à la valeur moyenne du viriel des forces agissantes, changé de signe", établir l'expression de la pression p du gaz à l'équilibre, en fonction de m, n et u.

2° En déduire l'équation d'état relative à une mole de gaz parfait, par application du principe d'équipartition de l'énergie : "A chaque degré de liberté est affectée, à l'équilibre, une énergie cinétique moyenne $\frac{1}{2} kT$, pour chaque molécule, k étant la constante de Boltzmann : $k = \frac{R}{\mathcal{N}}$ (R = cte des gaz parfaits, $\mathcal{N}$ = nombre d'Avogadro)".

Solution

1° Décomposons le viriel des forces agissant sur la molécule en deux termes :

a) *le viriel* v_i *des forces intérieures* (intermoléculaires) :

L'hypothèse du gaz parfait impose que les actions intermoléculaires, autres que les chocs, sont nulles ; de plus, au cours du choc de deux molécules, la résultante des forces agissantes sur le système de deux molécules est nulle, d'après le principe de l'action et de la réaction.

Donc

$$v_i = \frac{1}{2} \sum \vec{r}_i \,.\, \vec{F}_i = 0.$$

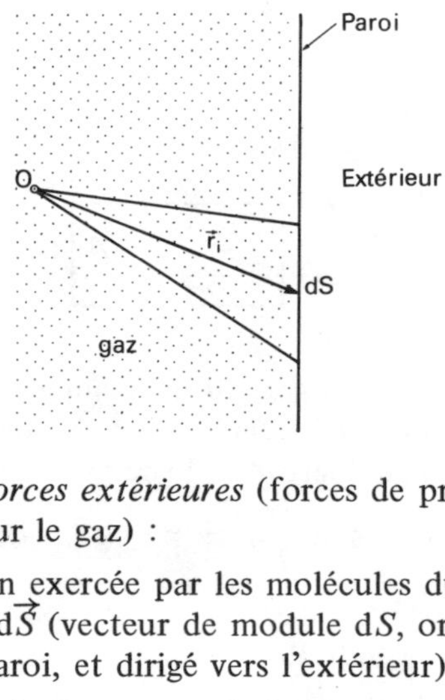

Figure I,2

b) *le viriel* v_e *des forces extérieures* (forces de pression exercées par les parois du récipient sur le gaz) :

La force de pression exercée par les molécules du gaz heurtant un élément de paroi d'aire $d\vec{S}$ (vecteur de module dS, orienté perpendiculairement à l'élément de paroi, et dirigé vers l'extérieur) est $p\, d\vec{S}$.

D'après le principe de l'action et de la réaction, la paroi ramène les molécules du gaz vers l'intérieur, avec une force égale et opposée $d\vec{F} = -p\, d\vec{S}$; le viriel est donc

$$v_e = \frac{1}{2} \int \vec{r} \,.\, d\vec{F} = -\frac{1}{2} \int p\vec{r}\, d\vec{S}. \qquad (1)$$

La somme porte sur les molécules contenues dans le cône de sommet O, de base dS, de volume $dV = \frac{\vec{r} \,.\, d\vec{S}}{3}$; puisque l'on a $\vec{r} \,.\, d\vec{S} = 3\, dV$, la relation (1) s'écrit

$$v_e = -\frac{3}{2}p\int \mathrm{d}V = -\frac{3}{2}pV,$$

V étant le volume total gazeux.

• D'autre part, l'énergie cinétique moyenne d'une molécule est $\frac{1}{2}\,mu^2$; le nombre de molécules contenues dans le volume V est nV ; l'énergie cinétique du système de molécules est donc

$$E_c = nV\cdot\frac{1}{2}\,mu^2.$$

Le théorème du viriel se traduit par la relation

$$E_c = -(v_e + v_i),$$

soit

$$nV\,.\,\frac{1}{2}mu^2 = \frac{3}{2}\,pV.$$

La pression du gaz est donc

$$\boxed{p = \frac{1}{3}\,nmu^2}\,. \qquad (2)$$

2° Les molécules d'un gaz parfait étant considérées comme ponctuelles, chaque molécule a 3 degrés de liberté de translation (x, y, z). D'après le principe d'équipartition, l'énergie cinétique moyenne de chaque molécule est $3 \times \frac{1}{2}\,kT$, soit $\frac{1}{2}\,mu^2 = \frac{3}{2}\,kT$ ou $mu^2 = 3\,kT$.

La relation (2) s'écrit alors

$$p = nkT.$$

Si l'on considère une mole de gaz ($\mathcal{N}$ molécules) on a $n = \frac{\mathcal{N}}{V}$; la pression est donc

$$p = \frac{\mathcal{N}}{V}\,kT\ ;$$

l'équation d'état relative à une mole de gaz s'écrit alors $pV = \mathcal{N}kT$ ou $pv = RT$ (car $k\mathcal{N} = R$).

3 – LIBRE PARCOURS MOYEN ET FREQUENCE DE COLLISIONS DANS UN GAZ

Un gaz est constitué de molécules identiques, supposées sphériques, de petit diamètre δ. On désignera par n le nombre de molécules par unité de volume de ce gaz, que l'on supposera parfait.

1° Calculer, en fonction de δ et n, le libre parcours moyen $\bar{l}$ d'une molécule M, c'est-à-dire la distance moyenne parcourue par M entre deux chocs successifs :

a) dans l'hypothèse simpliste où toutes les molécules sont immobiles, sauf M.

b) dans l'hypothèse où toutes les molécules sont en mouvement (on confondra la vitesse moyenne et la vitesse quadratique moyenne des molécules).

2° Un flacon contient de l'oxygène à $T = 290$ K, sous très faible pression $p = 10^{-4}$ atm $= 10$ Pa. On donne pour l'oxygène : diamètre des molécules $\delta = 3{,}5$ Å et masse molaire $M = 32$ g ; $R = 8{,}31$ SI ; volume molaire normal $V_0 = 22{,}4\ l$; nombre d'Avogadro $= 6{,}02 \cdot 10^{23}$. Calculer :

a) le libre parcours moyen des molécules d'oxygène ;

b) la vitesse moyenne de ces molécules, donnée par $\bar{v} = \sqrt{\dfrac{8RT}{\pi M}}$;

c) la fréquence de collisions (nombre moyen de collisions de chaque molécule par seconde) ;

d) le nombre total de collisions par seconde dans 1 mm³ du gaz.

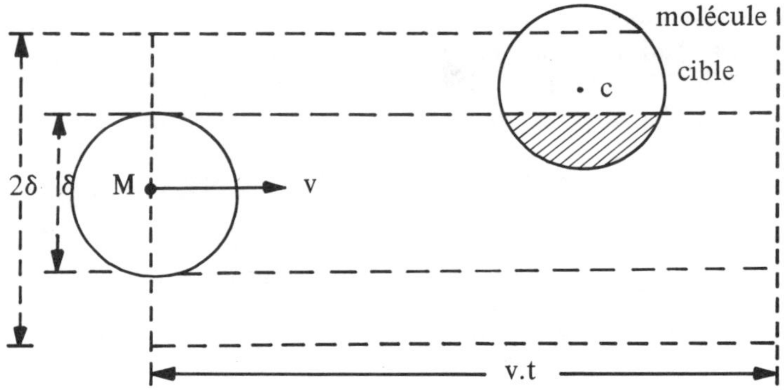

Figure I,3

Solution

1°

a) Une molécule cible au repos sera heurtée par la particule incidente M de vitesse moyenne $\overline{v}$ si son centre C est à l'intérieur du cylindre de diamètre $2\,\delta$, donc de section $\delta = \pi\,.\,\delta^2$ appelée section efficace (fig. I-3).

Pendant l'intervalle de temps t, M parcourt le chemin $\overline{v}\,t$ et sa "sphère de protection" de diamètre $2\,\delta$ balaie le cylindre de volume $\pi \cdot \delta^2\,\overline{v}t$ qui renferme donc $(n \cdot \pi\,\delta^2 \cdot \overline{v} \cdot t)$ centres moléculaires. Ce temps t sera égal au temps moyen τ entre deux chocs successifs si le cylindre contient un seul centre C moléculaire, donc

$$n\,\pi\,\delta^2\,\overline{v}\,\tau = 1 \qquad (1)$$

Le libre parcours moyen est donc $\overline{l} = \overline{v}\tau$ soit

$$\boxed{\overline{l} = \frac{1}{n \cdot \pi\,\delta^2} = \frac{1}{n \cdot \sigma}}$$

b) En fait, toutes les molécules sont en mouvement et il faut donc remplacer la vitesse moyenne $\vec{v}$ de M par sa vitesse relative $\vec{v}_r$ dans l'expression du volume du cylindre balayé ; donc la relation (1) devient

$$n \cdot \pi\,\delta^2 \cdot \overline{v_r} \cdot \tau = 1 \qquad (2)$$

avec $\vec{v}_r = \vec{v} - \vec{v}_c$, où $\vec{v}_c$ désigne la vitesse de la particule cible qui n'est plus supposée nulle ; donc

$$\vec{v}_r^{\,2} = \vec{v}^{\,2} + \vec{v}_c^{\,2} - 2\,\vec{v} \cdot \vec{v}_c \qquad (3)$$

Or la valeur moyenne de $\vec{v} \cdot \vec{v}_c = v \cdot v_c \cdot \cos(\vec{v}, \vec{v}_c)$ est nulle car les molécules se déplacent dans toutes les directions et, en moyenne, $\cos(\vec{v}, \vec{v}_c) = 0$; donc la moyenne de la relation (3) s'écrit: $\overline{v_r^2} = \overline{v^2} + \overline{v_c^2} = 2\,\overline{v^2}$ car les molécules sont identiques $(\overline{v^2} = \overline{v_c^2})$. En confondant vitesse quadratique moyenne et vitesse moyenne, il vient donc $(\overline{v_r})^2 = 2(\overline{v})^2$.

soit
$$\overline{v_r} = \overline{v}\sqrt{2} \qquad (4)$$

Le libre parcours moyen est donc $\overline{l} = \overline{v}\tau$ soit d'après (2),

$\overline{l} = \overline{v} \cdot \dfrac{1}{n\pi\,\delta^2\,\overline{v_r}}$ et, d'après (4)

$$\boxed{\overline{l} = \frac{1}{\sqrt{2}} \cdot \frac{1}{n\pi\delta^2} = \frac{1}{\sqrt{2}} \cdot \frac{1}{n\sigma}} \qquad (5)$$

2°

a) Le gaz supposé parfait obéit à l'équation $pv = NRT$ relative à N moles. Le nombre de molécules (1 mole = $\mathcal{N}$ molécules) par unité de volume est donc (si on introduit la constante de Boltzmann $k = R/\mathcal{N}$)

$$n = \mathcal{N}\,\frac{N}{V} = \mathcal{N}\,\frac{p}{R.T} = \frac{p}{kT} \qquad (6)$$

Le libre parcours est donc, d'après (5) et (6),

$$\boxed{\bar{l} = \frac{k}{\sqrt{2}.\pi} \cdot \frac{1}{\delta^2} \cdot \frac{T}{p}}$$

Application numérique

$k = R/\mathcal{N} = 1{,}38.10^{-23}$ S.I ; on obtient l = **0,73 mm**. On remarque que $l \gg \delta$

b) La vitesse moyenne des molécules est (cf. démonstration probl. n° 9, chap. 1)

$$\bar{v} = \sqrt{\frac{8\,RT}{\pi M}} = \sqrt{\frac{8 \times 8{,}31 \times 290}{\pi.32.10^{-3}}} \simeq \mathbf{438\ m/s}$$

c) Le nombre de collisions subies par une molécule, par unité de temps, est

$$\nu = \frac{1}{\tau} \qquad \text{soit} \qquad \boxed{\nu = \frac{\bar{v}}{\bar{l}}}$$

Application numérique :

$$\nu = \frac{438}{0{,}73.10^{-3}} \simeq \mathbf{6.10^5\ collisions/seconde}$$

d) Dans les conditions de température et de pression données, le volume molaire gazeux est :

$$V = V_0 \cdot \frac{p_0}{p} \cdot \frac{T}{T_0} = 22{,}4 \cdot \frac{10^5}{10} \cdot \frac{290}{273} = 23{,}8.10^4 \text{ litres} = 2{,}38.10^{11}\ \text{mm}^3$$

Puisque le volume molaire contient $\mathcal{N}$ molécules, le nombre de molécules contenus dans 1 mm³ d'oxygène, dans les conditions imposées, est $N = \dfrac{\mathcal{N}}{V} = \dfrac{6{,}02.10^{23}}{2{,}38.10^{11}} = 2{,}53.10^{12}$ molécules.

Le nombre total de collisions par seconde, dans 1 mm³ d'oxygène à 290 K et 10 Pa, est donc

$$\nu.N = (6.10^5) \cdot (2{,}53.10^{12}) = \mathbf{1{,}52.10^{18}\ collisions.}$$

4 – FORMULE DE DISTRIBUTION DES LIBRES PARCOURS DES MOLECULES D'UN GAZ

On considère un gaz renfermant N_0 molécules identiques. Soit $N(x)$ le nombre de molécules qui se déplacent de la quantité x sans subir de collision. Le nombre de molécules dont le libre parcours est compris entre x et $x + dx$ est

$$dN = -a \cdot N(x) \cdot dx$$

(a = coefficient constant appelé "probabilité de collision").

1° Exprimer la loi $N(x)$ à l'aide des constantes N_0 et a.

2° Exprimer le libre parcours moyen $\bar{l}$ en fonction de a.

3° Déterminer respectivement les pourcentages de molécules qui, après avoir subi une collision, subiront la collision suivante après avoir parcouru les chemins $\frac{\bar{l}}{3}$, $\frac{\bar{l}}{2}$, $\bar{l}$, $2\,\bar{l}$ et $3\,\bar{l}$.

Tracer le graphe N/N_0 en fonction de $X = x/\bar{l}$.

4° On désignera $1/\tau$ la fréquence moyenne de collision.

a) Déterminer la probabilité $P(t)$ pour qu'une molécule se déplace pendant un temps t, sans subir de collision.

b) En déduire la probabilité pour qu'une molécule subisse une collision entre les instants t et $t + dt$ après avoir "survécu" à une collision entre l'instant O et l'instant t.

Solution

1° La probabilité pour qu'une molécule (n'ayant subi aucun choc sur le chemin x) subisse une collision entre x et $x + dx$ est $\frac{dN}{N} = -a dx$.

Intégrons : $\ln N = -ax + \text{cte}$. Pour déterminer la constante, écrivons que pour $x = 0$, $N = N_0$ (car alors aucune molécule n'a subi de collision), donc $\text{cte} = \ln N_0$

On en déduit $\ln \frac{N}{N_0} = -ax$, soit

$$\boxed{N = N_0 \cdot e^{-ax}} \qquad (1)$$

2°

a) Puisque x représente le libre parcours des dN molécules parmi les N_0 molécules du gaz, le libre parcours moyen est la moyenne des libres parcours x, soit $\overline{l} = \frac{1}{N_0} \int_0^{N_0} x dN$

Or, d'après (1), $dN = -a N_0 \cdot e^{-ax} \cdot dx$; on en déduit

$$\overline{l} = -a \int_\infty^0 x . e^{-ax} \cdot dx = a \int_0^\infty x . e^{-ax} \cdot dx$$

Intégrons par parties en posant $u = x$ et $dv = e^{-ax} dx$; il vient

$$\overline{l} = a \left[\left[-\frac{x}{a} e^{-ax} \right]_0^\infty + \frac{1}{a} \int_0^\infty e^{-ax} dx \right] = \int_0^\infty e^{-ax} dx = -\frac{1}{a} [e^{-ax}]_0^\infty$$

Soit
$$\boxed{\overline{l} = \frac{1}{a}} \qquad (2)$$

3° La loi de distribution des libres parcours autour du libre parcours moyen est donc, d'après (1) et (2),

$$\boxed{N = N_0 \, e^{-x/\overline{l}}} \qquad (3)$$

Les pourcentages $N/N_0 = e^{-x/\overline{l}}$ sont consignés dans le tableau ci-dessous :

x	$\overline{l}/3$	$\overline{l}/2$	$\overline{l}$	$2\overline{l}$	$3\overline{l}$
N/N_0	71,7 %	60,6 %	36,7 %	13,5 %	5,0 %

Ce tableau permet de représenter la loi de distribution des libres parcours (fig. I.4)

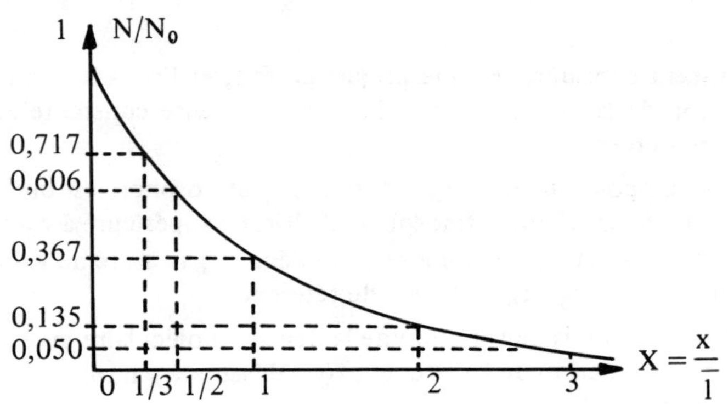

Figure I,4

Remarque : Un peu plus du tiers des molécules a donc un libre parcours inférieur au libre parcours moyen ($x < \bar{l}$) et un peu moins des deux tiers un libre parcours supérieur à $\bar{l}$ ($x > \bar{l}$)

4°

a) La probabilité pour qu'une molécule "survive" un temps $t = x/v$ sans collision est, d'après (3),

$$P(t) = \frac{N}{N_0} = e^{-x/\bar{l}} = e^{-\frac{vt}{\bar{l}}}$$

soit, si $\tau = \dfrac{\bar{l}}{v}$ est le temps moyen qui s'écoule entre deux collisions successives,

$$\boxed{P(t) = e^{-t/\tau}} \qquad (4)$$

b) La probabilité cherchée est $P(t) - P(t + dt)$ avec, d'après (4),

$$P(t + dt) = P(t) + \frac{\partial P}{\partial t} dt = P(t) - \frac{1}{\tau} \cdot e^{-t/\tau} dt.$$

La probabilité cherchée est donc

$$\boxed{\frac{1}{\tau} e^{-t/\tau} dt}$$

5 – MODELES ATMOSPHERIQUES ISOTHERMES OU A DENSITE MOLECULAIRE CONSTANTE

L'air sera considéré comme un gaz parfait, et l'on admettra que l'accélération de la pesanteur $g = 10$ m/s^2 demeure constante aux altitudes considérées.

1° On suppose que la température T de l'atmosphère est uniforme dans la stratosphère (haute atmosphère d'altitude supérieure à $z_0 = 11$ km). On désigne par n et n_0 le nombre de molécules par unité de volume aux altitudes z et z_0 (z_0 : altitude de référence).

a) Etablir les lois de variation de la densité moléculaire n et de la pression p en fonction de l'altitude z (on désignera par m la masse moyenne d'une molécule).

b) *Application numérique* : A quelle altitude z la pression est-elle moitié de la pression p_0 à l'altitude $z_0 = 11$ km.

2° On suppose à présent que la température varie avec l'altitude z, de sorte que la concentration moléculaire n soit constante.

a) Justifier brièvement cette hypothèse.

b) Etablir les lois de variation de la température et de la pression.

c) *Application numérique* : A quelle altitude z la pression est-elle moitié de la pression au sol ? Quelle est alors la température ?

On donne : température au sol : 17°C ; pression au sol : $p_0 = 10^5$ N/m² ; masse molaire de l'air : $M = 29$ g ; constante des gaz parfaits : $R = 8{,}32$ J/mole/K.

Solution

1°

a) **1ère méthode :**

• Isolons une tranche d'air, de surface de base S, d'épaisseur dz entre les altitudes z et $z + \mathrm{d}z$. Ce volume élémentaire $\mathrm{d}\tau = S\mathrm{d}z$ renferme $n\,\mathrm{d}\tau = nS\,\mathrm{d}z$ molécules.

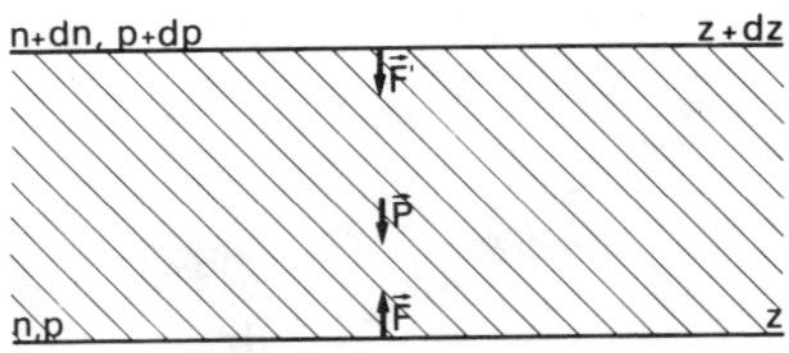

Figure I,5

Ecrivons que cette tranche d'air est en équilibre sous l'action de son poids $\vec{P}$ et des forces de pression $\vec{F}$ et $\vec{F'}$: on a donc, en module,

$$P + F' - F = 0,$$

soit

$$mg(nS\,\mathrm{d}z) + (p + \mathrm{d}p)\,S - p\,.\,S = 0$$

ou

$$mgn\,\mathrm{d}z + \mathrm{d}p = 0. \qquad (1)$$

• D'autre part, l'équation des gaz parfaits relative à x moles du gaz $(p,\ v,\ T)$ s'écrit

$$pv = xRT \qquad \text{ou} \qquad p = \frac{x}{v}RT.$$

La pression du gaz parfait est donc proportionnelle au nombre de moles par unité de volume : $\frac{x}{v}$.

Comme une mole renferme $\mathcal{N} = \frac{M}{m}$ molécules ($\mathcal{N}$ = nombre d'Avogadro), le nombre de moles par unité de volume est $\frac{x}{v} = \frac{n}{\mathcal{N}} = n\frac{m}{M}$.

La pression du gaz est alors

$$p = n\frac{mRT}{M}. \qquad (2)$$

Différentions cette relation à température constante (température uniforme par hypothèse) :

$$\mathrm{d}p = \frac{mRT}{M}\,\mathrm{d}n.$$

La relation différentielle (1) s'écrit donc

$$m\left(gn\,\mathrm{d}z + \frac{RT}{M}\,\mathrm{d}n\right) = 0$$

ou

$$\frac{\mathrm{d}n}{n} = -\frac{Mg}{RT}\,\mathrm{d}z.$$

En intégrant entre les altitudes z_0 et z, on obtient

$$\ln\frac{n}{n_0} = -\frac{Mg}{RT}(z - z_0).$$

On en déduit la loi de répartition des molécules en fonction de l'altitude z :

$$\boxed{n = n_0 \mathrm{e}^{-\frac{Mg}{RT}(z-z_0)}}.$$

La répartition des pressions est alors donnée par la relation (2) :

$$p = \frac{n_0 mRT}{M}\,\mathrm{e}^{-\frac{Mg}{RT}(z-z_0)}$$

ou

$$\boxed{p = p_0 e^{-\frac{Mg}{RT}(z-z_0)}}. \tag{3}$$

En conclusion, dans une atmosphère isotherme, la concentration moléculaire n et la pression p décroissent *exponentiellement* avec l'altitude z, si l'on prend pour altitude de référence l'altitude au sol $z_0 = 0$.

2° **méthode** :

• Si l'on désigne par ρ la masse volumique de l'air à l'altitude z, la différence de pression entre les niveaux z et $z + dz$ est

$$dp = -\rho g dz, \tag{4}$$

d'après le principe fondamental de l'hydrostatique.

• D'autre part, la masse de x moles de gaz, de masse molaire M, est $x \,.\, M$ ou ρv (par définition de la masse volumique).

On a donc

$$xM = \rho v \qquad \text{ou} \qquad \frac{x}{v} = \frac{\rho}{M}.$$

La pression du gaz, $p = \dfrac{x}{v} RT$, s'écrit donc

$$p = \frac{\rho}{M} RT. \tag{5}$$

• En divisant membre à membre les relations (4) et (5), il vient

$$\frac{dp}{p} = -\frac{Mg}{RT} dz \;;$$

et l'on retrouve, en intégrant, la relation (3). Enfin, on a

$$n = \mathcal{N} \frac{x}{v} = \frac{M}{m} \cdot \frac{p}{RT} = n_0 e^{-\frac{Mg}{RT}(z-z_0)}.$$

b) D'après la relation (3), on a

$$z - z_0 = \frac{RT}{Mg} \ln \frac{p_0}{p}.$$

On obtient donc

$$z - z_0 = \frac{8{,}32 \,.\, 290}{29 \,.\, 10^{-3} \,.\, 10} \ln 2 = \mathbf{5\,740\ m}, \text{ soit } z \simeq \mathbf{16{,}7\ km}.$$

2°

a) La masse volumique du gaz est

$$\rho = \frac{\text{masse d'une molécule} \times \text{nombre de molécules}}{\text{volume}},$$

soit $\rho = m \, . \, n$. L'hypothèse n = cte entraîne donc, puisque la masse m d'une molécule est constante, ρ = cte. Or, la masse volumique d'un gaz parfait est proportionnelle à la pression et inversement proportionnelle à la température absolue du gaz :

$$\rho = \rho_0 \, \frac{p}{p_0} \, \frac{T_0}{T} \, .$$

On a donc admis que $\frac{p}{T} = \frac{p_0}{T_0}$ = cte, c'est-à-dire que lorsque l'altitude z augmente, la diminution de pression (qui devrait entraîner une diminution de la masse volumique) est exactement compensée par la diminution de température (qui devrait entraîner une augmentation de la masse volumique), de sorte que la masse volumique reste constante, donc n = cte : l'hypothèse est justifiée.

b) Puisque n = cte, la relation (2) donne

$$\mathrm{d}p = \frac{nmR}{M} \, \mathrm{d}T. \qquad (6)$$

La relation générale (1) s'écrit alors

$$nm\left(g\mathrm{d}z + \frac{R}{M} \, \mathrm{d}T\right) = 0,$$

ou

$$\mathrm{d}T = -\frac{Mg}{R} \, \mathrm{d}z. \qquad (7)$$

En intégrant, on obtient la loi de **variation linéaire** de T avec z :

$$\boxed{T = T_0 \left[1 - \frac{Mg}{RT_0} \, (z - z_0)\right]}. \qquad (8)$$

D'après la relation (2), on a alors

$$p = -\, nmg \, (z - z_0) + \frac{nmRT_0}{M} \, ;$$

à l'altitude z_0, la pression est

$$p_0 = \frac{nmRT_0}{M},$$

d'où

$$nm = \frac{Mp_0}{RT_0}.$$

La loi de répartition des pressions est donc

$$\boxed{p = p_0 \left[1 - \frac{Mg}{RT_0}(z - z_0)\right]}. \qquad (9)$$

c) $p = \frac{1}{2}p_0$; on obtient l'altitude $z = \frac{1}{2}\frac{RT_0}{Mg}$ = **4 160 m.** En divisant les relations (8) et (9), on retrouve bien $\frac{p}{T} = \frac{p_0}{T_0}$ = cte, donc $\rho = \rho_0$ = cte ; on a alors

$$T = T_0 \frac{p}{p_0} = \frac{1}{2}T_0 = 145 \text{ K} \quad \text{ou} \quad -\mathbf{128°C}.$$

6 – EQUILIBRE ADIABATIQUE DE LA TROPOSPHERE

Dans la troposphère, région de l'atmosphère d'altitude inférieure à 11 km, l'air est brassé par des courants verticaux ; les masses d'air qui montent subissent une détente accompagnée d'un refroidissement et celles qui descendent subissent une compression accompagnée d'un réchauffement. Grâce à la faible conductibilité thermique de l'air, on peut considérer que ces détentes et compressions s'effectuent de façon adiabatique et réversible, suivant la loi $Tp^{\frac{1-\gamma}{\gamma}}$ = cte (avec γ = cte) à toute altitude, si p et T désignent la pression et la température de la masse d'air considérée en équilibre adiabatique.

On désignera p_0 et T_0 la pression et la température de l'air à l'altitude zéro.

1° Calculer le gradient vertical de température : $K_a = \frac{\mathrm{d}T}{\mathrm{d}z}$.

2° *a*) Exprimer la température T, la pression p et la masse volumique ρ de l'air à l'altitude z.

b) Calculer p, T et ρ au sommet du mont Everest d'altitude z = 8,9 km.

3° A quelle altitude la pression s'annulle-t-elle pour le modèle étudié ? Que pensez-vous du résultat obtenu ?

L'air est assimilable à un gaz parfait diatomique $\left(\gamma = \frac{7}{5}\right)$ de masse molaire $M = 29$ g.

On donne constante molaire des gaz parfaits $R = 8{,}32$ J/K ; $g = 9{,}8$ m/s^2 (supposé indépendant de l'altitude) ; $T_0 = 290$ K ; $p_0 = 10^5$ pascals.

Solution

1° • *Relation (T, p)*

Lorsque la masse d'air passe de l'altitude z à l'altitude voisine $z + \mathrm{d}z$, sa pression passe de p à $p + \mathrm{d}p$ et sa température de T à $T + \mathrm{d}T$ de façon à satisfaire la loi adiabatique $Tp^{\frac{1-\gamma}{\gamma}} =$ cte, que l'on écrit sous forme différentielle :

$$\boxed{\frac{\mathrm{d}T}{T} + \frac{1-\gamma}{\gamma}\,\frac{\mathrm{d}p}{p} = 0} \qquad (1)$$

• *Relation (p, z)*

L'équation fondamentale de l'hydrostatique s'écrit : $\mathrm{d}p = -\rho g\,\mathrm{d}z$ avec $pV = RT$ pour une mole d'air, donc

$$\rho = \frac{M}{V} = \frac{Mp}{RT} \qquad (2)$$

soit $$\mathrm{d}p = -\frac{M}{R}\,\frac{p}{T}\,g\,\mathrm{d}z \quad \text{ou} \quad \boxed{\frac{\mathrm{d}p}{p} + \frac{Mg}{RT}\,\mathrm{d}z = 0} \qquad (3)$$

• *Relation (T, z)*

Eliminons la pression p entre (1) et (3) ; il vient

$$\mathrm{d}T + \frac{Mg}{R}\,\frac{\gamma-1}{\gamma}\,\mathrm{d}z = 0\,.$$

On en déduit le gradient vertical de température, correspondant à l'équilibre adiabatique de l'atmosphère,

$$K_a = \frac{\mathrm{d}T}{\mathrm{d}z} = -\frac{Mg}{R}\,\frac{\gamma-1}{\gamma} \qquad (4)$$

Application numérique : $K_a = -$ **9,76 . 10^{-3} K/m.**

2° Le gradient thermique K_a est constant, si on suppose γ et g constants ; on obtient donc, en intégrant (4),

$$T = K_a z + T_0 , \quad \text{soit} \quad \boxed{T = T_0 \left[1 - \frac{Mg}{RT_0} \frac{\gamma - 1}{\gamma} z\right]} \tag{5}$$

La température est une fonction linéaire décroissante de l'altitude.

• L'équation de l'adiabatique s'écrit $Tp^{\frac{1-\gamma}{\gamma}} = T_0 p_0^{\frac{1-\gamma}{\gamma}}$, soit $p = p_0 \left(\frac{T}{T_0}\right)^{\frac{\gamma}{\gamma-1}}$ ou, d'après (5),

$$\boxed{p = p_0 \left[1 - \frac{Mg}{RT_0} \frac{\gamma - 1}{\gamma} z\right]^{\frac{\gamma}{\gamma-1}}} \tag{6}$$

• Enfin la masse volumique de l'air à l'altitude z est, d'après (2), (5) et (6) :

$$\boxed{\rho = \frac{Mp_0}{RT_0} \left[1 - \frac{Mg}{RT_0} \frac{\gamma - 1}{\gamma} z\right]^{\frac{1}{\gamma-1}}} \tag{7}$$

b) A l'altitude $z = 8,9$ km du mont Everest, on obtient pour ce modèle atmosphérique adiabatique, d'après (5), (6) et (7) :

$$T = 203 \text{ K} \simeq -\mathbf{70\ °C} \; ; \quad p = \mathbf{0{,}288 \, . \, 10^5 \ Pa} \; ; \quad \rho = \mathbf{0{,}49 \ kg/m^3} .$$

3° D'après (6), la pression s'annule à l'altitude

$$\boxed{z_0 = \frac{RT_0}{Mg} \frac{\gamma}{\gamma - 1}} = \mathbf{29{,}71 \ km} .$$

Cette hauteur d'atmosphère est bien inférieure à la réalité, comme le confirment les mesures météorologiques par satellite et la production d'aurores polaires à des altitudes très supérieures à z_0.

En conclusion, la pression et la température de la région de l'atmosphère au-dessus de la troposphère ne sont pas reliées par l'équation de l'adiabatique.

N.B. : Lorsque le sol terrestre est fortement chauffé par le rayonnement solaire, il se forme dans les couches de la basse atmosphère des cellules convectives, parcelles d'air chaud de masse volumique

$\rho = \rho_0 \dfrac{p}{p_0} \dfrac{T_0}{T}$ inférieures à celle des masses d'air voisines et qui montent dans l'atmosphère sans échange de chaleur pratiquement ; ces courants de convection sont à l'origine du développement des nuages orageux.

7 – ATMOSPHERE A GRADIENT DE TEMPERATURE CONSTANT. ALTIMETRE

On étudie le modèle atmosphérique de la couche d'air au contact de la terre, dans le domaine d'altitude $0 < z < 11$ km, appelée troposphère, en équilibre hydrostatique pour lequel le gradiant vertical de température est constant :

$$\frac{\mathrm{d}T}{\mathrm{d}z} = -a \quad (a = \text{constante positive})$$

On assimilera l'air à un gaz parfait de constante molaire $R = 8{,}32$ J/K, de masse molaire $M = 29$ g. On supposera le champ de pesanteur uniforme ($g = 10\ \mathrm{m/s^2}$). On donne la température et la pression à l'altitude $z = 0$: $T_0 = 290$ K et $p_0 = 1$ atmosphère.

1° Déterminer les relations température-altitude, pression-altitude et masse volumique-altitude du modèle atmosphèrique étudié.

2° Au voisinage du sol, la température diminue de 1,4 K si on s'élève de 200 mètres. A quelle altitude z_1 la pression est-elle moitié de celle au niveau du sol ? Quelle est alors la température T_1 correspondante ?

3° *a*) Déterminer pour $z = 0, 1, 2, \ldots, 10$ et 11 km la correspondance altitude z-pression p qui permet d'étalonner un baromètre pour le transformer en altimètre.

b) Tracer le diagramme $p(z)$ et calculer les pentes de cette courbe pour $p = p_0$ et $p = p_0/2$.

Solution

• 1° Puisque le gradient thermique est constant : $\dfrac{\mathrm{d}T}{\mathrm{d}z} = -a$, il vient par intégration :

$$T(z) = -az + \text{cte, avec } T(0) = T_0 \text{ soit } \boxed{T(z) = T_0 - az} \quad (1)$$

La température de la troposphère décroît donc linéairement avec l'altitude.

• La différence de pression entre deux points d'altitude z et $z + dz$ est donnée par l'équation de l'hydrostatique : $dp = -\rho g dz$ où la masse volumique ρ de l'air (gaz supposé parfait) est,

$$\rho = \frac{M}{V} \quad \text{avec} \quad pV = RT, \quad \text{soit} \quad \rho = \frac{M}{R}\,\frac{p}{T} \tag{2}$$

On en déduit $dp = -p\,\dfrac{Mg}{RT}\,dz$ soit, d'après (1),

$$\frac{dp}{p} = -\frac{Mg}{R}\,\frac{dz}{T_0 - az}.$$

Intégrons entre l'altitude 0 et l'altitude z ; il vient

$$\ln\frac{p}{p_0} = \frac{Mg}{aR}\ln\frac{T_0 - az}{T_0}.$$

La relation pression-altitude s'écrit donc

$$\boxed{p(z) = p_0\left(1 - \frac{a}{T_0}\,z\right)^{\frac{Mg}{aR}}} \tag{3}$$

La masse volumique de la tranche d'air d'altitude z est, d'après (2) et (3),

$$\rho = \frac{M}{R}\,\frac{p_0}{T_0 - az}\left(1 - \frac{a}{T_0}\,z\right)^{\frac{Mg}{aR}}$$

soit

$$\boxed{\rho(z) = \frac{Mp_0}{RT_0}\left(1 - \frac{a}{T_0}\,z\right)^{\frac{Mg}{aR} - 1}}$$

• 2° L'altitude z_1 pour laquelle $p(z_1) = \dfrac{p_0}{2}$ est telle que, d'après (3),

$$\left(1 - \frac{a}{T_0}\,z_1\right)^{\frac{Mg}{aR}} = \frac{1}{2}, \quad \text{soit} \quad \boxed{z_1 = \frac{T_0}{a}\left[1 - \left(\frac{1}{2}\right)^{\frac{aR}{Mg}}\right]}$$

La température à cette altitude est : $T_1 = T_0 - az_1$.

Application numérique : $a = \dfrac{1{,}4}{200} = 7 \cdot 10^{-3}$ K/m ; $z_1 =$ **5 384 m** et $T_1 = 252{,}3$ K ou **– 20,7 °C**.

3° *a*) Le tableau ci-dessous, obtenu d'après (3), permet de transformer un baromètre en altimètre :

z (km)	0	1	2	3	4	5	6	7	8	9	10	11
p (atmosphere)	1,000	0,885	0,782	0,688	0,603	0,527	0,459	0,398	0,344	0,295	0,253	0,215

b)

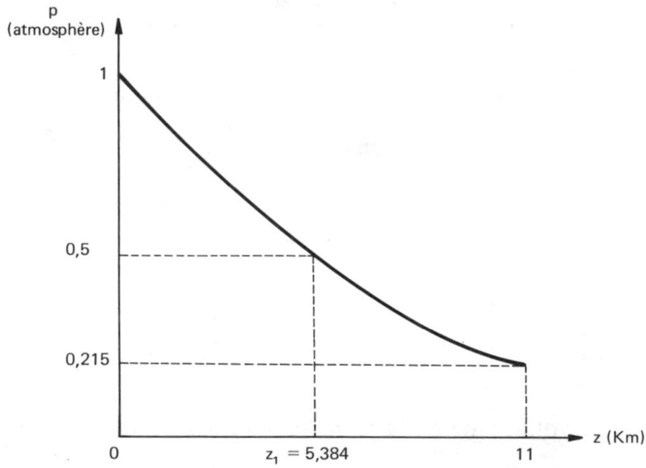

Figure I,6

La pente du diagramme $p(z)$ est, d'après (3),

$$\frac{\mathrm{d}p}{\mathrm{d}z} = -\frac{Mgp_0}{RT_0}\left(1 - \frac{a}{T_0}z\right)^{\frac{Mg}{aR}-1} \qquad (4)$$

* si $p = p_0$, ou $z = 0$, il vient

$$\boxed{\left(\frac{\mathrm{d}p}{\mathrm{d}z}\right)_{z=0} = -\frac{Mgp_0}{RT_0}} \simeq -\ \mathbf{12{,}0\ pascal/mètre}$$

* si $p = \frac{p_0}{2}$, soit $z = z_1$, ou $\left(1 - \frac{az_1}{T_0}\right)^{\frac{Mg}{aR}} = \frac{1}{2}$

il vient

$$\boxed{\left(\frac{\mathrm{d}p}{\mathrm{d}z}\right)_{z=z_1} = -\frac{Mgp_0}{RT_0}\left(\frac{1}{2}\right)^{1-\frac{aR}{Mg}}} \simeq -\ \mathbf{6{,}9\ pascal/mètre}$$

8 – FORMULE DU NIVELLEMENT BAROMETRIQUE. CONSTANTE DE BOLTZMANN. TAUX DE RICHESSE

D'après la statistique de Boltzmann, dans un gaz en équilibre isotherme, à la température T, le nombre N_i de molécules qui possèdent l'énergie E_i est

$$N_i = A e^{-\frac{E_i}{kT}}$$

où A est une constante et k la constante de Boltzmann ($k = R/\mathcal{N}$, avec $\mathcal{N}$ = nombre d'Avogadro et R = cte molaire des gaz parfaits). Le champ de pesanteur, de module g, est supposé uniforme dans ce problème.

1° L'atmosphère isotherme en équilibre, de pression p_0 à l'altitude z_0, est assimilable à un gaz parfait formé de molécules identiques de masse m. Déterminer la loi du nivellement barométrique donnant la pression p de l'atmosphère à l'altitude z.

2° *Applications.* On considère trois longs tubes verticaux contenant le premier un gaz G_1 de masse molaire M_1, le second un gaz G_2 de masse molaire $M_2 < M_1$, et le troisième un mélange de ces deux gaz, tous en équilibre isotherme dans le champ de pesanteur supposé uniforme. A l'altitude $z = 0$, tous les gaz ont même pression p_0.

a) Jusqu'à quelle altitude z_1 peut-on considérer dans le premier tube que la pression du gaz G_1 est uniforme à mieux que 1 % près ?

b) Déterminer l'altitude pour laquelle la surpression relative du gaz G_2 par rapport au gaz G_1 est 1 % ?

c) Si x désigne le pourcentage du gaz G_2 dans le mélange, exprimer le taux de richesse $R = \dfrac{x}{1-x}$ du constituant G_2, à l'altitude z, en fonction du taux de richesse R_0 au sol. Conclusion ?

Solution

1° Dans le champ de pesanteur, à l'altitude z, chaque molécule possède l'énergie (potentielle) $E_i = mgz$.

D'après la statistique de Boltzmann, le nombre de molécules est :

– à l'altitude z : $N(z) = A e^{-\frac{mgz}{kT}}$

– à l'altitude z_0 : $N(z_0) = A e^{-\frac{mgz_0}{kT}}$

soit, en divisant membre à membre,

$$N(z) = N(z_0)\, e^{-\frac{mg}{kT}(z - z_0)} \qquad (1)$$

Si on considère un volume d'air de faible épaisseur dz, la concentration moléculaire à l'altitude z est : $C(z) = \frac{N(z)}{V}$ et à l'altitude z_0 : $C(z_0) = \frac{N(z_0)}{V}$

soit, d'après (1),

$$\boxed{C(z) = C(z_0)\, e^{-\frac{mg}{kT}(z - z_0)}} \qquad (2)$$

• Or la pression d'un gaz parfait est proportionnelle à la concentration moléculaire ; en effet, d'après l'équation des gaz parfaits relative à n moles (ou $n\,\mathcal{N}$ molécules) la pression est $p = \frac{n}{V} RT = \frac{n\mathcal{N}}{V}\ kT$ et la concentration moléculaire est $C = \frac{n\mathcal{N}}{V}$, donc

$$\boxed{p(z) = C(z).\, kT} \qquad (2)$$

• On en déduit, d'après (1) et (2) pour l'atmosphère isotherme, la formule du nivellement barométrique

$$\boxed{p(z) = p(z_0).\, e^{-\frac{mg(z - z_0)}{kT}}} \qquad (3)$$

N.B. Cette loi a été établie dans le problème 5 de ce chapitre, par deux autres méthodes

2° Si on introduit la pression au sol $p_0 = p(z_0)$ et la masse molaire M, compte tenu de la relation $\frac{m}{k} = \frac{M/\mathcal{N}}{R/\mathcal{N}} = \frac{M}{R}$, l'équation (3) s'écrit

$$p(z) = p_0\, e^{-\frac{Mg}{RT} z} \qquad (4)$$

a) La variation relative de pression du gaz G_1 : $\frac{dp}{p} = -\frac{M_1 g}{RT}\, dz$ n'excède par 1 % sur une hauteur inférieure à z_1 telle que

$$\boxed{z_1 = \frac{RT}{100\, M_1 g}}$$

b) D'après (4), les pressions des gaz décroissent exponentiellement avec l'altitude :

* pour G_1 : $p_1(z) = p_0\, e^{-\frac{M_1 g}{RT} z}$

* pour G_2 : $p_2(z) = p_0\, e^{-\frac{M_2 g}{RT} z}$

Puisque $M_1 > M_2$, la pression décroît plus vite dans le gaz G_1 que dans le gaz G_2, la suppression relative atteint 1 % à l'altitude z_2 telle que

$$\frac{p_2(z_2) - p_1(z_2)}{p_2(z_2)} = 1\ \%\text{ , soit } 1 - e^{-\frac{g(M_1 - M_2)}{RT} z_2} = \frac{1}{100}$$

soit, en première approximation,

$$\frac{g(M_1 - M_2)}{RT} z_2 \simeq \frac{1}{100} \quad \text{ou} \quad \boxed{z_2 = \frac{RT}{100(M_1 - M_2)}}$$

c) D'après (2), à l'altitude z, les concentrations moléculaires des constituants gazeux du mélange sont

– pour le constituant G_1 : $C_1(z) = C_1(0)\, e^{-\frac{M_1 g}{RT} z}$

– pour le constituant G_2 : $C_2(z) = C_2(0)\, e^{-\frac{M_2 g}{RT} z}$;

on en déduit le taux de richesse de G_2 à l'altitude z :

$$R(z) = \frac{x}{1 - x} = \frac{C_2(z)}{C_1(z)} = \frac{C_2(0)}{C_1(0)}\, e^{\frac{(M_1 - M_2)}{RT} gz}$$

soit

$$\boxed{R(z) = R(0)\, e^{\frac{(M_1 - M_2)}{RT} gz}}$$

Puisque $M_1 > M_2$, on a $R(z) > R(0)$; ainsi, à mesure qu'on s'élève, le mélange s'enrichit en G_2 (constituant le plus léger).

9 – LOI DE DISTRIBUTION DES VITESSES D'UN GAZ EN EQUILIBRE THERMIQUE

On désignera n le nombre de molécules par unité de volume d'un gaz contenu dans un récipient à la température T, à la pression p. Le nombre $\mathrm{d}n$ de molécules par unité de volume, dont la composante de vitesse suivant une direction Ox est comprise entre v_x et $v_x + \mathrm{d}v_x$, est

$$\mathrm{d}n = n \,.\, \sqrt{\frac{m}{2\pi kT}}\, e^{-\frac{m v_x^2}{2kT}}\, \mathrm{d}v_x$$

où k est la constante de Boltzmann, et m la masse d'une molécule.

1° Montrer que le nombre de molécules par unité de volume dont le module de la vitesse est compris entre v et $v + \mathrm{d}v$, s'écrit sous la forme $nf(v)\,\mathrm{d}v$, où $f(v)$ est la fonction de distribution qu'on déterminera.

2° En déduire pour le néon ($M = 20{,}2$ g) à la température $T = 300$ K.

a) la vitesse v_p la plus probable de molécules
b) la vitesse moyenne $\overline{v}$ des molécules
c) la vitesse quadratique moyenne u des molécules, définie par $u = \sqrt{\overline{(v^2)}}$.

3° Déterminer la proportion des molécules du gaz néon dont la vitesse ne s'écarte pas plus de $\Delta v = 10$ m/s de la vitesse la plus probable.

On donne : cte des gaz parfaits $R = 8{,}31\ J/K$

On admettrales résultats de l'intégrale générale $I_p = \int_0^\infty x^p\, e^{-ax^2}\, dx$

p	1	2	3	4
I_p	$\frac{1}{2a}$	$\frac{1}{4a}\sqrt{\frac{\pi}{a}}$	$\frac{1}{2a^2}$	$\frac{3}{8a^2}\sqrt{\frac{\pi}{a}}$

Solution

1° La probabilité de trouver une molécule dont la composante de vitesse suivant Ox est comprise entre v_x et $v_x + dv_x$ est :

$$\frac{dn}{n} = f(v_x)\, dv_x \,, \quad \text{avec} \quad f(v_x) = \sqrt{\frac{m}{2\pi kT}}\; e^{-\frac{mv_x^2}{2kT}}$$

En raison de l'*isotropie* de la distribution des vitesses, la probabilité de trouver une molécule dont le module de la vitesse $\vec{v}(v_x\,,\, v_y\,,\, v_z)$ est compris entre v et $v + dv$ est donc :

$$\frac{dn}{n} = \left[f(v_x)\, dv_x\right] \cdot \left[f(v_y)\, dv_y\right] \cdot \left[f(v_z)\, dv_z\right]$$

soit

$$\frac{dn}{n} = \left(\frac{m}{2\pi kT}\right)^{3/2} e^{-\frac{m}{2kT}(v_x^2 + v_y^2 + v_z^2)}\; dv_x\, dv_y\, dv_z$$

$$= \left(\frac{m}{2\pi kT}\right)^{3/2} e^{-\frac{mv^2}{2kT}}\; dv_x\, dv_y\, dv_z$$

Or, dans l'espace des vitesses, le "volume élémentaire" compris entre les sphères de rayon v et $v + dv$ est (figure I,7)

$$dv_x\, dv_y\, dv_z = 4\pi v^2 dv$$

car la surface de la sphère de rayon v est $4\pi v^2$.

Le nombre de molécules par unité de volume dont la module de la vitesse est compris entre v et $v + \mathrm{d}v$ est donc :

$$\mathrm{d}n = n \,.\, 4\pi \left(\frac{m}{2\pi kT}\right)^{3/2} e^{-\frac{mv^2}{2kT}}\, v^2\, \mathrm{d}v\,.$$

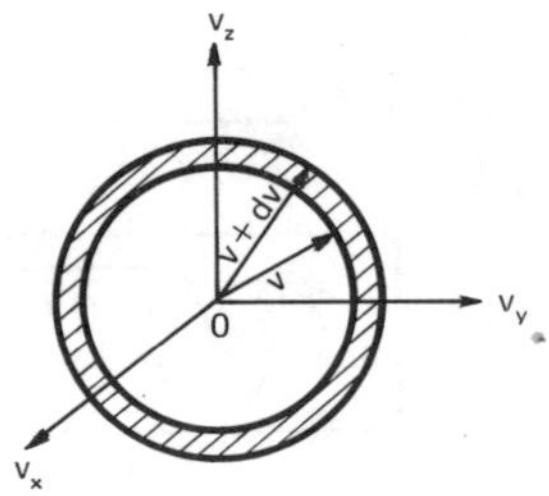

Figure I,7

La fonction de distribution des vitesses $f(v)$, telle que $\frac{\mathrm{d}n}{n} = f(v)\,\mathrm{d}v$, est donc

$$\boxed{f(v) = 4\pi \left(\frac{m}{2\pi kT}\right)^{3/2} e^{-\frac{mv^2}{2kT}}\, v^2} \qquad (1)$$

N.B. : On peut vérifier aisément la condition de normalisation $\int \mathrm{d}n = n$ en utilisant le résultat de l'intégrale I_p correspondant à $p = 2$.

2° *a*) La vitesse v_p la plus probable est celle qui rend la fonction f de distribution des vitesses maximale, soit $\left[\frac{\mathrm{d}f(v)}{\mathrm{d}v^2}\right]_{v=v_p} = 0$, ou d'après (1),

$$4\pi \left(\frac{m}{2\pi kT}\right)^{3/2} e^{-\frac{mv^2}{2kT}} \left(1 - \frac{m}{2kT}\, v_p^2\right) = 0$$

soit $v_p = \sqrt{\frac{2kT}{m}}$ avec $\frac{k}{m} = \frac{R/\mathfrak{N}}{M/\mathfrak{N}} = \frac{R}{M}$, donc

$$\boxed{v_p = \sqrt{\frac{2RT}{M}}} = \mathbf{496{,}8\ m/s.}$$

Cette valeur v_p correspond bien à un maximum puisque $f(v) \to 0$ si $v \to 0$ et si $v \to \infty$ (cf. fig. I,8).

b) La vitesse moyenne des molécules est :

$$\overline{v} = \frac{1}{n} \int v\,\mathrm{d}n = \int_0^{\infty} v\, f(v)\,\mathrm{d}v$$

soit, d'après (1),

$$\bar{v} = 4\pi \left(\frac{m}{2\pi kT}\right)^{3/2} \int_0^\infty v^3\, e^{-\frac{mv^2}{2kT}}\, dv$$

L'intégrale, du type I_p avec $p = 3$ et $a = \dfrac{m}{2kT}$, vaut $\dfrac{1}{2(m/2kT)^2}$ donc

$$\bar{v} = 4\pi \left(\frac{m}{2\pi kT}\right)^{3/2} \frac{1}{2(m/2kT)^2} = \sqrt{\frac{8}{\pi}\frac{k}{m}T}$$

avec $\dfrac{k}{m} = \dfrac{R}{M}$, soit $\boxed{\bar{v} = \sqrt{\dfrac{8}{\pi}\dfrac{RT}{M}}}$ **= 560,6 m/s.**

c) La vitesse quadrique moyenne est telle que $u^2 = \overline{v^2}$, soit

$$u^2 = \frac{1}{n}\int v^2\, dn = \int_0^\infty v^2 f(v)\, dv$$

ou, d'après (1),

$$u^2 = 4\pi \left(\frac{m}{2\pi kT}\right)^{3/2} \int v^4\, e^{-\frac{mv^2}{2kT}}\, dv\,.$$

L'intégrale, du type I_p avec $p = 4$ et $a = \dfrac{m}{2kT}$, vaut $\dfrac{3k^2T^2}{2m^2}\sqrt{\dfrac{2\pi kT}{m}}$, donc,

$$u^2 = 4\pi \left(\frac{m}{2\pi kT}\right)^{3/2} \frac{3k^2T^2}{2m^2} \left(\frac{m}{2\pi kT}\right)^{-1/2} = \frac{3kT}{m}\,,$$

soit

$u = \sqrt{\dfrac{3kT}{m}}$ avec $\dfrac{k}{m} = \dfrac{R}{M}$, donc $\boxed{u = \sqrt{\dfrac{3RT}{M}}}$ **= 608,5 m/s.**

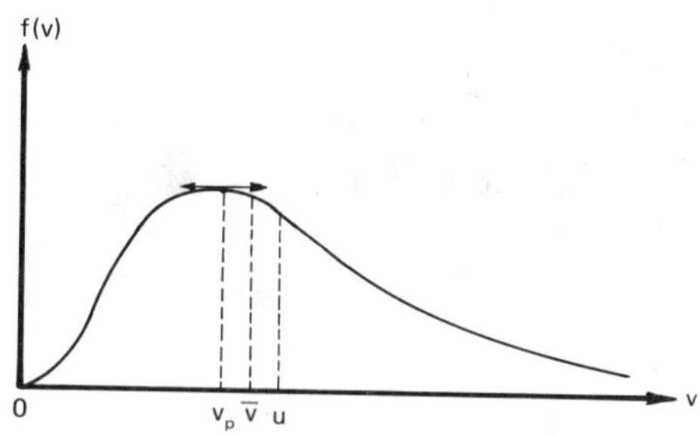

Figure I,8

Remarques

① Les vitesses v_p, $\bar{v}$ et u, liées par la relation d'ordre $v_p < \bar{v} < u$, sont proportionnelles à la racine carrée de la température absolue du gaz.

② C'est la vitesse quadratique u qui intervient dans l'interprétation microscopique de la pression du gaz (cf. problème 1) mais c'est la vitesse moyenne $\overline{v}$ qui intervient lors de la diffusion des molécules.

3° La proportion des molécules dont la vitesse est comprise entre $v_p - \Delta v$ et $v_p + \Delta v$ est, d'après (1),

$$\frac{\mathrm{d}n}{n} = f(v_p)\,\mathrm{d}v = 4\pi\left(\frac{m}{2\pi kT}\right)^{3/2} e^{-\frac{mv_p^2}{2kT}} v_p^2\,\mathrm{d}v\,,$$

avec $v_p^2 = \dfrac{2kT}{m}$ et $\mathrm{d}v = (v_p + \Delta v) - (v_p - \Delta v) = 2\Delta v\,.$

On en déduit $\dfrac{\mathrm{d}n}{n} = \dfrac{4\pi}{e}\left(\dfrac{m}{2\pi kT}\right)^{3/2} \dfrac{4kT}{m}\,\Delta v$

ou

$$\boxed{\frac{\mathrm{d}n}{n} = \frac{8}{\sqrt{\pi}.e}\,\frac{\Delta v}{v_p}}$$

A.N.: $\Delta v = 10$ m/s ; $v_p = 496{,}8$ m/s ; $e = 2{,}718$; on obtient $\dfrac{\mathrm{d}n}{n} = 3{,}34\%$.

10 – STATISTIQUE DE BOLTZMANN. VITESSE DE FUITE D'UN GAZ

Un récipient, contenant un gaz supposé parfait dont les molécules ont même masse m, est placé à l'intérieur d'une enceinte vide.

Les molécules du gaz obéissent à la distribution de Maxwell-Boltzmann : pour une population de N molécules du gaz, le nombre $\mathrm{d}N$ de molécules dont la vitesse est comprise entre $\vec{v}(v_x, v_y, v_z)$ et $\vec{v} + \mathrm{d}\vec{v}(v_x + \mathrm{d}v_x, v_y + \mathrm{d}v_y$ et $v_z + \mathrm{d}v_z)$ à la température T est

$$\frac{\mathrm{d}N}{N} = \left(\frac{m}{2\pi kT}\right)^{3/2} e^{-\frac{mv^2}{2kT}}\,\mathrm{d}v_x\,\mathrm{d}v_y\,\mathrm{d}v_z$$

(k = cte de Boltzmann).

On désignera n le nombre de molécules du gaz par unité de volume.

1° On perce dans une paroi du récipient un petit trou circulaire de rayon r.

Déterminer la vitesse moyenne $\overline{v_z}$ de sortie des molécules suivant l'axe Oz du trou *a*) en fonction de k, m et de la température T du gaz,

b) en fonction de m, n et de la pression p du gaz.

c) en fonction de la vitesse moyenne $\overline{v}$ des molécules du gaz dans le récipient.

2° *a*) Déterminer le nombre N_0 de molécules qui traversent le trou, par unité de temps, en fonction de k, m, n, r et T.

b) Montrer que N_0 est proportionnel au rapport $p/\sqrt{mT}$, pour un trou donné.

On admettra les résultats de l'intégrale $I_p = \int_0^{\infty} x^p e^{-ax^2}\,dx$

p	0	1	2	3
$I_p = \int_0^{\infty} x^p e^{-ax^2}\,dx$	$\frac{1}{2}\sqrt{\frac{\pi}{a}}$	$\frac{1}{2a}$	$\frac{1}{4a}\sqrt{\frac{\pi}{a}}$	$\frac{1}{2a^2}$

Solution

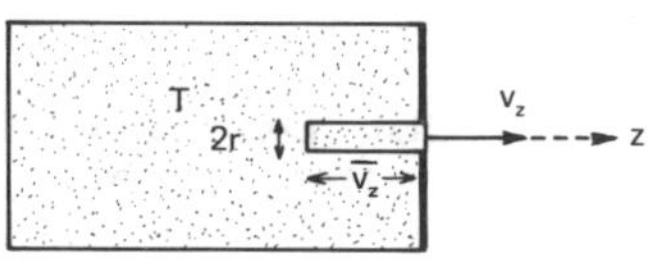

Figure I,9

1° *a*) • La vitesse moyenne de sortie des molécules par le trou est : $\overline{v}_z = \frac{1}{N}\int v_z\,dN$ avec, d'après la loi statistique de Maxwell-Boltzmann, à la température T,

$$dN = N\left(\frac{m}{2\pi kT}\right)^{3/2} e^{-\frac{m(v_x^2+v_y^2+v_z^2)}{2kT}}\,dv_x\,dv_y\,dv_z$$

soit

$$\overline{v}_z = \left(\frac{m}{2\pi kT}\right)^{3/2} \int_{-\infty}^{+\infty} e^{-\frac{mv_x^2}{2kT}}\,dv_x \int_{-\infty}^{+\infty} e^{-\frac{mv_y^2}{2kT}}\,dv_y \int_0^{\infty} v_z\,e^{-\frac{mv_z^2}{2kT}}\,dv_z$$

(attention aux bornes d'intégration : on a obligatoirement $v_z > 0$ pour la vitesse de sortie suivant l'axe Oz, tandis que les composantes v_x et v_y peuvent prendre n'importe quelle valeur de $-\infty$ à $+\infty$).

Les trois intégrales qui interviennent sont du type $I_p = \int x^p e^{-ax^2}\,dx$, avec $a = \dfrac{m}{2kT}$ et $p = 0$ pour les deux premières, et $p = 1$ pour la troisième ; on en déduit

$$\overline{v_z} = \left(\frac{m}{2\pi kT}\right)^{3/2} \sqrt{\frac{\pi 2kT}{m}} \sqrt{\pi \frac{2kT}{m}} \frac{kT}{m},$$

soit
$$\boxed{\overline{v_z} = \sqrt{\frac{1}{2\pi}\frac{kT}{m}}} \qquad (1)$$

b) D'après la théorie cinétique (cf. problèmes 1 et 2) la pression du gaz parfait est proportionnelle à sa densité moléculaire n et à sa température T :

$$p = nkT \qquad (2)$$

On en déduit, d'après (1) et (2), $\boxed{\overline{v_z} = \sqrt{\dfrac{1}{2\pi}\dfrac{p}{mn}}}$.

b) On a établi à la question 2°*b* du problème précédent l'expression de la vitesse moyenne des molécules du gaz

$$\overline{v} = \sqrt{\frac{8}{\pi}\frac{kT}{m}} \qquad (3)$$

On en déduit, d'après (1) et (3), $\boxed{\overline{v_z} = \dfrac{1}{4}\overline{v}}$.

2° *a*) Les molécules qui traversent le trou par unité de temps, sont celles qui sont contenues dans le cylindre élémentaire de section πr^2 et de hauteur $\overline{v_z}$ (chemin moyen parcouru par seconde par les molécules qui sortent).

Le nombre N_0 de molécules qui traversent le trou par seconde est donc : $N_0 = \underbrace{n}_{\text{nombre de molécules par unité de volume}} \cdot \underbrace{\pi r^2 \overline{v_z}}_{\text{volume du cylindre}}$ soit, d'après (1),

$$\boxed{N_0 = nr^2 \sqrt{\frac{\pi kT}{2m}}} .$$

b) D'après (2), la densité moléculaire est $n = \dfrac{p}{kT}$, donc

$$N_0 = p\,r^2 \sqrt{\frac{\pi}{2mkT}}$$

soit $\boxed{N_0 = K \dfrac{p}{\sqrt{mT}}}$ avec $K = r^2 \sqrt{\dfrac{\pi}{2k}} = \dfrac{S}{\sqrt{2\pi k}}$.

En conclusion , N_0 est proportionnelle à $\dfrac{p}{\sqrt{mT}}$ avec une constante K de proportionnalité proportionnelle à la surface S du trou.

11 – SYSTEME THERMODYNAMIQUE A DEUX NIVEAUX D'ENERGIE. PARAMAGNETISME

On admettra que l'énergie d'un atome, de moment magnétique $\vec{\mathcal{M}}$, placé dans un champ magnétique $\vec{B}$, est $W = -\vec{\mathcal{M}}.\vec{B}$.

L'expérience de Stern et Gherlac prouve que dans un pinceau d'atomes d'argent paramagnétiques homocinétiques, soumis à un champ $\vec{B}$ inhomogène de direction Oz, les atomes d'argent ne peuvent être que dans l'un des deux états possibles :

– l'un dont la composante de moment magnétique suivant Oz est $\mathcal{M}_z = +\mu_B$

– l'autre dont la composante de moment magnétique suivant Oz est $\mathcal{M}_z = -\mu_B$.

D'après la loi de Boltzmann, la probabilité de trouver un atome d'argent dans l'état d'énergie W, à la température T, est proportionnelle à $e^{-W/kT}$ (k = cte de Boltzmann). Déterminer :

1° les probabilités d'occupation P_1 et P_2 des deux niveaux d'énergie possibles des atomes,

2° le rapport $\dfrac{N_1}{N_2}$ du nombre d'atomes dont le moment magnétique suivant Oz est $+\mu_B$ au nombre d'atomes dont le moment suivant Oz est $-\mu_B$.

3° Montrer qu'aux températures usuelles, la composante $\overline{\mathcal{M}}_z$ du moment magnétique moyen d'un atome d'argent suivant la direction de champ $\vec{B}$ est proportionnelle au rapport B/T. Calculez $\overline{\mathcal{M}}_z$

b) Calculez l'énergie moyenne d'un atome d'argent

Application numérique : $\mu_B = 9{,}3\ 10^{-24}\ A.m^2$ (magnéton de Bohr) ; $B = 1{,}5\ T$; $T = 300\ K$; $k = 1{,}38\ 10^{-23}\ SI$.

Solution

1° Le jet atomique d'argent est constitué de deux types d'atomes :

– les atomes (tels que $\mathfrak{M}_{1z} = + \mu_B$) d'énergie $W_1 = - \vec{\mathfrak{M}}_1 . \vec{B} = - \mu_B . B$

– les atomes (tels que $\mathfrak{M}_{2z} = - \mu_B$) d'énergie $W_2 = - \vec{\mathfrak{M}}_2 . \vec{B} = + \mu_B . B$

D'après la loi statisque de Boltzmann, les probabilités d'occupation respectives de chacun de ces deux niveaux d'énergie sont :

$$P_1 = K e^{-\frac{W_1}{kT}} = K e^{\frac{\mu_B . B}{kT}} \quad \text{et} \quad P_2 = K e^{-\frac{W_2}{kT}} = K e^{-\frac{\mu_B . B}{kT}}$$

Déterminons la constante K en écrivant que la somme des deux probabilités d'occupation est égale à l'unité (car le système étudié est à deux niveaux d'énergie) :

$$K e^{\frac{\mu_B . B}{kT}} + K e^{-\frac{\mu_B . B}{kT}} = 1, \quad \text{soit} \quad K = \frac{1}{e^{\frac{\mu_B . B}{kT}} + e^{-\frac{\mu_B . B}{kT}}}$$

Les probabilités cherchées sont donc

$$\boxed{P_1 = \frac{e^{\frac{\mu_B . B}{kT}}}{e^{\frac{\mu_B . B}{kT}} + e^{-\frac{\mu_B . B}{kT}}}} \quad \text{et} \quad \boxed{P_2 = \frac{e^{-\frac{\mu_B . B}{kT}}}{e^{\frac{\mu_B . B}{kT}} + e^{-\frac{\mu_B . B}{kT}}}} \qquad (1)$$

Application numérique : P_1 = **50,17 %** ; P_2 = **49,83 %**.

N.B. : On constate, en accord avec la loi statistique de Boltzmann, que *l'état le plus probable est celui dont l'énergie est la plus faible* ($P_1 > P_2$, car $W_1 < W_2$).

2° On a $P_1 = \dfrac{N_1}{N_1 + N_2}$ et $P_2 = \dfrac{N_2}{N_1 + N_2}$, donc $\dfrac{N_1}{N_2} = \dfrac{P_1}{P_2}$,

soit d'après (1),

$$\boxed{\frac{N_1}{N_2} = e^{\frac{2\mu_B . B}{kT}}}$$

Application numérique : N_1 / N_2 = **1,0068.**

3° *a*) La composante du moment magnétique moyen d'un atome d'argent, suivant la direction Oz de $\vec{B}$, est

$$\overline{\mathfrak{M}}_z = P_1 \mathfrak{M}_{1z} + P_2 \mathfrak{M}_{2z} = P_1 \mu_B - P_2 \mu_B .$$

soit, d'après (1),

$$\overline{\mathfrak{M}}_z = \mu_B \frac{e^{\frac{\mu_B.B}{kT}} - e^{-\frac{\mu_B.B}{kT}}}{e^{\frac{\mu_B.B}{kT}} + e^{-\frac{\mu_B.B}{kT}}} \quad \text{ou} \quad \overline{\mathfrak{M}}_z = \mu_B \, \text{th}\left(\frac{\mu_B.B}{kT}\right)$$

Compte tenu du fait que $\frac{\mu_B.B}{kT} \ll 1$, on a $e^{\frac{\mu_B.B}{kT}} \simeq 1 + \frac{\mu_B.B}{kT}$ et $e^{-\frac{\mu_B.B}{kT}} \simeq 1 - \frac{\mu_B.B}{kT}$; il vient

$$\overline{\mathfrak{M}}_z \simeq \frac{\mu_B^2}{k} \frac{B}{T} \quad \left(\overline{\mathfrak{M}}_z \text{ est donc proportionnel au rapport } \frac{B}{T}\right)$$

Application numérique : $\overline{\mathfrak{M}}_z = \mathbf{3{,}4 \,.\, 10^{-26}\ A\text{-}m^2}$.

b) L'énergie moyenne d'un atome d'argent est

$$\overline{W} = P_1 W_1 + P_2 W_2 = -\mu_B.B(P_1 - P_2),$$

soit d'après (1),

$$\overline{W} = -\mu_B.B \frac{e^{\frac{\mu_B.B}{kT}} - e^{-\frac{\mu_B.B}{kT}}}{e^{\frac{\mu_B.B}{kT}} + e^{-\frac{\mu_B.B}{kT}}} \simeq -\frac{\mu_B^2}{k} \frac{B^2}{T}$$

Application numérique : $\overline{W} = \mathbf{5{,}1 \,.\, 10^{-26}\ J}$.

12 – ETAT STATIONNAIRE DE DIFFUSION. MESURE EXPERIMENTALE DE D

Un long tube vertical ouvert, de section $s = 12\ \text{cm}^2$, est maintenu sur une cuve à eau à la température de 35 °C pour laquelle la pression de vapeur saturante de l'eau est $p_s = 4{,}2$ cm de mercure. (On rappelle que 1 atmosphère = 10^5 Pa = 76 cm de mercure).

L'extrémité supérieure du tube est à une hauteur $h = 90$ cm au-dessus de la surface libre de l'eau. Lors de l'évaporation de l'eau à travers le tube, avec une densité de flux moléculaire J_n, on supposera qu'il s'établit le long du tube un régime stationnaire de diffusion de la vapeur d'eau dont on désignera par D le coefficient de diffusion.

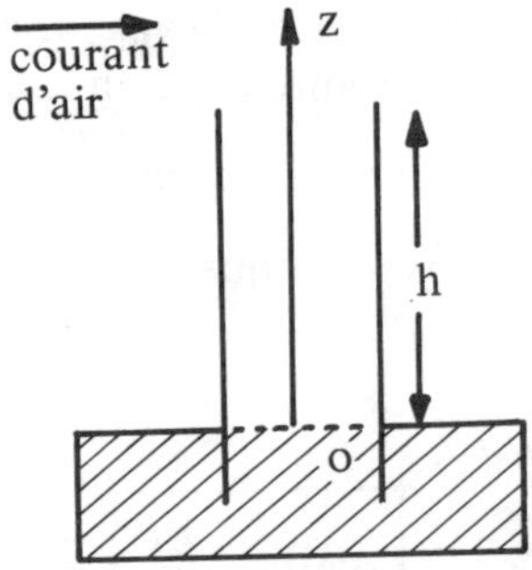

Figure I,10

1° Exprimer la concentration moléculaire de la vapeur d'eau $n(h)$ au sommet du tube en fonction de h, D, J_n et de la concentration $n(0)$ au niveau $z = 0$ de contact liquide-vapeur.

2° Un courant d'air approprié permet d'éliminer complètement l'eau évaporée au sommet du tube en maintenant un état *stationnaire* de diffusion. La masse d'eau évaporée est alors de 5,0 mg par heure. Calculer :

a) la concentration moléculaire $n(0)$ au niveau $z = 0$ de contact liquide-vapeur ;

b) la densité de flux moléculaire J_n dans le tube ;

c) le coefficient de diffusion de la vapeur d'eau à 35 ° C sous 1 atmosphère.

On admettra que la vapeur d'eau est un gaz parfait. On donne : masse molaire de l'eau $M = 18$ g ; nombre d'Avogadro $\mathcal{N} = 6{,}0\ 2.10^{23}$; constante des gaz parfaits : $R = 8{,}31 J \cdot \text{mole}^{-1} \cdot K^{-1}$.

Solution

1° • En régime stationnaire, il n'y a pas d'accumulation de molécules diffusantes, donc la densité J_n de flux de molécules (nombre moyen de molécules diffusantes qui traversent la section unité du tube par unité de temps dans la direction Oz) est constante.

• L'intégration de la loi de Fick : $J_n = -\text{D}\ \dfrac{\partial n}{\partial z}$ avec $J_n = \text{cte}$

donne donc la concentration moléculaire dans le tube à l'altitude z :

$$n(z) = -\frac{J_n}{D}\ z + n(0) \qquad (1)$$

et en particulier la concentration moléculaire au sommet du tube est :

$$\boxed{n(h) = -\frac{J_n \cdot h}{D} + n(0)} \qquad (1)$$

2° *a*) Au niveau $z = 0$ du tube où la vapeur d'eau est en contact avec le liquide, la vapeur est saturante et, si on la suppose parfaite, la concentration molaire est, d'après l'équation des gaz parfaits, $\frac{p_s}{RT}$ donc la concentration moléculaire est (puisque 1 mole renferme N molécules) $n(0) = \frac{\mathcal{N} \cdot p_s}{RT}$ soit

$$\boxed{n(0) = \frac{p_s}{kT}}$$

où $k = R/\mathcal{N}$ est la constante de Boltzmann.

Application numérique : $T = 308\ K, p_s = \frac{4{,}2}{76} \cdot 10^5 = 5526$ Pa,
$k = \frac{R}{\mathcal{N}} = 1{,}38 \cdot 10^{-23}$; on obtient $n(0) = \mathbf{1{,}3 \cdot 10^{24}}$ **molécules/m³**.

b) Puisqu'une mole d'eau pèse 18 g, le nombre de moles d'eau évaporées par seconde est :

$$\frac{m}{M.t} = \frac{5.10^{-3}}{18} \cdot \frac{1}{3\,600} = 7{,}72 \cdot 10^{-8} \text{ moles/seconde}$$

Le nombre de moles d'eau qui traversent la section unité du tube par seconde est donc

$$\frac{7{,}72\ 10^{-8}}{s} = \frac{7{,}72 \cdot 10^{-8}}{12 \cdot 10^{-4}} = 6{,}43 \cdot 10^{-5} \text{ moles. m}^{-2} \text{. s}^{-1}$$

Puisqu'une mole d'eau renferme $\mathcal{N} = 6{,}02 \cdot 10^{23}$ molécules,
la densité de flux moléculaire définie à la 1re question est :
$J_n = (6{,}43\ 10^{-5}) \times (6{,}02 \cdot 10^{23}) = 3{,}87 \cdot 10^{19}\ m^{-2} \cdot s^{-1}$

c) Puisque les molécules diffusées sont éliminées au sommet du tube, on a : $n(h) = 0$, donc la relation (1) permet de déterminer le coefficient de diffusion.

$$\boxed{D = \frac{J_n \cdot h}{n(0)}}$$

Application numérique :

$$D = \frac{3{,}87 \cdot 10^{19} \cdot 0{,}9}{1.3 \cdot 10^{24}} = \mathbf{2{,}68 \cdot 10^{-5}\ m^2 \cdot s^{-1}}$$

13 – EQUATION DE DIFFUSION. LONGUEUR DE DIFFUSION

On s'intéresse à la diffusion de neutrons suivant la direction de l'axe Ox. Soit $n(x, t)$ leur concentration (nombre de neutrons par unité de volume) à l'instant t, à l'abscisse x.

1° On admettra que le coefficient de diffusion D est indépendant de la concentration des neutrons, donc de x.

Etablir l'équation de diffusion des neutrons :

$$\frac{\partial n}{\partial t} = D \frac{\partial^2 n}{\partial x^2}$$

à partir de la loi de Fick et de la conservation du nombre total de neutrons au cours de la diffusion.

2° Le coefficient de diffusion $D(x)$ est supposée fonction de x. Etablir la nouvelle équation de diffusion des neutrons.

3° A la sortie d'un réacteur, les neutrons diffusent dans une barre de graphite avec *absorption* (car certains neutrons sont captés par le graphite au cours de la diffusion). On supposera que le coefficient de diffusion D est constant et on admettra que l'équation de diffusion avec absorption s'écrit : $\dfrac{\partial n}{\partial t} + C.n = D \dfrac{\partial^2 n}{\partial x^2}$ $(C = \text{cte})$

a) Etablir, en régime *stationnaire,* la loi $n(x)$ de la concentration des neutrons dans la barre de graphite.

b) Exprimer, en fonction de C et D la longueur de diffusion l_d, c'est-à-dire la longueur qui doivent parcourir les neutrons dans le graphite pour que leur nombre soit divisé par e ($e = 2,718$).

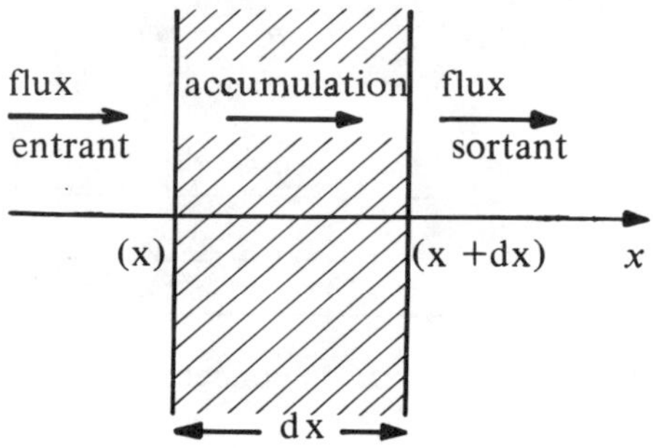

Figure I,11

Solution

1° Considérons le volume élémentaire $S.\mathrm{d}x$ compris entre les plans voisins $x = \text{cte}$ et $x + \mathrm{d}x = \text{cte}$ et de section droite S.

Le bilan qui traduit la *conservation du nombre de neutrons* s'écrit :

$$\begin{bmatrix}\text{nombre de neu-}\\ \text{trons accumulés}\\ \text{dans le volume}\\ S.\mathrm{d}x \text{ par unité de}\\ \text{temps}\end{bmatrix} = \begin{bmatrix}\text{nombre de neutrons qui}\\ \text{pénètrent dans ce volu-}\\ \text{me par le plan } x = \text{cte,}\\ \text{par unité de temps}\end{bmatrix} - \begin{bmatrix}\text{nombre de neutrons}\\ \text{qui sortent de ce vo-}\\ \text{lume par le plan}\\ x + \mathrm{d}x = \text{cte, par}\\ \text{unité de temps}\end{bmatrix}$$

soit $$\frac{\partial}{\partial t}(n.S.\mathrm{d}x) = J_n(x).S - J_n(x + \mathrm{d}x).S$$

soit $$\frac{\partial n}{\partial t}\mathrm{d}x = -\frac{\partial J_n}{\partial x}\mathrm{d}x \quad \text{ou} \quad \frac{\partial n}{\partial t} = -\frac{\partial J_n}{\partial x} \qquad (1)$$

Or, d'après la loi de Fick, la densité de flux de neutrons à l'abscisse x est $J_n = -D\dfrac{\partial n}{\partial x}$, donc si D est indépendant de x :

$$\frac{\partial J_n}{\partial x} = -D\frac{\partial^2 n}{\partial x^2} \qquad (2)$$

D'après (1) et (2), on obtient l'équation de diffusion des neutrons

$$\boxed{\frac{\partial n}{\partial t} = D\frac{\partial^2 n}{\partial x^2}}$$

2° Si le coefficient de diffusion est fonction de x (ou de la concentration), la relation (1) reste valable, mais la relation (2) devient, d'après la loi de Fick :

$$\frac{\partial J_n}{\partial x} = -D\frac{\partial^2 n}{\partial x^2} - \frac{\partial D}{\partial x}.\frac{\partial n}{\partial x} \qquad (3)$$

D'après (1) et (3), on obtient la nouvelle équation de diffusion :

$$\boxed{\frac{\partial n}{\partial t} = D\frac{\partial^2 n}{\partial x^2} + \frac{\partial D}{\partial x}.\frac{\partial n}{\partial x}}$$

3° *a*) En régime stationnaire, la concentration n est indépendante du temps, donc l'équation de diffusion s'écrit :

$$\frac{\partial n}{\partial t} = D\frac{\partial^2 n}{\partial x^2} - C.n = 0 \quad \text{soit} \quad \boxed{\frac{\partial^2 n}{\partial x^2} - \frac{C}{D}n = 0}$$

Cette équation différentielle admet la solution (où A et B sont deux constantes)

$$n(x) = A\,e^{-\sqrt{\frac{C}{D}}x} + B\,e^{+\sqrt{\frac{C}{D}}x}$$

Il est évident qu'au cours de cette diffusion avec absorption,

$n(x) \to 0$ si $x \to \infty$,ce qui implique $B = 0$ donc $n(x) = A\,e^{-\sqrt{\frac{C}{D}}x}$ avec $A = n(0)$, soit

$$\boxed{n(x) = n(0)\,.\,e^{-\sqrt{\frac{C}{D}}x}}$$

b) La concentration des neutrons décroît donc exponentionnellement. La longueur de diffusion est telle que si $x = l_d$, $n(x) = \dfrac{n(0)}{e}$, on en déduit

$$\boxed{l_d = \sqrt{\frac{D}{C}}}$$

La loi de décroissance de la concentration peut donc s'écrire : $n(x) = n(0)\,e^{-x/l_d}$.

14 – COEFFICIENT DE DIFFUSION ET LIBRE PARCOURS. INFLUENCE DE LA PRESSION ET DE LA TEMPERATURE

1° Montrer que le coefficient d'autodiffusion D d'un gaz est lié au libre parcours moyen l et à la vitesse moyenne $\overline{v}$ des molécules de ce gaz par la relation :

$$D = \frac{1}{3}\,l\,.\,\overline{v}$$

On supposera la diffusion unidirectionnelle, suivant la direction Ox.

2° Un récipient contient de l'azote gazeux N_2, supposé parfait, constitué de molécules de diamètre supposé constant $\delta = 3$ Å. Déterminer dans les conditions normales (0° C, 1 atmosphère) :

a) l'énergie cinétique moyenne d'une molécule d'azote ;

b) le libre parcours moyen des molécules d'azote ;

c) le coefficient d'autodiffusion de l'azote. Comparer le résultat obtenu au coefficient d'autodiffusion expérimental $D_{exp} = 1{,}78 . 10^{-5}$ m^2/s et justifier le désaccord.

3° L'azote, de volume initial V, subit maintenant une compression qui diminue son volume jusqu'à $V' = V/3$. On peut opérer de deux façons :

a) soit par compression isotherme,

b) soit par compression adiabatique.

Comment sont modifiés le libre parcours l et le coefficient D du gaz dans chacune des deux transformations envisagées ?

On donne $N = 14$; cte des gaz parfaits $R = 8{,}31 \cdot J/\text{mole}/K$; cte de Boltzman : $K = 1{,}38 \cdot 10^{-23}$ $S.I.$; rapport des chaleurs massiques de l'azote (diatomique) : $\gamma = 1{,}40$.

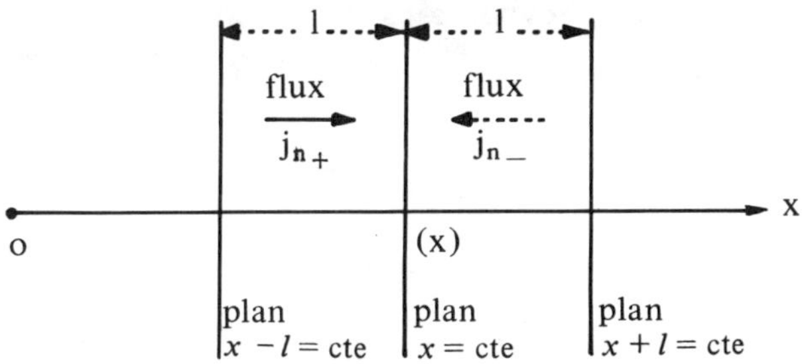

Figure I,12

Solution

1° soit $n(x)$ le nombre de molécules marquées par unité de volume au niveau du plan x = cte. Parmi ces molécules, $n/3$ ont une vitesse moyenne dirigée suivant la direction Ox de diffusion : la moitié d'entre elles, soit $n/6$ par unité de volume, ont une vitesse moyenne suivant les x positifs et $n/6$ suivant les x négatifs

• Toute molécule qui franchit le plan x = cte, en provenance du plan situé en amont, a subi en moyenne sa dernière collision au niveau du plan $x - l$ (d'après la définition du libre parcours moyen l).

Le nombre de molécules marquées qui franchissent, par unité de temps, l'unité de surface du plan x = cte dans le sens des x positifs est donc, puisque l est très petit :

$$J_{n_+} = \frac{n(x-l)}{6}\, v \cong \frac{v}{6}\left[n(x) - l\,\frac{\partial n}{\partial x}\right] \qquad (1)$$

• De même, le nombre de molécules marquées qui franchissent, par unité de temps, l'unité de surface du plan x = cte dans le sens des x négatifs est (puisque ces molécules ont subi en moyenne leur dernière collision au niveau du plan $x + l$ en aval) :

$$J_{n_-} = \frac{n(x + l)}{6} \bar{v} \cong \frac{\bar{v}}{6} \left[n(x) + l \frac{\partial n}{\partial x} \right] \qquad (2)$$

Le flux global de molécules qui traversent le plan x = cte dans le sens Ox est donc $J_n = J_{n_+} - J_{n_-}$, soit d'après (1) et (2) :

$$J_n = -\frac{\bar{v}}{3} l \frac{\partial n}{\partial x}$$

En comparant avec la relation de Fick : $J_n = -D \frac{\partial n}{\partial x}$, il vient

$$\boxed{D = \frac{l\bar{v}}{3}} \qquad (3)$$

2° *a*) La vitesse moyenne d'une molécule d'un gaz de masse molaire M est (cf. probl. 9, chap. 1) :

$$\bar{v} = \sqrt{\frac{8RT}{\pi M}} \qquad (4)$$

L'énergie cinétique moyenne d'une molécule, de masse $m = \frac{M}{\mathcal{N}}$, est

donc $e_c = \frac{1}{2} m \bar{v}^2 = \frac{1}{2} \frac{\mathrm{M}}{\mathcal{N}} \cdot \frac{8RT}{\pi M}$.

ou, en introduisant la constante de Bollzman $k = R/\mathcal{N}$,

$$\boxed{e_c = \frac{4}{\pi} kT}$$

Application numérique :

$$e_c = \frac{4}{\pi} \cdot 1{,}38 \,.\, 10^{-23} . \, 273 = 4{,}8.10^{-21} \text{ Joule} = 0{,}030 \text{ eV}.$$

b) Le libre parcours moyen des molécules est (cf. probl. n° 3, chap. 1)

$$l = \frac{1}{\sqrt{2}} \cdot \frac{1}{n\sigma}$$

avec σ = section efficace = $\pi \, \delta^2$

et n = nombre de molécules/volume $= \frac{p\mathcal{N}}{RT} = \frac{p}{kT}$ pour un gaz parfait,

donc

$$\boxed{l = \frac{k}{\pi\sqrt{2}}\,\frac{1}{\delta^2}\,\frac{T}{p}} \qquad (5)$$

Application numérique :

$$l = \frac{1{,}38.10^{-23}}{3{,}14 \times 1{,}414} \times \frac{1}{9.10^{-20}} \cdot \frac{273}{1{,}013\,.\,10^5} = 9{,}3.10^{-8}\ \text{m} = \mathbf{930\ Å}$$

c) Le coefficient d'autodiffusion de l'azote est, d'après (3), (4) et (5) :

$$D = \frac{l\bar{v}}{3} = \frac{k}{3\pi\sqrt{2}\delta^2}\,\frac{T}{p}\sqrt{\frac{8\,RT}{\pi M}} \quad \text{ou} \quad \boxed{D = \frac{2k}{3}\sqrt{\frac{R}{\pi^3}}\,\frac{1}{\sqrt{M}\delta^2}\,\frac{T^{3/2}}{p}} \quad (6)$$

Application numérique :

$$D = \frac{2 \times 1{,}38.10^{-23}}{3}\sqrt{\frac{8{,}21}{(3{,}14)^3}} \cdot \frac{1}{\sqrt{28.10^{-3}} \cdot 9.10^{-20}} \cdot \frac{(273)^{3/2}}{1{,}013.10^5}$$

$$= \mathbf{1{,}42.10^{-5}\ m^2/s}$$

• Le désaccord relatif entre ce résultat théorique et le résultat expérimental $D_{\text{exp}} = 1{,}78.10^{-5}$ m²/s est de 20 % environ. Ce désaccord provient du fait qu'on a considéré dans la théorie que l'azote est un gaz parfait monoatomique et on a négligé les mouvements interatomiques dans les molécules d'azote N_2 (rotations, vibrations, . . .). Cette modélisation est cependant satisfaisante si on se contente d'un ordre de grandeur du coefficient d'auto diffusion.

3°

a) Au cours de la composition *isotherme* ($p, V, T \rightarrow p', V', T$)

on a : $pV = p'V'$ ou $\dfrac{p'}{p} = \dfrac{V}{V'} = 3$

* Le libre parcours, qui est proportionnel à $\dfrac{T}{p}$ d'après (5), devient donc l' tel que :

$$\frac{l'}{l} = \frac{p}{p'} = \frac{1}{3} \quad \text{soit} \quad \boxed{l' = l/3} = \mathbf{310\ Å}.$$

* Le coefficient d'autodiffusion proportionnel à $\dfrac{T^{3/2}}{p}$ d'après (6), devient D' tel que

$$\frac{D'}{D} = \frac{p}{p'} = \frac{1}{3} \quad \text{soit} \quad \boxed{D' = D/3} = \mathbf{0{,}47.10^{-5}\ m^2/s}.$$

Ainsi, l et D sont divisés par le rapport de compression isotherme

b) Au cours de la compression *adiabatique* ($p,V,T \rightarrow p', V', T'$), on a :

$$p.V^{\gamma} = p'.V'^{\gamma} \text{ et } T.V^{\gamma-1} = T'.V'^{\gamma-1}, \text{ soit } \frac{p'}{p} = (3)^{\gamma} \text{ et } \frac{T'}{T} = (3)^{\gamma-1}$$

* Le libre parcours moyen devient donc l' tel que, d'après (5),

$$\frac{l'}{l} = \frac{T'}{T}\frac{p}{p'} = (3)^{\gamma-1}.(3)^{-\gamma} = \frac{1}{3} \quad \text{soit } \boxed{l' = l/3} = 310 \text{ Å}.$$

* Le coefficient d'autodiffusion devient donc tel que, d'après (6),

$$\frac{D'}{D} = \left(\frac{T'}{T}\right)^{3/2}.\frac{p}{p'} = (3)^{\frac{3(\gamma-1)}{2}}.(3)^{-\gamma} = (3)^{\frac{\gamma-3}{2}}$$

soit

$$\boxed{D' = \frac{D}{(3)^{\frac{3-\gamma}{2}}} = \frac{D}{2,4}} = 0,59.10^{-5} \text{ m}^2/\text{s}$$

15 – FLUX DE CHALEUR DANS UNE TIGE METALLIQUE HETEROGENE. GRADIENT DE TEMPERATURE

Un barreau cylindrique de section constante $s = 2$ cm^2 est constitué de deux barreaux (de même section) soudés, l'un en aluminium de conductibilité thermique constante $K_1 = 200$ Watt . m^{-1}.°C^{-1} et de longueur $l_1 = 80$ cm et l'autre en cuivre de conductibilité thermique constante $K_2 = 380$ Watt . m^{-1} . °C^{-1} et de longueur $l_2 = 50$ cm. Les extrémités libres du barreau d'aluminium et du barreau de cuivre sont respectivement maintenues aux températures $T_1 = 180$ °C et $T_2 = 0$ °C. Une gaine isolante permet d'isoler thermiquement la surface latérale du barreau hétérogène.

Déterminer, en régime *stationnaire*, littéralement en fonction des données, puis numériquement :

1° la température T du barreau au niveau de la fonction aluminium - cuivre ;

2° le gradient de température le long du barreau d'aluminium et le long du barreau de cuivre ;

3°

a) la densité du flux de chaleur ;

b) la quantité de chaleur qui traverse la jonction des deux métaux en une minute.

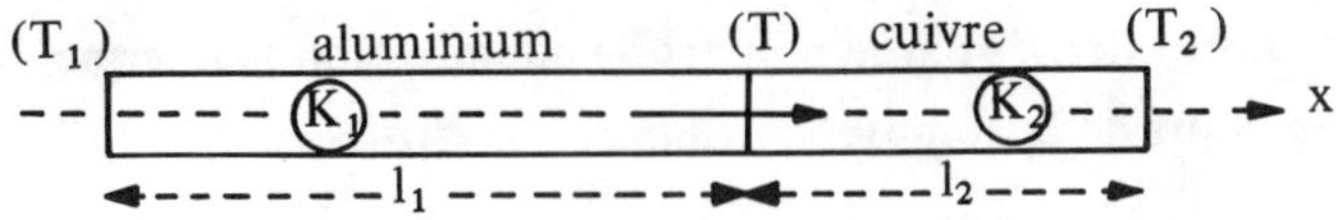

Figure I,13

Solution

1° En régime stationnaire, la chaleur s'écoule dans le sens des températures décroissantes, de l'aluminium vers le cuivre, avec un flux de chaleur constant, donc avec une même densité de flux de chaleur dans les deux barreaux soudés (car ils ont même section) soit, d'après la loi de Fourier :

$$j_Q = -K_1 \frac{T - T_1}{l_1} = -K_2 \frac{T_2 - T}{l_2}$$

on en déduit $\quad K_1 l_2 (T - T_1) = K_2 l_1 (T_2 - T)$

d'où la température de l'extrémité commune des deux métaux

$$\boxed{T = \frac{K_1 l_2 T_1 + K_2 l_1 T_2}{K_1 l_2 + K_2 l_1}} \qquad (1)$$

Application numérique :

$T_1 = 453\ K$; $T_2 = 273\ K$, d'où $T \simeq 317\ K = 44°\,C$

2° En régime stationnaire, le flux de chaleur est constant ainsi que le gradient de température le long de chacun des barreaux.

• Le gradient de température le long du barreau d'aluminium est donc, d'après (1),

$$\left(\frac{dT}{dx}\right)_1 = \frac{T - T_1}{l_1} = \frac{1}{l_1}\left(\frac{K_1 l_2 T_1 + K_2 l_1 T_2}{K_1 l_2 + K_2 l_1} - T_1\right)$$

soit, après simplification,

$$\boxed{\left(\frac{dT}{dx}\right)_1 = -\frac{K_2 (T_1 - T_2)}{K_1 l_2 + K_2 l_1}} \qquad (2)$$

• De même, le gradient de température le long du barreau de cuivre est $\left(\frac{dT}{dx}\right)_2 = \frac{T_2 - T}{l_2}$ soit, d'après (1),

$$\boxed{\left(\frac{dT}{dx}\right)_2 = -\frac{K_1 (T_1 - T_2)}{K_1 l_2 + K_2 l_1}} \qquad (3)$$

Application numérique :

$$\left(\frac{dT}{dx}\right)_1 = -\ 1{,}69 \text{ degré/cm} \quad \text{et} \quad \left(\frac{dT}{dx}\right)_2 = -\ 0{,}89 \text{ degré/cm}.$$

Remarque : Le rapport des gradients de température dans les deux barreaux soudés est égal au rapport inverse des conductibilités thermique des deux métaux qui les constituent.

3°

a) La densité de flux de chaleur est donnée par la loi de Fourier

$$j_Q = -K_1\left(\frac{dT}{dx}\right)_1 = -K_2\left(\frac{dT}{dx}\right)_2$$

soit, d'après (2) ou (3),

$$j_Q = \frac{K_1 K_2 .(T_1 - T_2)}{K_1 l_2 + K_2 l_1} \quad \text{ou} \quad \boxed{j_Q = \frac{T_1 - T_2}{\frac{l_1}{K_1} + \frac{l_2}{K_2}}}$$

Application numérique : $j_Q = 33\,860$ **Watt/m²**.

b) La quantité de chaleur qui traverse par unité de temps la jonction aluminium - cuivre est $j_Q . s$; donc pendant 1 minute :

$$Q = 60 . j_Q . s$$

Application numérique : $Q = 406$ Joule ou **97 calories.**

16 – CONDUCTION THERMIQUE DANS UNE BARRE A DEUX JONCTIONS. MESURE DE K

Un barreau métallique hétérogène est composée de trois tiges en acier, en aluminium et en cuivre, de même longueur et de même section, soudées entre elle et de conductibilités thermiques respectives K_1, K et K_2 supposées indépendantes de la température.

La surface latérale du barreau est isolée thermiquement ; l'extrémité libre de la tige d'acier est en contact avec un thermostat maintenu à la température T_1 et l'extrémité libre de la tige de cuivre est en contact avec un thermostat maintenu à la température $T_2 (T_2 < T_1)$.

1° Exprimer, en *régime permanent*, les températures T_1' de la jonction acier - aluminium et T_2' de la jonction aluminium - cuivre en fonction de T_1, T_2, K_1, K et K_2.

2° Montrer que l'écart de température entre les deux jonctions est proportionnel à l'écart de température entre les extrémités libres.

3° On donne $T_1 = 100\,°C$; $T_2 = 0\,°C$, $K_1 = 45$ Watt.m^{-1}.°C^{-1} pour l'acier et $K_2 = 380$ Watt . m^{-1}.°C^{-1} pour le cuivre. On mesure expérimentalement $T'_1 - T'_2 = 16,2\,°C$ en régime stationnaire. Calculer à l'aide de ces résultats :

a) la conductibilité thermique K de l'aluminium ;

b) les températures T'_1 et T'_2 des deux jonctions.

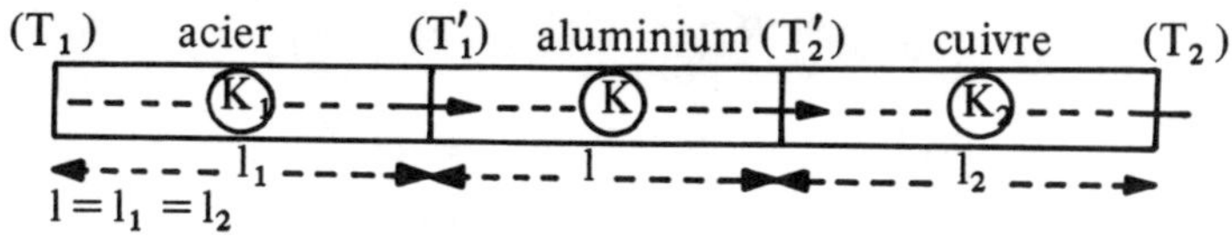

Figure I,14

Solution

1° En régime permanent, le flux de chaleur est constant. Les trois parties du barreau sont donc traversées par le même flux thermique et,puisqu'elles ont même section, les densités de flux sont les mêmes dans les trois tiges soudées, soit d'après la loi de Fourier :

$$-K_1\,\frac{T'_1 - T_1}{l_1} = -K\,\frac{T'_2 - T'_1}{l} = -K_2\,\frac{T_2 - T'_2}{l_2}$$

Puisque les tiges ont même longueur ($l_1 = l = l_2$), il vient

$$K_1(T'_1 - T_1) = K(T'_2 - T'_1) = K_2(T_2 - T'_2)$$

On en déduit le système d'équations à deux inconnues T'_1 et T'_2.

$$\begin{cases} (K + K_1)\,T'_1 - K T'_2 = K_1\,T_1 \\ K\,T'_1 - (K + K_2)\,T'_2 = -K_2\,T_2 \end{cases}$$

En éliminant T'_2, on obtient après simplification la température de la 1re jonction :

$$\boxed{T'_1 = \frac{(K + K_2)\,K_1\,T_1 + K\,K_2\,T_2}{(K + K_2)\,K_1 + K\,K_2}} \qquad (1)$$

En remplaçant T'_1 dans l'une des équations (ou bien en permutant les indices 1 et 2 de la relation (1)), on obtient la température de la 2e jonction :

$$\boxed{T'_2 = \frac{(K + K_1) K_2 T_2 + K K_1 T_1}{(K + K_1) K_2 + K K_1}} \qquad (2)$$

2° D'après (1) et (2), l'écart de température entre les deux jonctions est (les dénominateurs des expressions de T'_1 et T'_2 étant les mêmes) :

$$\boxed{T'_1 - T'_2 = \frac{K_1 K_2}{K_1 K_2 + K (K_1 + K_2)} (T_1 - T_2)} \qquad (3)$$

Puisque les coefficients K, K_1 et K_2 sont supposés constants,il y a bien proportionnalité entre $T'_1 - T'_2$ et $T_1 - T_2$.

3° *a*) D'après (3), la conductibilité thermique cherchée s'écrit :

$$\boxed{K = \frac{K_1 K_2}{K_1 + K_2} \left(\frac{T_1 - T_2}{T'_1 - T'_2} - 1 \right)}$$

Application numérique :

$K =$ **208 Watt.m^{-1}.°C^{-1}**

b) Connaissant la valeur expérimentale de K, on peut calculer (avec T_1 et T_2 en degrés Kelvin).

* la température de la jonction acier-aluminium, d'après (1)
$T'_1 = 298{,}1\ K = 25{,}1\ °C$;
* la température de la jonction aluminium-cuivre, d'après (2)
$T'_2 = 281{,}9\ K = 8{,}9\ °C$.

17 – DISTRIBUTION DES TEMPERATURES DANS UN MATERIAU DE CONDUCTIBILITE THERMIQUE K EN 1/T

Un matériau remplit l'espace compris entre deux plaques métalliques parallèles, distantes de L. La conductibilité thermique K de ce matériau est inversement proportionnelle à la température absolue : $K . T = C_0$ (C_0 = constante donnée, caractéristique du matériau). Les températures des deux plaques sont maintenues aux valeurs T_0 et T_1 ($T_0 > T_1$).

Un écoulement de chaleur se produit suivant la direction $x'0x$ normale aux plaques, l'origine 0 étant le centre de la plaque le plus chaude. Déterminer, en régime permanent :

1° La quantité de chaleur Q_1 qui traverse par unité de temps une section du matériau d'aire A, parallèle aux plaques métalliques, en fonction de A, C_0, L et du rapport T_1/T_0 ;

2°

a) la loi de distribution de la température $T(x)$ en tout point d'abscisse x du matériau $(0 < x < h)$;

b) la loi de variation de la conductibilité thermique avec x.

3° Calculer la température T, la conductibilité thermique K et le gradient de température au centre du matériau.

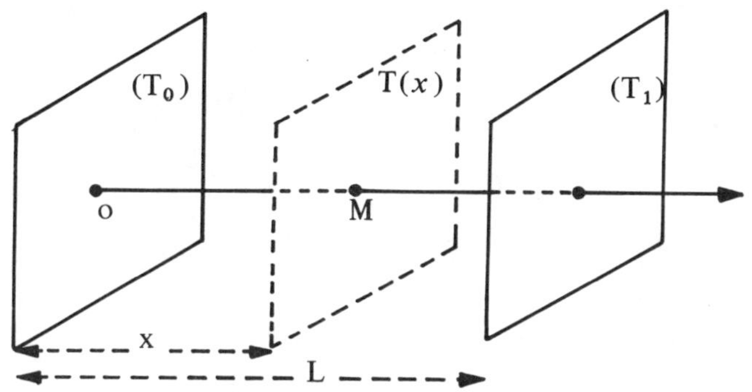

Figure I,15

Solution

1° En régime permanent, la densité de flux de chaleur est constante et s'exprime par la loi de Fourier $J_Q = -K \dfrac{dT}{dx}$ avec, dans notre cas, $K = \dfrac{C_0}{T}$,

donc $J_Q = -\dfrac{C_0}{T} \cdot \dfrac{dT}{dx}$. Séparons les variables : $\dfrac{dT}{T} = -\dfrac{J_Q}{C_0} dx$ (1)

Intégrons (1) entre les deux plaques qui limitent le matériau, compte tenu de $J_Q = \text{cte}$:

$$\int_{T_0}^{T_1} \frac{dT}{T} = -\frac{J_Q}{C_0} \int_0^L dx \quad \text{soit, } ln\left(\frac{T_1}{T_0}\right) = -\frac{J_Q}{C_0} \cdot L$$

On en déduit la densité de flux de chaleur :

$$J_Q = \frac{C_0}{L} ln\left(\frac{T_0}{T_1}\right)$$

et la quantité de chaleur que traverse par seconde n'importe quelle section d'aire A parallèle aux deux plaques

$$Q_1 = J_Q \,.\, A \quad \text{ou} \quad \boxed{Q_1 = \frac{A\,.\,C_0}{L}\, ln\left(\frac{T_0}{T_1}\right)}$$

2°

a) Intégrons (1) entre l'origine 0 et un point M du matériau à la distance x de 0 :

$$\int_{T_0}^{T} \frac{\mathrm{d}T}{T} = -\frac{J_Q}{C_0}\int_0^x \mathrm{d}x\,, \text{ soit } ln\left(\frac{T}{T_0}\right) = -\frac{J_Q}{C_0}\,x$$

donc $T(x) = T_0\, e^{-\frac{J_Q}{C_0}x}$

La loi de distribution des températures, suivant l'axe $0x$ du matériau, est donc d'après (2) :

$$T(x) = T_0\, e^{-(ln\frac{T_0}{T_1})\frac{x}{L}} \quad \text{ou} \quad \boxed{T(x) = T_0\,.\left(\frac{T_0}{T_1}\right)^{-x/L}} \qquad (3)$$

b) La conductibilité thermique varie donc dans le matériau suivant la loi :

$$K(x) = \frac{C_0}{T(x)} \quad \text{ou} \quad \boxed{K(x) = \frac{C_0}{T_0}\left(\frac{T_0}{T_1}\right)^{x/L}} \qquad (4)$$

$K(x)$ croît donc exponentiellement avec x depuis $\frac{C_0}{T_0}$ jusqu'à $\frac{C_0}{T_1}$.

3° Au centre du matériau ($x = L/2$),

* la température est, d'après (3), $T = T_0\left(\frac{T_0}{T_1}\right)^{-1/2}$ ou $\boxed{T = \sqrt{T_0\,T_1}}$

* la conductibilité thermique est, d'après (4), $\boxed{K = \frac{C_0}{\sqrt{T_0\,T_1}}}$

Au point M d'abscisse x, le gradient de température est d'après (1), (2) et (3) :

$$\frac{\mathrm{d}T}{\mathrm{d}x} = -T\frac{J_Q}{C_0} \quad \text{donc} \quad \frac{\mathrm{d}T}{\mathrm{d}x} = -\frac{T_0}{L}\left(\frac{T_0}{T_1}\right)^{-x/L} ln\left(\frac{T_0}{T_1}\right)$$

donc, au centre $\left(x = \frac{L}{2}\right)$, on a :

$$\boxed{\left(\frac{\mathrm{d}T}{\mathrm{d}x}\right)_{\text{centre}} = -\frac{\sqrt{T_0\,T_1}}{L}\, ln\left(\frac{T_0}{T_1}\right)}$$

18 – CONDUCTION THERMIQUE A SYMETRIE CYLINDRIQUE

Un élément de combustible de réacteur nucléaire est caractérisé par sa conductibilité thermique supposée constante $K_0 = 30$ watt.m^{-1} . °C^{-1} et par sa puissance calorifique volumique $p = 640$ mégawatt/m^3. La surface externe de l'élément est maintenue à la température $T_0 = 450$ K.

1° L'élément est un cylindre homogène de rayon $R_0 = 16$ mm. Montrer que la loi de température en tout point de l'élément, à la distance r de l'axe, est de la forme $T(r) = a - b \,.\, r^2$. On calculera les coefficients a et b. Que représente a ?

2° L'élément a maintenant la forme d'un tube cylindrique de rayon extérieur $R_0 = 16$ mm et de rayon intérieur R_i. La surface intérieure de ce tube est supposée parfaitement isolée thermiquement.

a) Déterminer la nouvelle loi de température $T(r)$.

b) Quelle valeur faut-il donc à R_i pour diminuer de moitié la température maximale absolue atteinte par l'élément de combustible ?

c) Calculer, dans ces conditions, la densité de flux de chaleur sur la surface externe de cet élément de combustible.

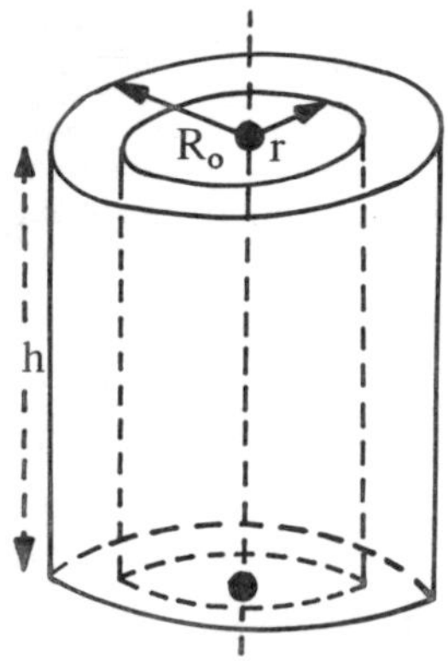

Figure I,16

Solution

1° Soit h la hauteur de l'élément cylindrique. La symétrie cylindrique impose une température fonction seulement de la distance r.

La densité du flux de chaleur dans n'importe quelle direction radiale est, d'après la loi de Fourier,

$$j_Q = -K_0 \frac{\mathrm{d}T}{\mathrm{d}r} \qquad (\vec{j}_Q \text{ radial})$$

Le flux de chaleur à travers une surface cylindrique quelconque de rayon r, donc de surface latérale $2\pi r h$, est

$$p \, . \, \pi r^2 h = j_Q \, . \, S_{\text{latérale}} = -K_0 \frac{dT}{dr} \, . \, 2\pi r h$$

On en déduit l'équation différentielle

$$dT = -\frac{p}{2K_0} r dr$$

Intégrons entre r et R_0 : $T(r) - T_0 = -\dfrac{p}{4K_0}(r^2 - R_0^2)$, soit

$$\boxed{T(r) = \left(T_0 + \frac{p R_0^2}{4K_0}\right) - \frac{p}{4K_0} r^2} \qquad (1)$$

de la forme $T(r) = a - br^2$ avec $\begin{cases} a = T_0 + \dfrac{pR_0^2}{4K_0} = \mathbf{1815\ K} \\ \text{et } b = \dfrac{p}{4K_0} = \mathbf{5{,}33 . 10^6 . K/m^2} \end{cases}$ (2)

Sur l'axe ($r = 0$), la température est maximale d'après (1) ; donc $a = 1815$ K représente la température maximale de l'élément.

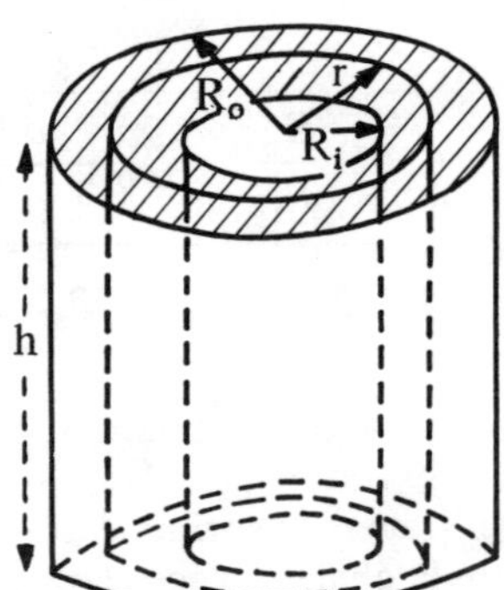

Figure I,17

2°

a) Le flux thermique à travers une surface cylindrique de rayon r ($R_i < r < R_0$), donc de surface latérale $2\pi r h$, est :

$$p\pi(r^2 - R_i^2) h = j_Q \, S_{\text{latérale}} = -K_0 \frac{dT}{dr} 2\pi r h$$

On en déduit la nouvelle équation différentielle

$$dT = -\frac{p}{2K_0}\left(r\,dr - R_i^2\frac{dr}{r}\right)$$

Intégrons entre r et R_0 ; il vient

$$T(r) - T_0 = -\frac{p}{2K_0}\left(\frac{r^2 - R_0^2}{2} - R_i^2\, ln\frac{r}{R_0}\right)$$

La nouvelle loi de température s'écrit donc

$$\boxed{T(r) = \left(T_0 + \frac{pR_0^2}{4K_0} - \frac{pR_i^2}{2K_0}\, ln\frac{R_0}{r}\right) - \frac{p}{4K_0}r^2} \qquad (3)$$

b) La température est extrémale pour $\frac{dT}{dr} = 0$, soit $\frac{p}{2K_0}\left(R_i^2\cdot\frac{1}{r} - r\right)$ $= 0$ donc $r = R_i$. La nouvelle température maximale est alors, d'après (3),

$$T_{max} = T(R_i) = T_0 + \frac{pR_0^2}{4K_0} - \frac{pR_i^2}{4K_0}\left(1 + 2\,ln\frac{R_0}{R_i}\right) \qquad (4)$$

La température maximale de ce cylindre creux est moitié de celle du cylindre plein si $T_{max} = \frac{a}{2}$ sont, d'après (2) et (4),

$$\boxed{\frac{pR_i^2}{2K_0}\left(1 + 2\,ln\frac{R_0}{R_i}\right) = T_0 + \frac{pR_0^2}{4K_0}}$$

soit numériquement $R_i^2\,(6,54 - 2\,ln\,R_i) = 170,1$. (où R_i est exprimé en mm).

On obtient par une méthode d'encadrement $R_i \simeq$ **8,8 mm.**

c) Le flux de chaleur à travers la surface latérale externe ($r = R_0$) est, puisque par hypothèse toute la chaleur s'écoule par la surface extérieure,

$$p\,.\,\pi(R_0^2 - R_i^2)\,h = j_Q\,.\,S_{\substack{\text{latérale}\\\text{extérieure}}} = j_Q\,.\,2\pi R_0 h$$

On en déduit la densité de flux de chaleur sur la surface extérieure :

$$\boxed{j_Q = \frac{p}{2}\left(R_0 - \frac{R_i^2}{R_0}\right)}$$

Application numérique :

J_Q **= 3,57.10⁶ Watt.m⁻².**

19 – EFFET JOULE ET CONDUCTION THERMIQUE DANS UN FIL GAINE. MESURE DE CONDUCTIVITE

Un très long fil métallique cylindrique, de conductivité électrique γ, de conductibilité thermique K, de rayon a, et de résistance R par unité de longueur, est enveloppé d'une gaine cylindrique de même axe que le fil, d'épaisseur e, de conductivité électrique nulle et de conductibilité thermique K'. La paroi extérieure de la gaine est maintenue à la température T_e. Un courant électrique constant d'intensité I parcourt le fil métallique. On supposera qu'un *régime stationnaire* de conduction thermique s'établit.

1° Déterminer en tout point G de la gaine, à la distance r de l'axe :

a) la densité $\vec{j_Q}(r)$ du flux de chaleur dans la gaine ;

b) la loi de température $T(r)$ à l'intérieur de la gaine.

2° Déterminer en tout point C du conducteur, à la distance r de l'axe :

a) la densité $\vec{j_Q}(r)$ du flux de chaleur dans le métal ;

b) la loi de température $T(r)$ à l'intérieur du métal.

3° On donne $a = 6$ mm ; $e = 12$ mm ; $T_e = 290$ K ; $I = 850$ A ; $R = 8.10^{-4}$ Ω/m. On mesure la température sur l'axe du fil $T_1 = 295{,}3$ K et la température sur la surface de contact métal-gaine $T_2 = 294{,}9$ K. En déduire les conductibilités thermiques K et K' du métal et de la gaine.

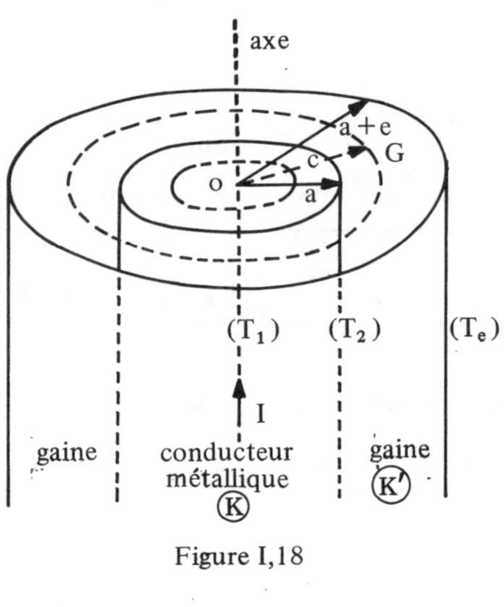

Figure I,18

Solution

1°

a) La chaleur dissipée en une seconde par effet Joule, dans la portion de conducteur de longueur h , de résistance $R.h$, est mesurée par la puissance calorifique

$$\dot{Q} = \mathcal{P} = (R.h)\, I^2 \qquad (1)$$

Ce flux de chaleur s'écoule à travers toute surface cylindrique de la gaine de rayon $r (a < r < a + e)$ donc de surface latérale $2\pi r h$, avec une densité $\vec{j_Q}(r)$ radiale, telle que :

$$\dot{Q} = j_Q(r) \, . \, 2\pi r \, . \, h \qquad (2)$$

On en déduit, d'après (1) et (2),

$$j_Q(r) = \frac{RI^2}{2\pi} \cdot \frac{1}{r} \text{ ou } \boxed{\vec{j_Q}(r) = \frac{RI^2}{2\pi} \cdot \frac{\vec{r}}{r^2}} \qquad (3)$$

b) D'après la loi de Fourier, la densité de flux thermique dans la gaine est $\vec{j_Q} = -K' \dfrac{\mathrm{d}T}{\mathrm{d}r} \cdot \dfrac{\vec{r}}{\vec{r}}$, donc le gradient de température dans la gaine est, d'après (3),

$$\frac{\mathrm{d}T}{\mathrm{d}r} = -\frac{RI^2}{2\pi K'} \cdot \frac{1}{r}.$$

On obtient par intégration

$$T = -\frac{RI^2}{2\pi K'} \ln r + \text{cte}$$

Si $r = a + e$, on a $T = T_e$, donc $\text{cte} = T_e + \dfrac{RI^2}{2\pi K'} \ln(a + e)$; on en déduit la loi de distribution des températures dans la gaine

$$\boxed{T(r) = T_e + \frac{RI^2}{2\pi K'} \ln \frac{a + e}{r}} \qquad (4)$$

2°

a) La densité de courant dans le conducteur métallique est $\vec{i} = \gamma \vec{E}$ d'après la loi d'Ohm ($\vec{E}$ = champ électrique) avec $i = \dfrac{I}{S} = \dfrac{I}{\pi a^2}$.

La puissance dissipée par effet Joule par unité de volume est donc $\vec{i} \, . \, \vec{E} = \dfrac{i^2}{\gamma} = \dfrac{I^2}{\pi^2 a^4 \gamma}$

La quantité de chaleur dissipée par seconde dans la position de conducteur métallique de rayon $r (r < a)$ et de longueur h, est donc

$$Q = \frac{I^2}{\pi^2 a^4 \gamma} . \pi r^2 h = \frac{I^2 h}{\pi a^4 \gamma} r^2 \tag{5}$$

Cette chaleur est dissipée à travers la surface cylindrique et de rayon r $(r < a)$ avec une densité de flux thermique $j_Q(r)$ telle que

$$\dot{Q} = j_Q \,.\, 2 \pi r h \tag{6}$$

soit, d'après (5) et (6),

$$j_Q = \frac{I^2}{2 \pi^2 a^4 \gamma} r$$

Introduisons la résistance par unité de longueur $R = \frac{1}{\gamma} . \frac{1}{\pi a^2}$; il vient, puisque $\vec{j_Q}$ est radial

$$\boxed{\vec{j_Q} = \frac{RI^2}{2 \pi a^2} \vec{r}} \tag{7}$$

b) D'après la loi de Fourier, $j_Q = - K \frac{\mathrm{d}T}{\mathrm{d}r}$ dans le métal, soit d'après (7), $\frac{\mathrm{d}T}{\mathrm{d}r} = - \frac{RI^2}{2 \pi a^2 K} r$ et, par intégration,

$$T = - \frac{RI^2}{4 \pi a^2 K} r^2 + \text{cte}$$

Si $r = a$, on a $T = T_e + \frac{RI^2}{2 \pi K'} \ln \frac{a + e}{a}$ d'après (4), donc

$$\text{cte} = T_e + \frac{RI^2}{4 \pi^2 K} + \frac{RI^2}{2 \pi K'} \ln \left(1 + \frac{e}{a} \right) .$$

On en déduit la loi $T(r)$ dans le fil métallique :

$$\boxed{T(r) = T_e + \frac{RI^2}{2 \pi K'} \ln \left(1 + \frac{e}{a} \right) + \frac{RI^2}{4 \pi K} \left(1 - \frac{r^2}{a^2} \right)} \tag{8}$$

3°

* Sur l'axe $(r = 0)$ la température est, d'après (8),

$$T_1 = T_e + \frac{RI^2}{4\pi} \left[\frac{1}{K} + \frac{2}{K'} \ln \left(1 + \frac{e}{a} \right) \right] \tag{9}$$

* Sur la surface intérieure de la gaine $(r = a)$; la température est d'après (4) ou (8)

$$T_2 = T_e + \frac{RI^2}{2 \pi K'} \ln \left(1 + \frac{e}{a} \right) \tag{10}$$

* En soustrayant (9) et (10), il vient $T_1 - T_2 = \dfrac{RI^2}{4\pi K}$, donc

$$\boxed{K = \frac{RI^2}{4\pi(T_1 - T_2)}}$$

Enfin, d'après (10), on a

$$\boxed{K' = \frac{RI^2 \ln\left(1 + \dfrac{e}{a}\right)}{2\pi(T_2 - T_e)}}$$

Application numérique :

$K = $ **115 Watt . m^{-1} . °C^{-1}** et $K' \simeq$ **21 Watt.m^{-1} . °C^{-1}**

20 – CONDUCTIVITE THERMIQUE A SYMETRIE SPHERIQUE

L'espace compris entre deux armatures sphériques concentriques, de centre O et de rayons r_1 et r_2 ($r_2 > r_1$) est rempli d'un matériau homogène et isotrope de conductivité thermique K supposée indépendante de la température.

L'armature de rayon R_1 est maintenue à la température T_1 et l'armature de rayon R_2 est maintenue à la température extérieure T_2 ($T_2 > T_1$)

1° Déterminer, en fonction des données :

a) le flux de chaleur $\dot{Q}$ à travers une surface quelconque du matériau ;

b) la résistance thermique $R = \dfrac{T_1 - T_2}{\dot{Q}}$ de ce matériau. On justifiera cette définition par analogie avec celle de la résistance électrique.

2° Exprimer, à l'aide de r_1, r_2, T_1 et T_2 :

a) la loi de température $T(r)$ dans le matériau, à la distance r de O ;

b) le vecteur densité de flux de chaleur au voisinage immédiat de l'armature externe.

3° On entoure l'armature sphérique de rayon r_2 par une gaine métallique d'épaisseur constante e, de conductibilité thermique K' constante. L'armature interne est maintenue à la température T_1 et la surface extérieure de la gaine est maintenue à la température extérieure T_2.

Déterminer, en régime permanent, la température T_0 sur la surface sphérique communie aux matériaux de conductibilité thermique K et K'.

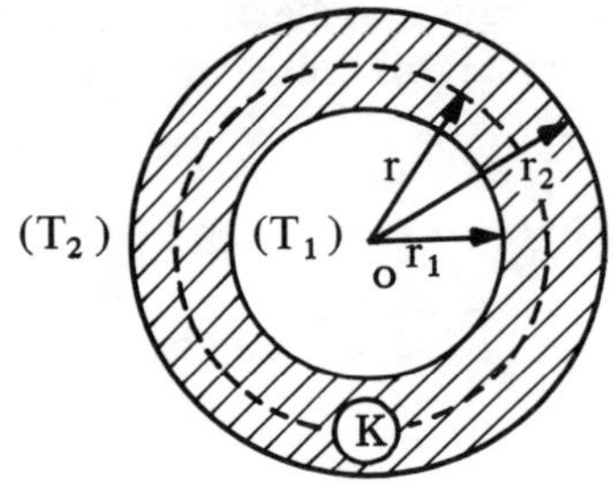

Figure I,19

Solution

1°

a) • Le flux de chaleur (ou chaleur écoulée par unité de temps) qui traverse une surface sphérique quelconque de centre O et de rayon r $(r_1 < r < r_2)$ est $\dot{Q} = \iint \vec{j}_Q \cdot \mathrm{d}\vec{s}$. Par raison de symétrie, la densité de flux de chaleur j_Q est radiale, donc d'après la loi de Fourier (si $\frac{\vec{r}}{r}$ est le vecteur unitaire radial)

$$\vec{j}_Q = -K \frac{\mathrm{d}T}{\mathrm{d}r} \cdot \frac{\vec{r}}{r} \qquad (1)$$

On en déduit le flux thermique $\dot{Q} = -K \dfrac{\mathrm{d}T}{\mathrm{d}r} \cdot 4\pi r^2$

• Puisque $\dot{Q}$ = cte en régime stationnaire (indépendant du temps) on peut séparer les variables :

$$\mathrm{d}T = -\frac{\dot{Q}}{4\pi K} \cdot \frac{\mathrm{d}r}{r^2} \qquad (2)$$

Intégrons (2) entre les deux armatures :

$$T_1 - T_2 = \frac{\dot{Q}}{4\pi K}\left(\frac{1}{r_1} - \frac{1}{r_2}\right) \quad \text{donc} \quad \boxed{\dot{Q} = 4\pi K r_1 r_2 \cdot \frac{T_1 \cdot T_2}{r_2 - r_1}} \qquad (3)$$

b) On en déduit, d'après (3), la résistance thermique : $R = \dfrac{T_1 - T_2}{\dot{Q}}$

soit

$$\boxed{R = \frac{r_2 - r_1}{4\pi K \cdot r_1 r_2}}$$

Elle ne dépend que de la forme et de la nature du matériau.

Les analogies entre la conduction électrique et la conduction thermique justifient la dénomination "résistance thermique" ; en effet :

* à la densité de courant électrique $\vec{i} = \rho \, . \, \vec{v}$, on associe la densité de flux thermique $\vec{j_Q} = -K \dfrac{\mathrm{d}T}{\mathrm{d}r} . \dfrac{\vec{r}}{r}$

* au courant électrique $I = \iint \vec{i} . \mathrm{d}\vec{s}$, on associe le flux thermique $\dot{Q} = \iint \vec{j_Q} . \mathrm{d}\vec{s}$

* au potentiel électrique V, on associe la température T

* donc à la résistance électrique $R = \dfrac{V_1 - V_2}{I}$, on associe la résistance thermique $R = \dfrac{T_1 - T_2}{\dot{Q}}$

2°

a) L'équation différentielle (2) s'écrit, en éliminant $\dot{Q}$ à partir de (3),

$$\mathrm{d}T = -\frac{(T_1 - T_2)\, r_1 r_2}{r_2 - r_1} . \frac{\mathrm{d}r}{r^2}$$

On obtient par intégration la loi dans le matériau :

$$T(r) = \frac{(T_1 - T_2)\, r_1 r_2}{r_2 - r_1} . \frac{1}{r} + \text{cte}$$

Si $r = r_1$, on a $T = T_1$, donc cte $= T_1 - \dfrac{(T_1 - T_2)\, r_2}{r_2 - r_1}$; on en déduit la loi

$$\boxed{T(r) = T_1 - \frac{T_1 - T_2}{r_2 - r_1}\, r_2 \left(1 - \frac{r_1}{r}\right)}$$

3°

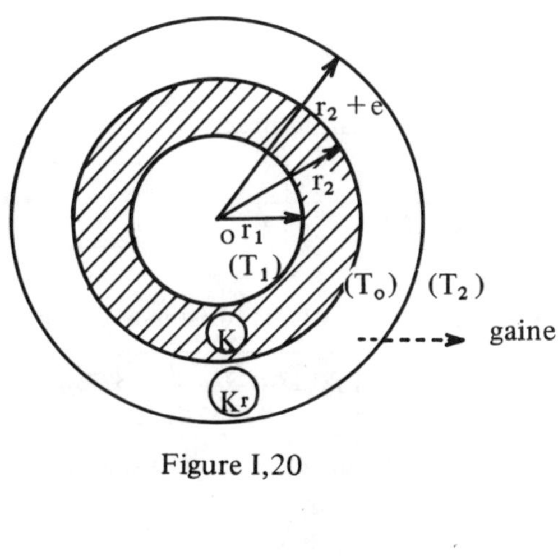

Figure I,20

En utilisant la relation (3) et en la transposant, on obtient :

- le flux thermique dans le matériau de conductibilité K

$$\dot{Q} = 4\pi K r_1 r_2 \frac{T_0 - T_1}{r_2 - r_1}$$

- le flux thermique dans la gaine de conductibilité K' :

$$\dot{Q}' = 4\pi K' r_2 (r_2 + e) \frac{T_2 - T_0}{e}$$

Or, en régime permanent, le flux de chaleur est le même dans les matériaux, donc

$$\dot{Q} = \dot{Q}' \quad \text{ou} \quad K r_1 \frac{T_0 - T_1}{r_2 - r_1} = K'(r_2 + e) \frac{T_2 - T_0}{e}$$

On en déduit la température cherchée

$$\boxed{T_0 = \frac{Ker_1 T_1 + K'(r_2 - r_1)(r_2 + e) T_2}{Ker_1 + K'(r_2 - r_1)(r_2 + e)}}$$

21 – CALCUL DE LA CONDUCTIBILITE THERMIQUE K D'UN GAZ MONOATOMIQUE. RELATION ENTRE K ET ℓ

1° Montrer que la conductibilité thermique K d'un gaz monoatomique, de concentration n molécules par unité de volume, est liée au libre parcours moyen l et à la vitesse moyenne $\overline{v}$ des molécules par la relation

$$K = \frac{k}{2} \cdot l \cdot n \cdot \overline{v}$$

où $k = 1{,}38.10^{-23}$ S.I. désigne la constante de Boltzmann.

On supposera qu'à la température absolue T, l'énergie d'une molécule est $\frac{3}{2} kT$, et que la conduction thermique est unidirectionnelle.

2° L'argon, gaz monoatonique, remplit l'espace compris entre deux armatures parallèles distantes de $d = 4$ cm. On maintient les armatures aux températures respectives $T_1 = + 3°C$ et $T_2 = - 3°C$,et la pression moyenne de l'argon est 1 atmosphère. Déterminer :

a) le libre parcours moyen des molécules d'argon ;

b) la conductibilité thermique K moyenne de l'argon ;

c) la densité de flux de chaleur qui s'écoule dans l'argon.

On donne pour l'argon : masse molaire $M = 40$ g ; diamètre des molécules $\delta = 3{,}5$ Å ; constante des gaz parfaits $R = 8{,}31$ J/K.mole. On admettra que la vitesse moyenne des molécules est $\overline{v} = \sqrt{\dfrac{8\,RT}{\pi M}}$.

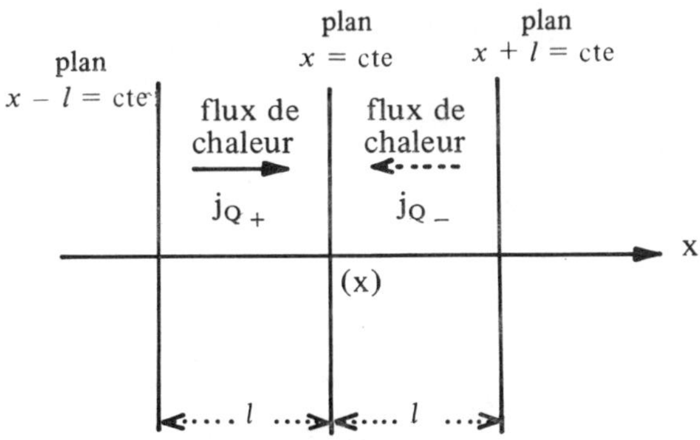

Figure I,21

Solution

1° soit $\overline{\epsilon}(x)$ l'énergie moyenne d'un molécule à l'abscisse x. Parmi les n molécules par unité de volume, $n/3$ ont une vitesse moyenne dirigée suivant la direction Ox d'écoulement de chaleur et la moitié d'entre elles, soit $n/6$, ont une vitesse moyenne suivant les x positifs et $n/6$ suivant les x négatifs.

• Toute molécule qui franchit le plan $x =$ cte, en provenance du plan situé en amont, a subi sa dernière collision au niveau du plan $(x - l)$, d'après la définition du libre parcours moyen, et chacune de ces molécules transporte donc l'énergie moyenne $\overline{\epsilon}(x - l)$.

• Le flux d'énergie qui traverse la surface du plan $x =$ cte, par unité de temps, dans le sens des x positifs, est donc, puisque l est très petit :

$$J_{Q_+} = \frac{n}{6} \cdot \overline{v} \,.\, \overline{\epsilon}\,(x - l) \simeq \frac{n}{6}\, \overline{v} \left[\overline{\epsilon}\,(l) - \frac{l\, \partial \overline{\epsilon}}{\partial x} \right] \qquad (1)$$

• De même, le flux d'énergie qui traverse la surface unité du plan $x =$ cte, par unité de temps, dans le sens des x négatifs est (puisque ces molécules ont subi leur dernière collision au niveau du plan $x + l$ en aval).

$$J_{Q_-} = \frac{n}{6}\, \overline{v} \,.\, \overline{\epsilon}\,(x + l) = \frac{n}{6}\, \overline{v} \left[\overline{\epsilon}\,(l) + \frac{l\, \partial \overline{\epsilon}}{\partial x} \right] \qquad (2)$$

• La densité de flux d'énergie global qui traverse le plan x = cte dans le sens Ox est donc $J_Q = J_{Q+} - J_{Q-}$ soit, d'après (1) et (2),

$$J_Q = -nl\frac{\overline{v}}{3}\frac{\partial \overline{\epsilon}}{\partial x} = -nl\frac{\overline{v}}{3}\frac{\partial \overline{\epsilon}}{\partial T}\cdot\frac{\partial T}{\partial x}$$

en comparant avec la relation de Fourier $J_Q = -K\frac{\partial T}{\partial x}$, il vient

$$\boxed{K = nl\frac{\overline{v}}{3}\frac{\partial \overline{\epsilon}}{\partial T}}$$

• Pour un gaz monoatomique, l'énergie d'une molécule est $\overline{\epsilon} = \frac{3}{2}kT$,

donc $\frac{\partial \overline{\epsilon}}{\partial T} = \frac{3}{2}k$, donc

$$\boxed{K = \frac{k}{2}ln\overline{v}} \qquad (3)$$

2°

a) Le libre parcours moyen des molécules d'argon est (cf. probl. 3, chap. 1) $l = \frac{1}{\sqrt{2}}\cdot\frac{1}{n\pi\delta^2}$ avec $n = \frac{p}{kT}$, soit

$$\boxed{l = \frac{k}{\pi\sqrt{2}\delta^2}\cdot\frac{T}{p}} \qquad (4)$$

A la température moyenne $T = 0\,°C = 273$ K et sous la pression moyenne $p = 10^5$ Pa, on obtient d'après (4), l = **690 Å**.

b) La concentration moléculaire de l'argon, supposé parfait, est $n = \frac{p}{kT}$.

Portons dans (3) ; compte tenu de $\overline{v} = \sqrt{\frac{8RT}{\pi M}}$ et de la relation (4), on obtient

$$K = \frac{k}{\pi\delta^2}\sqrt{\frac{RT}{\pi M}}$$

Ce coefficient, indépendant de la pression, est proportionnel à $\sqrt{T}$; à la température moyenne $T = 273$ K, on obtient numériquement :
$K = 4{,}8.10^{-3}$ **Watt.m^{-1}.degré$^{-1}$**.

c) D'après la loi de Fourier, la densité de flux thermique qui traverse la couche d'argon est $J_Q = -K\dfrac{\partial T}{\partial x}$ ou $\boxed{J_Q = -K\dfrac{T_2 - T_1}{d}}$ soit

$$J_Q = 0{,}72 \text{ Watt/m}^2$$

22 – EQUATION DE CONDUCTION DE LA CHALEUR. APPLICATIONS

Un barreau cylindrique métallique, limité par les plans de section $x = 0$ et $x = \mathrm{L}$, est caractérisé par sa chaleur massique c, sa masse volumique ρ et sa conductivité thermique K supposées constantes.

1° En régime *non permanent*, la température $T(x, t)$ du barreau est fonction de l'abscisse x et de l'instant t considérés.

a) Exprimer la conservation de l'énergie et établir l'équation de propagation de la chaleur sous la forme

$$\alpha \frac{\partial T}{\partial t} = \frac{\partial^2 T}{\partial x^2}$$

où α est un coefficient qu'on explicitera en fonction de c, ρ et K.

b) Déterminer la forme de la solution particulière $T(x, t)$ de cette équation différentielle sous forme du produit d'une fonction de x par une fonction de t :

$$T = f_1(x).f_2(t).$$

2° Le barreau cylindrique de longueur L est plongé dans un milieu de température T_0 maintenue constante, alors que la température initiale du barreau est $T(x, 0) = T_1 \sin\left(\dfrac{\pi x}{L}\right) + T_0$.

a) Appliquer les résultats de la 1re question pour déterminer la loi de distribution des températures $T(x, t)$ dans le barreau.

b) En déduire l'expression de la densité de flux de chaleur à l'instant t, au point du barreau d'abscisse x.

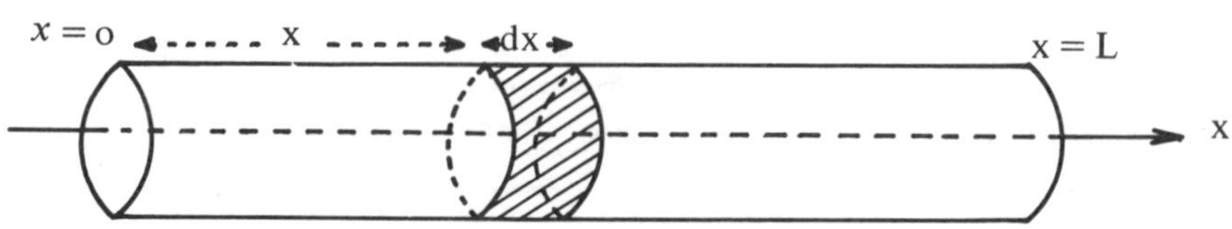

Figure I,22

Solution

1°

a) Soit S la section droite du barreau. Dans le volume élémentaire $S.dx$ du barreau compris entre les plans de section voisins x et $x + dx$, de masse $dm = \rho \,.\, Sdx$, la chaleur absorbée est $dm.c.d.T$.

D'après la loi de conservation de l'énergie, le bilan énergétique s'écrit :

Accroissement d'énergie dans le volume élémentaire Sdx par unité de temps	=	flux de chaleur entrant par le plan x = cte	−	flux de chaleur sortant par le plan $x + dx$ = cte

soit

$$dm.c\,\frac{\partial T}{\partial t} = J_Q\,(x).\,S - J_Q\,(x+dx).\,S \qquad (1)$$

avec $J_Q\,(x) - J_Q\,(x+dx) = J_Q\,(x) - \left[J_Q\,(x) + \frac{\partial J_Q}{\partial x}\,dx \right] = -\frac{\partial J_Q}{\partial x}\,dx$.

L'équation (1) s'écrit donc $\rho c.\,\frac{\partial T}{\partial t} = -\frac{\partial J_Q}{\partial x}\;dx$

Or, la densité de flux est donnée par la loi de Fourier :

$J_Q\,(x) = -K\,\frac{\partial T}{\partial x}$, donc $\frac{\partial J_Q}{\partial x} = -K\,\frac{\partial^2 T}{\partial x^2}$ (si on suppose K constant) ;

on en déduit $\rho c\,\frac{\partial T}{\partial t} = K\,\frac{\partial^2 T}{\partial x^2}$

ou

$$\boxed{\frac{\rho c}{K}.\,\frac{\partial T}{\partial t} = \frac{\partial^2 T}{\partial x^2}} \qquad (2)$$

L'équation de conduction de la chaleur est bien de la forme $\alpha\,\frac{\partial T}{\partial t} = \frac{\partial^2 T}{\partial x^2}$

avec

$$\boxed{\alpha = \frac{\rho\,.\,c}{K}} \qquad (3)$$

b) Admettons que l'équation (2) possède une solution de la forme $T\,(x\,,\,t) = f_1\,(x)\,.\,f_2\,(t)$; l'équation (2) s'écrit alors

$$\alpha f_1\,(x)\,\frac{d\,f_2\,(t)}{dt} = \frac{d^2\,f_1\,(x)}{dx^2}\,f_2\,(t) \qquad (4)$$

ou $$\alpha \cdot \frac{1}{f_2} \cdot \frac{df_2}{dt} = \frac{1}{f_1} \cdot \frac{d^2 f_1}{dx^2} \qquad (5)$$

Puisque le premier membre n'est fonction que de t et le second membre n'est fonction que de x, les deux membres de cette relation (5) sont égaux à une constante que l'on pose égale à $-\beta$

* Donc $\alpha \frac{1}{f_2} \cdot \frac{df_2}{dt} = -\beta$, soit $\frac{df_2}{f_2} = -\frac{\beta}{\alpha}\, dt.$

Intégrons : $\ln f_2(t) = -\frac{\beta}{\alpha}\, t$ soit

$$f_2(t) = e^{-\frac{\beta t}{\alpha}} \qquad (6)$$

* La relation (4) s'écrit alors, compte tenu de (6)

$$-\beta f_1\, e^{-\frac{\beta t}{\alpha}} = \frac{d^2 f_1}{dx^2} \cdot e^{-\frac{\beta t}{\alpha}}$$

On en déduit l'équation $\frac{d^2 f_1}{dx^2} + \beta f_1 = 0$

qui admet la solution

$$f_1(x) = a.\ \sin(\sqrt{\beta} x) + b \cos(\sqrt{\beta} x) \qquad (7)$$

Une solution de l'équation (2) est donc, d'après (6) et (7),

$$\boxed{T(x, t) = [a \sin\sqrt{\beta} x + b \cos\sqrt{\beta} x]\, e^{-\frac{\beta t}{\alpha}}} \qquad (8)$$

où a, b et β sont des constantes d'intégrations déterminées par les conditions aux limites.

2°

a) Le flux de chaleur s'écoule dans le sens des températures décroissantes jusqu'à atteindre un état d'équilibre (atteint théoriquement à l'instant infini)pour lequel tous les points de la barre seront à la température T_0 du milieu ambiant.

La *solution générale* de l'équation de la chaleur est donc la somme de deux solutions particulières : T_0 d'une part et l'expression (8) d'autre part, soit

$$T(x, t) = T_0 + [a \sin\sqrt{\beta} x + b \cos\sqrt{\beta} x]\, e^{-\frac{\beta t}{\alpha}} \qquad (9)$$

En particulier, à l'instant $t = 0$, on a donc :

$$T(x, 0) = T_0 + (a \sin\sqrt{\beta} x + b \cos\sqrt{\beta} x) = T_1 \sin\left(\frac{\pi}{L} x\right) + T_0$$

Par identification, on obtient donc les valeurs des constantes d'intégration :

$$a = T_1, \sqrt{\beta} = \frac{\pi}{L} \quad \text{soit} \quad \frac{\beta}{\alpha} = \frac{\pi^2 K}{\rho c L^2} \quad \text{et } b = 0$$

La loi (9) de distribution des températures le long du barreau s'écrit donc

$$\boxed{T(x, t) = T_0 + T_1 \sin\left(\frac{\pi}{L} x\right) . e^{-\frac{\pi^2 . K}{\rho c L^2} t}} \qquad (10)$$

Notons que les extrémités du barreau ($x = 0$ et $x = L$) conservent une température constante T_0 à tout instant, en accord avec (10).

b) La densité de flux de chaleur est liée au gradient des températures, à chaque instant, par la loi de Fourier $J_Q = -K \dfrac{\partial T}{\partial x}$, soit d'après (10),

$$\boxed{J_Q = -K \frac{\pi T_1}{L} \cos\left(\frac{\pi x}{L}\right) \cdot e^{-\frac{\pi^2 K}{\rho c L^2} t}}$$

Ce résultat est en accord avec le fait que la température du barreau deviendra uniforme (et égale à T_0) lorsque $J_Q = 0$, donc en un temps théoriquement infini.

CHAPITRE 2

TEMPÉRATURE. ÉQUATION D'ÉTAT. COEFFICIENTS THERMOÉLASTIQUES. GAZ RÉELS ET PARFAITS

I. ECHELLES THERMOMETRIQUES

• Considérons un système caractérisé par deux variables indépendantes, x et y, par exemple. Lorsque les valeurs de x et y demeurent constantes, tant que le milieu extérieur n'est pas modifié, on dit que le système est en *équilibre thermique*. On affecte alors au système la *température* θ, qui dépend évidemment du couple de variables x, y.

• Un thermomètre est un système où l'on maintient constante l'une des variables (y par exemple) ; on amène le thermomètre en équilibre thermique avec le système dont on cherche la température θ. La température d'équilibre θ ne dépend que de la variable thermométrique x (qui peut être le volume d'un fluide, la pression d'un fluide, la résistance d'un fil, . . .). La relation $\theta(x)$ définit l'échelle des températures.

1° **Echelle centésimale** (à deux points fixes)

L'échelle centésimale linéaire est définie par la fonction thermométrique

$$\boxed{\theta = ax + b} \, , \qquad (1)$$

où a et b sont déterminés par deux points fixes choisis arbitrairement ; on affecte :

– la température 0, lorsque le thermomètre est dans la glace fondante, saturée d'air, sous la pression atmosphérique normale ;

– la température 100, lorsque le thermomètre est dans la vapeur d'eau bouillante, sous la pression atmosphérique normale.

Si l'on désigne par x, x_0 et x_{100} les valeurs de la variable thermométrique, respectivement aux températures θ, 0 et 100, la relation (1) s'écrit

$$0 = ax_0 + b \quad \text{et} \quad 100 = ax_{100} + b \; .$$

On en déduit $a = \dfrac{100}{x_{100} - x_0}$ et $b = -\dfrac{100\, x_0}{x_{100} - x_0}$, soit, en portant dans la relation (1),

$$\theta = 100 \frac{x - x_0}{x_{100} - x_0} .$$

Inversement, la grandeur x est une fonction linéaire de la température θ :

$$x = x_0 \,(1 + K\theta) \quad \text{avec} \quad K = \frac{x_{100} - x_0}{100\, x_0} = -\frac{1}{b}.$$

• Notons que les thermomètres utilisant l'échelle centésimale ne peuvent pas mesurer mais seulement repérer la température θ (à cause du choix arbitraire des températures 0 et 100).

2° **Echelle absolue** (à un point fixe).

• Considérons un thermomètre à gaz ;

– à pression constante ($p = p_0$), le volume v est fonction linéaire de θ :

$$v = v_0 \,(1 + \alpha\theta) \; ; \qquad (2)$$

– à volume constant ($v = v_0$), la pression p est fonction linéaire de θ :

$$p = p_0 \,(1 + \beta\theta). \qquad (3)$$

L'expérience montre que, lorsque la pression initiale p_0 du gaz est très faible (le gaz se comporte comme un gaz parfait), tous les thermomètres à gaz définissent la même échelle de température θ, appelée alors température Celsius ou légale, quelle que soit la nature du gaz de remplissage ; si $p_0 \to 0$, les coefficients α et β tendent vers la valeur commune

$$\alpha = \beta = \frac{1}{273{,}15}.$$

• En désignant par x la variable thermométrique, les relations (2) et (3) s'écrivent plus généralement

$$\lim_{p_0 \to 0} x = x_0 \left(1 + \frac{\theta}{273{,}15}\right).$$

Posons $\boxed{\underset{(\mathrm{K})}{T} = \underset{(^\circ\mathrm{C})}{\theta} + 273{,}15}$ = température absolue ; il vient

$$\lim_{p_0 \to 0} x = x_0 \frac{T}{273{,}15}, \quad \text{soit} \quad T = 273{,}15 \lim_{p_0 \to 0} \frac{x}{x_0}.$$

Considérons alors la fonction thermométrique à un point fixe $T = Ax$, où le coefficient A est défini en attribuant arbitrairement la température $T = 273{,}16$ K (ou $\theta = 0{,}01$ °C) au point triple de l'eau. Si l'on désigne par x_t la valeur de la variable thermométrique au point triple de l'eau, la fonction thermométrique s'écrit

$$\boxed{T = 273{,}16 \lim_{p \to 0} \frac{x}{x_t}}\,.$$

Par exemple dans le cas d'un thermomètre à volume constant :

$$T = 273{,}16 \lim_{p \to 0} \frac{p}{p_t}.$$

Ces relations montrent que $\lim\limits_{p \to 0} \dfrac{pv}{T} =$ cte ; cette constante est indépendante de la nature du gaz.

• Notons que l'échelle absolue ainsi définie coïncide parfaitement avec l'échelle thermodynamique définie à partir du cycle de Carnot : la température T est une grandeur mesurable.

II. EQUATION D'ETAT. COEFFICIENTS THERMOELASTIQUES

1° Equation d'état

Un système à l'équilibre est caractérisé par les valeurs des variables indépendantes x et y. La température T du système étant fonction de x et y, il existe une relation entre les trois variables x, y et T :

$$\boxed{f(x, y, T) = 0}$$ appelée *équation d'état.*

Cette équation caractéristique du système permet de déterminer une des grandeurs x, y ou T, si l'on connaît les deux autres. Notons que l'on peut choisir comme variables indépendantes aussi bien le couple (x, y) que le couple (x, T) ou (y, T).

Exemples :

• l'équation d'état d'un fluide de masse donnée lie la pression p, le volume v et la température absolue T du fluide :

$$f(p, v, T) = 0\ ;$$

• l'équation d'état d'un fil tendu lie sa tension F, sa longueur l et sa température T :

$$f(F, l, T) = 0.$$

2° Relation aux dérivées partielles

Nous noterons $\left(\dfrac{\partial x}{\partial y}\right)_T$ la dérivée partielle de x par rapport à la variable y, à température T constante.

Considérons l'équation d'état d'un système : $f(x, y, T) = 0$;

– si l'on choisit les variables indépendantes y et T, la variation de x s'écrit

$$dx = \left(\frac{\partial x}{\partial y}\right)_T dy + \left(\frac{\partial x}{\partial T}\right)_y dT ; \tag{4}$$

– si l'on choisit les variables indépendantes x et T, la variation de y s'écrit

$$dy = \left(\frac{\partial y}{\partial x}\right)_T dx + \left(\frac{\partial y}{\partial T}\right)_x dT. \tag{5}$$

Or, la relation (4) s'écrit

$$dy = \frac{1}{\left(\frac{\partial x}{\partial y}\right)_T} dx - \frac{\left(\frac{\partial x}{\partial T}\right)_y}{\left(\frac{\partial x}{\partial y}\right)_T} dT; \tag{6}$$

en comparant les relations (5) et (6), on obtient les relations générales

$$\boxed{\left(\frac{\partial x}{\partial y}\right)_T \left(\frac{\partial y}{\partial x}\right)_T = 1} \quad \text{et} \quad \boxed{\left(\frac{\partial x}{\partial y}\right)_T \left(\frac{\partial y}{\partial T}\right)_x \left(\frac{\partial T}{\partial x}\right)_y = -1} \tag{7}$$

En permutant les rôles des variables x, y et T, on obtient des relations analogues.

3° Coefficients thermoélastiques

• A partir de l'équation d'état $f(p, v, T)$ d'un fluide, on peut prévoir ses propriétés thermoélastiques en déterminant ses coefficients thermoélastiques positifs α, β et χ :

– le coefficient d'augmentation de volume (dilatation) à pression constante (isobare), défini par la relation (1), est

$$\alpha = \frac{1}{v}\left(\frac{\partial v}{\partial T}\right)_p ;$$

– le coefficient d'augmentation de pression à volume constant (isochore), défini par la relation (2), est

$$\beta = \frac{1}{p}\left(\frac{\partial p}{\partial T}\right)_v ;$$

– le coefficient de compressibilité à température constante (isotherme), défini comme la variation relative du volume du fluide pour une variation de pression égale à l'unité, est

$$\chi = -\frac{1}{v}\left(\frac{\partial v}{\partial p}\right)_T .$$

Or, la relation (7) s'écrit dans le cas d'un fluide

$$\left(\frac{\partial v}{\partial p}\right)_T \left(\frac{\partial p}{\partial T}\right)_v \left(\frac{\partial T}{\partial v}\right)_p = -1 ;$$

on en déduit la relation générale entre les coefficients thermoélastiques :

$$\boxed{\frac{\chi\beta}{\alpha} = \frac{1}{p}}$$

• Les coefficients α et β peuvent être déterminés graphiquement à l'aide des isothermes d'Amagat d'équation $pv = A + Bp + Cp^2 + Dp^3 + \dots$ Dans le cas de pressions inférieures à 2 atmosphères, les isothermes ont pour équation $pv = A + Bp$ et sont représentées par une droite de pente B dans le diagramme d'Amagat (pv, p).

III. GAZ PARFAIT

1° Equation d'état

On a vu, au paragraphe (I, 2°), que pour un gaz réel, on a

$$\lim_{p \to 0} \frac{pv}{T} = \text{cte}.$$

Un gaz est parfait s'il obéit rigoureusement aux lois limites des gaz réels : donc pour un gaz parfait, quels que soient p et T, on aura

$$\frac{pv}{T} = \text{cte} ;$$

la constante est désignée par R pour 1 mole (1 mole = $\mathcal{N}$ molécules = 6.10^{23} molécules). L'équation d'état d'une mole de gaz parfait s'écrit donc

$$\frac{pv}{T} = R \text{ ou } pv - RT = 0 \quad \text{et} \quad \boxed{pv - nRT = 0} \text{ pour } n \text{ moles.}$$

2° Coefficients thermoélastiques

D'après l'équation d'état, on obtient

$$\alpha = \beta = \frac{1}{T} \text{ et } \chi = \frac{1}{p}.$$

PROBLEMES DU CHAPITRE 2

1 – ECHELLE THERMOMETRIQUE LINEAIRE

Un thermomètre à mercure, gradué linéairement, est plongé dans la glace fondante ; le mercure affleure à la division – 2. Dans la vapeur d'eau bouillante, sous 76 cm de mercure, il affleure à la division + 103.

1° Dans un bain tiède, le mercure affleure à la division $n = +70$. Déterminer la température θ du bain, indiquée par ce thermomètre.

2° Plus généralement, déterminer la correction à apporter à la lecture de la division n, sous la forme $\theta - n = f(n)$. En déduire la température θ pour laquelle aucune correction n'est nécessaire.

Solution

1° On choisit comme grandeur thermométrique le numéro n de la division où affleure le mercure. La relation linéaire thermométrique $\theta = f(n)$ s'écrit

$$\theta = an + b \,. \qquad (1)$$

– Dans la glace fondante ($\theta = 0°C$), $0 = an_0 + b$.

– Dans la vapeur d'eau bouillante ($\theta = 100°C$), $100 = an_{100} + b$.

On en déduit

$$a = \frac{100}{n_{100} - n_0} \quad \text{et} \quad b = -\frac{100\, n_0}{n_{100} - n_0}.$$

La relation (1) s'écrit donc

$$\boxed{\theta = 100.\ \frac{n - n_0}{n_{100} - n_0}}\,.$$

Application numérique : $n_0 = -2$, $n_{100} = +103$, $n = 70$, on trouve $\theta =$ **68,57°C.**

2° La correction à apporter est

$$\theta - n = n\,(a - 1) + b, \quad \text{d'après la relation (1),}$$

ou

$$\theta - n = \frac{n\,[100 - (n_{100} - n_0)] - 100\,n_0}{n_{100} - n_0}. \tag{2}$$

La correction thermométrique est donc une fonction linéaire de la graduation n.

Il n'y aura aucune correction à effectuer si $\theta - n = 0$, soit

$$\boxed{n = \theta = \frac{100\,n_0}{100 - (n_{100} - n_0)}} \quad \text{d'après la relation (2).}$$

Application numérique : On obtient $\theta =$ **40°C**.

2 – COMPARAISON DES ECHELLES CENTESIMALE ET CELSIUS DANS UN THERMOMETRE A RESISTANCE

L'équation thermométrique d'un thermomètre à résistance de platine est, entre 0°C et 630°C, de la forme

$$R = A_0 + A_1 t + A_2 t^2,$$

R désignant la résistance du fil de platine à la température Celsius t.

On donne $A_0 = 2\ \Omega$, $A_1 = 8{,}12 \cdot 10^{-3}\ \Omega \cdot {}^\circ C^{-1}$, $A_2 = -1{,}2 \cdot 10^{-6}\ \Omega \cdot {}^\circ C^{-2}$.

1° Exprimer l'écart $\theta - t$ entre la température centésimale linéaire θ définie par ce thermomètre et la température légale Celsius t, en fonction de t.

Application numérique : $t = 80$°C.

2° Déterminer à quelle température t_1 l'écart $\theta - t$ passe par une valeur maximale. En déduire cet écart maximal.

Solution

1° La température centésimale θ est définie par la relation

$$\frac{\theta}{100} = \frac{R - R_0}{R_{100} - R_0} \quad \text{avec } R = A_0 + A_1 t + A_2 t^2,\ R_0 = A_0,\ R_{100} = A_0 + 100\,A_1 + 10\,000\,A_2.$$

On en déduit

$$\theta = 100 \frac{A_1 t + A_2 t^2}{100\, A_1 + 10\,000\, A_2} \quad \text{ou} \quad \theta = \frac{A_1 t + A_2 t^2}{A_1 + 100\, A_2}.$$

L'écart entre les températures centésimale et Celsius est donc

$$\theta - t = \frac{A_1 t + A_2 t^2 - t(A_1 + 100\, A_2)}{A_1 + 100\, A_2},$$

ou

$$\theta - t = \frac{A_2 t\,(t - 100)}{A_1 + 100\, A_2}\,;$$

soit

$$\boxed{\theta - t = 1{,}5 \,.\, 10^{-4} t\,(100 - t)}\,. \qquad (1)$$

Application numérique : $t = 80°C$; on obtient $\theta - t = 0{,}240°C$.

2° L'écart $\theta - t$ est maximal lorsque le produit $t(100 - t)$ est maximal ; or il s'agit du produit de deux termes dont la somme est constante et égale à 100 ; ce produit est donc maximal lorsque les deux termes sont égaux, soit $t = 100 - t$, ou $\boxed{t_1 = 50°C}$.

L'écart maximal est alors donné par la relation (1),

$$(\theta - t)_{max} = 1{,}5 \,.\, 10^{-4} \times 50(50) = \mathbf{0{,}375°C}.$$

3 – CORRECTION DE LA COLONNE EMERGENTE D'UN THERMOMETRE

Un thermomètre à mercure plonge partiellement dans un bain dont on veut déterminer la température θ. Quand on l'enfonce jusqu'à la division $n = 10$ de la tige, il indique $t = 75{,}00°C$, et quand on l'enfonce jusqu'à la division $n' = 60$ de la tige, il indique $t' = 75{,}25°C$. En déduire la température θ du bain dans l'échelle de ce thermomètre à mercure : on donne la température de l'atmosphère $t_a = 15{,}00°C$.

Solution

Soit a le coefficient de dilatation apparente du mercure.

Dans l'expérience (1), les $(t - n)$ divisions à la température extérieure t_a correspondent, si elles étaient dans le bain de température θ, à un nombre de divisions

$$(t - n) \,.\, \frac{1 + a\theta}{1 + at_a} \approx (t - n)\,[1 + a\,(\theta - t_a)].$$

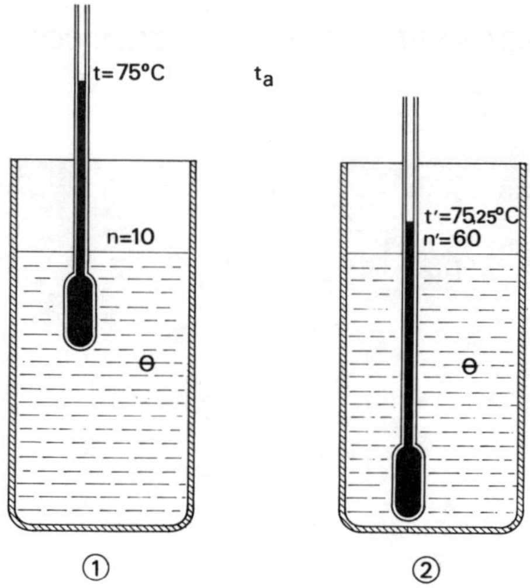

Figure II, 1

La température du bain, dans l'échelle thermométrique considérée, est

$$\theta = n + (t - n)[1 + a(\theta - t_a)]$$

ou

$$\theta = t + a(t - n)(\theta - t_a).$$

Or $\theta \approx t$, d'où

$$\boxed{\theta = t + a(t - n)(t - t_a)}. \quad (1)$$

Dans l'expérience (2), on aura de même

$$\boxed{\theta = t' + a(t' - n')(t' - t_a)}. \quad (2)$$

Application numérique : Les relations (1) et (2) deviennent

$$\begin{cases} \theta = 75 + a \,.\, 65 \,.\, 60 = 75 + 3\,900\, a, \\ \theta = 75{,}25 + a \,.\, 15{,}25 \,.\, 60{,}25 = 75{,}25 + 920\, a. \end{cases}$$

La résolution de ce système de deux équations donne la solution : θ = **75,33°C.**

4 – THERMOMETRE A GAZ A PRESSION CONSTANTE

Le gaz carbonique, qui obéit à l'équation de Van der Waals

$$\left(p + \frac{a}{v^2}\right)(v - b) = RT,$$

est employé dans un thermomètre à gaz à pression constante : $p_0 = 10^5\ \mathrm{N/m^2}$.

1° Exprimer la température θ indiquée par le thermomètre, sous la forme $\theta = t(1 + \epsilon)$, t étant la température Celsius (ou température légale).

2° Quelle température indique ce thermomètre à gaz plongé dans de l'eau à $t = 80°C$? Quelle est le désaccord relatif ? On fera les approximations nécessaires.

On donne les constantes relatives à une mole de gaz :

$$a = 0{,}36 \text{ S.I.} \quad \text{et} \quad R = 8{,}32 \text{ S.I.}$$

Solution

1° • A pression constante, la variable thermométrique est le volume du gaz ; la température θ définie par ce thermomètre est alors

$$\theta = 100 \cdot \frac{v - v_0}{v_{100} - v_0}, \tag{1}$$

v_0, v_{100} et v étant les valeurs respectives du volume du gaz lorsque le thermomètre est dans la glace fondante saturée d'air, dans la vapeur d'eau bouillante, et dans le système à la température θ.

• Or, d'après l'équation d'état, on a

$$v = \frac{RT}{p + \dfrac{a}{v^2}} + b.$$

Comme la pression interne est négligeable devant la pression p du gaz, $\dfrac{a}{v^2} \ll p$, on peut écrire

$$v \approx \frac{RT}{p}\left(1 - \frac{a}{pv^2}\right) + b = \frac{RT}{p} - \frac{aRT}{p^2 v^2} + b.$$

D'autre part, $\dfrac{aRT}{p^2 v^2} \approx \dfrac{a}{RT}$ car, en première approximation, on a $pv \approx RT$.

La grandeur thermométrique à pression constante est donc liée à la température T par la relation approchée

$$\boxed{v \approx \frac{RT}{p} - \frac{a}{R} \cdot \frac{1}{T} + b} \cdot \tag{2}$$

L'équation (1) s'écrit alors, compte tenu de la relation (2),

$$\theta = 100 \cdot \frac{\dfrac{R}{p}(T - T_0) - \dfrac{a}{R}\left(\dfrac{1}{T} - \dfrac{1}{T_0}\right)}{\dfrac{R}{p}(T_{100} - T_0) - \dfrac{a}{R}\left(\dfrac{1}{T_{100}} - \dfrac{1}{T_0}\right)},$$

ou

$$\theta = 100 \cdot \frac{(T - T_0)\left(\dfrac{R}{p} + \dfrac{a}{R} \cdot \dfrac{1}{TT_0}\right)}{(T_{100} - T_0)\left(\dfrac{R}{p} + \dfrac{a}{R} \cdot \dfrac{1}{T_{100}T_0}\right)}; \tag{3}$$

or, on a

$$\frac{T - T_0}{T_{100} - T_0} = \frac{t}{100}$$

et

$$\frac{\dfrac{R}{p} + \dfrac{a}{R} \cdot \dfrac{1}{TT_0}}{\dfrac{R}{p} + \dfrac{a}{R} \cdot \dfrac{1}{T_{100}T_0}} = \frac{1 + \dfrac{ap}{R^2 TT_0}}{1 + \dfrac{ap}{R^2 T_{100} T_0}} \approx 1 + \frac{ap}{R^2 T_0}\left(\frac{1}{T} - \frac{1}{T_{100}}\right)$$

$$= 1 + \frac{ap\,(T_{100} - T_0)}{R^2 TT_0 T_{100}}$$

(on a utilisé la formule approchée $\dfrac{1 + \epsilon}{1 + \epsilon'} \approx 1 + \epsilon - \epsilon'$).

D'après la relation (3), on obtient donc

$$\boxed{\theta = t\left[1 + \frac{ap\,(T_{100} - T)}{R^2 TT_0 T_{100}}\right]}.$$

2° Dans l'eau à 80°C, le thermomètre à gaz indique la température

$$\theta = 80\left(1 + \frac{0{,}36 \,.\, 10^5 \,.\, 20}{(8{,}32)^2 \,.\, 353 \,.\, 273 \,.\, 373}\right),$$

soit

$$\theta = 80\left(1 + \frac{1}{3\,450}\right) = \mathbf{80{,}023°C}.$$

Le désaccord relatif entre la température indiquée et la température légale est donc

$$\frac{\theta - t}{t} = \epsilon = \frac{1}{3\,450} \approx 3\ °/\text{ooo}.$$

5 – CALCUL DES COEFFICIENTS ELASTIQUES DU GAZ DE VAN DER WAALS

Une mole de gaz carbonique obéit à l'équation de Van der Waals :

$$\left(p + \frac{a}{v^2}\right)(v - b) = RT.$$

1° Exprimer, en fonction des variables indépendantes : volume v et température absolue T, les coefficients de dilatation à pression constante α et à volume constant β.

2° Trouver la relation générale entre le coefficient χ de compressibilité isotherme, les coefficients α et β et la pression p du gaz.

En déduire le coefficient χ du gaz de Van der Waals.

3° Dans le cas où l'on peut négliger la pression interne du gaz, montrer que $\chi = \dfrac{v}{R}\dfrac{\alpha^2}{\beta}$.

Solution

1° Différentions l'équation d'état du gaz, à *pression constante* :

$$\left(p + \frac{a}{v^2}\right)\mathrm{d}v - (v - b)\frac{2a}{v^3}\,\mathrm{d}v = R\mathrm{d}T\,.$$

Afin de ne conserver que les variables indépendantes T et v, remplaçons $p + \frac{a}{v^2}$ par $\frac{RT}{v - b}$; on a donc

$$dv \left(\frac{RT}{v - b} - \frac{(v - b)\, 2a}{v^3}\right) = R dT ;$$

on en déduit

$$\left(\frac{\partial v}{\partial T}\right)_p = \frac{R v^3 (v - b)}{RTv^3 - 2a (v - b)^2} .$$

Le coefficient de dilatation isotherme $\alpha = \frac{1}{v}\left(\frac{\partial v}{\partial T}\right)_p$ est donc

$$\boxed{\alpha = \frac{Rv^2 (v - b)}{RTv^3 - 2a (v - b)^2}} . \qquad (1)$$

Différentions à présent l'équation d'état du gaz, à *volume constant* :

$$dp (v - b) = R dT ;$$

donc

$$\left(\frac{\partial p}{\partial T}\right)_v = \frac{R}{v - b} . \qquad (2)$$

D'autre part, exprimons p en fonction de T et v :

$$p = \frac{RT}{v - b} - \frac{a}{v^2} ;$$

on a donc, sachant que $\beta = \frac{1}{p}\left(\frac{\partial p}{\partial T}\right)_v$,

$$\beta = \frac{1}{\frac{RT}{v - b} - \frac{a}{v^2}} \cdot \frac{R}{v - b} ,$$

ou

$$\boxed{\beta = \frac{Rv^2}{RTv^2 - a (v - b)}} .$$

2° Le coefficient de compressibilité isotherme est

$$\chi = - \frac{1}{v}\left(\frac{\partial v}{\partial p}\right)_T .$$

La relation mathématique $\left(\frac{\partial v}{\partial p}\right)_T \left(\frac{\partial p}{\partial T}\right)_v \left(\frac{\partial T}{\partial v}\right)_p = -1$ s'écrit, compte tenu des relations définissant les coefficients α, β et χ,

$$- \chi v \,.\, \beta p \,.\, \frac{1}{\alpha v} = -1.$$

On en déduit la relation générale

$$\boxed{\chi = \frac{\alpha}{p\beta}}\,.$$

Or α est donné par la relation (1) et $p\beta = \left(\frac{\partial p}{\partial T}\right)_v = \frac{R}{v - b}$, d'après la relation (2) ; le coefficient de compressibilité isotherme du gaz de Van der Waals est donc

$$\boxed{\chi = \frac{v^2 (v - b)^2}{RTv^3 - 2a(v - b)^2}}\,.$$

3° Dans le cas où l'on peut négliger la pression interne du gaz, on a $a \approx 0$; les coefficients élastiques deviennent

$$\alpha = \frac{v - b}{Tv},$$

d'où

$$\alpha^2 = \frac{(v - b)^2}{T^2 v^2} \; ; \tag{3}$$

$\beta = \frac{1}{T}$ (comme pour un gaz parfait) et

$$\chi = \frac{(v - b)^2}{RTv}\,. \tag{4}$$

D'après les relations (3) et (4), on a

$$\frac{\chi}{\alpha^2} = \frac{Tv}{R} \quad \text{avec} \quad T = \frac{1}{\beta}\,;$$

donc

$$\frac{\chi}{\alpha^2} = \frac{v}{\beta R}\,;$$

on a vérifié ainsi que

$$\boxed{\chi = \frac{v}{R} \cdot \frac{\alpha^2}{\beta}}\,.$$

6 – COMPRESSIBILITE ISOTHERME D'UN LIQUIDE

Du benzène liquide subit une compression à la *température constante* $\theta = 10°C$, sous la pression atmosphérique p_0. Quelle pression p_1 faut-il exercer pour diminuer le volume du benzène de 2 % de sa valeur initiale v_0 ?

On donne le coefficient de compressibilité isotherme du benzène à 10°C : $\chi = 9{,}3 \cdot 10^{-10}$ S.I. ; 1 atmosphère $= 10^5$ N/m².

Solution

On a, par définition, $\chi = -\dfrac{1}{v}\left(\dfrac{\partial v}{\partial p}\right)_T$; on en déduit l'accroissement élémentaire de pression à température constante :

$$\mathrm{d}p = -\frac{1}{\chi}\frac{\mathrm{d}v}{v}.$$

En intégrant, on obtient

$$p_1 - p_0 = -\frac{1}{\chi}\ln\frac{v_1}{v_0} ;$$

d'où

$$\boxed{p_1 = \frac{1}{\chi}\ln\frac{v_0}{v_1} + p_0}.$$

Application numérique : $v_1 = 0{,}98\, v_0$, donc

$$p_1 = \frac{1}{9{,}3 \cdot 10^{-10}} \cdot 20{,}2 \cdot 10^{-3} + 10^5 ,$$

soit $p_1 = 218 \cdot 10^5$ N/m² ou **218 atm.**

7 – CORRECTION DE PRESSION DANS UN LIQUIDE COMPRESSIBLE

Les liquides, bien que peu compressibles, sont caractérisés par un coefficient $\chi = -\dfrac{1}{v}\left(\dfrac{\partial v}{\partial p}\right)_T$ de faible valeur (de l'ordre de 10^{-10} pascal^{-1}) appelé facteur de compressibilité isotherme.

1° Montrer que la masse volumique du fluide varie avec la pression, à température constante, suivant la loi $\left(\frac{\partial \rho}{\partial p}\right)_T = f(\chi, \rho)$ que l'on déterminera.

2° La pression et la masse volumique d'une colonne de liquide compressible, de température pratiquement uniforme, sont respectivement p_1 et ρ_1 aux points de côte z_1 et p_2 et ρ_2 aux points de côte $z_2 > z_1$. Exprimer la différence de pression $p_1 - p_2$:

a) en fonction de χ et du rapport ρ_1/ρ_2 des masses volumiques,

b) en fonction de χ et de la différence de pression Δp entre les niveaux z_1 et z_2 du liquide supposé incompressible.

3° *Application* : Quelle doit être la hauteur maximale d'une colonne d'eau de mer, de masse volumique moyenne $\rho = 1{,}02\ g/cm^3$, de compressibilité isotherme $\chi = 5 \cdot 10^{-10}$ S.I., pour que la correction relative de compressibilité soit inférieure à 1 % ?

N.B. : On supposera que l'accélération de la pesanteur est constante : $g = 9{,}8\ m/s^2$

Solution

A température constante, le taux de variation de la masse volumique $\rho = \frac{m}{v}$ du fluide (de volume v, de masse m invariable) avec la pression est : :

$$\left(\frac{\partial \rho}{\partial p}\right)_T = \left[\frac{\partial \left(\frac{m}{v}\right)}{\partial p}\right]_T = -\frac{m}{v^2}\left(\frac{\partial v}{\partial p}\right)_T,$$

avec $\left(\frac{\partial v}{\partial p}\right)_T = -\chi v$ d'après la définition du facteur de compressibilité,

donc
$$\left(\frac{\partial \rho}{\partial p}\right)_T = \left(-\frac{m}{v^2}\right)(-\chi v) = \chi \frac{m}{v}$$

soit
$$\boxed{\left(\frac{\partial \rho}{\partial p}\right)_T = \chi \cdot \rho} \qquad (1)$$

2) *a*) D'après (1), *à température constante,* on a :

$$dp = \frac{1}{\chi}\,\frac{d\rho}{\rho},$$

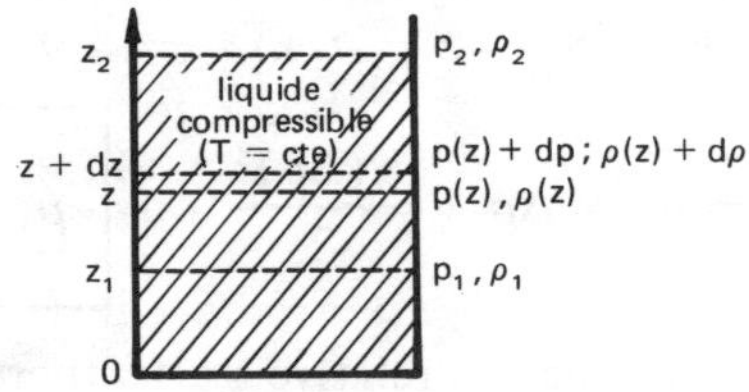

soit, en intégrant entre les altitudes z_2 et z_1, avec $\chi \simeq$ cte,

$$\boxed{p_1 - p_2 = \frac{1}{\chi}\ln\left(\frac{\rho_1}{\rho_2}\right)} \qquad (2)$$

b) Si $p(z)$ et $p(z) + dp$ désignent les pressions respectives du liquide aux points de côtes z et $z + dz$, l'équation fondamentale de l'hydrostatique s'écrit :

$$dp = -\rho(z)\,.\,g\,dz \qquad (3)$$

où $\rho(z)$ est la masse volumique du fluide aux points de côte z, donnée par (2) : $p_1 - p(z) = \dfrac{1}{\chi}\ln\dfrac{\rho_1}{\rho(z)}$. Compte tenu du faible ordre de grandeur du coefficient χ, on a :

$$p_1 - p(z) \ll \frac{1}{\chi}, \text{ donc } e^{\chi[p_1 - p(z)]} \simeq 1 + \chi[p_1 - p(z)]$$

soit

$$\rho(z) = \frac{\rho_1}{1 + \chi[p_1 - p(z)]} \qquad (4)$$

D'après (3) et (4), il vient :

$$dp[1 + \chi(p_1 - p(z)] = -\rho_1 g(z)\,dz\,.$$

Intégrons entre les altitudes z_1 et z_2 ; on obtient

$$p_1 - p_2 - \frac{\chi(p_1 - p_2)^2}{2} = -\rho_1 g(z_1 - z_2)$$

ou

$$\boxed{p_1 - p_2 = \underbrace{\rho_1 g(z_2 - z_1)}_{\text{différence de pression } \Delta p \text{ du liquide supposé incompressible}} + \underbrace{\frac{\chi(p_1 - p_2)^2}{2}}_{\text{terme correctif}}}$$

Dans le terme correctif, de faible valeur, on peut pratiquement remplacer $p_1 - p_2$ par la différence de pression du liquide supposé incompressible: $\Delta p = \rho_1 g(z_2 - z_1)$, donc

$$p_1 - p_2 \simeq \Delta p + \frac{\chi(\Delta p)^2}{2} \quad \text{ou} \quad \boxed{p_1 - p_2 = \Delta p \left[1 + \frac{\chi \Delta p}{2}\right]} . \qquad (5)$$

La correction relative à effectuer, si l'on tient compte de la compressibilité du liquide, est d'après (5),

$$\chi \cdot \frac{\Delta p}{2} \simeq \frac{\chi \rho g(z_2 - z_1)}{2}.$$

Cette correction est inférieure à 1 % si $\dfrac{\chi \rho g h}{2} \leqslant \dfrac{1}{100}$.

La dénivellation maximale cherchée est donc

$$\boxed{h_{\max} = \frac{1}{50\, \chi \rho g}}$$

A.N.: $\quad h_{\max} = \dfrac{1}{50 \times (5 \,.\, 10^{-10})\,(1{,}02 \,.\, 10^3)\,(9{,}8)} = \mathbf{4\,000\ m.}$

Remarque : Cette dénivellation est si grande qu'en général on ne tient pas compte de la compressibilité du liquide ; sa masse volumique est alors pratiquement constante.

8 – RELATION ENTRE LES DERIVEES PARTIELLES DE α ET χ. RECHERCHE DE L'EQUATION D'ETAT A PARTIR DE α ET χ.

1° Montrer que, pour un fluide quelconque, les coefficients de dilatation isobare α et de compressibilité isotherme χ sont liés par la relation

$$\left(\frac{\partial \chi}{\partial T}\right)_p = -\left(\frac{\partial \alpha}{\partial p}\right)_T .$$

2° Des mesures expérimentales ont montré que les coefficients de dilatation isobare α et de compressibilité isotherme χ d'une mole d'un gaz s'expriment, en fonction des variables indépendantes : pression p et température T, par les équations

$$\alpha = \frac{R}{RT + bp} \quad \text{et} \quad \chi = \frac{RT}{p(RT + bp)}$$

(où R et b sont des constantes).

Montrer que ces coefficients obéissent à la relation établie à la première question.

3° Trouver l'équation d'état de ce gaz, relative à une mole.

Solution

1° On a

$$\left(\frac{\partial \chi}{\partial T}\right)_p = \frac{\partial}{\partial T}\left[-\frac{1}{v}\left(\frac{\partial v}{\partial p}\right)_T\right] = -\left[\frac{1}{v}\frac{\partial^2 v}{\partial p \cdot \partial T} - \frac{1}{v^2}\left(\frac{\partial v}{\partial T}\right)_p \cdot \left(\frac{\partial v}{\partial p}\right)_T\right].$$

D'autre part, on a

$$\left(\frac{\partial \alpha}{\partial p}\right)_T = \frac{\partial}{\partial p}\left[\frac{1}{v}\left(\frac{\partial v}{\partial T}\right)_p\right] = \frac{1}{v}\frac{\partial^2 v}{\partial p \,.\, \partial T} - \frac{1}{v^2}\left(\frac{\partial v}{\partial p}\right)_T \cdot \left(\frac{\partial v}{\partial T}\right)_p .$$

On en déduit la relation

$$\boxed{\left(\frac{\partial \chi}{\partial T}\right)_p = -\left(\frac{\partial \alpha}{\partial p}\right)_T} . \qquad (1)$$

2° On calcule les dérivés partielles

$$\left(\frac{\partial \chi}{\partial T}\right)_p = \frac{Rp\,(RT + bp) - RT \,.\, pR}{p^2\,(RT + bp)^2} = \frac{Rb}{(RT + bp)^2}$$

et

$$\left(\frac{\partial \alpha}{\partial p}\right)_T = -\frac{Rb}{(RT + bp)^2}$$

Donc les coefficients α et χ vérifient bien la relation (1).

3° De la relation de définition du coefficient de dilatation isobare :

$$\alpha = \frac{1}{v}\left(\frac{\partial v}{\partial T}\right)_p ,$$

on déduit

$$\int \frac{\mathrm{d}v}{v} = \int \alpha \,\mathrm{d}T + \ln \varphi(p),$$

$\varphi(p)$ étant une fonction arbitraire de la pression du gaz,

ou

$$\int \frac{\mathrm{d}v}{v} = \int \frac{R\mathrm{d}T}{RT + bp} + \ln \varphi(p),$$

soit

$$\ln v = \ln (RT + bp) + \ln \varphi(p),$$

ou

$$\boxed{v = (RT + bp) \, . \, \varphi(p)} \, . \qquad (2)$$

La relation de définition de χ, $\chi = -\dfrac{1}{v}\left(\dfrac{\partial v}{\partial p}\right)_T$, s'écrit, compte tenu de la relation (2),

$$\frac{RT}{p(RT + bp)} = -\frac{1}{(RT + bp)\,\varphi}\left[(RT + bp)\frac{\mathrm{d}\varphi}{\mathrm{d}p} + b\varphi\right],$$

ou, après simplification,

$$(RT + bp)\left(\frac{\varphi}{p} + \frac{\mathrm{d}\varphi}{\mathrm{d}p}\right) = 0 \;;$$

soit $\varphi \, \mathrm{d}p + p \, \mathrm{d}\varphi = 0$ ou $\mathrm{d}(\varphi \, . \, p) = 0$; on a donc

$$\varphi \, . \, p = \text{cte} = A \quad \text{et} \quad \varphi(p) = \frac{A}{p}.$$

L'équation d'état (2) s'écrit donc

$$pv = A\,(RT + bp).$$

Comme, aux faibles pressions, le gaz se comporte comme un gaz parfait ($pv \to RT$ si $p \to 0$), on en déduit $A = 1$;
d'où

$$pv = RT + bp$$

ou

$$\boxed{p\,(v - b) = RT}\,.$$

L'équation d'état est du type de Van der Waals, lorsque la pression interne est négligeable.

9 – DETERMINATION DE L'EQUATION D'ETAT D'UN GAZ

La différentielle de la pression d'un gaz (l'azote, entre 0 et 40 atmosphères) est donnée par l'équation, relative à une mole,

$$dp = -\frac{RT}{v^2}\left(1 + \frac{2A}{v}\right) dv + \frac{R}{v}\left(1 + \frac{A}{v}\right) dT.$$

En déduire l'équation d'état du gaz, dans l'intervalle de pression considéré.

Solution

La différentielle de la pression $p(v, T)$ s'écrit, en considérant les variables indépendantes T et v,

$$dp = \left(\frac{\partial p}{\partial v}\right)_T dv + \left(\frac{\partial p}{\partial T}\right)_v dT.$$

Intégrons sur la variable v : $p = \int \left(\frac{\partial p}{\partial v}\right)_T dv + f(T)$,

soit

$$p = -\int \frac{RT}{v^2}\left(1 + \frac{2A}{v}\right) dv + f(T) = -RT\int \frac{dv}{v^2} - ART\int \frac{2\,dv}{v^3} + f(T),$$

$f(T)$ étant une fonction arbitraire de la température.

On a donc

$$p = \frac{RT}{v} + \frac{ART}{v^2} + f(T). \tag{1}$$

Or, par hypothèse, on a

$$\left(\frac{\partial p}{\partial T}\right)_v = \frac{R}{v}\left(1 + \frac{A}{v}\right) = \frac{R}{v} + \frac{AR}{v^2}, \tag{2}$$

et, d'après la relation (1),

$$\left(\frac{\partial p}{\partial T}\right)_v = \frac{R}{v} + \frac{AR}{v^2} + \frac{df}{dT}. \tag{3}$$

En comparant les relations (2) et (3), on obtient $\frac{df}{dT} = 0$ ou $f(T) = \text{cte} = K$.

L'équation (1) s'écrit donc

$$pv = RT\left(1 + \frac{A}{v}\right) + K.$$

Or, aux faibles pressions, le gaz se comporte comme un gaz parfait (le produit $pv \to 0$ lorsque la température $T \to 0$) ; on en déduit $K = 0$. L'équation d'état relative à une mole du gaz est donc

$$\boxed{pv = RT\left(1 + \frac{A}{v}\right)}.$$

10 – EQUATION D'ETAT ET COEFFICIENT DE DISSOCIATION

1° Un gaz diatomique, supposé parfait, renferme n moles ; on élève la température de ce gaz ; soit x la fraction de dissociation des molécules en atomes. Ecrire l'équation d'état du mélange.

2° *Application :* calculer la fraction de dissociation du gaz iodhydrique HI, à 447°C, sachant qu'à cette température 12,8 g de ce gaz occupent un volume de 7,3 l sous une pression de 1 atmosphère. On donne H = 1 ; I = 127 ; la constante molaire des gaz parfaits R = 8,3 S.I.

Solution

1° L'équilibre en phase gazeuse se formule ainsi :

$$AB \rightleftharpoons A + B$$

Le nombre de moles dissociées est nx ; on obtient $\begin{cases} nx \text{ moles d'atomes de A} \\ \text{et } nx \text{ moles d'atomes de B} \end{cases}$

Le mélange renferme donc à l'équilibre $\begin{cases} 2\,nx \text{ moles d'atomes} \\ \text{et } n(1-x) \text{ moles non dissociées,} \end{cases}$

soit au total $2\,nx + n(1 - x) = n(1 + x)$ moles.

L'équation d'état du mélange s'écrit donc

$$\boxed{pv = n(1 + x)\,.\,RT}. \qquad (1)$$

2° *Application* : HI $\rightleftharpoons$ H + I.

Le nombre de moles du gaz (HI = 128 g) est $n = \dfrac{12{,}8}{128} = \dfrac{1}{10}$ mole.

On en déduit, d'après la relation (1), le degré de dissociation :

$$\boxed{x = \frac{pv}{nRT} - 1}.$$

Application numérique : $x = \dfrac{10^5 \cdot 7{,}3 \cdot 10^{-3}}{10^{-1} \cdot 8{,}3 \cdot 720} - 1 = 0{,}22$; $\boldsymbol{x = 22\ \%}$.

11 – PROPRIETES THERMOELASTIQUES DE L'HELIUM. RESEAU D'ISOTHERMES

Pour des températures θ comprises entre 0°C et 60°C, et pour des pressions n'excédant pas 10 atmosphères, la pression p et le volume v de l'hélium sont liés par la relation de compressibilité

$$pv = 5 \cdot 10^{-4}\, p + a,$$

où a est un coefficient ne dépendant que de la température absolue T du gaz ($T = \theta + 273$) ; p est exprimé en atmosphères et le volume unité est le volume occupé par le gaz à 0°C, sous 1 atmosphère.

1° Ecrire les équations des isothermes de l'hélium à 0°C et à 60°C ($p < 10$ atm), et représenter ces isothermes dans le diagramme d'Amagat (p, pv).

2°

a) Montrer que le coefficient moyen α_0^θ de dilatation isobare de l'hélium, entre les températures 0°C et θ°C, est indépendant de la température θ.

Calculer α_0^θ lorsque la pression de l'hélium vaut respectivement 1 atm et 10 atm.

b) Indiquer la représentation graphique du coefficient α_0^θ dans le diagramme d'Amagat. Indiquer également la représentation graphique du coefficient moyen β_0^θ de dilatation isochore entre 0°C et θ°C. Comparer α_0^θ et β_0^θ.

c) Calculer le coefficient de dilatation isochore β_0^θ.

Solution

1° La relation

$$pv = 5 \,.\, 10^{-4}\, p + a \qquad (1)$$

montre que les isothermes du gaz (T = cte, donc a = cte) sont représentées par des droites parallèles, de pente. $5 \,.\, 10^{-4}$, dans la représentation d'Amagat $pv = f(p)$.

Dans les conditions normales (p_0 = 1 atm, θ = 0°C), le volume du gaz est $v = 1$ (unités d'Amagat). La relation (1) donne

$$1 = 5 \,.\, 10^{-4} + a_0,$$

soit $a_0 = 0{,}9995$.

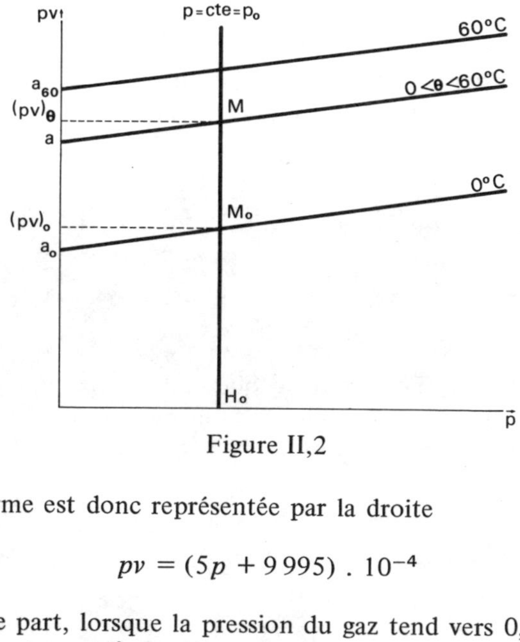

Figure II,2

L'isotherme est donc représentée par la droite

$$pv = (5p + 9\,995) \,.\, 10^{-4}$$

• D'autre part, lorsque la pression du gaz tend vers 0, la relation (1) montre que $pv \to a$, et l'on sait que le gaz se comporte comme un gaz parfait ($pv = nRT$). On en déduit que le coefficient a est proportionnel à la température absolue T, soit

$$\frac{a}{a_0} = \frac{T}{T_0} \qquad \text{ou} \qquad a = a_0 \frac{T}{T_0}\,. \qquad (2)$$

Ainsi pour θ = 60°C, on obtient

$$a_{60} = 0{,}9995 \,.\, \frac{333}{273} = 1{,}2192.$$

L'isotherme (60°C) est donc représentée par la droite

$$\boxed{pv = (5p + 12\,192)\ 10^{-4}}.$$

2°

a) A pression constante p, le volume du gaz croît de v_0 à v_θ lorsque la température croît de 0°C à θ°C. Le coefficient moyen de dilatation isobare est par définition

$$\alpha_0^\theta = \frac{1}{\theta}\,\frac{v_\theta - v_0}{v_0},$$

ou, puisque p = cte,

$$\boxed{\alpha_0^\theta = \frac{1}{\theta}\,\frac{(pv)_\theta - (pv)_0}{(pv)_0}}. \qquad (3)$$

Or, à 0°C, on a

$$(pv)_0 = 5\ .\ 10^{-4}\,p + a_0$$

et, à 0°C, on a, d'après la relation (2),

$$(pv)_\theta = 5\ .\ 10^{-4}\,p + a_0\left(\frac{273 + \theta}{273}\right)$$

ou

$$(pv)_\theta = 5\ .\ 10^{-4}\,p + a_0 + a_0\,\frac{\theta}{273}.$$

La relation (3) s'écrit donc

$$\alpha_0^\theta = \frac{1}{\theta}\,\frac{a_0\,\dfrac{\theta}{273}}{5\ .\ 10^{-4}\,p + a_0}$$

ou

$$\boxed{\alpha_0^\theta = \frac{a_0}{273\,(5\ .\ 10^{-4}\,p + a_0)}}.$$

Cette relation montre que le coefficient de dilatation isobare α_0^θ ne dépend pas de la température finale θ de l'hélium et que α_0^θ est une fonction décroissante de la pression (le gaz est d'autant moins compressible que la pression augmente).

Remarquons que si $p \to 0$, $\alpha \to \dfrac{1}{273}$ (gaz parfait).

Application numérique :
$a_0 = 0{,}9995$, $p = 1$ atm. On trouve $\alpha_0^\theta = 3{,}661 \cdot 10^{-3}$ et si $p = 10$ atm, $\alpha_0^{\prime\theta} = 3{,}645 \cdot 10^{-3}$.

Ainsi l'hélium sous 10 atmosphères est un peu moins compressible qu'à la pression atmosphérique, ce qui confirme le résultat prévu.

b) **Représentation graphique de α.**

L'isobare $p = \text{cte} = p_0$ (verticale) rencontre les isothermes (0°C) et (θ°C) aux points M_0 et M d'ordonnées respectives $(pv)_0$ et $(pv)_\theta$; on en déduit, d'après la relation (3),

$$\alpha_0^\theta = \frac{1}{\theta} \frac{\overline{H_0M} - \overline{H_0M_0}}{\overline{H_0M_0}}$$

ou

$$\boxed{\alpha = \frac{1}{\theta} \frac{\overline{M_0M}}{\overline{H_0M_0}}} . \tag{4}$$

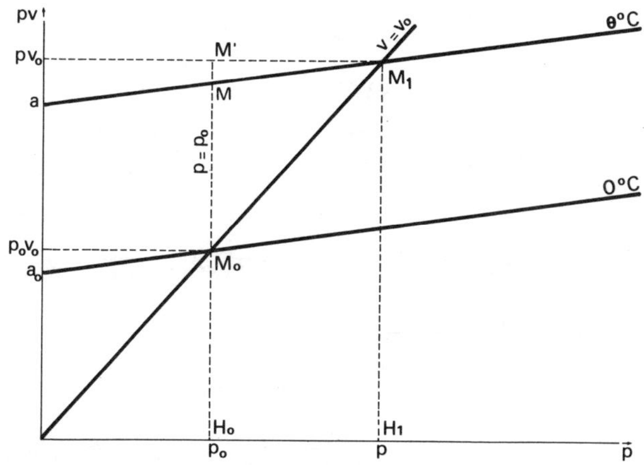

Figure II,3

Représentation graphique de β

A volume constant ($v = v_0$), la pression du gaz croît de p_0 à p si la température croît de 0°C à θ°C ; le coefficient moyen de dilatation isochore est alors défini par

$$\beta_0^\theta = \frac{1}{\theta} \cdot \frac{p - p_0}{p_0} , \tag{5}$$

ou

$$\beta_0^\theta = \frac{1}{\theta} \frac{pv_0 - p_0v_0}{p_0v_0} . \tag{5 bis}$$

Or l'isochore v = cte ou $\frac{pv}{p}$ = cte est représentée par une droite de pente $v = v_0$ = cte, passant par l'origine, dans le diagramme d'Amagat (p, pv). L'isochore v = cte rencontre les isothermes (0°C) et (θ°C) aux points M_0 (p_0, v_0, 0°C) et M_1 (p, v_0, θ°C), d'ordonnées respectives $\overline{H_0M_0} = p_0v_0$ et $\overline{H_1M_1} = \overline{H_0M'} = pv_0$.

On en déduit, d'après la relation (5 bis),

$$\beta_0^\theta = \frac{1}{\theta}\,\frac{\overline{H_0M'} - \overline{H_0M_0}}{\overline{H_0M_0}},$$

ou

$$\boxed{\beta_0^\theta = \frac{1}{\theta}\,\frac{\overline{M_0M'}}{\overline{H_0M_0}}} \qquad (6)$$

En comparant les relations (4) et (6), l'inégalité $\overline{M_0M'} > \overline{M_0M}$ entraîne

$$\boxed{\beta_0^\theta > \alpha_0^\theta}$$

(alors que, pour un gaz parfait, on a l'égalité $\beta_0^\theta = \alpha_0^\theta$) : le coefficient de dilatation isochore de l'hélium est donc supérieur à son coefficient de dilatation isobare.

c) Le coefficient β_0^θ est donné par la relation (5), avec

$$p_0v_0 = 5\,.\,10^{-4}\,p_0 + a_0 \quad \text{ou} \quad p_0(v_0 - 5\,.\,10^{-4}) = a_0, \qquad (7)$$

$$pv_0 = 5\,.\,10^{-4}\,p + a_0\,\frac{T}{T_0} \quad \text{ou} \quad p(v_0 - 5\,.\,10^{-4}) = a_0\,\frac{T}{T_0}. \qquad (8)$$

Divisons membre à membre les relations (7) et (8) ; il vient

$$\frac{p}{p_0} = \frac{T}{T_0},$$

d'où

$$\frac{p - p_0}{p_0} = \frac{T - T_0}{T_0} = \frac{\theta}{273}.$$

La relation (5) s'écrit donc

$$\beta_0^\theta = \frac{1}{\theta}\cdot\frac{\theta}{273},$$

soit

$$\beta_0^\theta = \frac{1}{273} = \mathbf{3{,}663\,.\,10^{-3}}.$$

Comme pour un gaz parfait, β est indépendant de la température θ et de la pression initiale et β vaut $\frac{1}{273}$.

12 – EQUATION D'ETAT ET TEMPERATURE CRITIQUE. EQUATION REDUITE

L'unité de masse d'un gaz réel (CO_2) obéit à l'équation de Berthelot

$$\left(p + \frac{a}{Tv^2}\right)(v - b) = rT,$$

avec $a = 5{,}75 \cdot 10^4$, $b = 9{,}73 \cdot 10^{-4}$; $r = 189$ (p et v en unités S.I.).

Pour une certaine température T_c (température critique), l'isotherme correspondante dans le diagramme de Clapeyron (p, v) admet en un point C une tangente horizontale avec point d'inflexion.

1° En déduire la température T_c, la pression p_c et le volume v_c du gaz en C, en fonction de a, b, r.

2° Ecrire l'équation d'état du gaz, en introduisant les coordonnées réduites $p_r = \frac{p}{p_c}$, $v_r = \frac{v}{v_c}$ et $T_r = \frac{T}{T_c}$. Quel est l'avantage de cette écriture ?

Solution

Dans le diagramme (p, v) l'isotherme critique $T = T_c$ admet, au point critique $C(p_c, v_c)$, une tangente horizontale, donc

$$\left(\frac{\partial p}{\partial v}\right)_c = 0. \tag{1}$$

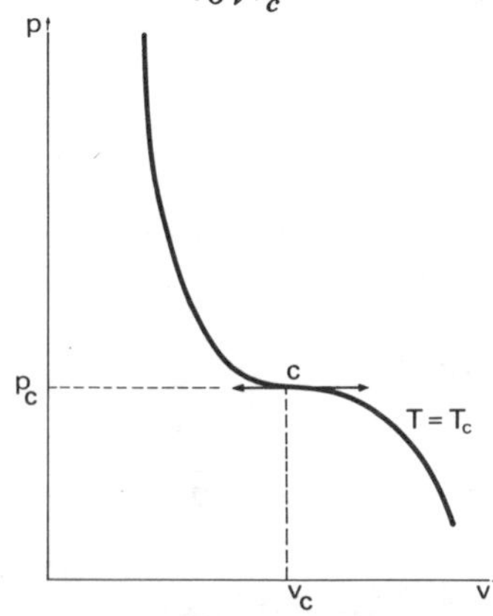

Figure II,4

De plus, C est un point d'inflexion, donc

$$\left(\frac{\partial^2 p}{\partial v^2}\right)_c = 0. \qquad (2)$$

Or, on sait que

$$p = \frac{r \,.\, T}{v - b} - \frac{a}{Tv^2}\ ; \qquad (3)$$

la condition (1) s'écrit donc

$$-\frac{rT_c}{(v_c - b)^2} + \frac{2a}{T_c v_c^3} = 0,$$

soit

$$rT_c^2 v_c^3 = 2a(v_c - b)^2. \qquad (4)$$

La condition (2) s'écrit

$$\frac{2\,rT_c}{(v_c - b)^3} - \frac{6\,a}{T_c v^4} = 0,$$

soit

$$rT_c^2 v_c^4 = 3\,a(v_c - b)^3. \qquad (5)$$

En divisant membre à membre les relations (5) et (4), on obtient

$$v_c = \frac{3}{2}(v_c - b).$$

Le volume critique est donc

$$\boxed{v_c = 3\,b}. \qquad (6)$$

Application numérique : On obtient $\mathbf{v_c = 2{,}92 \,.\, 10^{-3}\ m^3}$.

La relation (4) s'écrit

$$rT_c^2 \,.\, 27\,b^3 = 2a \,.\, 4\,b^2$$

ou

$$T_c^2 = \frac{8\,a}{27\,br}.$$

La température critique est donc

$$\boxed{T_c = \frac{2}{3}\sqrt{\frac{2\,a}{3\,br}}}. \qquad (7)$$

Application numérique : On obtient T_c = **304 K ou 31°C.**

D'après la relation (3), la pression critique est

$$p_c = \frac{rT_c}{v_c - b} - \frac{a}{T_c v_c^2} = T_c \left(\frac{r}{v_c - b} - \frac{a}{T_c^2 v_c^2}\right).$$

En remplaçant v_c et T_c par leurs valeurs respectives, il vient, après simplification,

$$p_c = \frac{2}{3}\sqrt{\frac{2a}{3br}}\left(\frac{r}{2b} - \frac{3r}{8b}\right)$$

ou

$$\boxed{p_c = \frac{r}{12b}\sqrt{\frac{2a}{3br}}}. \qquad (8)$$

Application numérique : On obtient $\boldsymbol{p_c = 73{,}8 \,.\, 10^5}$ **Pa ≈ 73,8 atm.**

2° Les relations (6), (7) et (8) permettent d'exprimer les constantes a, b, r en fonction des grandeurs critiques v_c, T_c et p_c ; on obtient

$$b = \frac{v_c}{3} \quad , \quad r = \frac{8}{3}\,\frac{p_c v_c}{T_c} \quad \text{et} \quad a = 3\,p_c T_c v_c^2 .$$

L'équation d'état s'écrit alors

$$\left(p + \frac{3\,p_c T_c v_c^2}{T v^2}\right)\left(v - \frac{v_c}{3}\right) = \frac{8}{3} p_c v_c \frac{T}{T_c}.$$

Divisons les deux membres par $p_c v_c$; il vient

$$\left[\frac{p}{p_c} + 3\,\frac{T_c}{T}\left(\frac{v_c}{v}\right)^2\right]\left[\frac{v}{v_c} - \frac{1}{3}\right] = \frac{8}{3}\,\frac{T}{T_c}$$

ou

$$\boxed{\left(p_r + \frac{3}{T_r v_r^2}\right)\left(v_r - \frac{1}{3}\right) = \frac{8}{3}\,T_r}.$$

Cette équation "réduite" a la même forme que l'équation d'état donnée, mais elle a l'avantage de posséder des coefficients constants, quel que soit le fluide considéré : elle est donc identique pour tous les fluides

L'avantage de cette écriture est donc de pouvoir grouper les fluides en familles, ayant mêmes coordonnées réduites, et ayant par suite même équation, mêmes coefficients thermoélastiques α, β et χ. Il est alors inutile d'effectuer toutes les mesures expérimentales pour chaque fluide, ce qui est un avantage lorsque ces mesures sont difficiles à réaliser (exemple : étude des propriétés de l'hélium) ; dans ce cas, il est plus facile de déduire les propriétés du fluide, à partir de celles d'un autre gaz ayant mêmes coordonnées réduites.

13 – ETUDE DU GAZ DE VAN DER WALLS DANS LA REPRESENTATION D'AMAGAT ($T > T_c$)

1° Les états d'équilibre d'un gaz sont décrits par une équation d'état du type $f(p, v, T) = 0$. Dans la représentation d'Amagat (pv, p), calculer, *d'une façon générale*, la pente m d'une isotherme, en un point donné, en fonction de χ et χ_0 (χ et χ_0 sont respectivement les coefficients de compressibilité isotherme du gaz étudié et d'un gaz parfait pris à la même pression).

Que peut-on conclure pour les régions où m est positif et pour celles où m est négatif ?

2° Soit l'équation d'état de Van der Waals écrite pour 1 gramme de gaz :

$$\left(p + \frac{a}{v^2}\right)(v - b) = rT.$$

Retrouver les valeurs des coefficients a, b, r en fonction des constantes critiques p_c, v_c, T_c du gaz.

3°

a) On pose $pv = y$. Ecrire l'équation $f(y, p) =$ cte d'une isotherme, dans la représentation d'Amagat, pour le gaz considéré.

b) Quel est le lieu (C) des points où le gaz suit localement la loi de Mariotte ? Tracer cette courbe.

c) Quelles sont les régions où m est respectivement positif et négatif ? Dessiner quelques isothermes dans cette représentation ($T > T_c$).

d) Calculer la température T_1 à laquelle le gaz suit la loi de Mariotte pour une pression nulle. Comparer T_1 à T_c.

Application numérique : Cas de l'azote : $T_c = 126$ K.

Solution

1° La pente d'une isotherme en un point donné (p, pv) est

$$m = \left[\frac{\partial (pv)}{\partial p}\right]_T = v + p\left(\frac{\partial v}{\partial p}\right)_T = pv\left[\frac{1}{p} + \frac{1}{v}\left(\frac{\partial v}{\partial p}\right)_T\right].$$

Or, le coefficient de compressibilité isotherme est

$$\chi = -\frac{1}{v}\left(\frac{\partial v}{\partial p}\right)_T .$$

Dans le cas de n moles de gaz parfait, le volume s'écrit

$$v = \frac{nRT}{p} \; ;$$

donc

$$\left(\frac{\partial v}{\partial p}\right)_T = -\frac{v}{p}.$$

On en déduit le coefficient de compressibilité isotherme du gaz parfait :

$$\chi_0 = \frac{1}{p}.$$

Dans le cas général, la pente d'une isotherme dans le diagramme d'Amagat est

$$\boxed{m = pv(\chi_0 - \chi)}\,.$$

– Dans la région où $m > 0$ ($pv = f(p)$ est une fonction croissante), on a $\chi < \chi_0$: le gaz considéré est moins compressible que le gaz parfait.

– Dans la région où $m < 0$ ($pv = f(p)$ est une fonction décroissante), on a $\chi > \chi_0$: le gaz est plus facilement compressible que le gaz parfait ; c'est le cas le plus fréquent, tant que la pression et la température ne sont pas trop grandes.

2° On a déjà vu, dans l'exercice 12, que l'isotherme critique ($T = T_c$) dans le diagramme (p, v) présente, au point critique C, un point d'inflexion à tangente horizontale ; donc en C on a

$$\left(\frac{\partial p}{\partial v}\right)_{T=T_c} = 0 \qquad \text{soit} \qquad -\frac{rT_c}{(v_c - b)^2} + \frac{2a}{v_c^3} = 0\,,$$

et

$$\left(\frac{\partial^2 p}{\partial v^2}\right)_{T=T_c} = 0 \qquad \text{soit} \qquad \frac{2rT_c}{(v_c - b)^3} - \frac{6a}{v_c^4} = 0.$$

Ces deux équations ont pour solution

$$v_c = 3b\,, \tag{1}$$

et

$$T_c = \frac{8a}{27br}\;; \tag{2}$$

enfin, l'équation d'état $p = \dfrac{rT}{v-b} - \dfrac{a}{v^2}$ permet de déterminer la pression critique $p_c = \dfrac{rT_c}{v_c - b} - \dfrac{a}{v_c^2}$, soit, compte tenu des relations (1) et (2),

$$p_c = \frac{a}{27\,b^2}\,. \tag{3}$$

Les coefficients a, b et r s'expriment alors facilement en fonction des grandeurs critiques :

$$\boxed{a = 3\,p_c v_c^2}\,, \quad \boxed{b = \frac{1}{3} v_c} \quad \text{et} \quad \boxed{r = \frac{8}{3}\frac{p_c v_c}{T_c}}\,.$$

3° L'équation d'une isotherme s'écrit

$$pv + \frac{a}{v} - \frac{ab}{v^2} - pb = rT,$$

ou, en posant $pv = y$, on obtient

$$y + ap\,\frac{1}{y} - abp^2\,\frac{1}{y^2} - pb = rT = \text{cte}\ . \tag{4}$$

b) Lorsqu'un gaz obéit à la loi de Mariotte, $y = pv =$ cte à température constante, les isothermes dans le diagramme d'Amagat sont des droites horizontales, donc de pente nulle, ce qui est confirmé par la relation $m = pv(\chi - \chi_0) = 0$ (pour un gaz parfait, $\chi = \chi_0$).

Le gaz de Van der Waals obéira donc localement à la loi de Mariotte, lorsque la pente m de l'isotherme est nulle dans la représentation d'Amagat (y, p), c'est-à-dire lorsque l'on a

$$m = \left[\frac{\partial (y)}{\partial p}\right]_T = 0. \tag{5}$$

Dérivons l'équation (4) par rapport à p ; il vient, compte tenu de la condition (5),

$$\frac{a}{y} - 2\,abp\,\frac{1}{y^2} - b = 0.$$

Le lieu (C) des points où le gaz suit localement la loi de Mariotte est donc, dans le diagramme d'Amagat, une parabole d'équation

$$\boxed{p = -\frac{1}{2a}y^2 + \frac{1}{2b}y}\,. \tag{6}$$

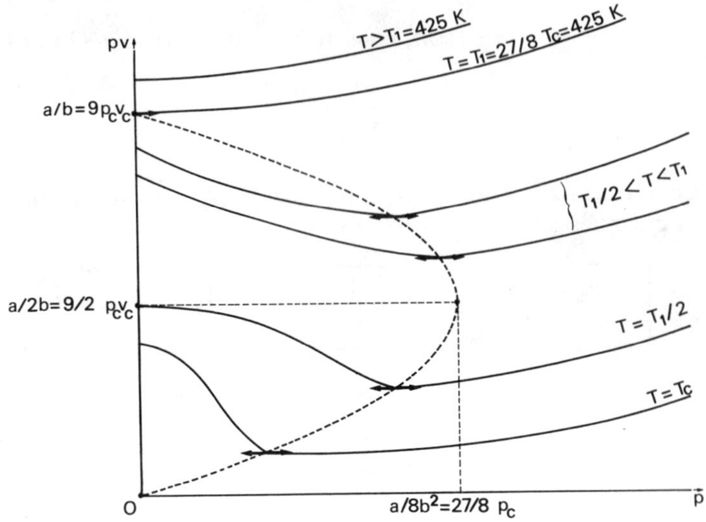

Figure II,5

La parabole, d'axe parallèle à l'axe des pressions, coupe l'axe $y = pv$ des ordonnées ($p = 0$) aux points d'ordonnée

$$y_1 = \frac{a}{b} = 9\,p_c v_c \quad \text{et} \quad y_2 = 0.$$

Le sommet de la parabole a alors pour ordonnée

$$y_0 = \frac{y_1 + y_2}{2} = \frac{a}{2b}$$

et pour abscisse, d'après la relation (6),

$$p_0 = \frac{a}{8b^2},$$

soit

$$S \begin{cases} p_0 = \dfrac{a}{8b^2} = \dfrac{27}{8}\,p_c \\ y_0 = (pv)_0 = \dfrac{a}{2b} = \dfrac{9}{2}\,p_c v_c. \end{cases}$$

Donc si $p > p_0$, le gaz n'obéira pas à la loi de Mariotte, car le point représentatif ne pourra pas appartenir à (*C*).

c) La parabole, lieu des points tels que $m = \left[\dfrac{\partial (y)}{\partial p}\right]_T = 0$, sépare le plan en deux régions :

– la région intérieure à la parabole (C), où $m < 0$;

– la région extérieure à la parabole (C), où $m > 0$;

On a représenté sur la figure II,5 quelques isothermes ($T > T_c$) dont les minimums sont situés sur (C).

d) Pour une pression nulle, le gaz suit la loi de Mariotte lorsque $y = y_2 = \dfrac{a}{b} = 9\,p_c v_c$.

Or, si $p \to 0$, le gaz se comporte comme un gaz parfait d'équation $y = pv = rT_1$, donc $T_1 = \dfrac{y}{r}$, soit

$$\boxed{T_1 = \frac{a}{br} = \frac{9\,p_c v_c}{r} = \frac{27}{8}\,T_c}$$

ou

$$\frac{T_1}{T_c} \approx \frac{27}{8} = 3{,}375.$$

Application numérique : $T_1 = \dfrac{27}{8} \,.\, 126 =$ **425 K ou 152°C** : T_1 est la température de Mariotte.

Remarquons que si $T > T_1$, la pente m de l'isotherme est positive, quelle que soit la pression, dans le diagramme d'Amagat.

14 – COEFFICIENTS DU VIRIEL D'UN GAZ DE VAN DER WAALS. TEMPERATURE DE MARIOTTE

L'équation d'état relative à une mole d'un gaz réel peut être représentée par un développement du produit pv,

– soit en fonction du volume v du gaz : $pv = A\left(1 + \dfrac{B}{v} + \dfrac{C}{v^2} + \ldots\right)$,

– soit en fonction de la pression p du gaz : $pv = A\,(1 + B'p + C'p^2 + \ldots)$.

1° Effectuer les développements du produit pv en fonction de v, puis de p, en se limitant aux termes du second ordre, pour le gaz de Van der Waals

$$\left(p + \frac{a}{v^2}\right)(v - b) = RT.$$

En déduire les coefficients du viriel A, B, C, B', C', en fonction de la température T et des constantes a, b, R du gaz.

Application : Calculer A, B, C, B', C' pour l'oxygène, à la température de 25°C, sachant que, pour ce gaz, les valeurs expérimentales des coefficients de l'équation de Van der Waals sont :

$$a = 0{,}14 \text{ S.I.},$$
$$b = 3{,}22 \,.\, 10^{-5} \text{ S.I.},$$
$$R = 8{,}32 \text{ S.I.}$$

2° Pour des pressions peu élevées, on peut se contenter de la relation approchée $pv = A(1 + B'p)$.

Déterminer la température de Boyle-Mariotte T_M de l'oxygène, température pour laquelle l'isotherme $pv = f(p)$ est, comme pour un gaz parfait, horizontale. Ecrire les équations des isothermes pour les températures $T = T_M - 50$ K et $T = T_M + 50$ K. Représentation graphique.

Solution

On utilisera dans cette question les relations approchées $\dfrac{1}{1+\epsilon} \approx 1 - \epsilon$ et $(1+\epsilon)^2 \approx 1 + 2\epsilon$, en négligeant les termes en ϵ ($\epsilon \ll 1$), de degré égal ou supérieur à 2.

L'équation de Van der Waals s'écrit, après développement,

$$pv = RT - \frac{a}{v} + pb + \frac{ab}{v^2}. \qquad (1)$$

• Mettons l'équation (1) sous la forme $pv = f\left(\dfrac{1}{v}\right)$, en écrivant que

$$p = \frac{RT}{v-b} - \frac{a}{v^2}\ ;$$

on obtient
$$pv = RT - \frac{a}{v} + \left(\frac{RTb}{v-b} - \frac{ab}{v^2}\right) + \frac{ab}{v^2}$$

ou
$$pv = RT\left(1 + \frac{b}{v-b} - \frac{a}{RTv}\right).$$

Or, en limitant le développement aux termes du second ordre en $\dfrac{b}{v}$, on a

$$\frac{b}{v-b} = \frac{b}{v\left(1-\dfrac{b}{v}\right)} \approx \frac{b}{v}\left(1+\frac{b}{v}\right) = \frac{b}{v} + \frac{b^2}{v^2}\,.$$

On en déduit l'expression

$$\boxed{pv = RT\left[1 + \left(b - \frac{a}{RT}\right)\frac{1}{v} + \frac{b^2}{v^2}\right]}.$$

Les coefficients du viriel sont donc $\begin{cases} A = RT, \\ B = b - \dfrac{a}{RT}, \\ C = b^2. \end{cases}$

• Ecrivons à présent l'équation (1) sous la forme $pv = \varphi(p)$; on a

$$v = \frac{RT}{p + \dfrac{a}{v^2}} + b = \frac{RT}{p\left(1 + \dfrac{a}{pv^2}\right)} + b \approx \frac{RT}{p}\left(1 - \frac{a}{pv^2}\right) + b =$$

$$= \frac{RT}{p}\left(1 - \frac{a}{pv^2} + \frac{pb}{RT}\right).$$

Comme, en première approximation, on a $pv \approx RT$, on en déduit

$$\frac{a}{pv^2} = \frac{ap}{p^2v^2} \approx \frac{ap}{R^2T^2}.$$

L'inverse du volume gazeux s'écrit donc

$$\frac{1}{v} = \frac{p}{RT}\left(1 + \frac{ap}{R^2T^2} - \frac{bp}{RT}\right).$$

L'équation (1) s'écrit alors

$$pv = RT - \frac{ap}{RT}\left(1 + \frac{ap}{R^2T^2} - \frac{bp}{RT}\right) + pb + \frac{abp^2}{R^2T^2}\left(1 + \frac{ap}{R^2T^2} - \frac{bp}{RT}\right)^2$$

ou

$$pv \approx RT - \frac{ap}{RT} - \frac{a^2p^2}{R^3T^3} + \frac{abp^2}{R^2T^2} + pb + \frac{abp^2}{R^2T^2}\left(1 + \frac{2ap}{R^2T^2} - \frac{2bp}{RT}\right),$$

ou encore, en se limitant aux termes en p de degré 2,

$$pv = RT + \left(b - \frac{a}{RT}\right)p + \frac{2a}{R^2T^2}\left(b - \frac{a}{2RT}\right)p^2 ;$$

on obtient enfin

$$\boxed{pv = RT\left[1 + \frac{1}{RT}\left(b - \frac{a}{RT}\right)p + \frac{2a}{R^3T^3}\left(b - \frac{a}{2RT}\right)p^2\right]}.$$

Les coefficients du viriel sont donc $\begin{cases} A = RT, \\ B' = \dfrac{1}{RT}\left(b - \dfrac{a}{RT}\right), \\ C' = \dfrac{2a}{R^3T^3}\left(b - \dfrac{a}{2RT}\right). \end{cases}$

Application numérique : A la température $T = 298$ K, on obtient

$$A = RT = 8{,}32 \,.\, 298 = 2\,480 \text{ J/mole.}$$

$$B = b - \frac{a}{RT} = -\ 2{,}42 \,.\, 10^{-5} \text{ S.I.},$$

$$C = b^2 \approx 10^{-9} \text{ S.I.},$$

$$B' = -\ 10^{-8} \text{ S.I.},$$

$$C' = +\ 7{,}3 \,.\, 10^{-17} \text{ S.I.}$$

2° L'équation de l'isotherme limitée aux deux premiers termes,

$$pv = A\,(1 + B'p),$$

s'écrit

$$pv = RT + \left(b - \frac{a}{RT}\right)p.$$

Les isothermes sont donc représentées par des droites de pente $b - \dfrac{a}{RT}$, dans le diagramme (p, pv).

L'isotherme sera une droite horizontale si sa pente est nulle, soit

$$\left[\frac{\partial\,(pv)}{\partial p}\right]_T = b - \frac{a}{RT_M} = 0\ ;$$

la température de Boyle-Mariotte est donc

$$\boxed{T_M = \frac{a}{bR}}\,.$$

Application numérique : Pour l'oxygène, $T_M = \dfrac{0{,}14}{3{,}22 \,.\, 10^{-5} \,.\, 8{,}32} =$ **523 K ou 250°C.**

• La pente de l'isotherme (T) est

$$b - \frac{a}{RT} = b\left(1 - \frac{T_M}{T}\right).$$

Donc – si $T < T_M$, la pente de l'isotherme est négative ;
– si $T > T_M$, la pente de l'isotherme est positive.

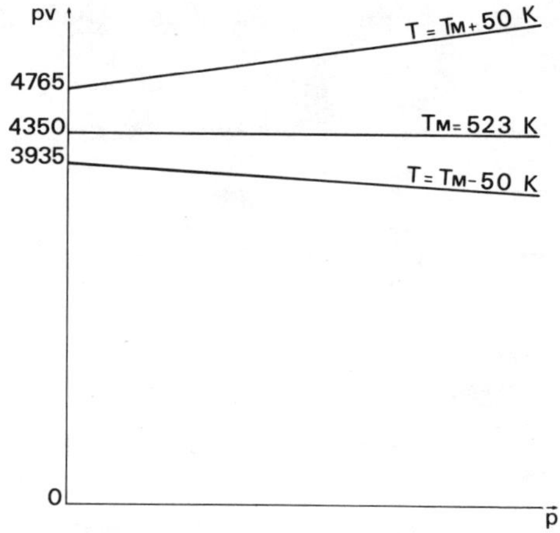

Figure II,6

Ainsi – pour $T = T_M - 50$ K = 473 K, l'isotherme a une pente égale à $3,22 \, . \, 10^{-5} \left(-\dfrac{50}{473}\right) = -3,4 \, . \, 10^{-6}$ m³, et l'ordonnée à l'origine est

$$RT = 3\,935 \; J.$$

L'équation de l'isotherme s'écrit alors

$$\boxed{pv = 3\,935 - 3,4 \, . \, 10^{-6} \, p} \; ;$$

– pour $T = T_M + 50$ K = 573 K, la pente de l'isotherme est

$$3,22 \, . \, 10^{-5} \left(+\frac{50}{573}\right) = +2,8 \, . \, 10^{-6} \text{ m}^3,$$

et l'ordonnée à l'origine est

$$RT = 4\,765 \; J.$$

L'équation de l'isotherme est alors

$$\boxed{pv = 4\,765 + 2,8 \, . \, 10^{-6} \, p} \, .$$

15 – FACTEUR DE COMPRESSIBILITE Z ET FONCTIONS D'ETAT RESIDUELLES

• Le facteur de compressibilité Z d'une mole de gaz pur de pression p, de volume v et de température absolue T, est défini par $Z = \dfrac{pv}{RT}$.

• La fonction résiduelle $\mathcal{F}_r$ est la différence entre la fonction $\mathcal{F}\,(p\,,\,T)$ du gaz réel et la fonction $\mathcal{F}_0\;(p\,,\,T)$ de ce gaz, à l'état de gaz parfait, à la même pression et à la même température.

1°

a) Montrer que l'enthalpie résiduelle $H_r = H - H_0$ est donnée par $H_r = \int_0^p \left[v - T\left(\dfrac{\partial v}{\partial T}\right)_p\right] dp.$

b) Montrer que l'entropie résiduelle $S_r = S - S_0$ est donnée par $S_r = \int_0^p \left[\dfrac{R}{p} - \left(\dfrac{\partial v}{\partial T}\right)_p\right] dp.$

2° Le facteur de compressibilité Z peut être exprimé en fonction des deux paramètres p et T. Exprimer l'enthalpie H_r et l'entropie S_r résiduelles en fonction de p, T, $Z\,(p\,,\,T)$ et $\left(\dfrac{\partial Z}{\partial T}\right)_p$.

3° Un gaz, aux pressions peu élevées, obéit à l'équation d'état relative à 1 mole : $p\,[v - B\,(T)] = RT$, où $B\,(T)$ est le covolume du gaz, fonction de sa température seulement.

a) Calculer le facteur de compressibilité Z, l'enthalpie résiduelle H_r et l'entropie résiduelle S_r en fonction de p, T, $B\,(T)$ et $\dfrac{\mathrm{d}B}{\mathrm{d}T}$.

b) L'azote, entre 0° et 400 °C et pour les pressions inférieures à 5 atmosphères, obéit à l'équation précédente, le covolume étant $B\,(T) = B_0\left[1 - \left(\dfrac{T_0}{T}\right)^{1,4}\right]$ avec $B_0 = 3.10^{-5}$ m³ et $T_0 = 324$ K. A quelle température T_1, l'enthalpie de l'azote se confond-elle avec celle du gaz à l'état parfait ? Calculer à cette température T_1 et sous $p = 4$ atm le facteur de compressibilité de l'azote et son entropie résiduelles. On donne : cte des gaz parfaits $R = 8{,}31$ J.K^{-1}. mole^{-} et 1 atm $\simeq 10^5$ Pa.

Solution

1°

a) La différentielle de l'enthalpie résiduelle du gaz est $dH_r = dH_{\text{réel}} - dH_{0\,\text{parfait}}$ avec $dH_{0\,\text{parfait}} = C_p\;\mathrm{d}T$ et $\mathrm{d}H_{\text{réel}} = c_p\;\mathrm{d}T + (h + v)\,.\,dp$, où $h = -T\left(\frac{\partial v}{\partial T}\right)_p$ (cf. problème 3, chap. 5),

soit $\mathrm{d}H_r = (h + v)\,dp = \left[v - T\left(\frac{\partial v}{\partial T}\right)_p\right] dp$

donc, par intégration

$$H_r = H - H_0 = \int_0^p \left[v - T\left(\frac{\partial v}{\partial T}\right)_p\right] dp \qquad (1)$$

parce que l'enthalpie résiduelle est nulle si $p \to 0$ car alors le gaz réel a un comportement de gaz parfait).

b) La différentielle de l'entropie résiduelle du gaz est $\mathrm{d}S_r = \mathrm{d}S_{\text{réel}} - \mathrm{d}S_{0\,\text{parfait}}$, avec

$$\mathrm{d}S_{\text{réel}} = \frac{\delta Q}{T} = \frac{c_p\,\mathrm{d}T + h\,\mathrm{d}p}{T} = \frac{c_p}{T}\,\mathrm{d}T - \left(\frac{\partial v}{\partial T}\right)_p dp$$

et

$$\mathrm{d}S_{0\,\text{parfait}} = \frac{c_p}{T}\,\mathrm{d}T - \frac{R}{p}\,dp$$

soit $\mathrm{d}S_r = \left[\frac{R}{p} - \left(\frac{\partial v}{\partial T}\right)_p\right] dp$, donc par intégration

$$S_r = S - S_0 = \int_0^p \left[\frac{R}{p} - \left(\frac{\partial v}{\partial T}\right)_p\right] dp \qquad (2)$$

parce que l'entropie résiduelle d'un gaz est nulle si $p \to 0$ (car alors le gaz réel a un comportement de gaz parfait)

2°

- L'entropie résiduelle H_r est donnée par (1), avec

$$v = \frac{RT}{p} Z, \quad \text{donc} \quad \left(\frac{\partial v}{\partial T}\right)_p = \frac{RT}{p}\left(\frac{\partial Z}{\partial T}\right)_p + \frac{R}{p} Z$$

soit $H_r = \int_0^p \left\{\frac{RTZ}{p} - T\left[\frac{RT}{p}\left(\frac{\partial Z}{\partial T}\right)_p + \frac{RZ}{p}\right]\right\} dp$

ou

$$H_r = -RT^2 \int_0^p \left(\frac{\partial Z}{\partial T}\right)_p \frac{dp}{p} \qquad (3)$$

- L'entropie résiduelle, donnée par (2), s'écrit de même à l'aide du facteur Z :

$$S_r = -R \int_0^p \left[Z - 1 + T\left(\frac{\partial Z}{\partial T}\right)_p\right] \frac{dp}{p} \qquad (4)$$

3°

a) Le facteur de compressibilité est $Z = \dfrac{pv}{RT}$ ou

$$\boxed{Z = 1 + \frac{pB(T)}{RT}} \tag{5}$$

donc $$\left(\frac{\partial Z}{\partial T}\right)_p = \frac{p}{RT} \cdot \frac{\mathrm{d}B}{\mathrm{d}T} - \frac{p}{RT^2}\, B = \frac{p}{RT^2}\left(\frac{T\mathrm{d}B}{\mathrm{d}T} - B\right) \tag{6}$$

Portons dans (3) ; on obtient l'enthalgie résiduelle en fonction du covolume :

$$\boxed{H_r = \int_0^p \left(B - T\frac{\mathrm{d}B}{\mathrm{d}T}\right) dp} \tag{7}$$

D'après (5) et (6), l'entropie résiduelle donnée par (4) est, après simplification

$$\boxed{S_r = -\int_0^p \left(\frac{\mathrm{d}B}{\mathrm{d}T}\right) dp} \tag{8}$$

b) Dans le cas de l'azote, $\dfrac{\mathrm{d}B}{\mathrm{d}T} = 1{,}4\, B_0\, (T_0)^{1,4} \,.\, (T)^{-2,4}$

et $B - T\dfrac{\mathrm{d}B}{\mathrm{d}T} = B_0 - 2{,}4\, B_0 \left(\dfrac{T_0}{T}\right)^{1,4}$

donc d'après (7),

$$H_r = H - H_0 = B_0 \left[1 - 2{,}4\left(\frac{T_0}{T}\right)^{1,4}\right] p \tag{9}$$

• L'enthalpie résiduelle s'annule ($H = H_0$) pour la température T_1 telle que, d'après (9),

$$1 - 2{,}4\left(\frac{T_0}{T_1}\right)^{2,4} = 0, \text{ soit}$$

$$\boxed{T_1 = T_0 \,.\, (2{,}4)^{1/1,4}} \simeq 324 \times 1{,}87 = 606 \text{ K} = 333\ °\text{C}$$

• Le facteur de compressibilité est, d'après (5),

$$Z = 1 + \frac{B_0\, p}{RT}\left[1 - \left(\frac{T_0}{T}\right)^{1,4}\right]$$

Application numérique :

A 373 K et 1 atm, on obtient

$$Z = 1 + \frac{3.10^{-5}.4.10^5}{8,31.606}\left[1 - \left(\frac{324}{606}\right)^{1,4}\right] = 1,0014$$

On aurait $Z = 1$ exactement si $T = T_0 = 324$ K, (température de Mariotte)

- L'entropie résiduelle est, d'après (8),

$$\boxed{S_r = -1,4\,B_0\left(\frac{T_0}{T}\right)^{1,4}\frac{p}{T}}$$

Application numérique :

$$S_r = -1,4.3.10^{-5}\left(\frac{324}{606}\right)^{1,4}\frac{4.10^5}{606} = 1,15.10^{-2}\ \text{J.K}^{-1}.\text{mole}^{-1}.$$

N.B. : L'azote n'obéit pas à la loi de Joule, car on peut vérifier que

$\frac{\partial U}{\partial T} = \frac{T\partial p}{\partial T} - p \neq 0$ (l'énergie interne de ce gaz dépend de son volume).

16 – RELATIONS ENTRE COEFFICIENTS DU VIRIEL. ENTHALPIE ET ENTROPIE RESIDUELLES D'UN GAZ DE VAN DER WAALS

On considère un gaz (p, v, T) qui obéit à l'équation de Van der Vaals :

$$\left(p + \frac{a}{v^2}\right)(v - b) = RT$$

relative à 1 mole (a, b et R sont des constantes) ; le covolume b est tel que $b/v \ll 1$. Le facteur de compressibilité Z du gaz est défini par $Z = \frac{pv}{RT}$.

Le facteur Z peut s'écrire, en fonction des paramètres volume v et température T, sous la forme (équation du viriel)

$$Z = 1 + \frac{B(T)}{v} + \frac{C(T)}{v^2} + \frac{D(T)}{v^3} + \ldots$$

Les coefficients $B(T)$, $C(T)$, $D(T)$, . . . s'appellent coefficients du viriel et ne sont fonction que de la température.

1° Exprimer en fonction de a, b, R et T, les trois premiers coefficients du viriel.

2° Aux pressions ne dépassant pas 100 atmosphères, un gaz est bien représenté par l'équation du viriel limitée aux trois premiers termes et le facteur Z peut s'écrire, en fonction des paramètres pression p et température T,

$$Z = 1 + B'(T) \, . \, p + C'(T) \, . \, p^2$$

a) Exprimer les coefficients B' et C' en fonction des coefficients du viriel B et C et de la température T.

b) Exprimer le facteur de compressibilité Z en fonction de p et T, en faisant intervenir les constantes a, b et R.

3° *Application* : Sachant que le dioxyde de carbone gazeux obéit à l'équation de Van der Waals, calculer pour ce gaz à 127° C sous 100 atm :

a) son facteur de compressibilité Z ;

b) son enthalpie résiduelle H_r, définie par $H_r = H_{\text{gaz réel}} - H_{\text{gaz parfait}}$, et son entropie résiduelle définie par $S_r = S_{\text{gaz réel}} - S_{\text{gaz parfait}}$.

On donne $a = 0{,}36$ S.I. ; $b = 4{,}3 \, . \, 10^{-5}$ m^3/mole ; $R = 8{,}31$ J/K/mole ; 1 atm = $1{,}013 . 10^5$ pascal.

4° Aux basses pressions ne dépassant pas 10 atmosphères un gaz est assez bien représenté par l'équation du viriel réduite aux deux premiers termes :

$$Z = 1 + \frac{B(T)}{v} \qquad \text{ou} \qquad Z = 1 + B'(T) \, . \, p$$

a) Exprimer le facteur de compressibilité Z en fonction de p, T, B.

b) Exprimer les fonctions résiduelles H_r et S_r en fonction de p, T, B et $\frac{dB}{dT}$.

c) Calculer Z, H_r et S_r pour le dioxyde de carbone à 127 °C sous 6 atmosphères.

Solution

1°

• L'équation de Van der Waals peut s'écrire $p = \frac{RT}{v - b} - \frac{a}{v^2}$. Multiplions les deux membres par v/RT ; il vient :

$$\frac{pv}{RT}=\frac{v}{v-b}-\frac{a}{RTv}$$

soit

$$\boxed{Z=\frac{v}{v-b}-\frac{a}{RTv}}$$

• Puisque le covolume b est très inférieur au volume v du gaz, une développement limité donne :

$$\frac{v}{v-b}=\left(1-\frac{b}{v}\right)^{-1}=1+\frac{b}{v}+\frac{b^2}{v^2}+\frac{b^3}{v^3}+\ldots$$

Le facteur de compressibilité s'écrit donc $Z=1+\left(b-\frac{a}{RT}\right)\frac{1}{v}+b^2\frac{1}{v^2}$ $+\,b^3\frac{1}{v^3}+\ldots$, de la forme $Z=1+\frac{B}{v}+\frac{C}{v^2}+\frac{D}{v^3}+\ldots$

On en déduit les coefficients du viriel du gaz de Van der Waals

$B=b-\dfrac{a}{RT}$	$C=b^2$	$D=b^3$

(1)

2°

a) L'équation du viriel réduite aux trois premiers termes s'écrit

* à l'aide de p et v : $\quad Z=1+\frac{B}{v}+\frac{C}{v^2}$ (2)

* à l'aide de T et p : $\quad Z=1+B'p+C'p^2$ (3)

D'après (2), la pression du gaz s'écrit :

$p=Z.\frac{RT}{v}=RT\left(\frac{1}{v}+\frac{B}{v^2}+\frac{C}{v^3}\right)$; portons dans (3), il vient :

$$Z=1+B'RT\left(\frac{1}{v}+\frac{B}{v^2}+\frac{C}{v^3}\right)+C'R^2T^2\left(\frac{1}{v}+\frac{B}{v^2}+\frac{C}{v^3}\right)^2$$

Ordonnons les termes suivant le volume ; il vient

$$Z=1+\frac{B'RT}{v}+\frac{BB'RT+C'R^2T^2}{v^2}+\ldots \qquad (4)$$

En comparant les coefficients de $\frac{1}{v}$ et $\frac{1}{v^2}$ de (2) et (4), on obtient les deux relations :

$$\boxed{B' = \frac{B}{RT}} \qquad \text{et} \qquad \boxed{C' = \frac{C - B^2}{R^2 \,.\, T^2}} \qquad (5)$$

b) D'après (1) et (5), les coefficients du viriel sont :

$$B' = \frac{1}{RT}\left(b - \frac{a}{RT}\right) \qquad \text{et} \qquad C' = \frac{a}{R^3\,T^3}\left(2\,b - \frac{a}{RT}\right)$$

on en déduit le facteur de compressibilité

$$\boxed{Z(p\,,\,T) = 1 + \left(b - \frac{a}{RT}\right)\frac{p}{RT} + \left(2\,b - \frac{a}{RT}\right)\frac{a\,p^2}{R^3\,T^3}} \qquad (6)$$

3°

a) D'après (5), si $p = 100$ atm $= 10\ 1{,}3.10^5$ Pa et $T = 400$ K, on obtient $Z = \mathbf{0{,}779}$.

b) On a déjà établi (cf. relations (3) et (4) du problème 15) les expressions des fonctions résiduelles H_r et S_r :

$$H_r = -RT^2 \int_0^p \left(\frac{\partial Z}{\partial T}\right)_p \frac{dp}{p} \quad \text{et} \quad S_r = -R \int_0^p \left[Z - 1 + T\left(\frac{\partial Z}{\partial T}\right)_p\right]\frac{dp}{p} \quad (7)$$

Dans notre cas, d'après (6) et après factorisation, on a

$$\left(\frac{\partial Z}{\partial T}\right)_p = \frac{1}{RT^2}\left(\frac{2a}{RT} - b\right)p + \frac{2\,a}{R^3\,T^4}\left(\frac{2\,a}{RT} - 3\,b\right)p^2 \qquad (8)$$

• L'enthalpie résiduelle est donc, d'après (7) et (8),

$$H_r = -\int_0^p \left(\frac{2\,a}{RT} - b\right)dp - \frac{2\,a}{R^2\,T^3}\int_0^p\left(\frac{2\,a}{RT} - 3\,b\right)p\,.\,dp$$

ou $$\boxed{H_r = \left(b - \frac{2a}{RT}\right)p + \left(3\,b - \frac{2\,a}{RT}\right)\frac{ap^2}{R^2\,T^2}} = -\,\mathbf{2\,051\ J/mole}$$

• L'entropie résiduelle est, d'après (7) et compte tenu de (6) et (8) :

$$S_r = -R\left[\int_0^p \frac{a}{R^2\,T^2}\,\mathrm{d}p + \int_0^p\left(\frac{3a^2}{R^4\,T^4} - \frac{4\,ab}{R^3\,T^3}\right)p\,\mathrm{d}\,p\right]$$

soit, après intégration,

$$\boxed{S_r = -\frac{a}{RT^2}\,p + \left(2b - \frac{3a}{2\,RT}\right)\frac{ap^2}{R^2\,T^3}} = -\,\mathbf{13{,}5\ J/mole/K}$$

4°

• *a*) Le facteur de compressibilité est :

$Z = 1 + B'p$ avec $B' = \dfrac{B}{RT}$ d'après (5), soit

$$\boxed{Z = 1 + \frac{Bp}{RT}} \qquad (9)$$

b) D'après (9), on a maintenant

$$\left(\frac{\partial Z}{\partial T}\right)_p = \frac{p}{RT}\left(\frac{\mathrm{d}B}{\mathrm{d}T} - \frac{B}{T}\right)$$

donc, en reportant dans (7) et en intégrant, on obtient les fonctions résiduelles d'un gaz de faible pression :

$$\boxed{H_r = p\left(B - \frac{T\,\mathrm{d}B}{\mathrm{d}T}\right)} \quad \text{et} \quad \boxed{S_r = -p\,\frac{\mathrm{d}B}{\mathrm{d}T}}$$

c) *Applications numériques :*

• Pour $T = 400\ K$, on a :

$B = b - \dfrac{a}{RT} = 4{,}3 \,.\, 10^{-5} - \dfrac{0{,}36}{8{,}31 \,.\, 400} = 6{,}510^{-5}$ m³/mole, donc

$$Z = 1 - \frac{6{,}5 \,.\, 10^{-5}\,(6 \,.\, 1{,}013 \,.\, 10^5)}{8{,}31 \,.\, 400} = \mathbf{0{,}988}$$

De plus, $\dfrac{\mathrm{d}B}{\mathrm{d}T} = \dfrac{a}{RT^2} = \dfrac{0{,}36}{8{,}31(400)^2} = 2{,}7 \,.\, 10^{-7}$ m³/mole/K ;

on obtient finalement

$$H_r = -\,\mathbf{105\ J/mole} \quad \text{et} \quad S_r = -\,\mathbf{0{,}16\ J/mole/K}$$

CHAPITRE 3

LE PREMIER PRINCIPE. TRAVAIL, CHALEUR, ÉNERGIE INTERNE, *U*, ENTHALPIE *H*

1 PREMIER PRINCIPE. ENERGIE INTERNE

• Au cours d'une transformation *élémentaire*, un système échange avec le milieu extérieur

– un travail δW,
– une quantité de chaleur δQ.

L'énergie interne de ce système subit alors une *variation* :

$$\boxed{\mathrm{d}U = \delta W + \delta Q}.$$

Le premier principe de la thermodynamique postule que la somme $\delta W + \delta Q = \mathrm{d}U$ est une différentielle totale exacte, alors que δW et δQ séparément ne sont pas en général des différentielles totales.

Remarque : On compte POSITIVEMENT le travail et la chaleur REÇUS par le système, et NEGATIVEMENT le travail et la chaleur FOURNIS par le système au milieu extérieur.

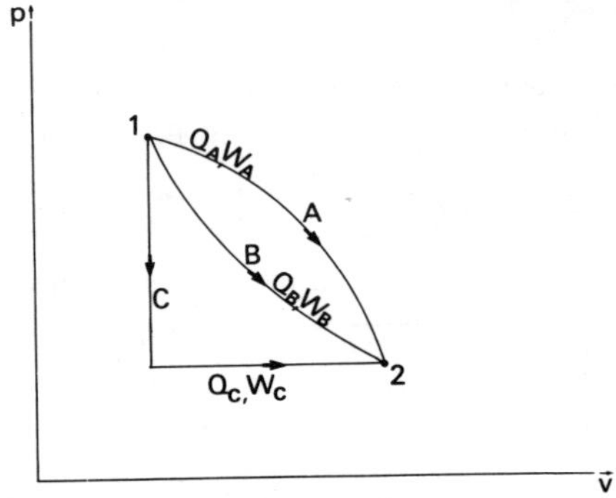

Figure III, 1

• Considérons une transformation ouverte (non cyclique) faisant passer le système de l'état initial 1 à l'état final 2, par plusieurs chemins possibles $1A2$, $1B2$, $1C2$. Alors que les travaux (W_A, W_B, W_C) et les quantités de chaleur (Q_A, Q_B, Q_C) échangés avec le milieu extérieur dépendent du "chemin suivi", leur somme, qui mesure la variation d'énergie interne du système, est indépendante du chemin suivi et ne dépend que des états 1 et 2 :

$$U_2 - U_1 = W_A + Q_A = W_B + Q_B = W_C + Q_C.$$

Plus généralement, on a

$$\boxed{U_2 - U_1 = W_{1,2} + Q_{1,2}}\ .$$

$U_2 - U_1$: indépendant des états intermédiaires

$W_{1,2}$, $Q_{1,2}$: dépendent des états intermédiaires

Cas particuliers

a) Dans une transformation cyclique, l'état initial 1 coïncide avec l'état final 2 ($U_1 = U_2$) ; on a donc

$$\boxed{(W + Q)_{\text{cycle}} = 0}.$$

Cette relation traduit le *principe de l'équivalence* entre travail et chaleur, au cours d'un cycle ($|W| = |Q|$).

b) Dans un système isolé (le système n'échange rien avec le milieu extérieur), $W = 0$ et $Q = 0$; on a donc $U_1 = U_2$; l'énergie interne ne varie pas.

c) Pour un système qui fournit du travail, sans recevoir de chaleur, on a $W < 0$ et $Q = 0$; soit $U_2 - U_1 < 0$: il y a donc diminution de l'énergie interne du système, jusqu'au moment où ses réserves d'énergie s'épuisent ; le système ne pourra donc pas fournir indéfiniment du travail.

LE PREMIER PRINCIPE S'OPPOSE AU MOUVEMENT PERPETUEL.

II EXPRESSION DES TRAVAUX ECHANGES

a) Dans le cas général (transformation irréversible ou réversible), le travail élémentaire de forces de pression, reçu par le gaz est

$$\boxed{\delta W = -\,p_e \mathrm{d}v},$$

$\mathrm{d}v$ étant la variation de volume et p_e la pression extérieure.

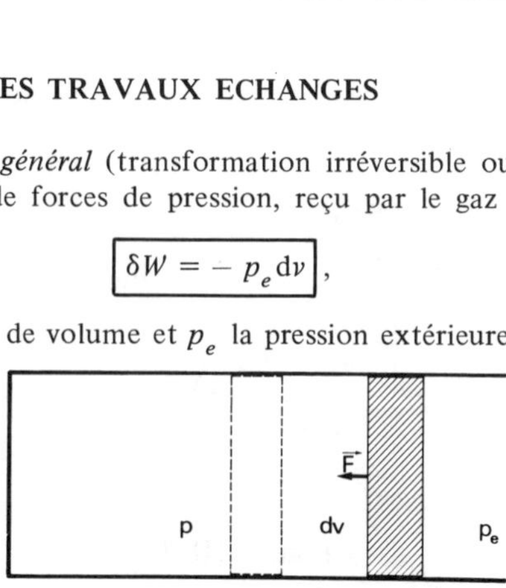

Figure III, 2

b) Dans le cas d'une transformation réversible (suite d'états d'équilibre, absence de frottements et d'inélasticité), la pression du système est $p = p_e$.

Le travail échangé devient donc

$$\boxed{\delta W = -\, p\mathrm{d}v}.$$

Le travail total des forces de pression est donc

$$\boxed{W = \int_1^2 -\, p\mathrm{d}v}.$$

Ce travail est mesuré par l'aire hachurée sur le diagramme (p, v).

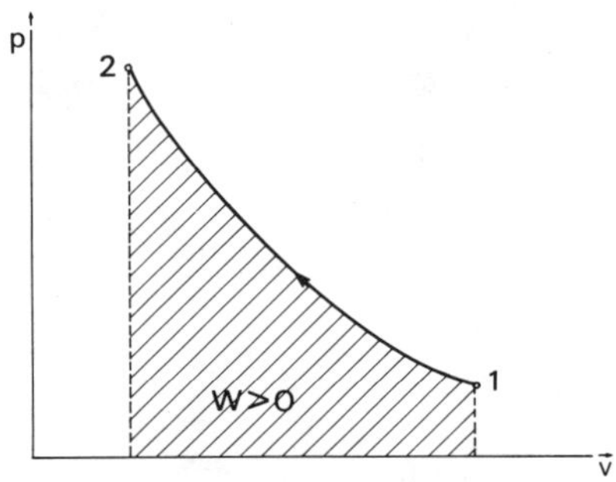

Figure III, 3

Cas particuliers

a) Dans une transformation isochore (le volume est constant), $W = 0$.

b) Dans une transformation isobare (la pression est constante), $W = -\, p(v_2 - v_1)$.

III EXPRESSION DES CHALEURS ECHANGEES

- Dans le cas général, on a $\delta Q = \mathrm{d}U - \delta W$.
- Pour une transformation réversible,

$$\delta Q = c_v \mathrm{d}T + l\mathrm{d}v = c_p \mathrm{d}T + h\mathrm{d}p = \lambda \mathrm{d}v + \mu \mathrm{d}p.$$

Cas particuliers

a) Dans une transformation isochore ($\mathrm{d}v = 0$), $\delta Q_v = c_v \mathrm{d}T$, d'où

$$c_v = \left[\frac{\delta Q}{\mathrm{d}T}\right]_v,$$

c_v étant la capacité calorifique à volume constant.

b) Dans une transformation isobare ($dp = 0$), $\delta Q_p = c_p dT$, d'où

$$c_p = \left[\frac{\delta Q}{dT}\right]_p ,$$

c_p étant la capacité calorifique à pression constante.

c) Dans une transformation adiabatique, $\delta Q = 0$.

IV EXPRESSION DES VARIATIONS D'ENERGIE INTERNE ET D'ENTHALPIE

Si le système ne reçoit du travail que des forces de pression ($\delta W = -p dv$), on a

$$dU = \delta Q + \delta W = c_v dT + (l - p)\, dv \; ; \qquad (1)$$

$$dH = d(U + pv) = \delta Q + v dp = c_p dT + (h + v)\, dp. \qquad (2)$$

dU et dH sont des différentielles totales exactes : c'est l'aspect mathématique du 1er principe.

V CAS DES GAZ PARFAITS

• *Définition* : un gaz parfait est un gaz qui obéit

– à la 1ère loi de Joule : l'énergie interne n'est fonction que de la température, $U = U(T)$, donc

$$\frac{\partial U}{\partial p} = 0 \quad \text{et} \quad \frac{\partial U}{\partial v} = l - p = 0,$$

soit $l = p$, d'où

$$\boxed{dU = c_v dT},$$

d'après la relation (1) ;

– à la 2e loi de Joule : l'enthalpie n'est fonction que de la température, $H = H(T)$, donc

$$\frac{\partial H}{\partial v} = 0 \quad \text{et} \quad \frac{\partial H}{\partial p} = h + v = 0,$$

soit $h = -v$, d'où

$$\boxed{dH = c_p dT},$$

d'après la relation (2).

• *Capacité calorifique*

On établit, à partir de la relation $l = p$, la relation de Mayer entre les capacités calorifiques c_p et c_v de n moles de gaz parfait :

$$\boxed{c_p - c_v = nR}.$$

En introduisant le rapport $\gamma = \dfrac{c_p}{c_v}$, la relation de Mayer s'écrit

$$c_v(\gamma - 1) = nR,$$

d'où

$$\boxed{c_v = \frac{nR}{\gamma - 1}} \quad \text{et} \quad \boxed{c_p = \frac{\gamma nR}{\gamma - 1}}.$$

Les capacités calorifiques molaires ($n = 1$) sont donc $\dfrac{R}{\gamma - 1}$ et $\dfrac{\gamma R}{\gamma - 1}$.

- *Transformations particulières*

– Transformation *isotherme* (T = cte) : PV = cte, $U_2 - U_1 = 0$ et $W = - Q = nRT \ln \dfrac{p_2}{p_1} = p_1 v_1 \ln \dfrac{v_1}{v_2}$.

– Transformation *isochore* (v = cte) : $W = 0$ et $U_2 - U_1 = Q_v = \int_1^2 c_v \mathrm{d}T$; la chaleur échangée à volume constant est indépendante des états intermédiaires, et elle est mesurée par la variation d'énergie interne.

– Transformation *adiabatique* réversible : si γ = cte, on a pv^γ = cte ou $Tv^{\gamma-1}$ = cte ou $T^\gamma p^{1-\gamma}$ = cte, $Q = 0$ et $U_2 - U_1 = W_a = \dfrac{p_2 v_2 - p_1 v_1}{\gamma - 1} = c_v(T_2 - T_1)$; le travail adiabatique est indépendant des états intermédiaires.

– Transformation *isobare* (p = cte), $H_2 - H_1 = Q_p = \int_1^2 c_p \mathrm{d}T$: la

la chaleur échangée à pression constante est indépendante des états intermédiaires et elle est mesurée par la variation d'enthalpie.

Remarques :

1° Si c_v et c_p représentent les chaleurs massiques d'un gaz, les capacités calorifiques de ce gaz de masse m sont

$$C_v = mc_v = \frac{nR}{\gamma - 1} \quad \text{et} \quad C_p = mc_p = \frac{\gamma nR}{\gamma - 1},$$

le nombre de moles du gaz étant $n = \dfrac{m}{M}$ (M = masse molaire du gaz).

2° Les relations que l'on vient d'obtenir pour les transformations

– adiabatique : $\Delta U = W_a$,
– isochore : $\Delta U = Q_v$,
– isobare : $\Delta H = Q_p$,

ont été établies indépendamment des hypothèses du gaz parfait, et sont donc *valables pour n'importe quel système qui ne reçoit du travail que des forces de pression.*

PROBLEMES DU CHAPITRE 3

1 – FONCTION D'ETAT

La quantité de chaleur élémentaire échangée par une mole de gaz avec le milieu extérieur est donnée, en fonction des variables indépendantes pression p et température T, par l'équation

$$\delta Q = -\frac{RT}{p}\,\mathrm{d}p + c_p(T)\,\mathrm{d}T$$

où $c_p(T)$ représente la capacité calorifique molaire du gaz, fonction de la température seule.

La quantité de chaleur échangée est-elle une fonction d'état ?

Solution

La condition pour laquelle la quantité de chaleur Q est une fonction d'état, est que δQ soit une différentielle totale exacte ; il faudrait donc que l'on ait

$$\frac{\partial^2 Q}{\partial p \partial T} = \frac{\partial^2 Q}{\partial T \partial p}\ ;$$

ou

$$\frac{\partial\left(-\frac{RT}{p}\right)}{\partial T} = \frac{\partial c_p(T)}{\partial p}. \qquad (1)$$

Or, on a

$$\frac{\partial\left(-\frac{RT}{p}\right)}{\partial T} = -\frac{R}{p} \quad \text{et} \quad \frac{\partial c_p(T)}{\partial p} = 0.$$

La condition (1) n'est donc pas vérifiée et Q n'est pas une fonction d'état : la chaleur échangée par le gaz avec le milieu extérieur dépend du "chemin suivi" pour passer d'un état initial à un état final donné.

2 – DETENTE ISOTHERME D'UN GAZ PARFAIT

1 m³ d'air (supposé gaz parfait), à la pression $p_1 = 10$ atmosphères, subit une détente, à température constante ; la pression finale est $p_2 = 1$ atmosphère.

Déterminer le travail échangé par le gaz avec le milieu extérieur, au cours de cette détente, ainsi que la quantité de chaleur échangée avec le milieu extérieur.

On rappelle que 1 atm $= 10^5$ N/m².

Solution

La transformation est isotherme : elle obéit donc à la loi de Mariotte :

$$p_1 v_1 = p_2 v_2 = pv = \text{cte} = A \ ;$$

d'où

$$p = \frac{A}{v}.$$

Le travail échangé par le gaz est alors

$$W = \int_{v_1}^{v_2} - p\mathrm{d}v = - A \int_{v_1}^{v_2} \frac{dv}{v} = p_1 v_1 \ \ln \frac{v_1}{v_2} \ ;$$

or,

$$\frac{v_2}{v_1} = \frac{p_1}{p_2} \ ;$$

d'où

$$\boxed{W = p_1 v_1 \ \ln \frac{p_2}{p_1}}.$$

Application numérique : $W = 10^6 \, . \, 1 \ \ln \frac{1}{10} = - \, 2{,}3 \, . \, 10^6 \, \mathrm{J} = - \, \mathbf{2300 \ kJ}.$

Le gaz a donc cédé un travail (signe –) au milieu extérieur. Comme la variation d'énergie interne est nulle ($U_2 - U_1 = W + Q = 0$ à température constante), on en déduit que le gaz a reçu une quantité de chaleur égale au travail cédé :

$$Q = - \, W = + \, \mathbf{2300 \ kJ}.$$

3 – COMPRESSION ADIABATIQUE D'UN GAZ PARFAIT

Un récipient, fermé par un piston mobile, renferme 2 g d'hélium (gaz parfait, monoatomique) dans les conditions (p_1, v_1). On opère une compression adiabatique, de façon *réversible,* qui amène le gaz dans les conditions (p_2, v_2). On donne p_1 = 1 atm, v_1 = 10 l, p_2 = 3 atm.

Déterminer :

a) le volume final v_2 ;
b) le travail reçu par le gaz ;
c) la variation d'énergie interne du gaz.
d) En déduire l'élévation de température du gaz, sans calculer la température initiale T_1.

On donne : rapport des chaleurs massiques à pression et volume constants :

$$\gamma = \frac{c_p}{c_v} = \frac{5}{3} ;$$

constante des gaz parfaits : $R = 8{,}3$ S.I.

Solution

a) On a $p_1 v_1^\gamma = p_2 v_2^\gamma$, soit

$$\boxed{v_2 = v_1 \left(\frac{p_1}{p_2}\right)^{\frac{1}{\gamma}}}.$$

Application numérique : $v_2 = 10\left(\frac{1}{3}\right)^{3/5} = \mathbf{5{,}16\ l.}$

b) La transformation adiabatique est régie par l'équation $pv^\gamma = \text{cte} = A$. Le travail reçu par le gaz est alors, compte tenu de $p = Av^{-\gamma}$,

$$W = \int_{v_1}^{v_2} - p\mathrm{d}v = A \int_{v_1}^{v_2} - v^{-\gamma}\mathrm{d}v = \left[\frac{Av^{1-\gamma}}{\gamma - 1}\right]_{v_1}^{v_2} = \left[\frac{pv}{\gamma - 1}\right]_1^2$$

ou

$$\boxed{W = \frac{p_2 v_2 - p_1 v_1}{\gamma - 1}}.$$

Application numérique : $W = \dfrac{3 \,.\, 10^5 \,.\, 5{,}16 \,.\, 10^{-3} - 10^5 \,.\, 10 \,.\, 10^{-3}}{\frac{2}{3}} = \mathbf{822\ J}$.

c) La variation d'énergie interne est

$$U_2 - U_1 = W + Q = W \qquad (\text{car } Q = 0).$$

Donc $U_2 - U_1 = \mathbf{822\ J.}$

d) On a, pour *n* moles de gaz parfait,

$$U_2 - U_1 = W = nc_v(T_2 - T_1) ;$$

or, la capacité calorifique molaire est $c_v = \dfrac{R}{\gamma - 1}$, donc

$$W = \frac{nR}{\gamma - 1}(T_2 - T_1).$$

On en déduit l'élévation de température du gaz :

$$\boxed{T_2 - T_1 = \frac{W(\gamma - 1)}{nR}}.$$

Application numérique : 2 g d'He (He = 4) représentent $n = \frac{2}{4} = \frac{1}{2}$ mole ;

d'où

$$T_2 - T_1 = \frac{822 \cdot \frac{2}{3}}{\frac{1}{2} \cdot 8{,}32} = 132 \text{ degrés.}$$

4 – COEFFICIENTS CALORIMETRIQUES ET EQUATIONS DES ADIABATIQUES D'UN GAZ PARFAIT

Une mole de gaz reçoit, au cours d'une transformation élémentaire réversible, une quantité de chaleur δQ qui peut s'exprimer de trois façons différentes, suivant le choix des variables (pression p, volume v, température T) :

$$\delta Q = c_v \mathrm{d}T + l \mathrm{d}v,$$
$$\delta Q = c_p \mathrm{d}T + h \mathrm{d}p,$$
$$\delta Q = \lambda \, \mathrm{d}p + \mu \mathrm{d}v.$$

1° Exprimer les coefficients calorimétriques l, h, μ et λ en fonction des capacités calorifiques molaires c_p et c_v et des dérivées partielles

$$\left(\frac{\partial T}{\partial v}\right)_p \quad \text{et} \quad \left(\frac{\partial T}{\partial p}\right)_v .$$

2° Calculer, dans le cas d'un gaz parfait, l, h, λ et μ en fonction des paramètres p et v et du rapport $\gamma = \frac{c_p}{c_v}$.

3° En déduire la relation entre p et v, au cours d'une transformation adiabatique réversible du gaz,

a) si γ est indépendant de la température ($\gamma = \gamma_0$) ;

b) si γ est une fonction linéaire de la température ($\gamma = gT + \gamma_0$).

Solution

1° A pression constante, $\mathrm{d}p = 0$; on a donc

$$\delta Q = c_v \mathrm{d}T + l \mathrm{d}v = c_p \mathrm{d}T = \mu \mathrm{d}v \; ;$$

d'où

$$\boxed{l = (c_p - c_v)\left(\frac{\partial T}{\partial v}\right)_p} \qquad (1)$$

et

$$\boxed{\mu = c_p \left(\frac{\partial T}{\partial v}\right)_p}. \tag{2}$$

• A volume constant, $dv = 0$; on a donc

$$\delta Q = c_v dT = c_p dT + h dp = \lambda dp ;$$

d'où

$$\boxed{h = -(c_p - c_v)\left(\frac{\partial T}{\partial p}\right)_v} \tag{3}$$

et

$$\boxed{\lambda = c_v \left(\frac{\partial T}{\partial p}\right)_v}. \tag{4}$$

2° La relation de Mayer relative à une mole de gaz parfait, $c_p - c_v = R$ (avec $c_p = \gamma c_v$), fournit les capacités calorifiques molaires en fonction de γ :

$$c_v = \frac{R}{\gamma - 1} \quad \text{et} \quad c_p = \frac{\gamma R}{\gamma - 1}.$$

D'autre part, l'équation d'état du gaz parfait s'écrit

$$pv = RT ;$$

d'où

$$\left(\frac{\partial T}{\partial v}\right)_p = \frac{p}{R} \quad \text{et} \quad \left(\frac{\partial T}{\partial p}\right)_v = \frac{v}{R}.$$

Les coefficients calorimétriques donnés par les relations (1), (2), (3), (4) sont donc :

$$l = R \cdot \frac{p}{R} \quad \text{ou} \quad \boxed{l = p} \tag{5}$$

$$h = -R\frac{v}{R} \quad \text{ou} \quad \boxed{h = -v} \tag{6}$$

$$\mu = \frac{\gamma R}{\gamma - 1}\frac{p}{R} \quad \text{ou} \quad \boxed{\mu = \frac{\gamma}{\gamma - 1} p} \tag{7}$$

$$\lambda = \frac{R}{\gamma - 1}\frac{v}{R} \quad \text{ou} \quad \boxed{\lambda = \frac{v}{\gamma - 1}}. \tag{8}$$

3° La transformation étant adiabatique, on a

$$\delta Q = \lambda dp + \mu dv = 0,$$

soit, compte tenu des relations (7) et (8),

$$\frac{v\mathrm{d}p}{\gamma - 1} + \frac{\gamma p \mathrm{d}v}{\gamma - 1} = 0 \qquad \text{ou} \qquad \frac{\mathrm{d}p}{p} + \gamma \frac{\mathrm{d}v}{v} = 0. \tag{9}$$

a) Puisque $\gamma = \gamma_0 = \text{cte}$, on peut écrire, en intégrant,

$$\ln p + \gamma_0 \ln v = \text{cte},$$

soit

$$\ln (pv^{\gamma_0}) = \text{cte},$$

ou

$$\boxed{pv^{\gamma_0} = \text{cte}}\,.$$

b) Le rapport des capacités calorifiques est une fonction linéaire de la température. La relation différentielle de l'adiabatique (9) s'écrit

$$\frac{\mathrm{d}p}{p} + (gT + \gamma_0) \frac{\mathrm{d}v}{v} = 0.$$

Ramenons cette équation différentielle aux variables indépendantes T et v.

L'équation d'état $pv = RT$ peut s'écrire

$$\frac{\mathrm{d}p}{p} = \frac{\mathrm{d}T}{T} - \frac{\mathrm{d}v}{v}\,;$$

on a donc

$$\frac{\mathrm{d}T}{T} + (gT + \gamma_0 - 1) \frac{\mathrm{d}v}{v} = 0, \tag{10}$$

soit

$$\frac{\mathrm{d}v}{v} = - \frac{1}{gT + \gamma_0 - 1} \frac{\mathrm{d}T}{T}. \tag{11}$$

La relation (10) s'écrit

$$\frac{\mathrm{d}T}{T} + gT \frac{\mathrm{d}v}{v} + (\gamma_0 - 1) \frac{\mathrm{d}v}{v} = 0,$$

ou, en tenant compte de la relation (11),

$$\frac{\mathrm{d}T}{T} - \frac{g}{gT + \gamma_0 - 1} \mathrm{d}T + (\gamma_0 - 1) \frac{\mathrm{d}v}{v} = 0.$$

Intégrons cette équation différentielle ; il vient

$$\ln T - \ln (gT + \gamma_0 - 1) + (\gamma_0 - 1) \ln v = \text{cte},$$

soit

$$\frac{Tv^{\gamma_0 - 1}}{gT + \gamma_0 - 1} = \text{cte}.$$

Compte tenu de $T = \frac{pv}{R}$, on obtient la relation entre p et v :

$$\boxed{\frac{pv^{\gamma_0}}{gpv + R(\gamma_0 - 1)} = \text{cte}}\ .$$

Remarquons que si γ = cte, $g = 0$, on retrouve l'équation pv^{γ_0} = cte.

5 – TRAVAIL ET COEFFICIENTS α ET χ

Un solide de volume v_0, de coefficient de compressibilité isotherme χ et de coefficient de dilatation isobare α (v_0, α et χ sont constants), subit :

– un échauffement isobare réversible, de l'état A_0 (p_0, T_0) à l'état A (p_0, $T_1 = kT_0$) ;

– puis une compression isotherme, de l'état A à l'état A_1 (p_1, T_1).

Etablir l'expression du travail reçu pour passer de l'état A_0 à l'état A_1, en fonction de p_0, v_0, T_0, k, α et χ :

1° en suivant le trajet A_0AA_1,

2° en suivant le trajet direct A_0A_1, dans le diagramme (p, T).

Solution

1° Le travail reçu par le solide, au cours de la transformation élémentaire réversible, est

$$dW = -p dv = -p\left[\left(\frac{\partial v}{\partial T}\right)_p dT + \left(\frac{\partial v}{\partial p}\right)_T dp\right].$$

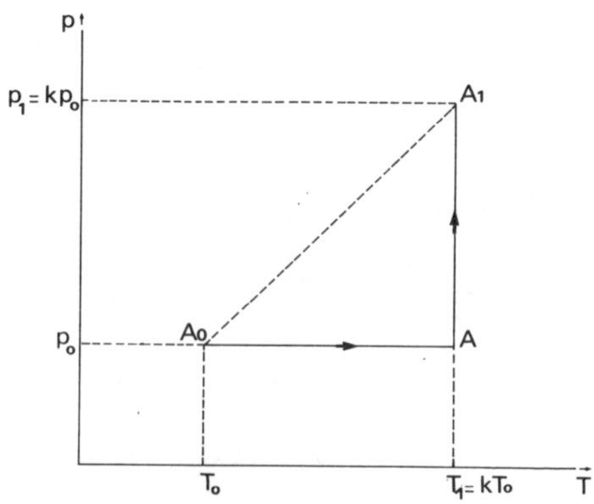

Figure III, 4

Or, on a

$$\left(\frac{\partial v}{\partial T}\right)_p = \alpha v_0 \quad \text{et} \quad \left(\frac{\partial v}{\partial p}\right)_T = -\chi v_0.$$

On en déduit

$$\boxed{dW = -pv_0(\alpha dT - \chi dp)}. \qquad (1)$$

• Au cours de l'échauffement isobare A_0A, le travail élémentaire s'écrit

$$dW = -p_0 v_0 \alpha dT,$$

puisque $dp = 0$.

Par intégration on obtient

$$W_{A_0A} = -\alpha p_0 v_0 (T_1 - T_0) = -\alpha p_0 v_0 T_0 (k-1).$$

• Au cours de la compression isotherme ($dT = 0$) le travail élémentaire s'écrit $dW = \chi v_0 p dp$; le travail reçu est alors

$$W_{AA_1} = \chi v_0 \frac{p_1^2 - p_0^2}{2} = \frac{\chi v_0 p_0^2}{2}(k^2 - 1).$$

Le travail total reçu pour passer de l'état A_0 à l'état A_1 (suivant le chemin A_0AA_1) est donc

$$W_{A_0AA_1} = W_{A_0A} + W_{AA_1},$$

soit

$$\boxed{W_{A_0AA_1} = \frac{p_0 v_0 (k^2-1)}{2}\left(-\frac{\alpha T_0}{k+1} + \chi p_0\right)}. \qquad (2)$$

2° La transformation A_0A_1 est représentée par la droite d'équation $p = kT$.

L'expression (1) du travail élémentaire devient alors

$$dW = -k\alpha v_0 T dT + \chi v_0 p\, dp.$$

Le travail total reçu est donc

$$W = -k\alpha v_0\left(\frac{T_1^2 - T_0^2}{2}\right) + \chi v_0\left(\frac{p_1^2 - p_0^2}{2}\right);$$

et en tenant compte de $k = \dfrac{p_0}{T_0}$, il vient

$$\boxed{W_{A_0A_1} = \frac{p_0 v_0 (k^2 - 1)}{2} (-\alpha T_0 + \chi p_0)} . \qquad (3)$$

Remarque : Les expressions (2) et (3) montrent que le travail reçu par le solide pour passer d'un état initial A_0 à un état final A_1 dépend du "chemin" suivi.

6 – CALCULS DE TRAVAUX ECHANGES

On considère deux moles d'oxygène (gaz supposé parfait) que l'on peut faire passer *réversiblement* de l'état initial A (p_A, v_A, T_A) à l'état final B $(p_B = 3p_A, v_B, T_A)$, par trois chemins distincts :

– chemin $A1B$ (transformation isotherme),
– chemin $A2B$ (représenté par une droite dans le diagramme (p, v)).
– chemin $A3B$ (cf. figure III,5).

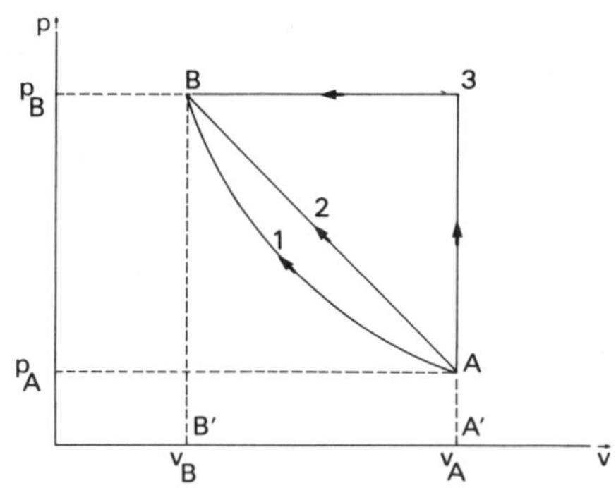

Figure III, 5

Calculer les travaux et les quantités de chaleur mises en jeu, durant ces trois transformations, en fonction de R et T.

Application numérique : $T = 300$ K, $R = \dfrac{25}{3}$ S.I.

Solution

D'après la loi de Mariotte, appliquée à l'isotherme $A1B$, on a

$$v_A = v_B \frac{p_B}{p_A} = 3v_B.$$

– Au cours de la compression isotherme $A1B$, le gaz reçoit un travail

$$W_1 = nRT \ln \frac{p_B}{p_A},$$

soit

$$W_1 = 2RT \ln 3$$

ou

$$\boxed{W_1 = 2{,}1\ RT}.$$

– Au cours de la compression $A2B$, le travail est mesuré par l'aire du trapèze $AA'B'B$ de bases p_A et p_B et de hauteur $v_A - v_B$:

$$W_2 = \frac{(p_A + p_B)(v_A - v_B)}{2} \ ;$$

or

$$p_B = 3p_A \qquad \text{et} \qquad v_B = \frac{v_A}{3},$$

on obtient donc

$$W_2 = \frac{4}{3} p_A v_A = \frac{4}{3} nRT$$

ou

$$\boxed{W_2 = \frac{8}{3} RT}.$$

– La transformation $A3B$ se décompose en une transformation à volume constant $A \rightarrow 3$ (le travail échangé est nul) et une transformation à pression constante $3 \rightarrow B$ (le travail échangé est $W = -p_B(v_B - v_A)$).

Le travail total mis en jeu est donc

$$W_3 = -3p_A\left(-\frac{2}{3}v_A\right) = 2p_A v_A = 2nRT,$$

soit

$$\boxed{W_3 = 4RT}.$$

Or, d'après le 1er principe, la variation d'énergie interne est, dans les trois cas, indépendante du "chemin suivi" ; donc

$$U_B - U_A = W_1 + Q_1 = W_2 + Q_2 = W_3 + Q_3 = 0.$$

La quantité de chaleur échangée est alors, dans chaque cas,

$Q_1 = -\ 2{,}1\ RT,$
$Q_2 = -\dfrac{8}{3}RT,$
$Q_3 = -\ 4RT.$

Application numérique : $W_1 = -\ Q_1 =$ **5,25 kJ** ; $W_2 = -\ Q_2 =$ **6,67 kJ** ; $W_3 = -\ Q_3 =$ **10 kJ.**

On remarque que le travail mis en jeu dépend du chemin suivi, de même que la quantité de chaleur ; par contre la somme des travaux et chaleurs échangés, donc la variation d'énergie interne, ne dépend pas du chemin suivi (1er principe).

7 – ETUDE DU CYCLE DE LENOIR

L'état initial d'une mole de gaz parfait est caractérisé par $p_0 = 2 \,.\, 10^5$ pascals, $v_0 = 14$ litres. On fait subir successivement à ce gaz :

– une détente isobare, qui double son volume,

– une compression isotherme, qui le ramène à son volume initial,

– un refroidissement isochore, qui le ramène à l'état initial (p_0, v_0).

a) A quelle température s'effectue la compression isotherme ? En déduire la pression maximale atteinte. Représenter le cycle de transformation dans le diagramme (p, v).

b) Calculer le travail et la quantité de chaleur échangés par le système au cours du cycle.

On donne : constante des gaz parfaits : $R = 8{,}32$ J . K^{-1}.

Solution

L'état initial du gaz, représenté par le point A_0, est caractérisé par

$$A_0 \begin{cases} p_0 = 2 \,.\, 10^5 \text{ pascals,} \\ v_0 = 14 \,.\, 10^{-3} \text{ m}^3, \\ T_0 = \dfrac{p_0 v_0}{R} = 336{,}5 \text{ K.} \end{cases}$$

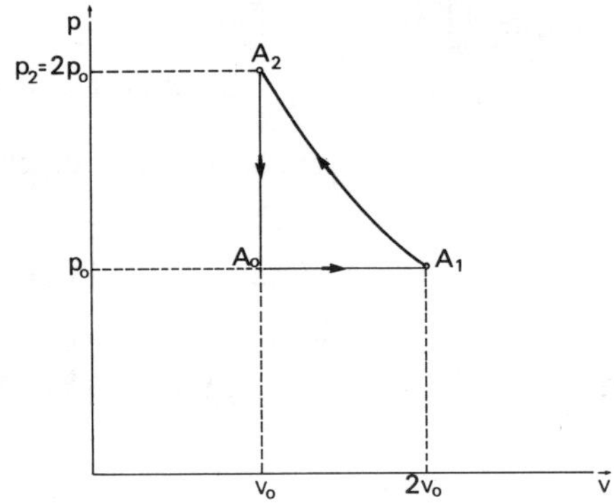

Figure III, 6

A la fin de la détente isobare, l'état du gaz, représenté par le point A_1, est caractérisé par

$$A_1 \begin{cases} p_1 = p_0, \\ v_1 = 2v_0 \text{ (par hypothèse),} \\ T_1 = \dfrac{p_1 v_1}{R} = \dfrac{2 p_0 v_0}{R} = 2T_0. \end{cases}$$

La compression isotherme BC s'effectue à température constante :

$$\boxed{T_1 = 2T_0 = 673 \text{ K}}.$$

A la fin de la compression isotherme, l'état du gaz est alors représenté par

$$A_2 \begin{cases} p_2 = \dfrac{p_1 v_1}{v_0} = 2p_0 \text{ (d'après la loi de Mariotte),} \\ v_0, \\ 2T_0. \end{cases}$$

La pression maximale du gaz est donc

$$\boxed{p_2 = 2p_0 = 4 \,.\, 10^5 \text{ pascals}}.$$

b) Les travaux échangés, au cours de chacune des transformations sont :

– détente isobare A_0A_1 : $W_1 = -p_0(2v_0 - v_0) = -p_0v_0 = -2800$ J,

– compression isotherme A_1A_2 : $W_2 = RT_1 \ln\dfrac{p_2}{p_0} = 2RT_0 \ln 2 = +3864$ J,

– refroidissement isochore A_2A_0 : $W_3 = 0$ (à volume constant).

Le bilan mécanique du cycle est donc

$$W = W_1 + W_2 + W_3 \approx \mathbf{1\,064\ J/mole.}$$

Au cours du cycle, $W + Q = 0$; la quantité de chaleur échangée est donc

$$Q = -W = -1\,064\ \text{J/mole} = -\ \mathbf{255\ cal/mole.}$$

W est positif, Q est négatif ; par conséquant, le système a reçu un travail qu'il a intégralement restitué au milieu extérieur sous forme de chaleur.

8 – VERIFICATION DU PRINCIPE DE L'EQUIVALENCE

On considère les trois transformations cycliques réversibles d'une mole de gaz parfait, représentées par un rectangle :

a) sur le diagramme de Clapeyron (p, v),
b) sur le diagramme (T, v),
c) sur le diagramme (T, p).

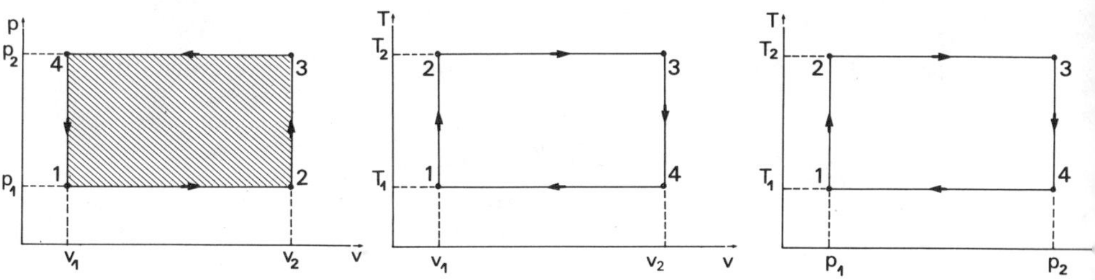

Figure III, 7

Calculer dans chaque cas le travail et la quantité de chaleur échangés au cours de chaque transformation $1 \rightarrow 2$, $2 \rightarrow 3$, $3 \rightarrow 4$, $4 \rightarrow 1$, et du cycle entier, entre le système gazeux et le milieu extérieur, en fonction de γ et des coordonnées indiquées dans chacun des diagrammes. Vérifier le principe d'équivalence.

Solution

a) Variables p, v :

Les travaux échangés avec le milieu extérieur valent :

– le long de l'isobare $1 \rightarrow 2$: $W_{1,2} = -p_1(v_2 - v_1)$,
– le long de l'isochore $2 \rightarrow 3$: $W_{2,3} = 0$,
– le long de l'isobare $3 \rightarrow 4$: $W_{3,4} = -p_2(v_1 - v_2)$,
– le long de l'isochore $4 \rightarrow 1$: $W_{4,1} = 0$.

Le travail total échangé avec le milieu extérieur est donc

$$W = \Sigma W_i,$$

ou

$$\boxed{W = (p_2 - p_1)(v_2 - v_1)}.$$

Remarque : Le travail $W = \oint - p\mathrm{d}v$ est également mesuré par l'aire hachurée du diagramme (p, v), qui est un rectangle de côtés $(v_2 - v_1)$ et $(p_2 - p_1)$; ce travail est compté positivement car le cycle est décrit dans le sens trigonométrique direct.

Dans le diagramme de Clapeyron (p, v), on a donc

$$W = (p_2 - p_1)(v_2 - v_1).$$

Les quantités de chaleur échangées valent, compte tenu des équations d'état
$$\begin{cases} p_1 v_1 = RT_1, \\ p_1 v_2 = RT_2, \\ p_2 v_2 = RT_3, \\ p_2 v_1 = RT_4, \end{cases}$$

– le long de l'isobare 1 → 2 :

$$Q_{1,2} = \int_{T_1}^{T_2} c_p \mathrm{d}T = \frac{\gamma R}{\gamma - 1}(T_2 - T_1) = \frac{\gamma}{\gamma - 1} p_1 (v_2 - v_1),$$

– le long de l'isochore 2 → 3 :

$$Q_{2,3} = \int_{T_2}^{T_3} c_v \mathrm{d}T = \frac{R}{\gamma - 1}(T_3 - T_2) = \frac{1}{\gamma - 1} v_2 (p_2 - p_1),$$

– le long de l'isobare 3 → 4 :

$$Q_{3,4} = \int_{T_3}^{T_4} c_p \mathrm{d}T = \frac{\gamma R}{\gamma - 1}(T_4 - T_3) = -\frac{\gamma}{\gamma - 1} p_2 (v_2 - v_1),$$

– le long de l'isochore 4 → 1 :

$$Q_{4,1} = \int_{T_4}^{T_1} c_v \mathrm{d}T = \frac{R}{\gamma - 1}(T_1 - T_4) = -\frac{1}{\gamma - 1} v_1 (p_2 - p_1).$$

La quantité de chaleur totale échangée est alors $Q = \Sigma Q_i$, soit

$$Q = \frac{\gamma(v_2 - v_1)(p_1 - p_2) + (p_2 - p_1)(v_2 - v_1)}{\gamma - 1}$$

ou

$$\boxed{Q = -(p_2 - p_1)(v_2 - v_1)}.$$

Remarque : On a $W = -Q$, ce qui vérifie le principe de l'équivalence : $(Q + W)_{\text{cycle}} = 0$.

b) Variables T, v.

Les travaux échangés avec le milieu extérieur valent :

– le long de l'isochore 1 → 2 :

$$W_{1,2} = 0,$$

– le long de l'isotherme 2 → 3 :

$$W_{2,3} = RT_2 \ln \frac{v_1}{v_2} = -RT_2 \ln \frac{v_2}{v_1},$$

– le long de l'isochore 3 → 4 :

$$W_{3,4} = 0,$$

– le long de l'isotherme 4 → 1 :

$$W_{4,1} = RT_1 \ln \frac{v_2}{v_1}.$$

Au cours du cycle 1 → 2 → 3 → 4 → 1, le travail total échangé est

$$W = \Sigma W_i,$$

ou

$$\boxed{W = -R(T_2 - T_1) \ln \frac{v_2}{v_1}}.$$

Les quantités de chaleur échangées valent :

– le long de l'isochore 1 → 2 :

$$Q_{1,2} = \int_{T_1}^{T_2} c_v \mathrm{d}T = \frac{R}{\gamma - 1}(T_2 - T_1),$$

– le long de l'isotherme 2 → 3 :

$$Q_{2,3} = -W_{2,3} = +RT_2 \ln \frac{v_2}{v_1},$$

– le long de l'isochore 3 → 4 :

$$Q_{3,4} = \int_{T_2}^{T_1} c_v \mathrm{d}T = -\frac{\gamma R}{\gamma - 1}(T_2 - T_1),$$

– le long de l'isotherme 4 → 1 :

$$Q_{4,1} = -W_{4,1} = -RT_1 \ln\frac{v_2}{v_1}.$$

Au cours du cycle 1 → 2 → 3 → 4 → 1, la quantité de chaleur totale échangée est $Q = \Sigma Q_i$, soit

$$\boxed{Q = +R(T_2 - T_1)\ln\frac{v_2}{v_1}}.$$

Remarque : Le principe de l'équivalence $(Q + W)_{\text{cycle}} = 0$ est encore vérifié. Mais ici $W < 0$ et $Q > 0$: le système fournit un travail et reçoit de la chaleur, contrairement au cycle précédent.

c) Variables T, p.

Les travaux échangés avec le milieu extérieur valent :

– le long de l'isobare 1 → 2 :

$$W_{1,2} = -p_1(v_2 - v_1) = -R(T_2 - T_1),$$

– le long de l'isotherme 2 → 3 :

$$W_{2,3} = RT_2 \ln\frac{p_2}{p_1},$$

– le long de l'isobare 3 → 4 :

$$W_{3,4} = -p_2(v_4 - v_3) = R(T_2 - T_1),$$

– le long de l'isotherme 4 → 1 :

$$W_{4,1} = RT_1 \ln\frac{p_1}{p_2} = -RT_1 \ln\frac{p_2}{p_1}.$$

Au cours du cycle 1 → 2 → 3 → 4 → 1, le travail total échangé est

$$\boxed{W = R(T_2 - T_1)\ln\frac{p_2}{p_1}}.$$

Les quantités de chaleur échangées avec le milieu extérieur valent :

– le long de l'isobare 1 → 2 :

$$Q_{1,2} = \int_{T_1}^{T_2} c_p \mathrm{d}T = \frac{\gamma R}{\gamma - 1}(T_2 - T_1),$$

– le long de l'isotherme 2 → 3 :

$$Q_{2,3} = - W_{2,3} = - RT_2 \ln \frac{p_2}{p_1},$$

– le long de l'isobare 3 → 4 :

$$Q_{3,4} = \int_{T_2}^{T_1} c_p \mathrm{d}T = - \frac{\gamma R}{\gamma - 1}(T_2 - T_1),$$

– le long de l'isotherme 4 → 1 :

$$Q_{4,1} = - W_{4,1} = + RT_1 \ln \frac{p_2}{p_1}.$$

Au cours du cycle 1 → 2 → 3 → 4 → 1, la quantité de chaleur totale échangée est

$$\boxed{Q = - R(T_2 - T_1) \ln \frac{p_2}{p_1}}.$$

Remarque : On a encore évidemment $(W + Q)_{\text{cycle}} = 0$, avec $W > 0$ et $Q < 0$.

9 – CHALEUR MASSIQUE ET QUANTITE DE CHALEUR

Aux faibles pressions, la chaleur massique à pression constante d'un gaz diatomique (oxyde de carbone) est fonction de la température absolue T :

$$c_p = A_0 - \frac{A_1}{T} + \frac{A_2}{T^2},$$

avec $A_0 = 1{,}41$; $A_1 = 492$; $A_2 = 16 \,.\, 10^4$; c_p s'exprime alors en $\mathrm{J.g^{-1}.K^{-1}}$.

1° Calculer la quantité de chaleur reçue par une mole d'oxyde de carbone (CO = 28 g) lorsque ce gaz est chauffé de 27°C à 127°C, à pression constante.

2° En déduire la chaleur massique moyenne relative à une mole du gaz.

Solution

1° La quantité de chaleur élémentaire, correspondant à une variation dT de température d'une mole (de masse M) du gaz, est

$$\delta Q = Mc_p \, dT = M\left(A_0 - \frac{A_1}{T} + \frac{A_2}{T^2}\right) dT \; ;$$

en intégrant, on obtient la quantité de chaleur totale reçue par une mole de gaz :

$$\boxed{Q = M\left[A_0(T_2 - T_1) - A_1 \ln\frac{T_2}{T_1} + A_2\left(\frac{1}{T_1} - \frac{1}{T_2}\right)\right]}.$$

Application numérique : $T_1 = 300$ K, $T_2 = 400$ K ; $\ln\frac{T_2}{T_1} = 0{,}287$; $M = 28$ g ; on obtient

$$Q = 28(141 - 141{,}2 + 133{,}3) = \mathbf{3\,726\ J.}$$

2° La chaleur massique moyenne relative à une mole de gaz est

$$\boxed{\bar{c} = \frac{Q}{M(T_2 - T_1)}}.$$

Application numérique : On obtient $\bar{c} = 1{,}33$ J/g.°C ≈ 0,32 cal/g.°C.

10 – MESURES CALORIMETRIQUES. EVOLUTION DE LA TEMPERATURE

Dans un calorimètre de capacité calorifique totale $\Gamma = 400$ g (y compris celle de l'eau qui y est contenue) et de température initiale $\theta_0 = 15$°C, on immerge un serpentin de capacité calorifique négligeable, parcouru par un liquide de chaleur massique constante, $c = 0{,}4$ cal/g. °C, avec un débit régulier $k = 1$ g/s.

Ce liquide entre à la température constante $\theta_1 = 80$°C et sort à la température θ du calorimètre.

On négligera les fuites thermiques.

1° Etablir la relation donnant la température θ du calorimètre en fonction du temps t.

2°

a) Quelle serait la température du calorimètre au moment où 100 g de liquide ont traversé le serpentin ?

b) Quelle serait la température d'équilibre du calorimètre initialement à θ_0, si l'on y versait directement 100 g du liquide dont la température initiale était θ_1, le serpentin étant alors vide ?

3° Le serpentin est maintenant parcouru par de l'hydrogène qui entre à la température $\theta_1 = 80°\text{C}$ et sort à la température θ du calorimètre, initialement à $\theta_0 = 15°\text{C}$ et de capacité calorifique $\Gamma = 400$ g. Au bout du temps $t = 100$ s, on note $\theta = 52{,}0°\text{C}$.

Déterminer la chaleur spécifique de l'hydrogène, si le débit est $k = 1$ g/s.

Solution

1° Entre les instants t et $t + \mathrm{d}t$, la température du calorimètre s'élève de θ à $\theta + \mathrm{d}\theta$.

La quantité de chaleur reçue par le calorimètre est alors $\Gamma \mathrm{d}\theta$, et la quantité de chaleur cédée par le liquide (de masse $\mathrm{d}m = k\mathrm{d}t$) qui a traversé le serpentin est

$$(k\mathrm{d}t)\, c\, (\theta_1 - \theta).$$

L'équation calorimétrique s'écrit donc

$$\Gamma \mathrm{d}\theta = kc(\theta_1 - \theta)\, \mathrm{d}t,$$

ou

$$\frac{\mathrm{d}\theta}{\theta - \theta_1} = -\frac{kc}{\Gamma}\, \mathrm{d}t.$$

L'intégration fournit

$$\ln(\theta - \theta_1) = -\frac{kc}{\Gamma}\, t + \text{cte},$$

ou

$$\theta = \theta_1 + K e^{-\frac{kc}{\Gamma} t}.$$

La constante d'intégration K est déterminée en écrivant qu'à l'instant $t = 0$, la température du calorimètre est $\theta = \theta_0$, d'où $K = \theta_0 - \theta_1$.

La loi de variation $\theta(t)$ est donc

$$\boxed{\theta = \theta_1 - (\theta_1 - \theta_0)\, e^{-\frac{kc}{\Gamma} t}}. \qquad (1)$$

2°

a) La masse $m = 100$ g a traversé le serpentin au bout d'un temps

$$t = \frac{m}{k} = 100 \text{ s} ;$$

la température du calorimètre est alors

$$\theta = 80 - (80 - 15)\, e^{-\frac{0,4.100}{400}} = 80 - 65\, e^{-0,1} ;$$

soit

$$\theta = 21,5\text{°C}.$$

b) A l'équilibre, l'équation calorimétrique s'écrit

$$\underbrace{\Gamma(\theta - \theta_0)}_{\substack{\text{quantité de chaleur}\\ \text{reçue par le calorimètre}}} = \underbrace{mc(\theta_1 - \theta)}_{\substack{\text{quantité de chaleur}\\ \text{cédée par le liquide chaud}}} ;$$

soit

$$\boxed{\theta = \frac{mc\theta_1 + \Gamma\theta_0}{mc + \Gamma}} .$$

Application numérique : θ = **20,9°C.**

3° La relation (1) est encore valable ; on en déduit

$$e^{\frac{kc}{\Gamma}t} = \frac{\theta_1 - \theta_0}{\theta_1 - \theta} ;$$

la chaleur massique du gaz est donc

$$\boxed{c = \frac{\Gamma}{kt} \ln \frac{\theta_1 - \theta_0}{\theta_1 - \theta}} .$$

Application numérique : $c = 4 \ln \frac{65}{28}$ = **3,37 cal/g. °C.**

11 – LOI D'ECHAUFFEMENT D'UN FIL. TEMPERATURE D'EQUILIBRE. CONSTANTE DE TEMPS D'EVOLUTION

Un fil de fer cylindrique de longueur l = 1 m, de section s = 2 mm^2 et de température initiale 0 °C, possède à cette température une résistivité $\rho_0 = 1{,}1 \,.\, 10^{-7}\ \Omega - m$. On donne pour le fer : chaleur massique C = 460 *J*/kg et masse volumique $\mu = 8$ g/cm^3. A l'instant $t = 0$, on fait passer un courant continu d'intensité $I = 20$ A.

1° *Le fil n'est pas isolé thermiquement* : une partie de la chaleur produite par effet Joule est rayonnée dans le milieu ambiant avec une puissance $P' = k \cdot S \cdot \theta$ (k = constante = 50 watts/m^2/degré Celsius) où S est la surface latérale du fil, et θ l'excès de température du fil sur la température ambiante supposée constante et égale à 0 °C.

Déterminer la loi d'échauffement du fil : $\theta(t)$, sa température d'équilibre, la constante de temps τ d'évolution et la température du fil au bout d'une minute.

On traitera ce problème dans les deux hypothèses suivantes :

a) On suppose la résistivité constante, indépendante de la température.

b) La résistivité croît avec la température Celsius suivant la loi linéaire : $\rho = \rho_0\,(1 + a\theta)$, avec $a = 5 \,.\, 10^{-3}$.

2° *Le fil est* maintenant *isolé thermiquement* et on admettra l'hypothèse $\rho = \rho_0\,(1 + a\theta)$.

Etablir la nouvelle loi d'évolution de la température du fil en fonction du temps, et calculer la nouvelle température du fil au bout d'une minute.

Solution

1° Dans l'intervalle de temps dt, le fil de fer de résistance $R = \dfrac{\rho l}{s}$ et parcouru par le courant électrique d'intensité I

– reçoit par effet Joule l'énergie $\mathrm{d}W = RI^2\,\mathrm{d}t = \rho \dfrac{l}{s} I^2\,\mathrm{d}t$

– et rayonne l'énergie $\mathrm{d}W' = P'\,\mathrm{d}t = k.S.\theta.\mathrm{d}t$

Pendant ce temps dt, la température du fil de masse m s'élève de θ à $\theta + \mathrm{d}\theta$; le bilan énergétique est traduit par la relation :

$$mc\,\mathrm{d}\theta = \rho \frac{l}{s} I^2\,\mathrm{d}t - k.S.\theta.\,\mathrm{d}t$$

avec $m = \mu s l$ et $S = 2\pi r l = 2\pi \sqrt{\dfrac{s}{\pi}}\,.\,l$ (r = rayon du fil) donc

$$\boxed{\frac{\mathrm{d}\theta}{\mathrm{d}t} = \frac{\rho I^2}{\mu c s^2} - \frac{2k}{\mu c}\sqrt{\frac{\pi}{s}}\,.\,\theta} \qquad (1)$$

a) Si on suppose ρ = cte = ρ_0, l'équation différentielle (1) s'écrit :

$$\frac{d\theta}{dt} + A\theta = B$$

avec $A = \dfrac{2k}{\mu c}\sqrt{\dfrac{\pi}{s}}$ (2)

et $B = \dfrac{\rho_0 I^2}{\mu c s^2}$ (3)

La solution générale de l'équation différentielle est donc

$$\theta = \frac{B}{A} + K \,.\, e^{-At}$$

On détermine la constante K à partir des conditions initiales :

$t = 0, \theta = 0$ donc $K = -\dfrac{B}{A}$ et $\theta = \dfrac{B}{A}(1 - e^{-At})$ soit, d'après (2) et (3),

$$\boxed{\theta = \frac{\rho_0 I^2}{2k\sqrt{\pi}} s^{-3/2} \left(1 - e^{-\frac{2k}{\mu c}\sqrt{\frac{\pi}{s}}t}\right)}$$

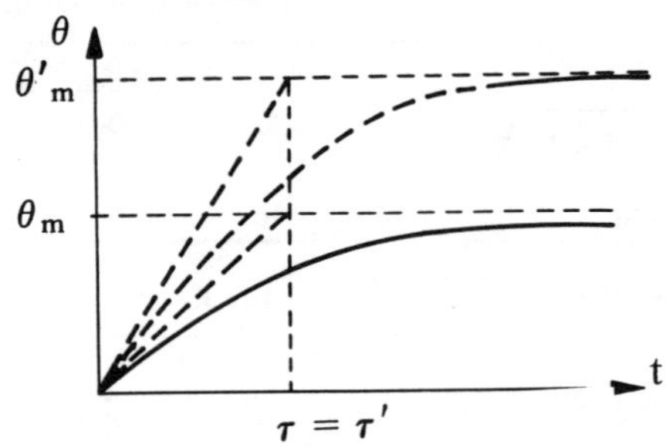

Figure III,8

La loi d'échauffement (4) peut être mise sous la forme

$$\theta = \theta m\,(1 - e^{-t/\tau})$$

• La température d'équilibre du fil (atteinte théoriquement en un temps infini) est

$$\boxed{\theta_m = \frac{\rho_0 I^2}{2k\sqrt{\pi}} s^{-3/2}} \cong 88\,^\circ C$$

• La constante de temps de cette évolution est

$$\mathscr{C} = \frac{1}{A} \quad \text{ou} \quad \boxed{\mathscr{C} = \frac{\mu c}{2k}\sqrt{\frac{s}{\pi}}} = 29{,}4 \text{ s}$$

• Au bout de $t = 60$ s, la température est, d'après (4),

$$\theta = 8\left(1 - e^{-\frac{60}{29,4}}\right) = 76{,}5\ °\mathrm{C}$$

La constante de temps étant inférieure à une demi-minute, la température d'équilibre est en fait pratiquement atteinte au bout de quelques minutes seulement.

b) En fait, la résistivité du fil croît avec la température suivant la loi $\rho = \rho_0\ (1 + a\,\theta)$, donc l'équation différentielle (1) s'écrit en conservant les relations (2) et (3) :

$$\frac{\mathrm{d}\theta}{\mathrm{d}t} + (A - a\,B)\,\theta = B \qquad (5)$$

La solution est $\theta = \dfrac{B}{A - aB} + K'.\,e^{-(A-aB)t}$; si $t = 0, \theta = 0$ donc $K' = -\dfrac{B}{A - aB}$ et finalement

$$\theta = \frac{B}{A - aB}\left(1 - e^{(A-aB)t}\right)$$

La nouvelle loi d'échauffement du fil est donc, d'après (2) et (3),

$$\boxed{\theta = \frac{1}{\dfrac{2\,k\sqrt{\pi}\,s^{3/2}}{\rho_0\,I^2} - a}\left(1 - e^{-\left(\frac{2\,k}{\mu c}\sqrt{\frac{\pi}{s}} - \frac{a\,\rho_0 I^2}{\mu c s^2}\right)t}\right)}$$

On en déduit, dans cette hypothèse plus réaliste,

• la température d'équilibre $\boxed{\theta'_m = \dfrac{1}{\dfrac{2\,k\sqrt{\pi}\,s^{3/2}}{\rho_0\,I^2} - a}} = 156\ °\mathrm{C}$

• la constante de temps $\boxed{\mathscr{C}\,' = \dfrac{1}{\dfrac{2k}{\mu c}\sqrt{\dfrac{\pi}{s}} - a\dfrac{\rho_0\,I^2}{\mu c s^2}}} \cong 29{,}4$ s

On a donc pratiquement $\theta'_m \simeq 2\theta\mathrm{m}$ et $\mathscr{C}\,' \cong \mathscr{C}$

2 Si le fil est thermiquement isolé, la chaleur produite par effet Joule sert intégralement à échauffer le fil. Les résultats généraux de la question 1° *b* restent valables, avec ici $k = 0$ ou $A = 0$ donc la relation (5) s'écrit

$$\frac{\mathrm{d}\theta}{\mathrm{d}t} = B(1 + a\theta) \quad \text{ou} \quad \frac{a\,\mathrm{d}\theta}{1 + a\theta} = aB\,\mathrm{d}t$$

Intégrons : $\ln(1 + a\theta) = aBt + \text{cte}$

si $t = 0$, $\theta = 0$ donc $\text{cte} = 0$, et $1 + a\theta = e^{aBt}$

soit $\theta = \dfrac{1}{a}(e^{aBt} - 1)$ ou

$$\boxed{\theta = \frac{1}{a}\left(e^{\frac{a\rho_0 I^2}{\mu c s^2}t} - 1\right)}$$

Si $t = 60$ s, on obtient avec les données numériques de la 1re question : $\theta = 290$ °C.

12 – VARIATION D'ENERGIE INTERNE AU COURS DE L'ECHAUFFEMENT D'UN GAZ

On chauffe un récipient contenant 6 g d'hydrogène (gaz supposé parfait) dont la température s'élève de 15°C à 30°C. Calculer :

a) la variation d'énergie interne du gaz au cours de cet échauffement ;

b) la quantité de chaleur reçue par le gaz, si ce dernier a fourni un travail de 264 joules.

On donne : constante des gaz parfaits : $R = 8{,}32$ S.I. ; rapport des chaleurs massiques de l'hydrogène : $\gamma = \dfrac{c_p}{c_v} = 1{,}4$.

Solution

a) La variation d'énergie interne de n moles de gaz parfait, de capacité calorifique molaire c_v, lors d'une variation de température ΔT, est

$$\boxed{\Delta U = nc_v \Delta T},$$

avec

$$c_v = \frac{R}{\gamma - 1}.$$

Application numérique : $c_v = \dfrac{8{,}32}{0{,}4} = 20{,}8$ J/mole.degré.

Or, le nombre de moles d'hydrogène ($H_2 = 2$ g) est $n = \frac{6}{2} = 3$ moles.

On en déduit

$$\Delta U = 3 \,.\, 20{,}8 \,.\, 15 = \mathbf{936\ J}.$$

b) On a $\Delta U = W + Q$; la quantité de chaleur reçue par le gaz est alors

$$\boxed{Q = \Delta U - W},$$

avec $W = -\ 264$ joules, car le gaz a *fourni* un travail.

Application numérique : On obtient $Q = 936 - (-\ 264) = 1\,200$ J $\approx$ 287 cal

13 – TRAVAIL ISOTHERME : GAZ REEL ET GAZ PARFAIT

On considère une mole de gaz (CO_2) qui obéit à l'équation de Van der Waals

$$\left(p + \frac{a}{v^2}\right)(v - b) = RT.$$

1° Etablir l'expression du travail reçu par le gaz, au cours d'une compression isotherme réversible s'effectuant entre les volumes v_1 et v_2, à la température T.

2° Que devient l'expression de ce travail, aux basses pressions ($b \ll v$) ?

3° Montrer alors que pour une certaine température T_1, que l'on exprimera en fonction de a, b, R, le gaz se comporte comme un gaz parfait. Vérifier que, pour cette température T_1, l'isotherme admet une tangente horizontale si p tend vers 0, dans le diagramme d'Amagat $pv = f(p)$.

Application numérique : Calculer T_1 pour le gaz carbonique.

On donne :

$$a = 0{,}36 \text{ S.I.} \;;\; b = 42{,}7 \,.\, 10^{-6} \text{ S.I.} \;;\; R = 8{,}32 \text{ S.I.}$$

Solution

1° L'équation du gaz s'écrit

$$p = \frac{RT}{v - b} - \frac{a}{v^2}\,;$$

le travail reçu au cours d'une compression isotherme est alors

$$W = \int_{v_1}^{v_2} - p\mathrm{d}v = - RT \int_{v_1}^{v_2} \frac{\mathrm{d}v}{v - b} + a \int_{v_1}^{v_2} \frac{dv}{v^2},$$

ou

$$W = RT \ln \frac{v_1 - b}{v_2 - b} + a\left(- \frac{1}{v_2} + \frac{1}{v_1}\right),$$

ou encore

$$\boxed{W = RT \ln \frac{v_1}{v_2} \frac{1 - \frac{b}{v_1}}{1 - \frac{b}{v_2}} + a\left(\frac{1}{v_1} - \frac{1}{v_2}\right)}. \qquad (1)$$

2° Si la pression tend vers 0, le covolume b est négligeable devant v ; on a donc

$$\frac{1 - \frac{b}{v_1}}{1 - \frac{b}{v_2}} \approx 1 - \frac{b}{v_1} + \frac{b}{v_2} = 1 - b\left(\frac{1}{v_1} - \frac{1}{v_2}\right).$$

L'expression (1) s'écrit alors

$$W \approx RT \ln \frac{v_1}{v_2} + RT \ln \left[1 - b\left(\frac{1}{v_1} - \frac{1}{v_2}\right)\right] + a\left(\frac{1}{v_1} - \frac{1}{v_2}\right) \ ;$$

or, si $\epsilon \ll 1$, on a

$$\ln (1 + \epsilon) \approx \epsilon,$$

d'où

$$\ln \left[1 - b\left(\frac{1}{v_1} - \frac{1}{v_2}\right)\right] \approx - b\left(\frac{1}{v_1} - \frac{1}{v_2}\right).$$

On en déduit l'expression approchée du travail isotherme reçu par le gaz :

$$\boxed{W \approx RT \ln \frac{v_1}{v_2} + (a - RTb)\left(\frac{1}{v_1} - \frac{1}{v_2}\right)}.$$

3° Si le gaz était parfait, on aurait $a = b = 0$ et le travail isotherme serait alors

$$W = RT \ln \frac{v_1}{v_2}.$$

Donc le travail reçu par le gaz de Van der Waals est le même que celui d'un gaz parfait à condition que $a - RTb = 0$; la température métacritique est alors

$$\boxed{T_1 = \frac{a}{Rb}}.$$

L'isotherme $pv = f(p)$ admet une tangente horizontale lorsque

$$\left[\frac{\partial(pv)}{\partial p}\right]_T = 0.$$

Or, l'équation de Van der Waals peut s'écrire

$$pv = RT + pb - \frac{a}{v} + \frac{ab}{v^2} ;$$

aux faibles pressions, on a $b \ll v$; on peut donc négliger $\frac{ab}{v^2}$ devant RT ; l'équation s'écrit alors

$$pv \approx RT + p\left(b - \frac{a}{pv}\right),$$

ou

$$pv \approx RT + p\left(b - \frac{a}{RT}\right),$$

car aux faibles pressions, le gaz se comporte comme un gaz parfait ($pv = RT$). La pente de l'isotherme est donc

$$\left[\frac{\partial(pv)}{\partial p}\right]_T = b - \frac{a}{RT}.$$

A la température $T_1 = \frac{a}{Rb}$, on obtient $\left[\frac{\partial(pv)}{\partial p}\right]_T = 0$: la tangente de l'isotherme est horizontale, dans le diagramme d'Amagat (cf : exercice n° 13, figure II,5, p. 106).

Application numérique : Pour le gaz carbonique CO_2, on obtient

$$T_1 = \frac{a}{Rb} = 1\,014 \text{ K.}$$

14 – COMPRESSIONS ET DETENTES SUCCESSIVES D'UN GAZ PARFAIT

1° On comprime de façon isotherme, un gaz parfait diatomique ($\gamma = 1{,}41$), de la pression $p_0 = 1$ atm à la pression $p_1 = 20$ atm à la température $T_0 = 273$ K. Le gaz est ensuite détendu adiabatiquement de façon réversible jusqu'à la pression $p_0 = 1$ atm. Calculer la température finale T_1 après cette double opération.

2°

a) On recommence les deux opérations précédentes à la température constante T_1.

Calculer la nouvelle température finale T_2 du gaz.

b) Trouver la formule générale de la température T_n du gaz, atteinte à la fin de n doubles opérations successives décrites précédemment.

Application numérique : $n = 4$ et $n = 5$.

3° Déterminer la variation d'énergie interne d'une mole du gaz, au cours de la $n^{\text{ième}}$ double transformation (en fonction de γ, T_0, p_0, p_1 et n) ainsi que le travail et la chaleur échangés avec le milieu extérieur.

Application numérique : $n = 5$.

Solution

1° Au cours de la transformation adiabatique réversible, on a

$$Tp^{\frac{1-\gamma}{\gamma}} = \text{cte},$$

soit

$$T_0 p_1^{\frac{1-\gamma}{\gamma}} = T_1 p_0^{\frac{1-\gamma}{\gamma}} \;;$$

donc

$$\boxed{T_1 = T_0 \left(\frac{p_1}{p_0}\right)^{\frac{1-\gamma}{\gamma}}}. \qquad (1)$$

Application numérique : $T_1 = 273\,(20)^{-\frac{41}{141}} = \mathbf{114{,}3\ K.}$

2°

a) On a maintenant

$$T_2 = T_1\left(\frac{p_1}{p_0}\right)^{\frac{1-\gamma}{\gamma}}$$

ou d'après la relation (1)

$$T_2 = T_0\left(\frac{p_1}{p_0}\right)^{\frac{2(1-\gamma)}{\gamma}}.$$

Application numérique : $T_2 = 273(20)^{-\frac{82}{141}} = $ **47,9 K.**

b) La température atteinte par le gaz, au bout de $n = 3$ doubles opérations, est

$$T_3 = T_2\left(\frac{p_1}{p_0}\right)^{\frac{1-\gamma}{\gamma}} = T_0\left(\frac{p_1}{p_0}\right)^{\frac{3(1-\gamma)}{\gamma}}.$$

Un raisonnement par récurrence donne la température atteinte au bout de n doubles transformations successives :

$$\boxed{T_n = T_0\left(\frac{p_1}{p_0}\right)^{\frac{n(1-\gamma)}{\gamma}}}.$$

Application numérique : $n = 4$, $T_4 = 273\,(20)^{-\frac{164}{141}} = $ **8,4 K.**
$n = 5$, $T_5 = $ **3,5 K.**

Remarque : Par ce procédé, on peut atteindre de très basses températures, au bout d'un grand nombre d'opérations.

3° La capacité calorifique à volume constant d'une mole de gaz parfait est $c_v = \dfrac{R}{\gamma - 1}$. La variation d'énergie interne, au cours de la $n^{\text{ième}}$ double opération, faisant passer la température du gaz de T_{n-1} à T_n, est

$$\Delta U_n = c_v(T_n - T_{n-1}) = \frac{RT_0}{\gamma - 1}\left[\left(\frac{p_1}{p_0}\right)^{\frac{n(1-\gamma)}{\gamma}} - \left(\frac{p_1}{p_0}\right)^{\frac{(n-1)(1-\gamma)}{\gamma}}\right]$$

ou

$$\boxed{\Delta U_n = \frac{RT_0}{\gamma - 1}\left(\frac{p_1}{p_0}\right)^{\frac{n(1-\gamma)}{\gamma}}\left[1 - \left(\frac{p_1}{p_0}\right)^{\frac{\gamma-1}{\gamma}}\right]}.$$

Application numérique : $n = 5$, $\Delta U_5 = -$ **99,4 joules.**

• Le long de l'isotherme, le travail reçu au bout de n doubles opérations est (la température étant T_{n-1})

$$W'_n = RT_{n-1} \ln \frac{p_1}{p_0} \quad \text{ou} \quad W'_n = RT_0 \left(\frac{p_1}{p_0}\right)^{\frac{(n-1)(1-\gamma)}{\gamma}} \ln \frac{p_1}{p_0} .$$

La quantité de chaleur échangée est alors $Q_n = - W'_n$.

• Le long des transformations adiabatiques, la chaleur échangée est nulle et le travail échangé est $W''_n = \Delta U_n$.

• Au total, pendant la $n^{\text{ième}}$ double transformation,

– le travail échangé est

$$W_n = W'_n + W''_n$$

ou

$$\boxed{W_n = RT_0 \left(\frac{p_1}{p_0}\right)^{\frac{n(1-\gamma)}{\gamma}} \left[\left(\frac{p_1}{p_0}\right)^{\frac{\gamma-1}{\gamma}} \left(\ln \frac{p_1}{p_0} - \frac{1}{\gamma-1}\right) + \frac{1}{\gamma-1}\right]} ,$$

– la quantité de chaleur échangée est

$$\boxed{Q_n = - RT_0 \left(\frac{p_1}{p_0}\right)^{\frac{(n-1)(1-\gamma)}{\gamma}} \ln \frac{p_1}{p_0}} .$$

Application numérique : $n = 5$; $W_5 =$ **110 joules** ; $Q_5 = -$ **209,4 joules.**

15 – TRANSFORMATION POLYTROPIQUE : CHALEUR, TRAVAIL, DIAGRAMME (W, Q)

Une mole de gaz parfait (défini par les variables indépendantes : pression p et volume v) subit une transformation *réversible* au cours de laquelle le travail W et la quantité de chaleur Q reçus par le gaz sont liés par la relation $W = kQ$; cette relation est vérifiée au cours de chaque transformation élémentaire.

1° Montrer que le produit pv^n est constant au cours de la transformation : on exprimera n en fonction de k et du rapport $\gamma = \frac{c_p}{c_v}$ du gaz (c_p et c_v = capacités calorifiques molaires du gaz).

2°

a) Exprimer la chaleur molaire C du gaz parfait, en fonction de c_v et k, puis en fonction de c_v, n et γ.

b) Donner les valeurs de C dans les quatre cas suivants :

– transformation isotherme,
– transformation adiabatique,
– transformation isochore,
– transformation isobare.

3°

a) Calculer en fonction de k, γ, p_1, v_1, p_2, v_2 le travail W reçu par le gaz, de la part du milieu extérieur au cours d'une transformation réversible qui fait passer le gaz de l'état $\left\{\begin{matrix} p_1 \\ v_1 \end{matrix}\right.$ à l'état $\left\{\begin{matrix} p_2 \\ v_2 \end{matrix}\right.$.

b) Comparer ce travail avec le travail W_i reçu par le gaz, si la transformation précédente était effectuée par voie irréversible.

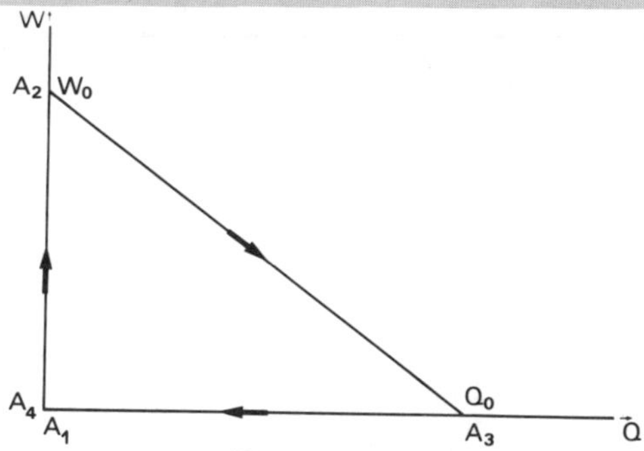

Figure III, 9

4°

a) Le gaz subit la transformation $A_1 \left\{\begin{matrix} p_1 \\ v_1 \\ T_1 \end{matrix}\right. \rightarrow A_2 \left\{\begin{matrix} p_2 \\ v_2 \\ T_2 \end{matrix}\right. \rightarrow A_3 \left\{\begin{matrix} p_3 \\ v_3 \\ T_3 \end{matrix}\right.$ $\rightarrow A_4 \left\{\begin{matrix} p_4 \\ v_4 \\ T_4 \end{matrix}\right.$ représentée ci-dessus sur le diagramme (Q, W).

Déterminer les paramètres thermodynamiques, en fonction de p_1, v_1, T_1, dans les états A_2, A_3, A_4. On donne $Q_0 = W_0 = p_1 v_1$.

b) Tracer le diagramme des transformations subies par le gaz dans la représentation de Clapeyron (p, v).

Application numérique : $p_1 = 1$ atm ; $T_1 = 300$ K ; R = 8,32 J . K^{-1}, $\gamma = 1{,}40$.

Solution

1° La relation entre travail et chaleur élémentaires échangés s'écrit

$$\delta W = k \delta Q, \qquad (1)$$

soit, en introduisant les variables p et v,

$$-\,p\mathrm{d}v = k(\lambda \mathrm{d}p + \mu \mathrm{d}v). \qquad (2)$$

Or les coefficients calorimétriques sont $\lambda = \dfrac{v}{\gamma - 1}$ et $\mu = \dfrac{\gamma p}{\gamma - 1}$ (cf. exercice n° 4, 2e question).

On en déduit

$$p\mathrm{d}v\,[k\gamma + (\gamma - 1)] + kv\mathrm{d}p = 0,$$

ou

$$\frac{\mathrm{d}v}{v}\left(\gamma + \frac{\gamma - 1}{k}\right) + \frac{\mathrm{d}p}{p} = 0$$

(en divisant les deux membres par kpv).

Posons

$$\boxed{n = \gamma + \frac{\gamma - 1}{k}}. \qquad (3)$$

Il vient $\dfrac{\mathrm{d}p}{p} + n\,\dfrac{\mathrm{d}v}{v} = 0$. L'intégration fournit la relation

$$\boxed{pv^n = \mathrm{cte}}.$$

2°

a) La chaleur molaire du gaz parfait est, par définition,

$$C = \frac{\delta Q}{\mathrm{d}T}.$$

Or, la variation d'énergie interne d'une mole de gaz parfait, au cours d'une transformation élémentaire, est

$$\mathrm{d}U = c_v \mathrm{d}T = \delta W + \delta Q = \delta Q(k + 1),$$

d'après la relation (1).

On en déduit

$$\boxed{C = \frac{\delta Q}{\mathrm{d}T} = \frac{c_v}{k + 1}}. \qquad (4)$$

La relation (3) fournit

$$k = \frac{\gamma - 1}{n - \gamma},$$

d'où
$$\boxed{C = c_v \frac{n - \gamma}{n - 1}}.$$

b)

• Si la transformation est isotherme (T = cte), l'énergie interne ne varie pas :

$$\mathrm{d}U = \delta Q(k + 1) = 0,$$

soit $k = -1$, et la relation (4) donne

$$\boxed{C = \infty}.$$

• Si la transformation est adiabatique ($Q = 0$), $k = \infty$, d'où

$$\boxed{C = 0}.$$

• Si la transformation est isochore (v = cte), $W = 0$; donc $k = 0$ et

$$\boxed{C = c_v}.$$

• Si la transformation est isobare ($\mathrm{d}p = 0$), la relation (2) fournit

$$-p = k\mu = \frac{k\gamma p}{\gamma - 1},$$

donc
$$k = \frac{1 - \gamma}{\gamma};$$

d'où, d'après la relation (4),

$$\boxed{C = \gamma c_v = c_p}.$$

3°

a) La variation d'énergie interne du gaz parfait est, au cours d'une transformation élémentaire,

$$\mathrm{d}U = c_v \mathrm{d}T = \delta W + \delta Q = \delta W \left(\frac{k + 1}{k}\right),$$

car $\delta Q = \frac{1}{k}\,\delta W$.

Le travail élémentaire reçu par le gaz est donc

$$\delta W = \frac{kc_v}{k + 1}\,\mathrm{d}T = \frac{kc_v}{k + 1}\,\frac{\mathrm{d}(pv)}{R}.$$

En intégrant, on obtient le travail W fourni au gaz :

$$W = \frac{kc_v}{(k+1)R}(p_2v_2 - p_1v_1) \ ;$$

or, $c_v = \dfrac{R}{\gamma - 1}$,

d'où $$\boxed{W = \frac{k}{k+1}\,\frac{p_2v_2 - p_1v_1}{\gamma - 1}}\,.$$

Remarque : Dans une transformation adiabatique, $k = \infty$ et $\dfrac{k}{k+1}$ tend vers 1 et $W \to W_{\text{adiab}} = \dfrac{p_2v_2 - p_1v_1}{\gamma - 1}$.

b) La variation d'énergie interne $dU = \delta W\left(\dfrac{k+1}{k}\right)$ ne dépend pas du "chemin suivi". Comme, ici, δW est proportionnel à dU, c'est que δW aussi ne dépend pas du chemin suivi.

Donc, par voie réversible ou irréversible, le gaz reçoit le même travail $W_i = W$.

4°

a) On reconnaît que :

– A_1A_2 : adiabatique (car $Q = 0$),

– A_2A_3 : isotherme (car $W = -Q$), soit $\Delta U = W + Q = 0$,

– A_3A_4 : isochore (car $W = 0$), c'est donc une transformation à volume constant.

Puisque A_1A_2 est une adiabatique, on a

$$W_0 = \frac{p_2v_2 - p_1v_1}{\gamma - 1} = p_1v_1,$$

soit $$p_2v_2 = \gamma p_1v_1 \qquad \text{ou} \qquad RT_2 = \gamma RT_1,$$

d'où $$\boxed{T_2 = \gamma T_1}\,.$$

De plus $T_2v_2^{\gamma-1} = T_1v_1^{\gamma-1}$,

d'où $$\boxed{v_2 = v_1\gamma^{\frac{1}{1-\gamma}}},$$

et $p_2 = \dfrac{\gamma p_1v_1}{v_2}$,

d'où $$\boxed{p_2 = p_1 \gamma^{\frac{\gamma}{\gamma-1}}}.$$

Le long de l'isotherme A_2A_3,

$$\boxed{T_3 = T_2}$$

et $$W_0 = RT_2 \ln \frac{p_2}{p_3} = RT_2 \ln \frac{v_3}{v_2} = p_1 v_1 = RT_1 = \frac{RT_2}{\gamma}.$$

On en déduit $v_3 = v_2 e^{\frac{1}{\gamma}}$,

d'où $$\boxed{v_3 = v_1 \gamma^{\frac{1}{1-\gamma}} \mathrm{e}^{\frac{1}{\gamma}}},$$

$p_3 = p_2 \mathrm{e}^{-\frac{1}{\gamma}}$,

d'où $$\boxed{p_3 = p_1 \gamma^{\frac{\gamma}{\gamma-1}} \mathrm{e}^{-\frac{1}{\gamma}}}.$$

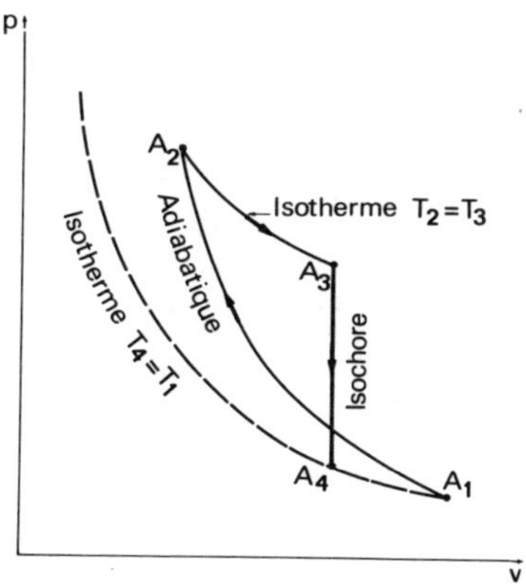

Figure III, 10

Le long de l'isochore A_3A_4,

$$\boxed{v_3 = v_4}.$$

De plus, $U_4 - U_1 = W + Q = 0 = c_v(T_4 - T_1)$.

Donc $$\boxed{T_4 = T_1}.$$

Enfin

$$\boxed{p_4 = \frac{RT_1}{v_3} = p_1 \gamma^{-\frac{1}{1-\gamma}} \mathrm{e}^{-\frac{1}{\gamma}}}.$$

Application numérique :

$$T_2 = 420 \text{ K} \; ; v_2 = 24{,}96 \, . \frac{1}{2{,}42} = 10{,}76 \text{ l} \; ; p_2 = 3{,}24 \, . \, 10^5 \text{ Pa.}$$

$$T_3 = T_2 = 420 \text{ K} \; ; v_3 = 22{,}0 \text{ l} \; ; p_3 = 1{,}6 \, . \, 10^5 \text{ Pa.}$$

$$T_4 = T_1 = 300 \text{ K} \; ; v_4 = v_3 = 22{,}0 \text{ l} \; ; p_4 = 1{,}13 \, . \, 10^5 \text{ Pa.}$$

b) Dans le diagramme (p, v), les points représentatifs A_1 et A_4 des états initial et final ne sont pas confondus, contrairement au diagramme (W, Q).

16 – TRANSFORMATION EN VASE CLOS D'UN SYSTEME NON ISOLE

Un cylindre horizontal, clos, de volume invariable, est divisé en deux compartiments, par un piston mobile, sans frottement. Les parois du cylindre et le piston sont imperméables à la chaleur. A l'état initial, les deux compartiments C_1 et C_2 contiennent un même volume $v_0 = 2$ l d'hélium (gaz parfait), à la pression $p_0 = 1$ atmosphère, et à la température $T_0 = 273$ K.

Le rapport des chaleurs massiques à pression et volume constants est $\gamma = \dfrac{5}{3}$.

Le gaz du compartiment C_1 reçoit, à l'aide d'une résistance chauffante, de la chaleur du milieu extérieur.

Déterminer :

1° les pressions, volumes et températures des compartiments C_1 et C_2, lorsque la pression du gaz contenu dans C_1 devient $p_1 = 3 \, p_0$.

2° la variation d'énergie interne du gaz dans C_1 et C_2, et l'énergie fournie par la résistance chauffante.

Solution

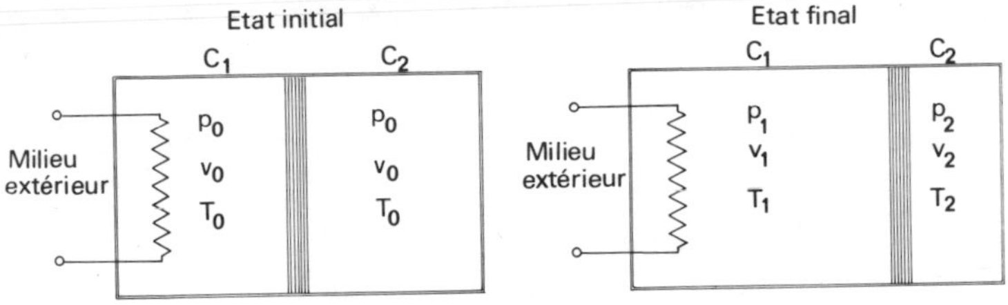

Figure III, 11

1° L'équilibre mécanique se traduit par $\boxed{p_1 = p_2} = 3p_0 = \mathbf{3\ atm}$. D'autre part, le gaz contenu dans C_2 a subi une compression adiabatique réversible, en passant de l'état (p_0, v_0, T_0) à l'état (p_2, v_2, T_2) ; donc $p_0 v_0^\gamma = p_2 v_2^\gamma$,

soit
$$\boxed{v_2 = v_0 \left(\frac{p_0}{p_2}\right)^{1/\gamma}}.$$

Le volume du gaz contenu dans C_2 est donc réduit à la valeur

$$v_2 = 2\,.\,(3)^{-3/5} = \mathbf{1{,}03\ l.}$$

On en déduit le volume du gaz dans C_1 :

$$\boxed{v_1 = 2v_0 - v_2} = \mathbf{2{,}97\ l.}$$

Enfin, la température du gaz contenu dans C_2 est

$$\boxed{T_2 = T_0 \left(\frac{p_2}{p_0}\right)^{1-\frac{1}{\gamma}}},$$

soit $T_2 = 273\,.\,(3)^{2/5} = 423{,}7$ K ou **150,7°C.**

Et d'après l'équation des gaz parfaits $\frac{pv}{T}$ = cte, on obtient la température du gaz contenu dans C_1 :

$$\boxed{T_1 = T_0 \frac{p_1}{p_0} \frac{v_1}{v_0}}, \text{ est}$$

soit $T_1 = 1\,216$ K ou **943°C.**

2° La variation d'énergie interne de n moles du gaz dans C_1 (dont la capacité calorifique à volume constant est $C_{v_1} = \frac{nR}{\gamma - 1}$) est

$$\Delta U_1 = C_{v_1}(T_1 - T_0) \quad \text{ou} \quad \Delta U_1 = \frac{nR}{\gamma - 1}(T_1 - T_0),$$

$$\boxed{\Delta U_1 = \frac{p_1 v_1 - p_0 v_0}{\gamma - 1}}.$$

Application numérique : $\Delta U_1 = \mathbf{1\,040\ kJ.}$

De même, la variation d'énergie interne du gaz dans C_2 est

$$\Delta U_2 = \frac{p_2 v_2 - p_0 v_0}{\gamma - 1} .$$

Application numérique : ΔU_2 = **164 kJ.**

La résistance chauffante a donc fourni l'énergie

$$\mathcal{E} = \Delta U_1 + \Delta U_2 \quad \text{soit} \quad \mathcal{E} = \mathbf{1204\ kJ.}$$

17 – TRANSFORMATION EN VASE CLOS D'UN SYSTEME ISOLE

On considère un cylindre fermé, dont les parois sont adiabatiques. De l'air (gaz parfait) est emprisonné dans chacun des compartiments C_1 et C_2, séparés par un piston Π, fixé au départ.

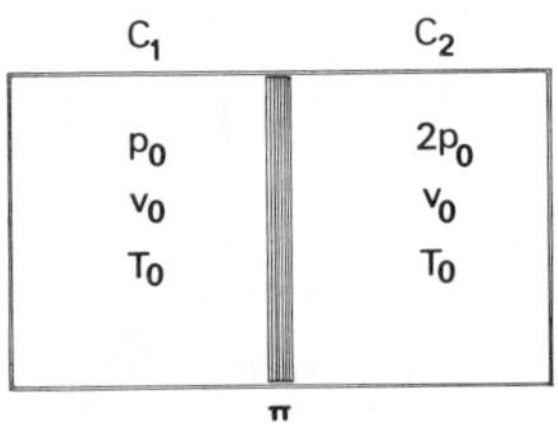

Figure III, 12

Dans C_1, l'air est dans l'état (p_0, v_0, T_0) et dans C_2, dans l'état $(2p_0, v_0, T_0)$.

On libère le piston mobile Π. Lorsque l'équilibre est établi, déterminer la pression finale p_1 de l'air en fonction de p_0 et γ (rapport des chaleurs massiques de l'air), ainsi que les volumes et les températures du gaz, dans chaque compartiment. On admettra que le déplacement du piston Π s'effectue de façon quasi statique.

Application numérique : $p_0 = 1$ atm ; $\gamma = \dfrac{7}{5}$; $v_0 = 2$ l ; $T_0 = 300$ K.

Solution

A l'équilibre, C_1 est rempli d'air dans l'état (p_1, v_1, T_1) et C_2 d'air dans l'état (p_2, v_2, T_2).

Les équations de Laplace relatives aux transformations adiabatiques du gaz dans chacun des compartiments s'écrivent :

$$\begin{cases} p_0\, v_0^{\gamma} = p_1\, v_1^{\gamma} \,; & (1) \\ 2p_0\, v_0^{\gamma} = p_2\, v_2^{\gamma} \,. & (2) \end{cases}$$

Comme, à l'équilibre, les pressions sont les mêmes de part et d'autre du piston Π, on a $p_1 = p_2$; en divisant membre à membre les relations (1) et (2), on obtient alors

$$2 = \left(\frac{v_2}{v_1}\right)^{\gamma} \quad \text{avec} \quad v_1 + v_2 = 2v_0$$

(volume total constant).

Donc $$2 = \left(\frac{2v_0}{v_1} - 1\right)^{\gamma}, \quad \text{soit} \quad \frac{v_0}{v_1} = \frac{1}{2}\,(1 + 2^{1/\gamma}).$$

La pression finale des gaz, dans chaque compartiment, est alors, d'après la relation (1),

$$p_1 = p_0\left(\frac{v_0}{v_1}\right)^{\gamma} \quad \text{ou} \quad \boxed{p_1 = p_0\left(\frac{1 + 2^{1/\gamma}}{2}\right)^{\gamma}}.$$

Application numérique : $\left(\frac{1 + 2^{1/\gamma}}{2}\right)^{\gamma} = (1{,}32)^{7/5} = 1{,}47$;

on obtient $\mathbf{p_1 = 1{,}47}$ **atm** ;

et $v_1 = \frac{v_0}{1{,}32}$, soit $\mathbf{v_1 = 1{,}52}$ **l**, et $v_2 = 2v_0 - v_1$, soit $\mathbf{v_2 = 2{,}48}$ **l**.

Pour obtenir la température T_1, on écrit la loi des gaz parfaits :

$$\frac{p_1 v_1}{T_1} = \frac{p_0 v_0}{T_0}.$$

On trouve $\mathbf{T_1 = 334}$ **K** ; de même, on obtient $\mathbf{T_2 = 274}$ **K**.

18 – MESURE DE γ PAR LA METHODE DE CLEMENT-DESORMES

1° Question préliminaire : montrer que le rapport γ des chaleurs massiques d'un gaz parfait est égal au rapport des pentes de l'adiabatique et de l'isotherme en un point du diagramme (p, v).

2° Dans un grand ballon fermé par un robinet R, et relié à un manomètre à eau, est enfermé de l'hélium, à la température ambiante T_0, sous la pression initiale $p = p_0 + h$, où p_0 est la pression extérieure et h la surpression en centimètres d'eau, lue sur le manomètre.

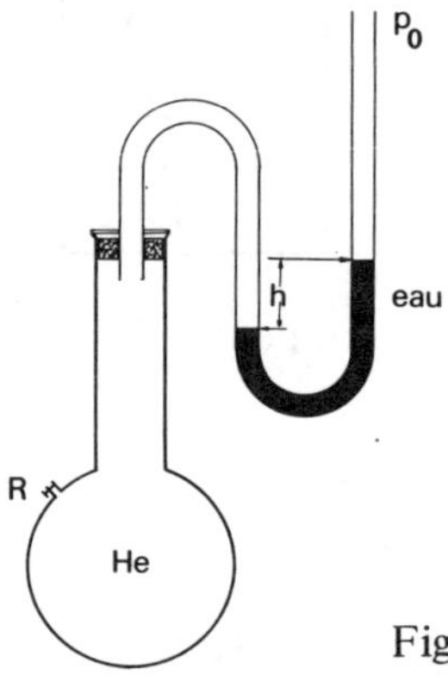

Figure III, 13

On ouvre brusquement le robinet (détente adiabatique) ; la dénivellation s'annule, on referme immédiatement le robinet ; progressivement, il s'établit une surpression h' lue sur le manomètre à eau.

a) Expliciter les transformations mises en jeu dans cette expérience. Dessiner le diagramme correspondant.

b) Déduire des mesures de $h = 25{,}9$ cm et $h' = 10{,}0$ cm, la mesure de γ pour l'hélium.

Solution

1° L'équation de l'isotherme d'un gaz parfait, pv = cte, s'écrit sous forme différentielle

$$\frac{\mathrm{d}p}{p} + \frac{\mathrm{d}v}{v} = 0 \ ;$$

la pente de l'isotherme au point (p, v) du diagramme de Clapeyron est alors

$$\left(\frac{\mathrm{d}p}{\mathrm{d}v}\right)_T = -\frac{p}{v}. \qquad (1)$$

- De même, l'équation de l'adiabatique du gaz, pv^{γ} = cte, s'écrit

$$\frac{\mathrm{d}p}{p} + \gamma\frac{\mathrm{d}v}{v} = 0 \cdot$$

La pente de l'adiabatique au même point (p, v) est alors

$$\left(\frac{\mathrm{d}p}{\mathrm{d}v}\right)_Q = -\gamma\frac{p}{v}. \qquad (2)$$

En comparant (1) et (2), il vient

$$\boxed{\gamma = \frac{\left(\frac{\mathrm{d}p}{\mathrm{d}v}\right)_Q}{\left(\frac{\mathrm{d}p}{\mathrm{d}v}\right)_T}} \tag{3}$$

γ est donc égal au rapport des pentes de l'adiabatique et de l'isotherme au même point $(p\,,\,v)$.

2°

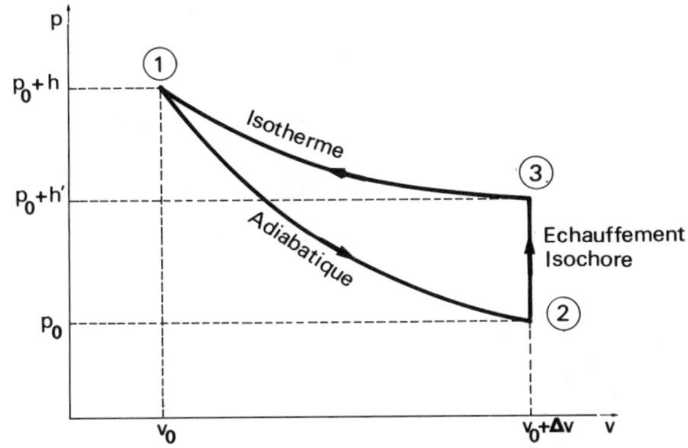

Figure III, 14

a) • A l'ouverture du robinet, pendant un temps très court, il s'est produit une *détente adiabatique* (car aucune chaleur n'a eu le temps de traverser les parois du récipient, pendant l'instant très bref d'ouverture) et *quasi statique* (l'état du gaz est resté voisin d'un état d'équilibre, compte tenu de la faible surpression).

Soit Δv l'augmentation de volume au cours de cette détente qui a refroidi le gaz. La pente de l'adiabatique est alors (fig. III, 14), en assimilant l'adiabatique à un segment de droite,

$$\left(\frac{\mathrm{d}p}{\mathrm{d}v}\right)_Q = \frac{(p_0 + h) - p_0}{(v_0 + \Delta v) - v_0} = \frac{h}{\Delta v}\,. \tag{4}$$

• Dès que le robinet est refermé, on assiste à un *échauffement du gaz, à volume constant,* qui reprend la température ambiante T_0. L'état final du gaz est donc représenté par le point ③ qui est sur la même isotherme que le point ① représentant l'état initial.

La pente de l'isotherme ①⟶③ est alors

$$\left(\frac{\mathrm{d}p}{\mathrm{d}v}\right)_T = \frac{(p_0 + h) - (p_0 + h')}{(v_0 + \Delta v) - v_0} = \frac{h - h'}{\Delta v}\,. \tag{5}$$

b) En utilisant la relation (3), on en déduit, en divisant membre à membre les relations (4) et (5),

$$\boxed{\gamma = \frac{h}{h - h'}} .$$

Application numérique : $\gamma = \dfrac{25{,}9}{15{,}9} \approx$ **1,63** (valeur voisine de $\dfrac{5}{3}$, comme pour les gaz monoatomiques tels que l'hélium).

Remarque : Dans le tracé du diagramme, on a négligé la perte de masse due à l'échappement d'un peu d'air, au cours de la détente.

19 – DETENTE ISENTHALPIQUE DE JOULE-THOMSON

Un gaz s'écoule lentement dans un tuyau cylindrique, en traversant un obstacle poreux. En régime permanent, les pressions, températures et volumes molaires du gaz, sont :

– p_1, v_1, T_1 en amont de l'obstacle,

– p_2, v_2, T_2 en aval de l'obstacle.

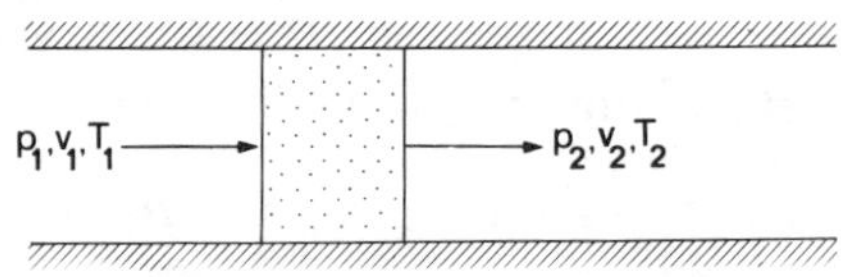

Figure III, 15

Les parois du tuyau sont parfaitement calorifugées.

a) Montrer que l'enthalpie $H = U + pv$ (où U est l'énergie interne molaire) est la même en amont et en aval.

b) Montrer qu'une variation de pression $\mathrm{d}p$ s'accompagne d'une variation de température $\mathrm{d}T$ telle que

$$\frac{\mathrm{d}T}{\mathrm{d}p} = \frac{T\left(\dfrac{\partial v}{\partial T}\right)_p - v}{c_p},$$

où c_p est la capacité calorifique molaire à pression constante.

On rappelle que dans une transformation où la pression varie de $\mathrm{d}p$ et la température de $\mathrm{d}T$, la quantité de chaleur mise en jeu est

$$\delta Q = c_p\,\mathrm{d}T + h\,\mathrm{d}p, \qquad \text{avec} \qquad h = -\,T\left(\frac{\partial v}{\partial T}\right)_p .$$

Que vaut $\dfrac{\mathrm{d}T}{\mathrm{d}p}$ pour un gaz parfait ?

c) Montrer que la variation d'enthalpie d'un système, dans une transformation quelconque, à pression constante, est égale à la chaleur reçue par le système.

Solution

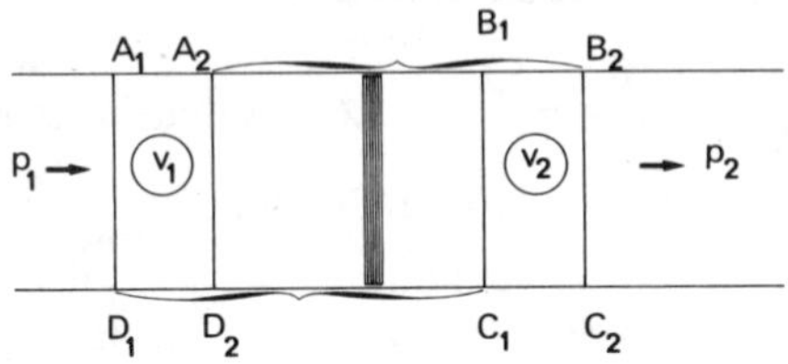

Figure III, 16

a) Soit v_1 le volume molaire du gaz situé en amont ($A_1 A_2 D_2 D_1$), d'énergie interne U_1, et soit v_2 le volume occupé par ce gaz en aval ($B_1 B_2 C_2 C_1$), d'énergie interne U_2.

Considérons comme système le gaz contenu dans le volume $A_1 B_1 C_1 D_1$, et qui occupe ensuite le volume $A_2 B_2 C_2 D_2$. Au cours de cette détente, ce système gazeux *reçoit* un travail $p_1 v_1$ en amont, et *cède* en aval un travail $p_2 v_2$, de sorte que le travail total reçu par ce système est

$$W = p_1 v_1 - p_2 v_2 .$$

Comme la détente est adiabatique ($Q = 0$), la variation d'énergie interne du système est mesurée par le travail reçu :

$$U_{A_2B_2C_2D_2} - U_{A_1B_1C_1D_1} = W = p_1 v_1 - p_2 v_2.$$

Or $A_1B_1C_1D_1$ et $A_2B_2C_2D_2$ possèdent en commun la partie $A_2B_1C_1D_2$; on a donc

$$U_{A_2B_2C_2D_2} - U_{A_1B_1C_1D_1} = (U_{A_2B_1C_1D_2} + U_2) - (U_{A_2B_1C_1D_2} + U_1) = U_2 - U_1$$

d'où $$U_2 - U_1 = p_1v_1 - p_2v_2,$$

ou $$U_1 + p_1 v_1 = U_2 + p_2 v_2 ,$$

soit $$\boxed{H_1 = H_2} .$$

La détente adiabatique irréversible de Joule-Thomson s'effectue donc à *enthalpie constante.*

b) Pour la transformation élémentaire qui fait passer le gaz de l'état (p , T) à l'état $(p + \mathrm{d}p , T + \mathrm{d}T)$, écrivons que la variation d'enthalpie est nulle :

$$\mathrm{d}H = \mathrm{d}U + v\,\mathrm{d}p + p\,\mathrm{d}v = 0 ,$$

avec $$\mathrm{d}U = \delta W + \delta Q = - p\mathrm{d}v + (c_p \mathrm{d}T + h\mathrm{d}p) \;;$$

donc $$\mathrm{d}H = c_p \mathrm{d}T + (h + v)\,\mathrm{d}p = 0 \;;$$

d'où $$\frac{\mathrm{d}T}{\mathrm{d}p} = \frac{-h - v}{c_p} ,$$

soit $$\boxed{\frac{\mathrm{d}T}{\mathrm{d}p} = \frac{T\left(\dfrac{\partial v}{\partial T}\right)_p - v}{c_p}} .$$

• Dans le cas d'un gaz parfait, d'après l'équation d'état $pv = RT$, on a

$$\left(\frac{\partial v}{\partial T}\right)_p = \frac{v}{T} \;;$$

d'où $$h = - T\left(\frac{\partial v}{\partial T}\right) = - v ,$$

donc $$\frac{\mathrm{d}T}{\mathrm{d}p} = 0 \;;$$

ce qui prouve que cette détente s'effectue à *température constante* pour un gaz parfait.

c) A pression constante, on a

$$\Delta H = \Delta U + p\,\Delta v = (Q_p - p\,\Delta v) + p\,\Delta v = Q_p \;;$$

ainsi la quantité de chaleur échangée par un système, à pression constante, est mesurée par la variation de la fonction enthalpie de ce système.

20 – DETENTE IRREVERSIBLE DANS L'AIR. SYSTEME OUVERT OU FERME

Un récipient, fermé par un robinet R, contient un gaz dans l'état p_1, v_1, T_1. On ouvre le robinet. Lorsque la pression du gaz dans le récipient est égale à la pression extérieure p_0, déterminer la température finale du gaz en fonction de T_1, p_1, p_0 et γ (rapport des chaleurs massiques). Les parois du récipient sont adiabatiques. On négligera la vitesse d'écoulement du gaz.

Application numérique : $T_1 = 300\ \mathrm{K}$, $p_1 = 2p_0$, $\gamma = \dfrac{7}{5}$.

On raisonnera de deux façons :

a) le système considéré sera le gaz enfermé dans le récipient (volume constant) ;

b) le système sera l'ensemble du gaz restant dans le récipient et s'échappant dans l'atmosphère.

Interpréter la différence des résultats obtenus et montrer que la deuxième solution représente une approximation de la première.

Solution

a) Système à *volume constant.* Désignons par u l'énergie interne molaire ; l'énergie interne des n moles de gaz est donc

$$U = u \,.\, n.$$

Or, lorsque $\mathrm{d}n$ moles s'échappent du récipient (donc des frontières du système), la variation d'énergie interne du système est

$$\mathrm{d}U = \mathrm{d}(un) = u\,\mathrm{d}n + n\,\mathrm{d}u.$$

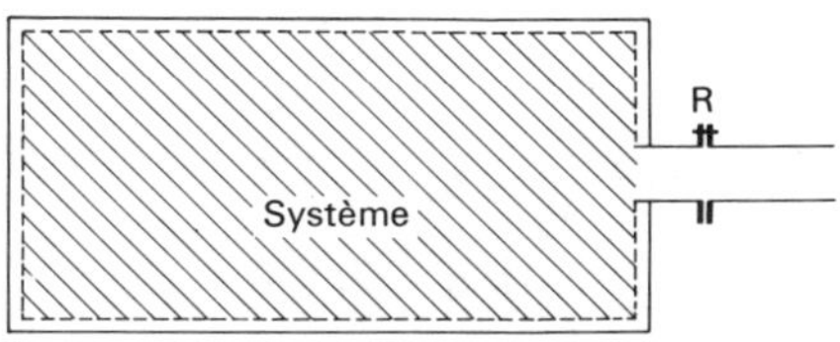

Figure III, 17

Or, l'enthalpie molaire est $h = u + pv = u + RT.$

Appliquons le 1er principe :

$$\mathrm{d}U = \delta Q + \delta W$$

ou

$$\mathrm{d}U = h\,\mathrm{d}n = (u + RT)\,\mathrm{d}n^{(*)}$$

On a donc

$$\mathrm{d}U = u\,\mathrm{d}n + n\,\mathrm{d}u = (u + RT)\,\mathrm{d}n,$$

soit

$$n\,\mathrm{d}u = RT\,\mathrm{d}n,$$

avec

$$\mathrm{d}u = c_v \mathrm{d}T,$$

donc

$$\frac{\mathrm{d}n}{n} = \frac{\mathrm{d}u}{RT} = \frac{c_v}{R}\,\frac{\mathrm{d}T}{T}.$$

(*) En appendice, à la fin de l'ouvrage, on trouvera une justification de la relation $\mathrm{d}U = h\,\mathrm{d}n$.

L'intégration entre les états initial et final fournit

$$\ln \frac{n_2}{n_1} = \frac{C_v}{R} \ln \frac{T_2}{T_1} = \ln \left(\frac{T_2}{T_1}\right)^{\frac{1}{\gamma-1}},$$

$$\text{car } C_v = \frac{R}{\gamma - 1} \quad ; \text{ d'où } \frac{n_2}{n_1} = \left(\frac{T_2}{T_1}\right)^{\frac{1}{\gamma-1}}.$$

Or à l'état initial, le nombre de moles du gaz est

$$n_1 = \frac{p_1 v}{RT_1},$$

et, à l'état final, le nombre de moles du gaz est

$$n_2 = \frac{p_0 v}{RT_2} \text{ (car } p_2 = p_0\text{)}.$$

On en déduit

$$\frac{n_2}{n_1} = \frac{p_0}{p_1} \frac{T_1}{T_2} = \left(\frac{T_2}{T_1}\right)^{\frac{1}{\gamma-1}}.$$

Finalement, on a

$$\boxed{T_2 = T_1 \left(\frac{p_0}{p_1}\right)^{\frac{\gamma-1}{\gamma}}} \quad (1)$$

On obtient le même résultat que lorsque la transformation était adiabatique réversible.

Application numérique : $T_2 = 300 \left(\frac{1}{2}\right)^{2/7}$ = **246 K** ou $-$ 27°C.

b) Système à *nombre de moles constant* : le nombre de moles du système est, dans ce cas, invariant, pendant la détente.

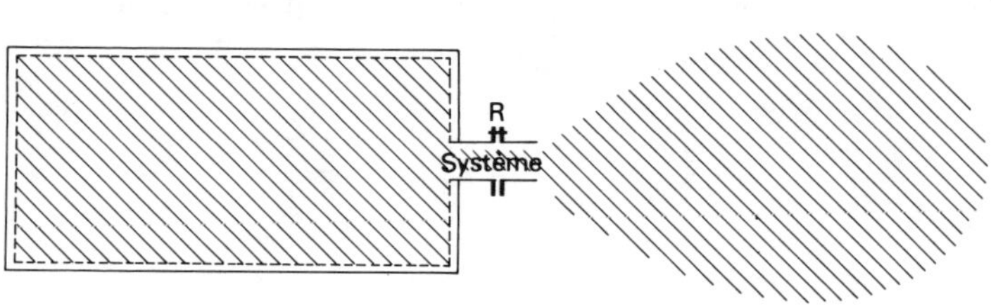

Figure III, 18

La variation d'énergie interne est $\Delta U = W + Q$,

avec $Q = 0$

(pas de chaleur échangée)

et $$W = -p_0 (v_2 - v_1),$$

car la pression *extérieure* p_0 est constante (notons que cette dernière relation est générale, même si la transformation est irréversible, comme dans ce problème).

On a donc

$$\Delta U = nc_v \, \Delta T = -p_0 (v_2 - v_1) ;$$

en tenant compte de $p_2 = p_0$ et des équations d'état $p_1 v_1 = nRT_1$ et $p_2 v_2 = nRT_2$, il vient

$$\Delta U = \frac{p_1 v_1}{RT_1} \cdot \frac{R}{\gamma - 1} (T_2 - T_1) = -p_0 v_1 \left(\frac{T_2}{T_1}\frac{p_1}{p_0} - 1\right)$$

Après simplification, on obtient

$$\boxed{T_2 = \frac{T_1}{\gamma}\left[1 + (\gamma - 1)\frac{p_0}{p_1}\right]} . \qquad (2)$$

Application numérique : $T_2 = 300 \cdot \frac{5}{7}\left(1 + \frac{1}{5}\right) = 300 \cdot \frac{6}{7} =$ **257 K** ou -16°C.

● Le désaccord des résultats entre les deux solutions est dû au fait que, dans la 2ème méthode, on a implicitement admis que le gaz à l'intérieur du récipient est en équilibre avec le gaz à l'extérieur de l'enceinte, ce qui n'est pas réaliste, car au cours de cette détente irréversible, le gaz traversant le robinet et quittant le récipient n'a pas la même température que le gaz qui est resté dans le récipient.

Montrons que la 2ème solution est une approximation de la 1ère.

En effet, la solution (1) s'écrit

$$T_2 = T_1 \left(\frac{p_0}{p_1}\right)^{\frac{\gamma-1}{\gamma}} = T_1 \left(1 - \frac{p_1 - p_0}{p_1}\right)^{\frac{\gamma-1}{\gamma}} ;$$

le terme entre parenthèses est de la forme $(1-\epsilon)^a \approx 1 - a\epsilon$, au second ordre près, si $\epsilon = \dfrac{p_1 - p_0}{p_1} \ll 1$.

Donc, si l'écart relatif des pressions initiale et finale du gaz est très faible, on aura

$$T_2 \approx T_1 \left(1 - \frac{\gamma - 1}{\gamma} \frac{p_1 - p_0}{p_1}\right) ;$$

ou

$$T_2 = \frac{T_1}{\gamma} \left[\gamma - (\gamma - 1)\left(1 - \frac{p_0}{p_1}\right)\right] ,$$

soit finalement

$$T_2 = \frac{T_1}{\gamma} \left[1 + (\gamma - 1)\frac{p_0}{p_1}\right] ;$$

on a retrouvé la solution (2).

Par conséquent, si p_1 est très voisin de p_0, les deux méthodes donnent des résultats concordants, puisqu'alors l'approximation faite dans la 2ème solution est justifiée.

21 – TRANSFORMATION IRREVERSIBLE DANS LE VIDE

On considère un récipient *vide* cylindrique de volume $v_1 = 2\ l$, fermé par des parois adiabatiques. On perce un trou, de façon que l'air ambiant (température $T_0 = 300$ K, pression $p_0 = 1$ atm) qui entoure le récipient, y pénètre.

Soit T_1 la température de l'air du récipient au moment où sa pression est égale à la pression extérieure p_0.

1° Calculer T_1.

2° Calculer la variation d'énergie interne de l'air qui a pénétré dans le récipient.

On donne : 1 atm = 10^5 pascals ; rapport des chaleurs massiques de l'air : $\gamma = 1{,}4$. L'air sera considéré comme un gaz parfait.

Solution

1° Considérons le système formé de n moles d'air, qui après avoir occupé un volume $v_0 = \dfrac{nRT_0}{p_0}$ dans l'atmosphère, occupent à présent le volume v_1 du récipient initialement vide.

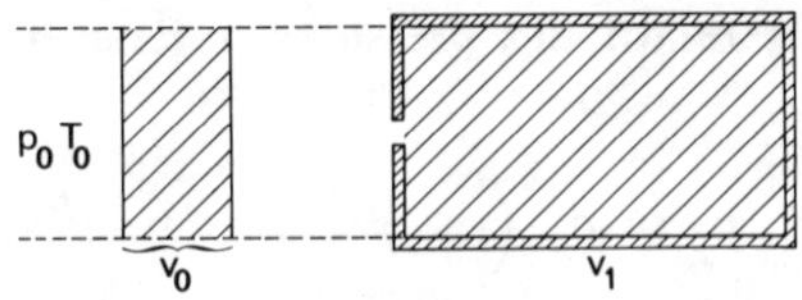

Figure III, 19

Comme la transformation est adiabatique ($Q = 0$), on a $W_{ad} = \Delta U$; donc, le travail reçu par le gaz, au cours de cette transformation, ne dépend pas du chemin suivi. Imaginons alors, pour calculer W_{ad}, que le système gazeux est passé brusquement de l'état (p_0, v_0, T_0) à l'état final (p_0, v_1, T_1). Le gaz a reçu en amont un travail $p_0 v_0$ de la part de l'atmosphère et un travail nul en aval (vide). Le travail adiabatique reçu par le gaz est donc

$$W_{ad} = p_0 v_0 \, .$$

La variation d'énergie interne du gaz, de capacité calorifique

$$c_v = \frac{nR}{\gamma - 1} \, ,$$

peut alors s'exprimer de deux façons :

– d'après la 1re loi de Joule :

$$\Delta U = c_v \, \Delta T = \frac{nR}{\gamma - 1} (T_1 - T_0) \, , \qquad (1)$$

– d'après le 2ème principe :

$$\Delta U = W_{ad} = p_0 v_0 = nRT_0 \, . \qquad (2)$$

En égalant les relations (1) et (2), on en déduit

$$\frac{T_1 - T_0}{\gamma - 1} = T_0 \, ,$$

soit

$$\boxed{T_1 = \gamma T_0} \, .$$

Application numérique : $T_1 = 1{,}4.300 =$ **420 K**.

2° La tranche de gaz considérée est passée de l'état (p_0, v_0, T_0) à l'état final (p_0, v_1, T_1).

L'équation d'état s'écrit donc

$$p_0 v_0 = nRT_0$$

et

$$p_0 v_1 = nRT_1 \, .$$

On en déduit

$$\frac{v_1}{v_0} = \frac{T_1}{T_0} = \gamma \qquad \text{et} \qquad v_0 = \frac{v_1}{\gamma}.$$

La variation d'énergie interne (égale au travail fourni par l'atmosphère) est donc

$$\Delta U = p_0\, v_0 = \boxed{\frac{p_0 v_1}{\gamma}}.$$

Application numérique : $\Delta U = \dfrac{10^5 \,.\, 2 \,.\, 10^{-3}}{1{,}4} = \mathbf{143\ J}.$

22 – ETUDE D'UN COMPRESSEUR

A) Un piston étanche peut se mouvoir sans frottement, dans un cylindre muni de deux soupapes R_0 et R_1. On effectue les opérations suivantes :

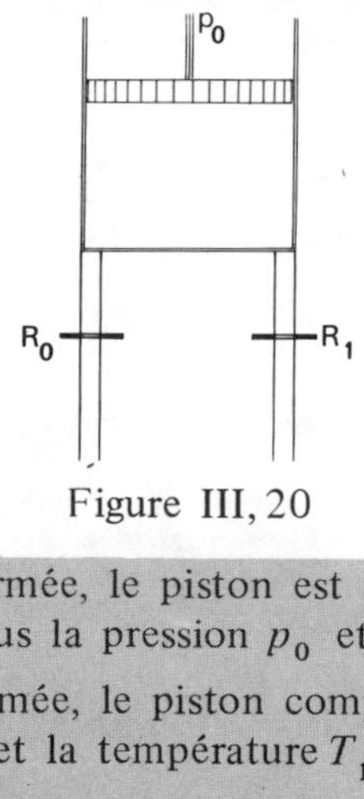

Figure III, 20

a) R_0 ouverte, R_1 fermée, le piston est au fond et remonte en aspirant une mole de gaz sous la pression p_0 et la température T_0.

b) R_0 fermée, R_1 fermée, le piston comprime adiabatiquement le gaz jusqu'à la pression p'_1 et la température T'_1.

c) R_0 fermée, R_1 ouverte, le piston refoule le gaz à pression constante p'_1.

Calculer en fonction de T_0, T'_1, R et γ le travail total fourni par le piston, pendant un aller et retour.

Application numérique : $\gamma = 1{,}4$; $\dfrac{p'_1}{p_0} = 10$; $T_0 = 300$ K ;
$R = 8{,}32$ J . K^{-1}. mole^{-1}.

B) Le compresseur est à deux étages : le gaz chassé par R_1 est refroidi jusqu'à T_0, à pression constante p'_1, et admis dans un deuxième cylindre. On effectue les opérations suivantes :

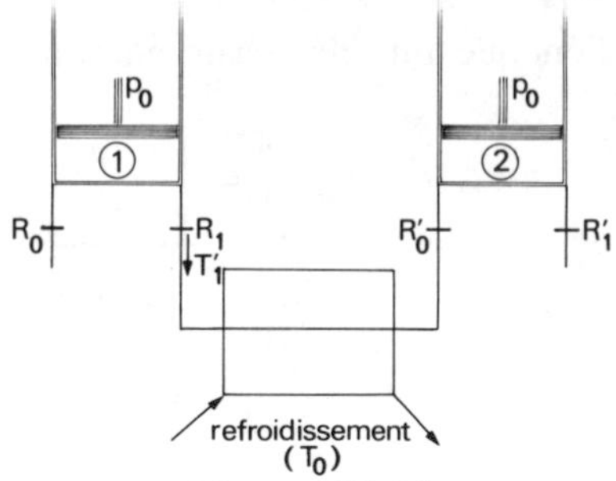

Figure III, 21

a) Admission dans le $2^{\text{ème}}$ cylindre sous pression constante p'_1 (R'_0 ouverte et R'_1 fermée).

b) Compression adiabatique (R'_0 fermée, R'_1 fermée) jusqu'à la pression p_1, la température finale étant T''_1.

c) Refoulement du gaz à la pression constante p_1 (R'_0 fermée, R'_1 ouverte).

Calculer les travaux W_1 et W_2 fournis par un aller et retour des pistons 1 et 2. Calculer $W_1 + W_2$ en fonction de R, γ, T_0, T'_1, T''_1 puis de γ, R, T_0, x et y, en posant $\dfrac{p_1}{p_0} = x$ et $\dfrac{p'_1}{p_0} = y$. Montrer que si le rapport x est fixé, il y a une valeur de y qui rend $W_1 + W_2$ minimal ; calculer p'_1 dans ce cas, en fonction de p_0 et x. Calculer également $W_1 + W_2$, en fonction de R, γ, T_0 et x, ainsi que la quantité de chaleur cédée au cours du refroidissement.

Application numérique : $\gamma = 1{,}4$; $T_0 = 300$ K ; $p_0 = 1$ atm ; $x = \dfrac{p_1}{p_0} = 10$.

Solution

A) Les travaux fournis par le piston sont :

– pendant l'admission : $W_a = 0$ (car la même pression p_0 agit sur les deux faces du piston) ;

– pendant la compression adiabatique :

$$W_c = \underbrace{\frac{p'_1 v'_1 - p_0 v_0}{\gamma - 1}}_{\text{Travail de compression}} + \underbrace{[-p_0 (v_0 - v'_1)]}_{\text{Travail fourni sur la face extérieure}} ;$$

– pendant l'échappement :

$$W_e = \underbrace{-p_0\,(v_1' - 0)}_{\text{face extérieure}} + \underbrace{p_1'\,(v_1' - 0)}_{\text{face intérieure}} = (p_1' - p_0)\,v_1'$$

Le travail total fourni par le piston, pour un aller et retour, est donc

$$W = W_a + W_c + W_e = \frac{p_1'\,v_1' - p_0\,v_0}{\gamma - 1} - p_0\,v_0 + p_1'\,v_1'$$

ou

$$W = \frac{\gamma}{\gamma - 1}\,(p_1'\,v_1' - p_0\,v_0).$$

Or, on a

$$p_0\,v_0 = RT_0 \qquad \text{et} \qquad p_1'\,v_1' = RT_1'.$$

Le travail fourni est donc

$$\boxed{W = \frac{R\gamma}{\gamma - 1}\,(T_1' - T_0)}\ .$$

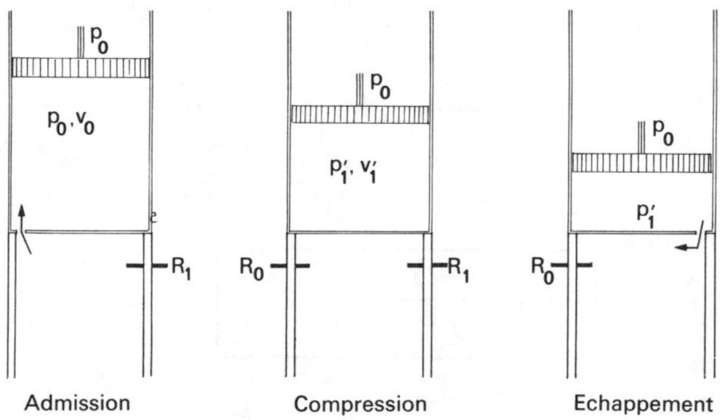

Figure III, 22

La température T_1' du gaz, à la fin de la compression adiabatique, est

$$T_1' = T_0\left(\frac{p_0}{p_1'}\right)^{\frac{1-\gamma}{\gamma}}.$$

Application numérique : $T_1' = 300(10)^{2/3} = 300.1{,}933 =$ **580 K** ;

$W = 8{,}32\,.\,\frac{7}{2}\,(280) \approx$ **8150 J.**

B) Le travail fourni par le piston 1 est

$$\boxed{W_1 = \frac{R\gamma T_0}{\gamma - 1}\left(\frac{T_1'}{T_0} - 1\right)}\ \text{(cf. A).}$$

Le travail fourni par le piston 2 est :
– pendant l'admission :

$$W_a' = -(p_1' - p_0)\, v_1' \;;$$

– pendant la compression adiabatique :

$$W_c' = \frac{p_1 v_1 - p_1' v_1'}{\gamma - 1} - p_0\,(v_1' - v_1)\,,$$

qui amène le gaz de l'état $\begin{cases} p_1' \\ v_1' \\ T_0 \end{cases}$ à l'état $\begin{cases} p_1 \\ v_1 \\ T_1'' \end{cases}$;

– pendant l'échappement :

$$W_e' = (p_1 - p_0)\, v_1 \,.$$

Le travail total fourni par le piston 2, pour un aller et retour, est donc

$$W_2 = W_a' + W_c' + W_e' = \frac{p_1 v_1 - p_1' v_1'}{\gamma - 1} + p_1 v_1 - p_1' v_1' \;;$$

ou
$$W_2 = \frac{\gamma}{\gamma - 1}\,(p_1 v_1 - p_1' v_1')$$

avec
$$p_1 v_1 = RT_1'' \quad \text{et} \quad p_1' v_1' = RT_0 \;;$$

donc
$$\boxed{W_2 = \frac{\gamma R T_0}{\gamma - 1}\left(\frac{T_1''}{T_0} - 1\right)}\,.$$

La somme des travaux est alors

$$W = W_1 + W_2 = \frac{\gamma R T_0}{\gamma - 1}\left(\frac{T_1'}{T_0} + \frac{T_1''}{T_0} - 2\right)\,,$$

avec
$$\frac{T_1'}{T_0} = \left(\frac{p_0}{p_1'}\right)^{\frac{1-\gamma}{\gamma}} = y^{\frac{\gamma-1}{\gamma}}$$

et
$$\frac{T_1''}{T_0} = \left(\frac{p_1'}{p_1}\right)^{\frac{1-\gamma}{\gamma}} = \left(\frac{p_1'}{p_0}\,\frac{p_0}{p_1}\right)^{\frac{1-\gamma}{\gamma}} = \left(\frac{x}{y}\right)^{\frac{\gamma-1}{\gamma}}$$

On a donc
$$\boxed{W = \frac{\gamma R T_0}{\gamma - 1}\left[y^{\frac{\gamma-1}{\gamma}} + \left(\frac{x}{y}\right)^{\frac{\gamma-1}{\gamma}} - 2\right]}\,.$$

Si x est constant, ce travail fonction de y est minimal lorsque $\dfrac{dW}{dy} = 0$.

soit $$\frac{dW}{dy} = RT_0 \left(y^{-\frac{1}{\gamma}} - x^{\frac{\gamma-1}{\gamma}} \, y^{\frac{1-2\gamma}{\gamma}} \right) = 0$$

ou $$x^{\frac{\gamma-1}{\gamma}} = y^{\frac{2(\gamma-1)}{\gamma}} \quad \text{enfin} \quad y^2 = \left(\frac{p'_1}{p_0}\right)^2 = x.$$

On a donc $$\boxed{p'_1 = p_0 \sqrt{x}}.$$

On peut vérifier qu'il s'agit bien là d'un minimum, en remarquant que

$$\frac{dW}{dy} < 0 \quad \text{si} \quad y \to 0,$$

et $$\frac{dW}{dy} > 0 \quad \text{si} \quad y \to \infty.$$

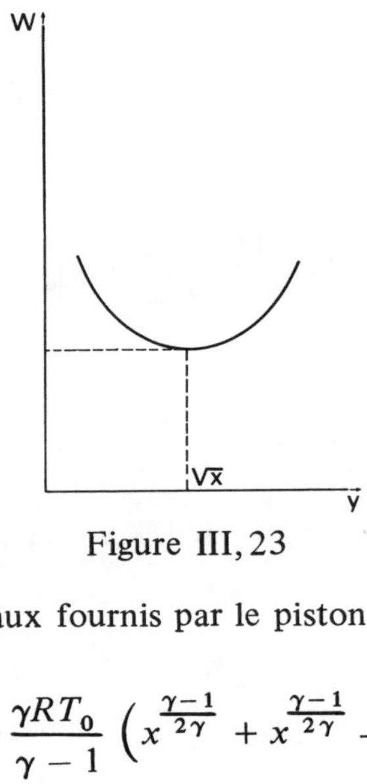

Figure III, 23

La somme des travaux fournis par le piston est alors minimale et vaut, puisque $y = x^{1/2}$,

$$W = \frac{\gamma R T_0}{\gamma - 1} \left(x^{\frac{\gamma-1}{2\gamma}} + x^{\frac{\gamma-1}{2\gamma}} - 2 \right),$$

ou $$\boxed{W = \frac{2\gamma R T_0}{\gamma - 1} \left(x^{\frac{\gamma-1}{2\gamma}} - 1 \right)}.$$

Application numérique : $\dfrac{\gamma - 1}{2\gamma} = \dfrac{1}{7}$; $x = 10$; $T_0 = 300$ K.

On obtient $W = 7.8{,}32.300\,(10^{1/7} - 1) \approx$ **6 800 J.**

Cette valeur est bien inférieure à celle trouvée au paragraphe A, qui pourtant ne concernait que le travail du piston 1.

La quantité de chaleur cédée au cours des refroidissements à pression constante est

$$Q = c_p\,(T_1' - T_0) \quad \text{avec} \quad c_p = \frac{\gamma R}{\gamma - 1}\,.$$

Donc $$Q = \frac{\gamma R T_0}{\gamma - 1}\left(\frac{T_1'}{T_0} - 1\right) = \frac{\gamma R T_0}{\gamma - 1}\left(y^{\frac{\gamma-1}{\gamma}} - 1\right).$$

Or, dans le cas envisagé $y = x^{1/2}$, on a donc

$$Q = \frac{\gamma R T_0}{\gamma - 1}\left(x^{\frac{\gamma-1}{2\gamma}} - 1\right), \quad \text{soit} \quad \boxed{Q = \frac{1}{2}\,W}\,.$$

Application numérique : $Q =$ **3 400 J.**

23 – CONGELATEUR A AMMONIAC

Le schéma ci-dessous représente un congélateur à ammoniac, à deux étages.

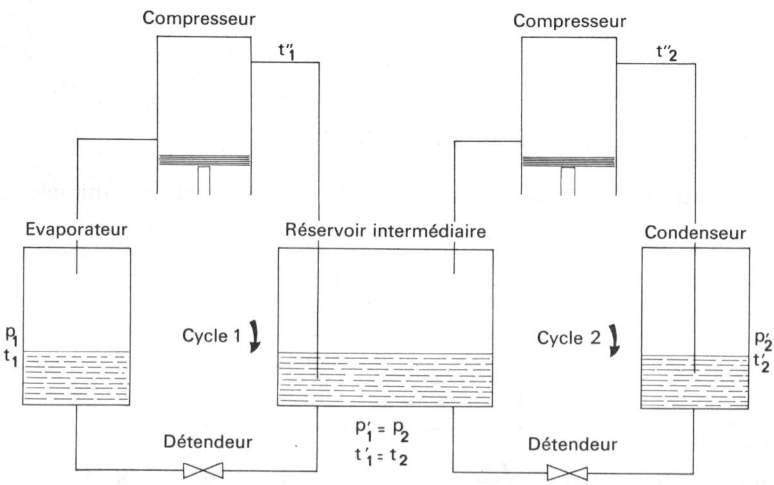

Figure III, 24

Chaque étage comprend un évaporateur, un compresseur et un condenseur, le réservoir intermédiaire jouant à la fois le rôle de condenseur pour le 1er étage, et d'évaporateur pour le 2ème. Dans chaque cycle, l'ammoniac (NH_3) subit donc successivement une évaporation, une compression adiabatique, un refroidissement suivi d'une condensation, et une détente adiabatique et isenthalpique (à enthalpie constante).

Les notations utilisées sont celles qui sont indiquées sur le schéma. Les symboles p et t sont affectés de l'indice du cycle correspondant.

Cycle 1
- $t_1 = -35°C, p_1 = 0{,}95 \cdot 10^5$ pascals (pression de vapeur saturante à t_1),
- t''_1 désigne la température à la sortie du premier compresseur,
- $t'_1 = 3\ °C, p'_1 = 4{,}9 \cdot 10^5$ pascals (pression de valeur saturante à t'_1).

Cycle 2
- $t_2 = t'_1 = 3\ °C, p_2 = p'_1 = 4{,}9 \cdot 10^5$ pascals.
- t''_2 désigne la température à la sortie du deuxième compresseur,
- $t'_2 = 35\ °C, p'_2 = 13{,}8 \cdot 10^5$ pascals (pression de vapeur saturante à t'_2),

$\gamma = 1{,}30$; $R = 8{,}31$ joules/mole/degré ; J = 4,18 joules/cal.

1ère question : Etude de la compression adiabatique

Soit une transformation adiabatique réversible, faisant passer un gaz parfait de l'état (p, T) à l'état (p', T'').

a) Exprimer T'' en fonction de $\frac{p'}{p}$, T et γ. En déduire les températures t''_1 et t''_2 à la sortie de chacun des compresseurs.

b) Exprimer le travail w nécessaire pour transformer ainsi une mole de gaz en fonction de $(T'' - T)$, R et γ.

En déduire les travaux w_1 et w_2 nécessaires pour comprimer dans chaque cas 1 kg d'ammoniac supposé se comporter comme un gaz parfait (NH_3 = 17 g).

2ème question : Etude du cycle 1

Nous rappelons que l'enthalpie est définie par $H = U + pv$. Nous considérerons dans la suite que les produits pv correspondant à des phases liquides sont négligeables.

a) • Calculer la variation d'enthalpie entre 1 kg d'ammoniac liquide à 3 °C et 1 kg d'ammoniac liquide à − 35 °C, la chaleur massique de NH_3 liquide étant égale à 1,1 cal/g/degré.

• Calculer la variation d'enthalpie entre 1 kg d'ammoniac liquide à 3 °C et 1 kg de vapeur saturante de NH_3 à − 35 °C (la chaleur de vaporisation L à − 35 °C est égale à 328 cal/g).

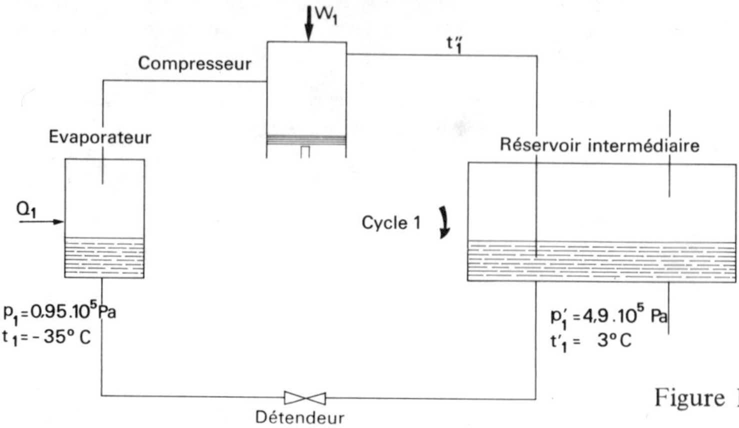

Figure III, 25

• En déduire la proportion x d'ammoniac vaporisé lors de la détente adiabatique et isenthalpique (à enthalpie constante) entre les deux états ($p'_1 = 4,9 . 10^5$ Pa, $t'_1 = 3$°C) et ($p_1 = 0,95 . 10^5$ Pa, $t_1 = -35$ °C).

• Déduire du résultat précédent la quantité de chaleur Q_1 échangée avec l'extérieur au niveau de l'évaporateur pour 1 kg d'ammoniac effectuant le cycle 1.

• Démontrer que cette quantité de chaleur Q_1 doit être égale à la diminution totale de l'enthalpie entre l'état initial (liquide à 3 °C) et l'état final (vapeur saturante à − 35 °C) de 1 kg d'ammoniac. Vérifier ainsi le résultat précédent.

b) La quantité de chaleur échangée au niveau du réservoir intermédiaire (jouant le rôle de condenseur pour le cycle 1) est égale à la somme des quantités de chaleur provenant du refroidissement de t''_1 à t'_1 et de celle correspondant à la condensation.

Calculer cette quantité de chaleur Q absorbée pour 1 kg d'ammoniac effectuant le cyle 1.

$$L\,(+\,3\,°C) = 294 \text{ cal/g} \; ; \; c_p = 0,5 \text{ cal/g/degré.}$$

3ème question : Etude du cycle 2

a) Déterminer q (quantité de chaleur échangée au niveau du réservoir intermédiaire), q_2 (quantité de chaleur échangée avec l'extérieur au niveau du condenseur) pour chaque kg d'ammoniac effectuant le cycle 2.

(L à 35 °C = 267 cal/g).

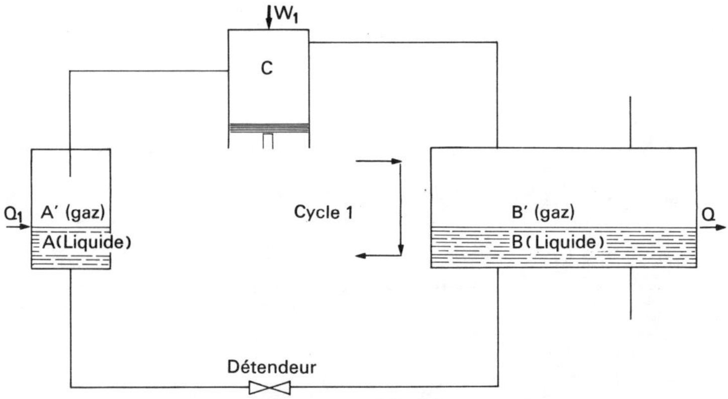

Figure III, 26

b) Déterminer la masse m_2 d'ammoniac devant effectuer le cycle 2, quand 1 kg d'ammoniac parcourt le cycle 1.

4ème question : Etude du congélateur complet

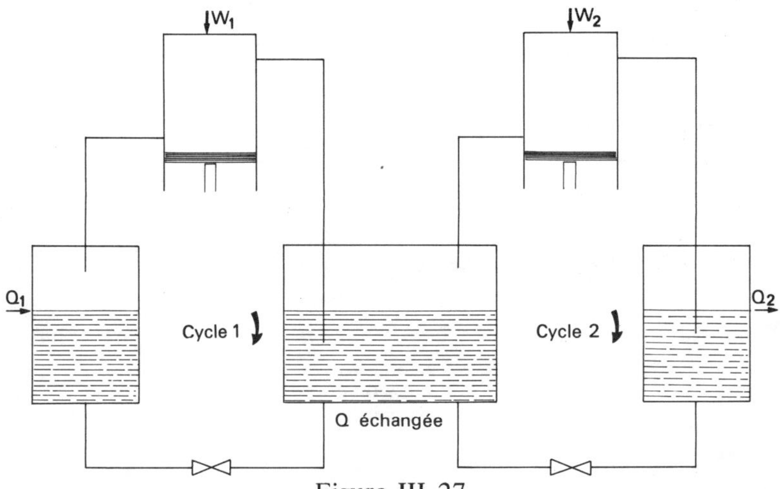

Figure III, 27

a) Déterminer les quantités Q_1, W_1, Q, W_2 et Q_2 correspondant à 1 kg d'ammoniac effectuant le cycle 1 et à la masse m_2 déterminée précédemment effectuant le cycle 2.

b) En appliquant le premier principe de la thermodynamique aux quantités $W = W_1 + W_2$, Q_1 et Q_2 calculées précédemment, vérifier que la cohérence des résultats est satisfaisante.

Solution

1ère question

a) La transformation adiabatique réversible obéit à la relation

$$Tp^{\frac{1-\gamma}{\gamma}} = T''p'^{\frac{1-\gamma}{\gamma}}, \quad \text{d'où} \quad \boxed{T'' = T\left(\frac{p'}{p}\right)^{\frac{\gamma-1}{\gamma}}}. \qquad (1)$$

• A la sortie du 1er compresseur, la température absolue est donc

$$T''_1 = T_1\left(\frac{p'_1}{p_1}\right)^{\frac{\gamma-1}{\gamma}}.$$

Application numérique : $T_1 = 238\ \text{K}$; $\dfrac{\gamma-1}{\gamma} = \dfrac{3}{13}$; $\dfrac{p'_1}{p_1} = 5{,}16$; on obtient $T''_1 = 347{,}5\ \text{K}$ ou $t''_1 = \mathbf{74{,}5\ °C}$.

• A la sortie du 2ème compresseur, la température absolue est, d'après la relation (1),

$$T''_2 = T_2\left(\frac{p'_2}{p_2}\right)^{\frac{\gamma-1}{\gamma}} \qquad \text{avec} \quad T_2 = T'_1, \text{ par hypothèse.}$$

Application numérique : $T''_2 = 276\,(2{,}82)^{3/13} = 350{,}5\ \text{K}$ ou $t''_2 = \mathbf{77{,}5\ °C}$.

b) La compression étant adiabatique ($dQ = 0$), le travail élémentaire reçu par n moles de gaz est

$$dW = dU = nc_v\,dT = n\frac{R}{\gamma-1}\,dT.$$

Le travail nécessaire pour comprimer n moles de gaz est donc

$$\boxed{w = \frac{nR}{\gamma-1}(T''-T)}.$$

Application numérique : 1 kg d'ammoniac renferme $n = \dfrac{1\,000}{17}$ moles.

Les travaux cherchés sont donc

$$w_1 = \frac{nR}{\gamma-1}(T''_1 - T_1) = \mathbf{178{,}4\ kJ}$$

et

$$w_2 = \frac{nR}{\gamma-1}(T''_2 - T_2) = \mathbf{121{,}6\ kJ}.$$

2ème question : Cycle 1

a) La variation d'enthalpie d'une masse $m = 1$ kg d'ammoniac liquide entre l'état B (3 °C) et l'état A (– 35 °C) est

$$\Delta H_1 = H_A - H_B = U_A - U_B + \underbrace{(pv)_A - (pv)_B}_{\text{Négligeable}} .$$

Donc, on a $$\Delta H_1 = mc\,(t_1 - t'_1).$$

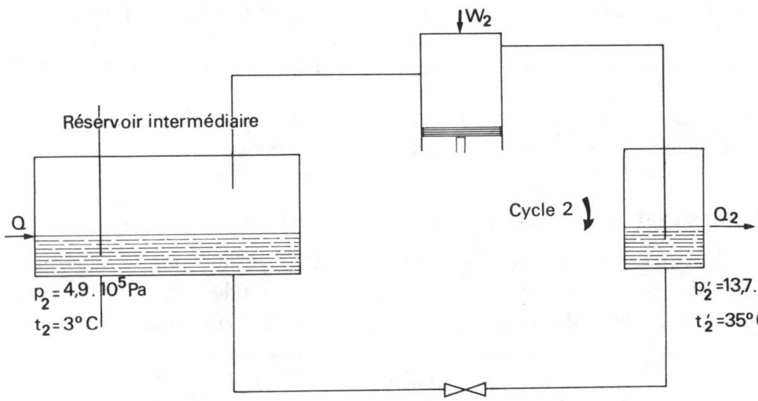

Figure III, 28

Application numérique : $c = 1{,}1 \,.\, 4{,}18 = 4{,}6$ kJ/kg.°C

donc $$\Delta H_1 = 4{,}6\,(-35 - 3) = \mathbf{-\ 174{,}8\ kJ.}$$

• La variation d'enthalpie de la masse $m = 1$ kg d'ammoniac passant de l'état B (liquide à 3°C) à l'état A' (vapeur saturante à – 35°C) est

$$\Delta H_2 = H_{A'} - H_B = (H_{A'} - H_A) + (H_A - H_B)$$

ou $$\Delta H_2 = m\,L_{(-35°C)} + mc\,(t_1 - t'_1).$$

Application numérique : $L_{(-35°C)} = 328.4{,}18 = 1371$ kJ/kg ; $\Delta H_2 = 1371 - 174{,}8 \approx$ **1196 kJ.**

• Lors de la détente isenthalpique considérée, mx kg d'ammoniac sont vaporisés ; donc on a

$$\Delta H = H_{A'} - H_B = mc\,(t_1 - t'_1) + mxL_{(t_1)} = 0 \ ;$$

soit $$x = \frac{c\,(T'_1 - T_1)}{L_{(t_1)}} .$$

Application numérique : $x = \dfrac{174{,}8}{1371} = \mathbf{12{,}8\ \%}$.

• Puisque x kg d'ammoniac sont vaporisés lors de la détente adiabatique et isenthalpique, le milieu extérieur doit fournir à l'évaporateur la quantité de chaleur Q_1 nécessaire à la vaporisation de la masse restante $m' = 1 - x$, soit

$$Q_1 = m' L_{(-35\,°C)}.$$

Application numérique : $m' = 0{,}872$ kg ; $Q_1 = 0{,}872.1371 \approx$ **1196 kJ.**

• La variation d'enthalpie entre l'état initial et l'état final est

$$\Delta H_2 = \underbrace{\Delta H_{\text{isenthalpique}}}_{=\,0} + \underbrace{\Delta H_{\text{vaporisation à pression constante}}}_{=\,Q_1} = Q_1.$$

Ce résultat est vérifié puisque $\Delta H_2 = Q_1 \approx 1196$ kJ.

b) La quantité de chaleur *cédée* au 2ème étage par le réservoir intermédiaire (jouant le rôle de condenseur) est égale à la somme des chaleurs absorbées lors du refroidissement et de la condensation :

$$\boxed{Q = \underbrace{mc_p\,(t_1'' - t_1')}_{\text{refroidissement}} + \underbrace{mL_{(t_1')}}_{\text{condensation}}}\ . \qquad (2)$$

Application numérique : $L_{(t_1')} = L_{(3°C)} = 294.4{,}18 = 1229$ kJ ;
$c_p = 0{,}5.4{,}18 = 2{,}09$ kJ/kg ; d'où $Q = 2{,}09\ .\ 71{,}5 + 1229 =$ **1378 kJ.**

3ème question : Cycle 2.

a) • **1ère méthode** : Le réservoir intermédiaire, jouant le rôle d'évaporateur pour le 2ème étage, reçoit

– une quantité de chaleur q, provenant du 1er étage,

– une quantité de chaleur $q' = mc\,(t_2' - t_2)$ provenant du refroidissement du liquide entre le condenseur (t_2') et le réservoir (t_2).

La chaleur totale reçue, soit $q + q'$, est utilisée pour vaporiser, à $t_2 = 3$°C, l'ammoniac liquide :

$$q + q' = mL_{(t_2)}\ ;$$

donc

$$\boxed{q = m\,[L_{(t_2)} - c\,(t_2' - t_2)]}\ . \qquad (3)$$

Application numérique : $q = 1229 - 4{,}6\,(35 - 3) =$ **1082 kJ.**

Autre méthode : La proportion y d'ammoniac vaporisé lors de la détente isenthalpique du cycle 2, se calcule comme x (question 2° a) :

$$y = \frac{c\,(t'_2 - t_2)}{L_{(t_2)}} = 12\ \%.$$

La quantité de chaleur q échangée au niveau du réservoir intermédiaire représente alors la quantité de chaleur nécessaire pour vaporiser la masse $m(1-y)$ d'ammoniac, à $t_2 = 3\,°C$, soit

$$q = m(1-y)\,L_{(t_2)} = m\,(L - yL) = m\,[L - c\,(t'_2 - t_2)].$$

On a ainsi retrouvé l'expression (3).

● Calcul de q_2 : La quantité de chaleur q_2 échangée avec l'extérieur, au niveau du condenseur est égale à la somme :

– de la quantité de chaleur absorbée lors du refroidissement du gaz, de t''_2 à t'_2, soit $mc_p\,(t''_2 - t'_2)$;

– de la quantité de chaleur absorbée lors de la condensation à t'_2, soit $mL_{(t'_2)}$;

donc

$$\boxed{q_2 = m\,[c_p\,(t''_2 - t'_2) + L_{(t'_2)}]}\ .$$

Application numérique : $L_{(t'_2)} = 267.4{,}18 = 1116$ kJ ;

$q_2 = 2{,}09\,(77{,}5 - 35) + 1116 =$ **1205 kJ.**

b) La quantité de chaleur Q cédée au 2ème étage, par 1 kg d'ammoniac effectuant le cycle 1, sert à vaporiser la masse $m_2\,(1-y)$, non encore vaporisée :

$Q = m_2\,q$, car q représente la chaleur échangée par *unité de masse* effectuant le cycle 2 ; donc

$$\boxed{m_2 = \frac{Q}{q}}\ .$$

Application numérique : $m_2 = \dfrac{1378}{1\,082} \approx$ **1,27 kg.**

$4^{\text{ème}}$ *question : Etude du congélateur complet.*

a) En comptant positivement les quantités de chaleur et les travaux reçus par le congélateur, et négativement ce qui est fourni par le congélateur on obtient les résultats suivants :

$$Q_1 = +\ 1196 \text{ kJ}, \qquad W_1 = +\ 178{,}4 \text{ kJ},$$

$$Q_{\text{échangée}} = 1378 \text{ kJ},$$

$$Q_2 = m_2\, q_2 = 1{,}27\,(-\ 1205) = -\ 1530 \text{ kJ},$$

$$W_2 = m_2\, w_2 = 1{,}27\,(121{,}6) = 154{,}4 \text{ kJ}.$$

b) D'après le 1er principe de la thermodynamique, au cours d'un cycle, la somme des travaux et chaleurs échangés est nulle ; on obtient ainsi

$$(W_1 + W_2) + (Q_1 + Q_2) = 0\,.$$

Vérification : (178,4 + 154,4) + (1196 – 1530) ≈ 0 : la cohérence des résultats est donc satisfaisante.

CHAPITRE 4

LE DEUXIÈME PRINCIPE. FONCTION ENTROPIE

Le deuxième principe (ou principe d'évolution) impose des conditions restrictives au cours des transformations d'un système et permet, contrairement au premier principe, de prévoir le sens de *l'évolution* d'un système.

I TRANSFORMATIONS CYCLIQUES MONOTHERMES

Le système n'échange de la chaleur qu'avec une seule source.

● D'après le 2ᵉ principe, il est impossible qu'un système puisse fournir du travail au milieu extérieur, au cours d'un cycle monotherme. On a donc nécessairement

$$\boxed{W_{\text{cycle}} \geqslant 0} \quad ,$$

et comme $(W + Q)_{\text{cycle}} = 0$, on a aussi

$$\boxed{Q_{\text{cycle}} \leqslant 0} \quad .$$

● Si la transformation monotherme est ***réversible***, dans un sens, on a $W \geqslant 0$ et, en sens inverse, $-W \leqslant 0$; ces deux conditions entraînent $W_{\text{cycle}} = Q_{\text{cycle}} = 0$.

II TRANSFORMATIONS CYCLIQUES DITHERMES

Le système échange de la chaleur avec deux sources.

● D'après ce qui précède, il est impossible de réaliser une machine thermique motrice, en empruntant de la chaleur à une seule source. Pour fonctionner, une machine thermique doit donc être en contact avec au moins deux sources.

● Une machine thermique ditherme échange une quantité de chaleur Q_1 avec la source chaude, une quantité de chaleur Q_2 avec la source froide et un travail W avec le milieu extérieur (figure IV. 1). Au cours d'un cycle, d'après le 1ᵉʳ principe, on aura toujours, en valeurs algébriques,

$$W + Q_1 + Q_2 = 0 . \qquad (1)$$

a) Cas du moteur thermique :

Son rôle est de fournir un travail au milieu extérieur ($W < 0$), en empruntant une quantité de chaleur Q_1 à la source chaude ($Q_1 > 0$) et en restituant *obligatoirement* une quantité de chaleur Q_2 à la source froide ($Q_2 < 0$). Il est donc impossible d'avoir $Q_2 = 0$, sinon on reviendrait à la machine thermique monotherme qui ne peut pas fonctionner.

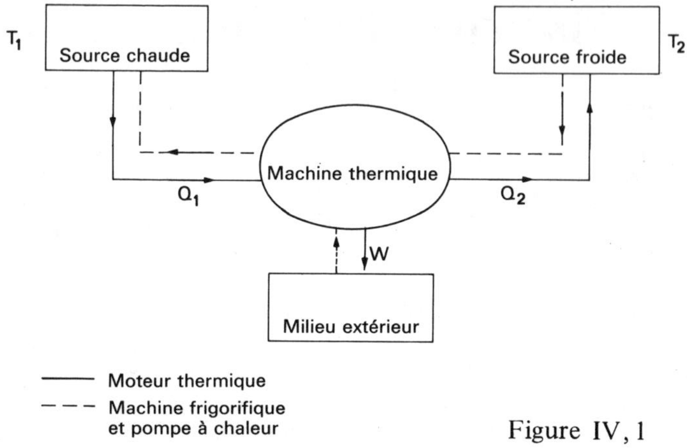

Figure IV, 1

Le rendement du moteur, défini comme le rapport positif recette-dépense, est

$$\boxed{\eta = -\frac{W}{Q_1}}, \quad (\eta < 1),$$

ou, d'après la relation (1),

$$\eta = \frac{Q_1 + Q_2}{Q_1} \tag{2}$$

b) Cas de la machine frigorifique :

Son rôle est d'extraire une quantité de chaleur Q_2 à la source froide ($Q_2 > 0$), en recevant un travail W du milieu extérieur ($W > 0$), et en fournissant une quantité de chaleur Q_1 ($Q_1 < 0$), à la source chaude.

Le coefficient d'efficacité est encore le rapport positif recette-dépense, soit

$$\boxed{e = \frac{Q_2}{W}}$$

($e > 1$), ou, d'après la relation (1),

$$e = \frac{Q_2}{-(Q_1 + Q_2)} . \tag{3}$$

c) **Cas de la pompe à chaleur :**

Son rôle est de fournir une quantité de chaleur $Q_1 (Q_1 < 0)$ à la source chaude (air de la salle à chauffer), en recevant un travail W du milieu extérieur ($W > 0$) et une quantité de chaleur $Q_2 (Q_2 > 0)$ de la source froide (atmosphère).

Le coefficient d'efficacité est le rapport positif recette-dépense, soit

$$e' = -\frac{Q_1}{W}$$

($e' > 1$), ou, d'après la relation (1),

$$e' = \frac{Q_1}{Q_1 + Q_2}. \qquad (4)$$

III COMPARAISON DES CYCLES REVERSIBLES ET IRREVERSIBLES

a) Cycles réversibles

D'après le théorème de Carnot, tous les cycles réversibles, fonctionnant entre les mêmes sources, ont même rendement (ou même coefficient d'efficacité), indépendamment de la nature du fluide.

Exemple : le cycle de Carnot (cycle réversible ditherme) comprend deux isothermes (T_1) et (T_2) reliées par deux adiabatiques réversibles.

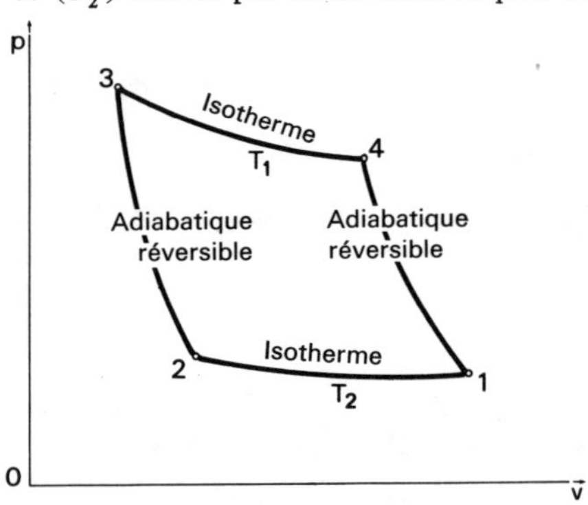

Figure IV, 2

Le rapport des chaleurs échangées (au cours des transformations isothermes) avec les sources de température T_1 et T_2 est

$$\frac{Q_1}{Q_2} = -\frac{T_1}{T_2}. \qquad (5)$$

On en déduit, d'après les relations (2), (3) et (4),

1° le rendement du moteur thermique ditherme réversible :

$$\boxed{\eta_r = \frac{T_1 - T_2}{T_1}} \; ;$$

2° le coefficient d'efficacité de la machine frigorifique réversible :

$$\boxed{e_r = \frac{T_2}{T_1 - T_2}} \; ;$$

3° le coefficient d'efficacité de la pompe à chaleur réversible :

$$\boxed{e'_r = \frac{T_1}{T_1 - T_2}} \; .$$

• D'autre part, pour les cycles réversibles dithermes, la relation (5) s'écrit

$$\boxed{\frac{Q_1}{T_1} + \frac{Q_2}{T_2} = 0} \; .$$

On peut généraliser cette relation à un cycle réversible fonctionnant avec un grand nombre de sources :

$$\Sigma \frac{Q_i}{T_i} = 0 \, ,$$

et pour une infinité de sources, on aura

$$\boxed{\oint_{\substack{\text{cycle}\\ \text{réversible}}} \frac{\delta Q}{T} = 0} \; , \qquad (6)$$

où δQ est la chaleur échangée par le système avec la source de température T (égale à celle du système, car il y a réversibilité).

b) Cycles irréversibles

D'après le théorème de Carnot, le rendement (et le coefficient d'efficacité) d'un cycle fonctionnant entre deux sources est maximal lorsque le système fonctionne de façon réversible ;

donc : $\eta_{\text{irréversible}} < \eta_{\text{réversible}}$;

on en déduit

$$\frac{Q_1 + Q_2}{Q_1} < \frac{T_1 - T_2}{T_1}, \quad \text{soit} \quad \boxed{\frac{Q_1}{T_1} + \frac{Q_2}{T_2} < 0} \; .$$

On peut généraliser ce résultat à un cycle irréversible fonctionnant avec un grand nombre de sources :

$$\Sigma \frac{Q_i}{T_i} < 0$$

et pour une infinité de sources, on aura

$$\boxed{\oint_{\substack{\text{cycle}\\ \text{irréversible}}} \frac{\delta Q}{T} < 0} \; . \qquad (7)$$

Ici, T désigne toujours *la température d'une source,* mais en aucun cas celle du système (car la transformation est irréversible).

IV TRANSFORMATIONS OUVERTES. ENTROPIE

a) Transformations réversibles :

La quantité $\int_I^F \frac{\delta Q}{T}$, indépendante du chemin suivi pour passer de l'état initial I à l'état final F, est mesurée par la variation de la *fonction d'état* S (entropie) :

$$\boxed{\int_I^F \frac{\delta Q}{T} = S_F - S_I \quad \text{transformation réversible}} \; .$$

Pour un cycle, $S_I = S_F$ et on retrouve la relation (6).

La différentielle de la fonction entropie est donc, pour une transformation réversible,

$$\mathrm{d}S = \frac{\delta Q}{T} \; ,$$

T étant la température de la source (égale à la température du système).

b) Transformations irréversibles

D'après les relations (6) et (7), on a

$$\boxed{\int_I^F \frac{\delta Q}{T} < S_F - S_I \quad \text{transformation irréversible}} \; , \qquad (8)$$

T étant *la température de la source* et non celle du système.

V PROPRIETES DE LA FONCTION ENTROPIE S

S est une fonction d'état liée au désordre moléculaire ; elle est définie dans un état d'équilibre du système ; ses variations ne dépendent pas du chemin suivi, ce qui simplifie le calcul de ΔS.

$\mathrm{d}S = \frac{\delta Q}{T}$ est donc une différentielle totale exacte (alors que δQ n'est pas une différentielle totale).

S est une quantité extensive (donc additive) : on peut calculer la variation d'entropie de l'univers en faisant la somme des entropies de chaque partie du système, des sources et du milieu extérieur :

$$(\Delta S)_{\text{univers}} = (\Delta S)_{\text{système}} + (\Delta S)_{\text{source}} + (\Delta S)_{\text{extérieur}} \, .$$

L'irréversibilité est liée à l'augmentation d'entropie de l'univers.

• Pour un *système isolé,* alors que son énergie interne U est constante, son entropie ne peut que croître : $\Delta S \geqslant 0$. C'est la raison pour laquelle un système isolé qui a subi une évolution ne peut plus revenir à son état initial.

• Il existe une relation générale entre la variation d'entropie de l'univers et le travail $W_{\text{irr}} - W_{\text{rév}} = T_0 \Delta S$ (voir problème n° 22,B).

VI ENTROPIE D'UNE MOLE DE GAZ PARFAIT

• En fonction des variables T et p, on a $\quad \mathrm{d}S = c_p \dfrac{\mathrm{d}T}{T} - R \dfrac{\mathrm{d}p}{p}$;

• en fonction des variables T et v, on a $\quad \mathrm{d}S = c_v \dfrac{\mathrm{d}T}{T} + R \dfrac{\mathrm{d}v}{v}$;

• en fonction des variables v et p, on a $\quad \mathrm{d}S = c_v \dfrac{\mathrm{d}p}{p} + c_p \dfrac{\mathrm{d}v}{v}$.

Ainsi la variation d'entropie d'une mole de gaz parfait, de capacité calorifique molaire $c_p = \dfrac{\gamma R}{\gamma - 1}$ et $c_v = \dfrac{R}{\gamma - 1}$, sera :

– si la transformation est isobare : $\quad \Delta S = c_p \ln \dfrac{T_2}{T_1}$,

– " " " " isochore : $\quad \Delta S = c_v \ln \dfrac{T_2}{T_1}$,

– " " " " isotherme : $\quad \Delta S = R \ln \dfrac{v_2}{v_1} = R \ln \dfrac{p_1}{p_2}$,

– " " " " adiabatique réversible : $\Delta S = 0$.

PROBLEMES DU CHAPITRE 4

1 – ENTROPIE ET ENERGIE INTERNE. LOI DE JOULE

1° Ecrire l'expression de la différentielle de l'entropie d'une mole de gaz parfait, en fonction des variables indépendantes : température T et volume v, et des dérivées partielles de l'énergie interne U du gaz.

2° En déduire la première loi de Joule : l'énergie interne U d'un gaz parfait ne dépend que de la température.

Solution

1° La différentielle de l'énergie interne $U(T, v)$ du gaz est

$$\mathrm{d}U = \delta Q + \delta W = \left(\frac{\partial U}{\partial T}\right)_v \mathrm{d}T + \left(\frac{\partial U}{\partial v}\right)_T \mathrm{d}v. \qquad (1)$$

La différentielle de l'entropie du gaz est

$$\mathrm{d}S = \frac{\delta Q}{T} = \frac{1}{T}(\mathrm{d}U - \delta W). \qquad (2)$$

Or, le travail élémentaire reçu par une mole de gaz parfait ($pv = RT$) est

$$\delta W = -p\mathrm{d}v = -RT\frac{\mathrm{d}v}{v}. \qquad (3)$$

La relation (2) s'écrit donc, compte tenu des relations (1) et (3),

$$\boxed{\mathrm{d}S = \frac{1}{T}\left(\frac{\partial U}{\partial T}\right)_v \mathrm{d}T + \left[\frac{1}{T}\left(\frac{\partial U}{\partial v}\right)_T + \frac{R}{v}\right]\mathrm{d}v}\,.$$

2° Ecrivons, d'après le 2e principe, que dS est une différentielle totale exacte :

$$\frac{\partial}{\partial v}\left[\frac{1}{T}\left(\frac{\partial U}{\partial T}\right)_v\right] = \frac{\partial}{\partial T}\left[\frac{1}{T}\left(\frac{\partial U}{\partial v}\right)_T + \frac{R}{v}\right],$$

soit

$$\frac{1}{T}\frac{\partial^2 U}{\partial T \partial v} = -\frac{1}{T^2}\left(\frac{\partial U}{\partial v}\right)_T + \frac{1}{T}\cdot\frac{\partial^2 U}{\partial v \partial T}.$$

On en déduit

$$-\frac{1}{T^2}\left(\frac{\partial U}{\partial v}\right)_T = 0 \quad \text{ou} \quad \boxed{\left(\frac{\partial U}{\partial v}\right)_T = 0}\ ;$$

l'énergie interne $U(T, v)$ ne dépend pas du volume v, donc U n'est fonction que de la température, soit $U(T)$.

2 – ENTROPIE D'UN GAZ PARFAIT EN FONCTION DES VARIABLES *T, V.*

Exprimer la variation élémentaire d'entropie d'un gaz parfait, en fonction des variables indépendantes T et v. En déduire la variation d'entropie d'une mole de gaz parfait, lorsqu'on triple simultanément la température initiale et le volume initial du gaz. On indiquera deux méthodes de résolution.

Application numérique : Rapport des chaleurs massiques : $\gamma = \frac{7}{5}$; constante des gaz parfaits : $R = 8{,}32$ S.I.

Solution

1ère méthode

Au cours d'une transformation élémentaire réversible, où la température T varie de $\mathrm{d}T$ et le volume v varie de $\mathrm{d}v$, la quantité de chaleur reçue par le gaz est

$$\delta Q = \mathrm{d}U - \delta W = c_v \mathrm{d}T + p\mathrm{d}v.$$

La transformation s'accompagne donc d'une variation élémentaire d'entropie

$$\mathrm{d}S = \frac{\delta Q}{T} = c_v \frac{\mathrm{d}T}{T} + p\frac{\mathrm{d}v}{T}.$$

Compte tenu de l'équation d'état relative à une mole de gaz parfait, $pv = RT$, $\mathrm{d}S$ s'exprime en fonction des variables indépendantes T et v :

$$\mathrm{d}S = c_v \frac{\mathrm{d}T}{T} + R\frac{\mathrm{d}v}{v} \quad \text{avec} \quad c_v = \frac{R}{\gamma - 1} = \text{cte}.$$

En intégrant, on obtient la variation d'entropie d'une mole de gaz :

$$\Delta S = c_v \ln\frac{T_2}{T_1} + R\ln\frac{v_2}{v_1} ,$$

soit $$\Delta S = \frac{R}{\gamma - 1} \ln 3 + R \ln 3 ,$$

ou $$\boxed{\Delta S = \frac{R\gamma}{\gamma - 1} \ln 3} .$$

2e méthode

Remarquons que si le volume v et la température T ont triplé simultanément, la pression $p = \frac{RT}{v}$ est restée la même à l'état initial et à l'état final. On peut donc imaginer que la transformation est isobare et réversible, pour déterminer ΔS qui ne dépend pas du chemin suivi.

La quantité de chaleur échangée avec le milieu extérieur est alors

$$\delta Q = c_p \, \mathrm{d}T ,$$

et la variation élémentaire d'entropie est

$$\mathrm{d}S = \frac{\delta Q}{T} = c_p \frac{\mathrm{d}T}{T} \quad \text{avec} \quad c_p = \frac{\gamma R}{\gamma - 1} .$$

En intégrant, on obtient

$$\boxed{\Delta S = c_p \ln \frac{T_2}{T_1}} .$$

On retrouve donc l'expression

$$\Delta S = \frac{R\gamma}{\gamma - 1} \ln 3 .$$

Application numérique : $\Delta S = 8{,}32 \cdot \frac{7}{2} \cdot 1{,}097 =$ **32 J/K.**

3 – VARIATION D'ENTROPIE DE L'UNIVERS PAR CONTACT D'UN CORPS AVEC UNE SOURCE DE CHALEUR

Un métal de masse $m = 1$ kg, de chaleur massique à pression constante $c_p = 880$ J/kg, et de température $\theta_0 = 27$°C, est mis en contact, à pression constante, avec une source de chaleur de température $\theta_1 = 100$°C. Au bout d'un certain temps, le métal est en équilibre thermique avec la source de chaleur.

1° Déterminer la variation d'entropie du métal.

2° Déterminer la variation d'entropie de l'univers.

Solution

1° L'échauffement isobare du métal est irréversible : la variation d'entropie est indépendante du chemin suivi, elle est la même que si l'on imaginait une transformation *isobare réversible,* conduisant au même état final ; la variation élémentaire d'entropie du métal est alors

$$\mathrm{d}S = \frac{\delta Q}{T} = \frac{mc_p \mathrm{d}T}{T} \; ;$$

la variation d'entropie du métal dont la température passe de T_0 à T_1, est, en intégrant,

$$\boxed{\Delta S = mc_p \ln \frac{T_1}{T_0}} .$$

Application numérique :

$$\Delta S = 1 \,.\, 880 \,.\, \ln \frac{373}{300} = 880 \,.\, 0{,}2176 = + \mathbf{191{,}5\ J/K}.$$

2° La variation d'entropie de l'univers est

$$(\Delta S)_{\text{univers}} = (\Delta S)_{\text{métal}} + (\Delta S)_{\text{source}} .$$

Or, la source a cédé au métal une quantité de chaleur

$$Q = mc_p (T_1 - T_0) \; ;$$

donc, la variation d'entropie de la source, dont la température T_1 est constante, est

$$(\Delta S)_{\text{source}} = - \frac{Q}{T_1} .$$

La variation d'entropie de l'univers est alors

$$(\Delta S)_{\text{univers}} = mc_p \ln \frac{T_1}{T_0} - \frac{Q}{T_1} ,$$

ou

$$\boxed{(\Delta S)_{\text{univers}} = mc_p \left(\ln \frac{T_1}{T_0} - \frac{T_1 - T_0}{T_1} \right)} .$$

Application numérique : $(\Delta S)_{\text{univers}} = 880(0{,}2176 - 0{,}1957) = \mathbf{+19{,}3\,J/K}.$

On remarque que $(\Delta S)_{\text{univers}} > 0$, ce qui était à prévoir puisque la transformation est *irréversible.*

4 – ENTROPIE D'UN GAZ DONT LA CAPACITE CALORIFIQUE DEPEND DE LA TEMPERATURE

La chaleur massique d'un gaz, de masse molaire M, est une fonction linéaire de la température T, dans l'intervalle de température considéré :

$$c_p = a + bT \quad (a \text{ et } b \text{ sont des constantes}).$$

En déduire la variation d'entropie ΔS d'une mole de ce gaz, si on le chauffe *réversiblement, sous pression constante,* de la température T_1 à la température T_2.

Application : Calculer ΔS pour l'azote N_2, sachant que les mesures expérimentales conduisent à la relation

$$c_p = 1{,}04 + 1{,}1 \,.\, 10^{-5} \,.\, T \; (c_p \text{ en J/g}, \; T \text{ en K}),$$

si la température s'élève de 300 K à 600 K, à pression constante.

On donne $N = 14$.

Solution

La variation d'entropie élémentaire, à pression constante, d'une mole de gaz est

$$\mathrm{d}S = \frac{\delta Q}{T} = \frac{Mc_p \mathrm{d}T}{T} \; ; \quad \text{or} \quad c_p = a + bT \; ; \quad \text{on en déduit}$$

$$\mathrm{d}S = M\left(a\frac{\mathrm{d}T}{T} + b\mathrm{d}T\right).$$

La variation d'entropie du gaz, lorsque la température passe de T_1 à T_2, est donc, en intégrant :

$$\boxed{\Delta S = M\left[a \ln \frac{T_2}{T_1} + b(T_2 - T_1)\right]}.$$

Application numérique : Masse molaire de l'azote $N_2 = 28$ g ;

donc $\quad \Delta S = 28(1{,}04 \ln 2 + 1{,}1 \,.\, 10^{-5} \,.\, 300) = \mathbf{20{,}19 \ J/K}$.

5 – DETENTE DE JOULE. VARIATION D'ENTROPIE

Une masse $m = 56$ g d'azote (gaz diatomique supposé parfait) subit une détente irréversible isotherme dans le vide (détente de Joule), d'une pression initiale de 2 atmosphères à la pression atmosphérique normale. Déterminer la variation d'entropie du gaz, de deux manières :

1° en imaginant un processus réversible isotherme ;

2° en imaginant une détente adiabatique réversible, jusqu'à la pression atmosphérique, suivie d'un échauffement réversible isobare.

On donne : constante des gaz parfaits : $R = 8{,}32$ S.I

Solution

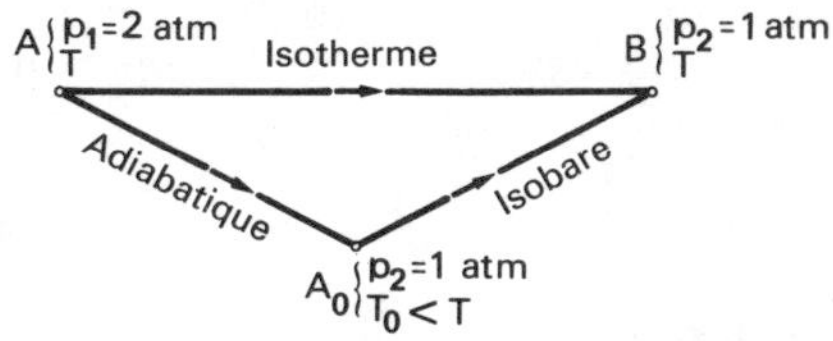

Figure IV, 3

1° La masse molaire de l'azote N_2 est $M = 28$ g. Le nombre de moles d'azote subissant la détente est

$$n = \frac{m}{M} = \frac{56}{28} = 2 \text{ moles.}$$

La variation d'entropie $\Delta S = S_B - S_A$ étant indépendante du chemin suivi, on peut imaginer que le passage de l'état $A(T, p_1 = 2 \text{ atm})$ à l'état $B(T, p_2 = 1 \text{ atm})$ s'effectue de façon réversible isotherme (le gaz refoulant très lentement un piston). On aura alors

$$\Delta S = \frac{1}{T}\int \mathrm{d}Q = \frac{Q}{T} = \frac{nRT \ln \frac{p_1}{p_2}}{T}, \quad \text{soit} \quad \boxed{\Delta S = nR \ln \frac{p_1}{p_2}},$$

ou $\mathbf{\Delta S = \mathit{nR} \ln 2}$.

Application numérique : $\Delta S = 2 \,.\, 8{,}32 \,.\, 0{,}69 =$ **11,5 J/K**.

2° On peut également imaginer que le passage de l'état initial A à l'état final B s'effectue en deux étapes :

– une détente adiabatique réversible AA_0 (donc isentropique : $\Delta S_1 = 0$) de l'état $A(p_1, T)$ à l'état $A_0(p_2, T_0)$; la température T a alors diminué jusqu'à $T_0 = T\left(\frac{p_2}{p_1}\right)^{\frac{\gamma-1}{\gamma}}$;

– puis un échauffement réversible de T_0 à T à pression p_2 = cte ; la variation d'entropie du gaz est alors (en désignant par $c_p = \dfrac{R\gamma}{\gamma - 1}$ la capacité calorifique molaire du gaz)

$$\Delta S_2 = \int \frac{\delta Q}{T} = \int_{T_0}^{T} \frac{nc_p \mathrm{d}T}{T} = \frac{n\gamma R}{\gamma - 1} \ln \frac{T}{T_0},$$

soit $$\Delta S_2 = \frac{nR\gamma}{\gamma - 1} \ln\left(\frac{p_1}{p_2}\right)^{\frac{\gamma - 1}{\gamma}} = nR \ln \frac{p_1}{p_2}.$$

On retrouve ainsi l'expression de la variation d'entropie du gaz (et de l'univers) $\Delta S = \Delta S_1 + \Delta S_2 = nR \ln 2$.

On a ainsi vérifié sur cet exemple que ΔS est indépendant du chemin suivi (l'entropie S est une fonction d'état).

6 – DETENTE ADIABATIQUE DANS LE VIDE. VARIATION D'ENTROPIE

Un récipient A, à parois adiabatiques, de volume v_1 = 1 l, contient de l'air (supposé parfait) sous la pression atmosphérique (1 atm = 10^5 N/m^2), à la température T = 300 K. On le met en communication, grâce à un robinet, avec un récipient B de volume v_2 = 4 l, parfaitement vide et dont les parois sont calorifugées. Calculer la variation d'entropie de l'air, au cours de cette détente.

Solution

Il s'agit d'une "détente de Joule", puisque le gaz (parfait) n'échange ni travail ni chaleur avec le milieu extérieur ; son énergie interne est donc constante, de même que sa température.

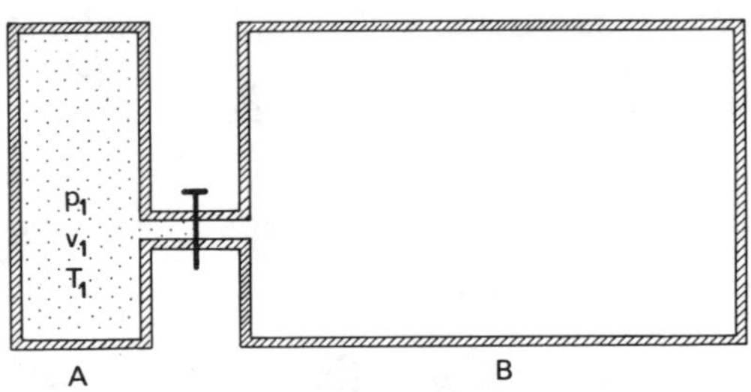

Figure IV, 4

La variation d'entropie ΔS du gaz qui a subi une détente isotherme *irréversible,* est la même qu'au cours d'une détente isotherme réversible ayant mêmes extrémités, pour laquelle on a

$$\Delta S = \frac{Q}{T} = nR \ln \frac{v_{\text{final}}}{v_{\text{initial}}}, \quad \text{car} \quad Q_{\text{isotherme}} = nRT \ln \frac{v_{\text{final}}}{v_{\text{initial}}} ;$$

on a donc

$$\boxed{\Delta S = \frac{p_1 v_1}{T} \ln \frac{v_1 + v_2}{v_1}}.$$

Application numérique : $\Delta S = \dfrac{10^5 \,.\, 10^{-3}}{300} \ln \dfrac{1+4}{1} = \dfrac{1}{3} \ln 5 = \mathbf{0{,}53\,J/K}$.

7 – VARIATION D'ENTROPIE AU COURS DE *N* TRANSFORMATIONS REVERSIBLES SUCCESSIVES

On comprime une mole de gaz monoatomique $\left(\gamma = \dfrac{5}{3}\right)$, supposé parfait, de la pression $p_0 = 1$ atm à $p_1 = 10$ atm de façon réversible, à la température $T_0 = 450$ K ; puis, on détend le gaz adiabatiquement, de façon réversible, jusqu'à la pression p_0. On recommence N fois cette opération.

Calculer :

1° la variation d'entropie ΔS_1, au cours d'une opération, et la variation d'entropie ΔS_N, après N opérations successives ;

2° la température finale T_N atteinte et la variation d'énergie interne ΔU_N après N opérations.

Application numérique pour les deux questions : $N = 5$.

Solution

1° Au cours d'une opération, une mole du gaz subit

– une compression isotherme, au cours de laquelle la chaleur reçue est $Q = -RT \ln \dfrac{p_1}{p_0}$ et la variation d'entropie correspondante est

$$\Delta S = \frac{Q}{T} = -R \ln \frac{p_1}{p_0} ;$$

– une détente adiabatique réversible, donc isentropique, $\Delta S' = 0$.

La variation d'entropie totale est donc $\Delta S_1 = \Delta S + \Delta S'$,

ou

$$\boxed{\Delta S_1 = -R \ln \frac{p_1}{p_0}}.$$

Application numérique : $\Delta S_1 = -8{,}32 \ln 10 = -$ **19,14 J/K.**

• L'entropie étant une fonction additive, la variation d'entropie, après N opérations, est $\Delta S_N = N\Delta S_1$; en effet, bien que les N opérations ne soient pas identiques, au cours de chacune d'elles le gaz subit la même variation d'entropie : ΔS_1, car cette dernière quantité n'est fonction que des pressions initiale p_0 et finale p_1, toujours les mêmes pour chaque opération.

On a donc

$$\boxed{\Delta S_N = -NR \ln \frac{p_1}{p_0}}.$$

Application numérique : $N = 5$, on obtient $\Delta S_5 = -$ **95,70 J/K.**

2° A la fin de la 1ère opération, le gaz est à la température

$$T_1 = T_0\left(\frac{p_0}{p_1}\right)^{\frac{\gamma-1}{\gamma}} ;$$

à la fin de la 2e opération, le gaz est à la température

$$T_2 = T_1\left(\frac{p_0}{p_1}\right)^{\frac{\gamma-1}{\gamma}} = T_0\left(\frac{p_0}{p_1}\right)^{2\frac{\gamma-1}{\gamma}} .$$

A la fin de la $N^{\text{ième}}$ opération, la température finale est donc

$$\boxed{T_N = T_0\left(\frac{p_0}{p_1}\right)^{N.\frac{\gamma-1}{\gamma}}} . \qquad (1)$$

Application numérique : On obtient $T_5 = 450\left(\frac{1}{10}\right)^2 =$ **4,5 K**.

• Après N opérations successives, la température du gaz passe de la température T_0 à T_N ; la variation d'énergie interne d'une mole du gaz est donc

$$\Delta U_N = c_v(T_N - T_0),$$

la capacité calorifique molaire à volume constant du gaz étant $c_v = \dfrac{R}{\gamma - 1}$.

En utilisant l'expression (1), on obtient

$$\boxed{\Delta U_N = \frac{RT_0}{\gamma - 1}\left[\left(\frac{p_0}{p_1}\right)^{\frac{N(\gamma-1)}{\gamma}} - 1\right]} .$$

Application numérique : $\Delta U_5 = -$ **5 560 J**.

8 – VARIATION D'ENTROPIE D'UN SYSTEME ISOLE, EN VASE CLOS

Un cylindre horizontal parfaitement calorifugé est divisé en deux compartiments A et B par un piston mobile sans frottement, de faible conductivité thermique. Les compartiments A et B renferment chacun une mole d'hydrogène, gaz diatomique $\left(\gamma = \frac{7}{5}\right)$ supposé parfait.

1° Le système est en *équilibre mécanique* à chaque instant. Initialement, la température de l'hydrogène dans le compartiment B est double de la température T_0 de l'hydrogène contenu dans A. Le système évolue jusqu'à un état d'équilibre (*mécanique et thermique*).

Déterminer la variation d'entropie de l'ensemble du système gazeux (deux moles d'hydrogène).

2° En supposant que le transfert de chaleur du compartiment B au compartiment A se soit effectué de façon réversible, calculer la température finale à l'équilibre ; en déduire la variation d'énergie interne et le travail fourni par le système gazeux.

On donne $T_0 = 300$ K ; constante molaire des gaz parfaits : $R = 8{,}32$ S.I.

Solution

Etat initial (équilibre mécanique) — Etat final (équilibre mécanique et thermique)

Figure IV, 5

1° A l'état initial, le gaz contenu dans le compartiment A est dans l'état (p_0 , T_0 , v_0) et celui du compartiment B dans l'état $(p_0 , 2T_0 , 2v_0)$. En effet, l'équilibre mécanique impose la même pression p_0 de part et d'autre ; et comme le rapport des températures du gaz contenu dans B et dans A vaut 2, il en est de même du rapport des volumes, d'après l'équation des gaz parfaits

$$pv = nRT. \qquad (1)$$

A l'état final, on aura

– égalité des pressions en A et B (équilibre mécanique),

– égalité des températures en A et B (équilibre thermique).

Les deux compartiments renfermeront donc le même nombre de moles à la même pression p_0 et à la même température T, d'après la relation (1) ; on en déduit que les volumes gazeux seront les mêmes dans chaque compartiment :

$$v = \frac{v_A + v_B}{2} = \frac{3}{2} v_0 .$$

Puisque le système est, à chaque instant, en équilibre mécanique, la transformation est *isobare ;* la température finale du gaz de A (ou B) est donc

$$T = T_0 \frac{v}{v_0} = \frac{3}{2} T_0 .$$

A pression constante, la variation élémentaire d'entropie d'une mole du gaz est

$$\mathrm{d}S = \frac{\delta Q}{T} = \frac{c_p \mathrm{d}T}{T},$$

c_p étant la capacité calorifique molaire du gaz :

$$c_p = \frac{\gamma R}{\gamma - 1} = \frac{7}{2} R .$$

En intégrant, on obtient :

– la variation d'entropie du gaz contenu dans A : $\Delta S_A = c_p \ln \dfrac{T}{T_0}$;

– la variation d'entropie du gaz contenu dans B : $\Delta S_B = c_p \ln \dfrac{T}{2T_0}$.

La variation d'entropie des 2 moles d'hydrogène constituant le système gazeux est donc

$$\Delta S = \Delta S_A + \Delta S_B = c_p \left(\ln \frac{T}{T_0} + \ln \frac{T}{2T_0} \right) = c_p \ln \frac{T^2}{2T_0^2} ,$$

ou

$$\boxed{\Delta S = \frac{7}{2} R \ln \frac{9}{8}} .$$

On remarque que la variation d'entropie est indépendante de la valeur de la température initiale T_0 .

Application numérique : $\Delta S = \frac{7}{2} . 8{,}32 . 0{,}1177 =$ **3,21 J/K** .

2° La transformation est, par hypothèse, réversible et adiabatique, pour l'ensemble du système gazeux (A et B), donc elle est isentropique : $\Delta S = 0$.

Or dans chaque compartiment, la variation élémentaire d'entropie s'écrit

$$\mathrm{d}S = \frac{\delta Q}{T} = \frac{c_v \mathrm{d}T + l\mathrm{d}v}{T}, \quad \text{avec} \quad l = p = \frac{RT}{v} \quad \text{et} \quad c_v = \frac{R}{\gamma - 1} = \frac{5}{2}R\,;$$

donc

$$\mathrm{d}S = c_v \frac{\mathrm{d}T}{T} + R\frac{\mathrm{d}v}{v}.$$

La variation d'entropie totale du système gazeux contenu dans A et B est donc, en intégrant,

$$\Delta S = \underbrace{\left(\frac{5}{2} R \ln \frac{T_f}{T_0} + R \ln \frac{v_f}{v_0}\right)}_{\text{Variation d'entropie dans } A} + \underbrace{\left(\frac{5}{2} R \ln \frac{T_f}{2T_0} + R \ln \frac{v_f}{2v_0}\right)}_{\text{Variation d'entropie dans } B} = 0\,;$$

ou, en groupant les termes en T d'une part et les termes en v d'autre part,

$$\Delta S = R\left(\frac{5}{2} \ln \frac{T_f^2}{2T_0^2} + \ln \frac{v_f^2}{2v_0^2}\right) = 0. \qquad (2)$$

Or, à l'équilibre, on a toujours

$$v_f = \frac{v_A + v_B}{2} = \frac{3}{2} v_0 .$$

La relation (2) devient alors

$$\ln \left(\frac{T_f^2}{2T_0^2}\right)^{5/2} = \ln \frac{2v_0^2}{v_f^2}, \quad \text{avec} \quad \frac{2v_0^2}{v_f^2} = \frac{8}{9},$$

donc

$$\left(\frac{T_f^2}{2T_0^2}\right)^{5/2} = \frac{8}{9}, \quad \text{soit} \quad T_f^2 = 2T_0^2 \left(\frac{8}{9}\right)^{2/5}\,;$$

la température finale est alors

$$\boxed{T_f = T_0 \sqrt{2} \left(\frac{8}{9}\right)^{1/5}} .$$

Application numérique : $T_f = 300 \,.\, 1{,}414 \,.\, 0{,}976 =$ **414 K** (alors que, pour la transformation isobare $T_f = \frac{3}{2} T_0 = 450$ K).

- La variation d'énergie interne du système gazeux est alors

$$\Delta U = \underbrace{c_v(T_f - T_0)}_{\text{Compartiment A}} + \underbrace{c_v(T_f - 2T_0)}_{\text{Compartiment B}}, \qquad \text{avec} \qquad c_v = 5/2\ R$$

ou

$$\boxed{\Delta U = -\frac{5}{2} R\ (3T_0 - 2T_f)}\ .$$

Application numérique : **$\Delta U = -$ 1 500 J.**

La transformation globale étant adiabatique, le travail *reçu* par le système est mesuré par la variation d'énergie interne $W = \Delta U$. Le travail *fourni* par le système gazeux est donc $\mathscr{T} = -W = -\Delta U$, soit **$\mathscr{T} =$ 1 500 J.**

9 – ENTROPIES DE SYSTEMES LIQUIDE-LIQUIDE ET LIQUIDE-SOLIDE

N.B. – Les deux questions sont indépendantes l'une de l'autre.

1° Mélange de deux liquides

On mélange, à pression constante, une masse $m_1 = 0{,}5$ kg de pétrole, à la température $\theta_1 = 77$°C, avec une masse $m_2 = 2$ kg de pétrole, à la température $\theta_2 = 17$°C. Déterminer littéralement, puis numériquement, la variation d'entropie du système.

On donne : chaleur massique du pétrole (à pression constante) : $c = 2{,}1$ J/g/degré = cte.

2° Mélange d'un liquide et d'un solide

On mélange, sous la pression atmosphérique, $M_1 = 10$ kg d'eau, à la température $\theta_1 = 27$°C, et $M_2 = 1$ kg de glace, à la température $\theta_2 = -10$°C. Déterminer littéralement, puis numériquement, la température d'équilibre T et la variation d'entropie du système.

On donne: chaleur massique de l'eau : $c_1 = 4{,}2$ J/g/degré ; chaleur massique de la glace : $c_2 = 2{,}15$ J/g/degré ; chaleur latente de fusion de la glace à $T_0 = 273$ K : $L = 336$ J/g.

Solution

L'entropie S est une fonction d'état, donc les variations d'entropie ne dépendent pas du chemin suivi, entre l'état initial et l'état final du système. Ainsi, en mélangeant deux corps irréversiblement à pression constante on atteint l'équilibre par voie isobare, mais la variation d'entropie du système est la même que si l'évolution s'effectue par voie **réversible isobare,** donc

$$\mathrm{d}S = \frac{\delta Q}{T} = mc_p \frac{\mathrm{d}T}{T}$$

et la variation d'entropie est

$$\Delta S = mc_p \ln \frac{T_{\text{final}}}{T_{\text{initial}}}.$$

1° Déterminons la température absolue T du mélange, à l'équilibre, en écrivant l'égalité entre la quantité de chaleur cédée par le liquide chaud et la quantité de chaleur reçue par le liquide froid :

$$m_1 c\,(T_1 - T) = m_2 c\,(T - T_2)\ ;$$

on en déduit

$$T = \frac{m_1 T_1 + m_2 T_2}{m_1 + m_2}. \qquad (1)$$

La variation d'entropie du liquide initialement chaud est donc

$$\Delta S_1 = m_1 c \ln \frac{T}{T_1};$$

et la variation d'entropie du liquide initialement froid est

$$\Delta S_2 = m_2 c \ln \frac{T}{T_2}.$$

La variation d'entropie du système est $\Delta S = \Delta S_1 + \Delta S_2$, ou en tenant compte de la relation (1) :

$$\boxed{\Delta S = c\left[m_1 \ln \frac{m_1 T_1 + m_2 T_2}{(m_1 + m_2)\,T_1} + m_2 \ln \frac{m_1 T_1 + m_2 T_2}{(m_1 + m_2)\,T_2}\right]}.$$

Application numérique : $T_1 = 350$ K, $T_2 = 290$ K, $c = 2\,100$ J/kg/degré ;
$\Delta S = 2\,100 \left(0{,}5 \ln \frac{755}{875} + 2 \ln \frac{755}{725}\right) =$ **15,4 J/K.**

2° Après fusion de la glace, l'équilibre est atteint ; soit T la température d'équilibre. L'équation calorimétrique s'écrit

$$\underbrace{M_1 c_1\,(T_1 - T)}_{\text{Chaleur fournie par l'eau}} = \underbrace{M_2 c_2\,(T_0 - T_2)}_{\text{Chaleur reçue par la glace pour être à la température de fusion } T_0} + \underbrace{M_2 L}_{\text{Chaleur reçue par la glace pour fondre } (T_0 = \text{cte})} + \underbrace{M_2 c_1\,(T - T_0)}_{\text{Chaleur reçue par la glace fondue (liquide)}}.$$

On en déduit la température d'équilibre

$$T = \frac{M_1 c_1 T_1 + M_2 [c_1 T_0 - c_2 (T_0 - T_2) - L]}{(M_1 + M_2) c_1}.$$

Application numérique : On obtient $T = 289{,}8$ K = **16,8°C.**

- La variation d'entropie est :

– pour l'eau subissant un refroidissement isobare jusqu'à T :

$$\Delta S_1 = M_1 c_1 \ln \frac{T}{T_1},$$

– pour la glace subissant un échauffement isobare jusqu'à T_0 :

$$\Delta S_2 = M_2 c_2 \ln \frac{T_0}{T_2},$$

– pour la glace qui fond, à température constante T_0 :

$$\Delta S_2' = \frac{Q}{T_0} = \frac{M_2 L}{T_0},$$

– pour la glace fondue (eau) qui subit un échauffement isobare, de T_0 à T :

$$\Delta S_2'' = M_2 c_1 \ln \frac{T}{T_0}.$$

La variation totale d'entropie du système est alors

$$\Delta S = \Delta S_1 + (\Delta S_2 + \Delta S_2' + \Delta S_2''),$$

ou

$$\boxed{\Delta S = M_1 c_1 \ln \frac{T}{T_1} + M_2 \left(c_2 \ln \frac{T_0}{T_2} + \frac{L}{T_0} + c_1 \ln \frac{T}{T_0}\right)}.$$

Application numérique :

$$\Delta S = 10.4\,200 \ln \frac{289{,}8}{300} + \left(2\,100 \ln \frac{273}{263} + \frac{336\,000}{273} + 4\,200 \ln \frac{289{,}8}{273}\right),$$

soit $\Delta S \approx -1451 + 78 + 1231 + 250 =$ **108 J/K.**

10 – CYCLE IRREVERSIBLE MONOTHERME

On dispose d'une seule source de chaleur à la température $T_A = 300$ K. On considère de l'hélium (supposé parfait), dans l'état initial A : volume $v_A = 10$ l, pression $p_A = 1$ atm, température $T_A = 300$ K.

On opère les transformations suivantes :

– transformation adiabatique réversible AB ; à l'état B, le volume du gaz est $v_B = 20$ l ;

– transformation isochore BC amenant le gaz à la température T_A et à une pression $p_c > p_B$;

– transformation isotherme CA, ramenant le gaz aux conditions initiales.

1° Calculer, en joules, les travaux et les quantités de chaleur échangés au cours de chaque transformation.

2° Vérifier ainsi les conséquences du 2ème principe de la thermodynamique, pour les transformations monothermes.

On donne : rapport des chaleurs massiques de l'hélium : $\gamma = \frac{5}{3} =$ cte ; constante molaire des gaz parfaits : $R = 8{,}33$ J/mole. K.

Solution

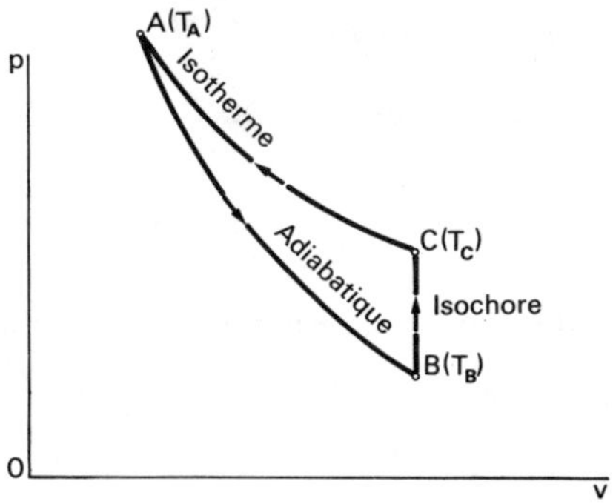

Figure IV, 6

1° Comme le rapport $\gamma = \frac{c_p}{c_v}$ est constant, l'équation de l'adiabatique réversible AB s'écrit

$$p_A v_A^\gamma = p_B v_B^\gamma .$$

La pression du gaz dans l'état B est donc

$$p_B = p_A \left(\frac{v_A}{v_B}\right)^\gamma = 2^{-5/3} = \mathbf{0{,}315\ atm.}$$

La température dans l'état B est donnée par l'équation des gaz parfaits :

$$T_B = T_A \frac{p_B}{p_A} \cdot \frac{v_B}{v_A} = 300 \times 0{,}315 \times 2 = \mathbf{189\ K.}$$

Enfin, en C, le volume est $v_c = v_B = 20$ l, la température $T_c = T_A$ et la pression $p_c = \frac{p_A v_A}{v_c}$ = **0,5 atm** (d'après la loi de Mariotte)

• Les travaux reçus par le gaz sont, au cours des transformations

— adiabatique :

$$W_{AB} = \frac{p_B v_B - p_A v_A}{\gamma - 1} = \frac{0{,}315.10^5.20.10^{-3} - 10^5.10.10^{-3}}{2/3} = -\mathbf{555\ J}\ ;$$

— isochore : $W_{BC} = \mathbf{0}$;

— isotherme : $W_{CA} = p_c v_c \ln \frac{p_A}{p_c} = 0{,}5.10^5.20.10^{-3} \ln 2 = +\mathbf{690\ J}.$

D'autre part, le nombre de moles du gaz est

$$n = \frac{p_A v_A}{RT_A} = \frac{10^5.10.10^{-3}}{8{,}3.300} = 0{,}4 \text{ mole}\ ;$$

sa capacité calorifique molaire à volume constant est

$$c_v = \frac{R}{\gamma - 1} = 12{,}5 \text{ J/mole.K.}$$

• Les quantités de chaleur reçues par le gaz sont :

— pour l'adiabatique : $Q_{AB} = \mathbf{0}$;

— pour l'isochore :

$$Q_{BC} = nc_v\,(T_C - T_B) = 0{,}4 . 12{,}5 . (300 - 189) = +\mathbf{555\ J}\ ;$$

— pour l'isotherme : $Q_{CA} = -W_{CA} = -\mathbf{690\ J}.$

2° Le 2ème principe de la thermodynamique s'oppose à ce qu'un système puisse fournir du travail (positif) au milieu extérieur, au cours d'un cycle, s'il est en communication avec une seule source de chaleur. Donc, pour un cycle monotherme, il est impossible d'avoir $W < 0$. En conséquence, le système ne peut que recevoir un travail positif du milieu extérieur, $\mathbf{W \geqslant 0}$. Le signe égal correspond au cas du cycle monotherme réversible ; or dans notre cas, la transformation isochore BC étant irréversible, on doit avoir $\mathbf{W > 0}$ et comme $(W + Q)_{\text{cycle}} = 0$ d'après le 1er principe, on doit avoir $\mathbf{Q < 0}$. Ces deux conditions sont aisément vérifiées :

$$W = W_{AB} + W_{BC} + W_{CA} = -555 + 690 = +\mathbf{135\ J}\ (> 0)$$

et $$Q = Q_{AB} + Q_{BC} + Q_{CA} = -\mathbf{135\ J}\ (< 0).$$

11 – DETERMINATION DU RENDEMENT D'UN CYCLE VARIATION D'ENTROPIE.

On considère 1 kilogramme d'air (gaz parfait), subissant un cycle de Carnot *ABCDA* : *AB* et *CD* isothermes et *BC* et *DA* adiabatiques réversibles.

La température au point *A* est $T_1 = 300$ K. Les pressions aux points *A*, *B* et *C* sont respectivement $p_1 = 1$ atm, $p_2 = 3$ atm, et $p_3 = 9$ atm. On donne $c_p = 10^3$ J/kg. K et $\gamma = \frac{c_p}{c_v} = \frac{7}{5}$.

1° Calculer le rendement thermodynamique du cycle de deux manières

a) en faisant le bilan thermique du cycle ;

b) à partir des températures extrêmes du cycle.

2° Calculer les variations d'entropie de l'air, au cours des quatre transformations du cycle.

On donne : $\left(\frac{1}{3}\right)^{2/7} = 0,73.$

Solution

1°

a) Déterminons d'abord la température T_2 de l'isotherme *CD* et la pression p_4 en *D*.

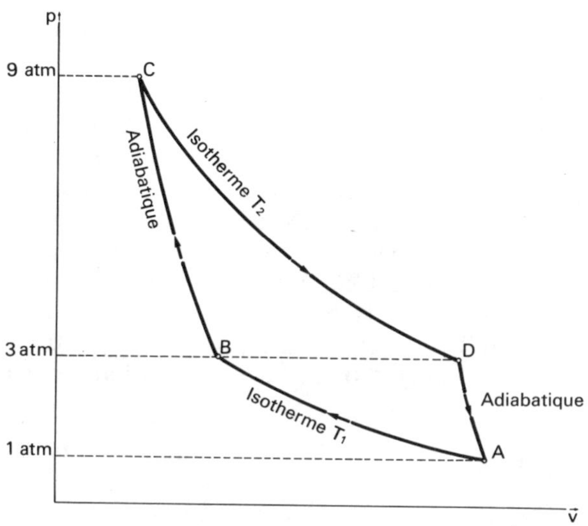

Figure IV, 7

Les équations de Laplace s'écrivent :

– pour l'adiabatique BC :

$$T_1 (p_2)^{\frac{1-\gamma}{\gamma}} = T_2 (p_3)^{\frac{1-\gamma}{\gamma}} \; ; \qquad (1)$$

– pour l'adiabatique DA :

$$T_1 (p_1)^{\frac{1-\gamma}{\gamma}} = T_2 (p_4)^{\frac{1-\gamma}{\gamma}} . \qquad (2)$$

On en déduit

$$T_2 = T_1 \left(\frac{p_3}{p_2}\right)^{\frac{\gamma-1}{\gamma}} = 300\,(3)^{2/7} = \frac{300}{0{,}73} = \mathbf{411\ K.}$$

En divisant membre à membre les relations (1) et (2), il vient

$$\frac{p_2}{p_1} = \frac{p_3}{p_4} = 3, \qquad \text{soit} \qquad p_4 = \frac{p_3}{3} = \mathbf{3\ atm.}$$

• Faisons le bilan thermique du cycle.

La quantité de chaleur échangée par l'air (n moles) est :

– le long de l'isotherme AB :

$$Q_1 = nRT_1 \ln \frac{p_1}{p_2} = c_p \frac{\gamma - 1}{\gamma} T_1 \ln \frac{p_1}{p_2} = 10^3 . \frac{2}{7} . 300 \ln \frac{1}{3} = \mathbf{-94\,170\ J} \; ;$$

– le long de l'isotherme CD :

$$Q_2 = nRT_2 \ln \frac{p_3}{p_4} = c_p \frac{\gamma - 1}{\gamma} T_2 \ln \frac{p_3}{p_4} = 10^3 . \frac{2}{7} . 411 \ln 3 = \mathbf{+\,129\,000\ J} \; ;$$

– au cours des adiabatiques BC et DA, la chaleur échangée est nulle.

Le gaz a donc *reçu* $|Q_2| = 129\,000$ J de la part de la source chaude (T_2) et a *cédé* $|Q_1| = 94\,170$ J à la source froide ; la différence est transformée en travail : $|W| = |Q_2| - |Q_1|$.

Le rendement du cycle est donc

$$\eta = \left|\frac{W}{Q_2}\right| = \frac{|Q_2| - |Q_1|}{|Q_2|} = 1 - \frac{|Q_1|}{|Q_2|} = 1 - \frac{94\,170}{129\,000} = 27\ \% .$$

b) Le cycle étant décrit de façon *réversible*, le rendement est maximal et ne dépend que des températures extrêmes (théorème de Carnot) :

$$\eta = 1 - \frac{T_1}{T_2} = 1 - \frac{300}{411} = 27\ \% .$$

2° La variation d'entropie de l'air est :

– au cours de la transformation isotherme AB :

$$\Delta S_1 = \frac{Q_1}{T_1} = c_p \frac{\gamma - 1}{\gamma} \ln \frac{p_1}{p_2} = -\frac{94\,170}{300} \approx -314 \text{ J/K} ;$$

– au cours de la transformation adiabatique réversible BC : $\Delta S_2 = 0$;

– au cours de la transformation isotherme CD :

$$\Delta S_3 = \frac{Q_2}{T_2} = c_p \frac{\gamma - 1}{\gamma} \ln \frac{p_3}{p_4} = +\frac{129\,000}{411} \approx +314 \text{ J/K} ;$$

– au cours de la transformation adiabatique réversible DA : $\Delta S_4 = 0$.

Bilan du cycle : $\Sigma\, \Delta S = 0$ (résultat prévisible).

12 – RENDEMENT D'UN MOTEUR THERMIQUE A AIR

Dans un moteur thermique à air, l'unité de masse (1 kg) d'air (gaz supposé parfait) décrit de façon réversible le cycle des transformations suivantes :

– compression isotherme de l'état A_1 (p_1 = 1 atm, T_1 = 350 K) à l'état A_2 (p_2 = 8 atm, T_1) ;

– échauffement isobare de l'état A_2 à l'état A_3 (T_3 = 1 400 K) ;

– détente adiabatique de l'état A_3 à l'état A_4 ;

– refroidissement isobare de l'état A_4 à l'état initial A_1.

1°

a) Calculer la capacité calorifique à pression constante de l'unité de masse d'air.

b) Déterminer la pression, le volume et la température de l'air dans chacun des états A_1, A_2, A_3 et A_4.

2° Quel est le rendement thermodynamique η du cycle ? Le comparer au rendement du cycle de Carnot fonctionnant entre les mêmes températures extrêmes.

3° Calculer, pour chacune des quatre transformations du cycle, les variations ΔU et ΔS de l'énergie interne et de l'entropie du gaz.

Vérifier que l'on a $(\Delta U)_{\text{cycle}} = 0$ et $(\Delta S)_{\text{cycle}} = 0$.

4° Représenter le cycle étudié dans le diagramme (p, v), en utilisant les résultats obtenus.

On donne : rapport des chaleurs massiques de l'air : $\gamma = \frac{7}{5}$; constante des gaz parfait : $R = 8{,}3$ J/mole. K. Dans les conditions normales, volume molaire gazeux = 22,4 l ; masse du litre d'air : 1,3 g ; 1 atm = 10^5 N/m².

Solution

1°

a) La capacité calorifique molaire de l'air à pression constante est $c_p = \frac{\gamma}{\gamma - 1} R$; la capacité calorifique de n moles d'air est donc

$$C_p = \frac{n\gamma}{\gamma - 1} R.$$

Or, 1 kg d'air renferme $n = \frac{1\,000}{22{,}4 \times 1{,}3} = \frac{1\,000}{29{,}1}$ moles.

La capacité calorifique à pression constante de l'unité de masse d'air est

$$C_p = \frac{n\gamma}{\gamma - 1} R = \frac{1\,000}{29{,}1} \cdot \frac{7}{2} \cdot 8{,}32 = \mathbf{1\,000\ J/kg.\ K.}$$

b) A l'état initial A_1, le volume d'air est

$$v_1 = \frac{nRT_1}{p_1} = \frac{1\,000}{29{,}1} \cdot 8{,}32 \cdot \frac{350}{10^5} = \mathbf{1\ m^3}.$$

A l'état A_2, le volume d'air est, d'après la loi de Mariotte,

$$v_2 = v_1 \frac{p_1}{p_2} = \mathbf{0{,}125\ m^3}.$$

La transformation A_2A_3 étant isobare ($p_2 = p_3 = 8$ atm), on a

$$\frac{v_3}{T_3} = \frac{v_2}{T_2} \quad \text{soit} \quad v_3 = v_2 \frac{T_3}{T_2} = \frac{1}{8} \cdot \frac{1\,400}{350} = \mathbf{0{,}5\ m^3}.$$

La transformation A_3A_4 étant adiabatique et réversible, l'équation de Laplace $p_3 v_3^\gamma = p_4 v_4^\gamma$ avec $p_4 = p_1$ (A_1A_4 isobare) permet de déterminer le volume de l'air dans l'état A_4 :

$$v_4 = v_3 \cdot \left(\frac{p_3}{p_1}\right)^{1/\gamma} = 0{,}5\,(8)^{5/7} = 0{,}5 \,.\, 4{,}416 = \mathbf{2{,}208\ m^3}.$$

La transformation A_1A_4 étant isobare, on a $T_4 = T_1 \frac{v_4}{v_1} \approx \mathbf{773\ K}.$

Les résultats obtenus sont résumés dans le tableau ci-dessous :

ETAT	Pression p(atm.)	Volume v (m^3)	Température T(K)
A_1	1	1,000	350
A_2	8	0,125	350
A_3	8	0,500	1 400
A_4	1	2,208	773

2° Le rendement thermodynamique du cycle est le rapport

$$\eta = \frac{\text{travail fourni par le moteur à air}}{\text{quantité de chaleur reçue de la source chaude}} = -\frac{W}{Q_1}.$$

Or, le travail total reçu par l'air, au cours d'un cycle, est

$$W = W_{A_1A_2} + W_{A_2A_3} + W_{A_3A_4} + W_{A_4A_1}$$

ou $$W = p_1 v_1 \ln\frac{p_2}{p_1} - p_2(v_3 - v_2) + \frac{p_4 v_4 - p_3 v_3}{\gamma - 1} - p_1(v_1 - v_4),$$

(isotherme) (isobare) (isentropique) (isobare)

soit $W = 2{,}08 \,.\, 10^5 - 3 \,.\, 10^5 - 4{,}48 \,.\, 10^5 + 1{,}21 \,.\, 10^5$,

ou $W = -\,4{,}19 \,.\, 10^5$ J $= -\,419$ kJ.

• Au cours du cycle, l'air ne reçoit une quantité de chaleur positive que pendant l'échauffement *isobare* (2ème phase A_2A_3), puisque, pour les autres phases, on a $Q_{A_1A_2} < 0$, $Q_{A_3A_4} = 0$ et $Q_{A_4A_1} < 0$.

On a donc

$$Q_1 = Q_{A_2A_3} = c_p(T_3 - T_2) = 1\,000\,(1\,400 - 350) = 1{,}05 \,.\, 10^6 \text{ J} = 1\,050 \text{ kJ}.$$

• Le rendement du moteur est alors $\eta = -\dfrac{W}{Q_1} = \dfrac{419}{1\,050} \approx$ **40** %,

alors que le rendement du cycle de Carnot fonctionnant entre les températures extrêmes T_1 et T_3 de ce cycle serait $\eta_0 = 1 - \dfrac{T_1}{T_3}$,

soit $$\eta_0 = 1 - \frac{350}{1\,400} = \textbf{75}\ \%.$$

On a évidemment $\eta < \eta_0$.

3° Le gaz étant parfait, la variation d'énergie interne est

$$\Delta U = C_v \Delta T \quad \text{avec} \quad C_v = \frac{C_p}{\gamma} = \frac{1\,000}{7/5} = 714 \text{ J/kg.K} = 0{,}714 \text{ kJ/kg. K}.$$

On en déduit :

$$U_2 - U_1 = 0 \qquad \text{(transformation isotherme)} ;$$

$$U_3 - U_2 = C_v (T_3 - T_2) = 0{,}714.1\,050 = +\,750 \text{ kJ} ;$$

$$U_4 - U_3 = C_v (T_4 - T_3) = -\,0{,}714.627 = -\,448 \text{ kJ} ;$$

$$U_1 - U_4 = C_v (T_1 - T_4) = -\,0{,}714.423 = -\,302 \text{ kJ}.$$

On vérifie ainsi que $(\Delta U)_{\text{cycle}} = 750 - (448 + 302) = 0$.

• La variation d'entropie de l'air est, pour chaque transformation réversible, $\Delta S = \int \frac{dQ}{T}$, soit :

$$S_2 - S_1 = \frac{Q_{A_1A_2}}{T_1} = -\frac{W_{A_1A_2}}{T_1} = -\frac{p_1 v_1}{T_1} \ln\frac{p_2}{p_1} = -\,594 \text{ J.K}^{-1} ;$$

$$S_3 - S_2 = \int_{T_2=T_1}^{T_3} C_p \frac{dT}{T} = C_p \ln\frac{T_3}{T_2} = 1\,000 \ln 4 = +\,1\,386 \text{ J.K}^{-1} ;$$

$S_4 - S_3 = 0$ (transformation adiabatique réversible) ;

$$S_1 - S_4 = \int_{T_4}^{T_1} C_p \frac{dT}{T} = C_p \ln\frac{T_1}{T_4} = -\,1\,000 \ln\frac{773}{350} = -\,792 \text{ J.K}^{-1}.$$

On vérifie ainsi que

$$(\Delta S)_{\text{cycle}} = 1\,386 - (594 + 792) = 0, \qquad \text{soit } \int_{\substack{\text{cycle}\\ \text{réversible}}} \frac{dQ}{T} = 0.$$

4° Représentation graphique :

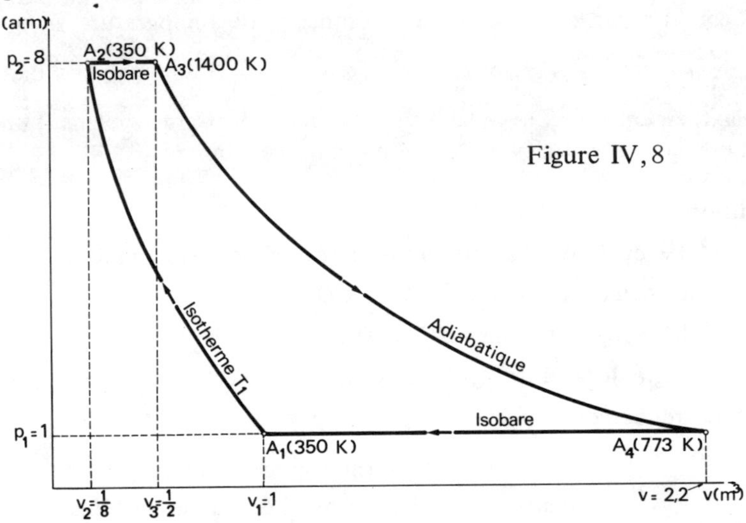

Figure IV, 8

13 – RENDEMENT DU CYCLE DE CARNOT. APPLICATION AU RAYONNEMENT THERMIQUE

Le système constitué par n moles d'un gaz $\left(\gamma = \frac{c_p}{c_v} = \text{cte}\right)$, supposé *parfait*, est enfermé dans un cylindre dont on peut faire varier le volume v, grâce à un piston. Initialement, le système est dans l'état $A(p_A, v_A, T_A)$. Le système subit le cycle réversible suivant :

a) Le système est thermiquement isolé ; son volume décroît lentement de v_A à v_B et atteint la température T_B ;

b) Le système est mis en contact avec un thermostat, à la température T_B : le système *absorbe* une quantité de chaleur Q_1 et son volume passe de v_B à v_C ;

c) Le système est de nouveau thermiquement isolé ; on ramène la température à la valeur T_A, en modifiant le volume de v_C à v_D ;

d) Le système est mis en contact avec un autre thermostat, à la température T_A ; lorsque le volume reprend la valeur initiale v_A, le système *a fourni* au thermostat une quantité de chaleur Q_2.

1° Représenter ce cycle dans le diagramme de Clapeyron (p, v) et établir l'expression du rendement de ce cycle, en fonction de T_A et T_B.
Application numérique : $T_A = 300$ K ; $T_B = 400$ K.

2° Dans le cas où les thermostats ont des températures infiniment voisines $T_A = T - \mathrm{d}T$ et $T_B = T$, écrire l'expression du rendement.
Application : Le cylindre renferme "un rayonnement thermique" constitué par "un gaz de photons" de volume v, de température T, de pression $\frac{u}{3}$, u étant l'énergie interne par unité de volume qui ne dépend que de la température. En considérant un cycle de Carnot élémentaire, en déduire la relation $u = kT^4$, k étant une constante.

Solution

1° Le cycle étudié, ditherme et réversible, est composé :

– de deux adiabatiques AB et CD ;

– de deux isothermes BC et DA.

Il s'agit donc d'un cycle de Carnot.

Le rendement du cycle est le rapport

$$\eta = \frac{\text{travail fourni par le système}}{\text{quantité de chaleur absorbée par le système}}.$$

Or, ce système a absorbé une quantité de chaleur Q_1, restitué une quantité de chaleur Q_2 et la différence $Q_1 - Q_2$ représente le travail fourni, donc

$$\eta = \frac{Q_1 - Q_2}{Q_1} = 1 - \frac{Q_2}{Q_1} \tag{1}$$

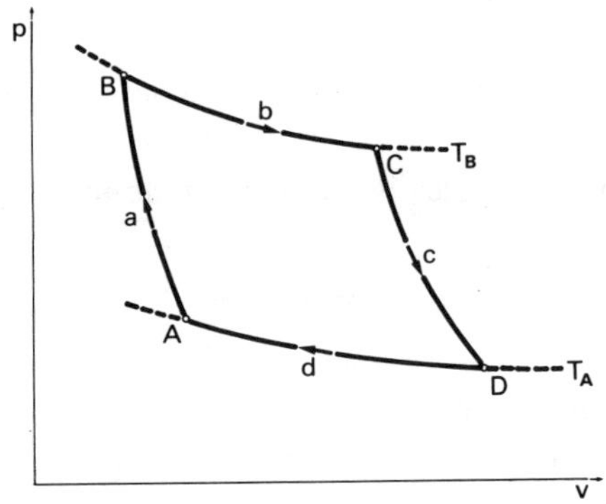

Figure IV,9

Déterminons Q_1 et Q_2.

• Au cours de la phase isotherme BC (phase b), l'énergie interne du gaz reste constante, la quantité de chaleur reçue (donc *absorbée* par le système) est

$$Q_1 = -W = \int_{v_B}^{v_C} p\,dv = \int_{v_B}^{v_C} nRT_B \frac{dv}{v},$$

ou

$$Q_1 = nRT_B \ln \frac{v_C}{v_B}. \tag{2}$$

• Au cours de la phase isotherme DA (phase d), la quantité de chaleur reçue est, de même,

$$Q'_2 = nRT_A \ln \frac{v_A}{v_D} ;$$

donc la quantité de chaleur fournie au thermostat par le système gazeux est $Q_2 = -Q'_2$;

ou

$$Q_2 = nRT_A \ln \frac{v_D}{v_A} \tag{3}$$

• D'autre part, puisque les transformations AB et CD sont adiabatiques réversibles, avec γ = cte, on a

$$T_A v_A^{\gamma-1} = T_B v_B^{\gamma-1}$$

et

$$T_A v_D^{\gamma-1} = T_B v_C^{\gamma-1} ;$$

on en déduit, en divisant membre à membre,

$$\frac{v_D}{v_A} = \frac{v_C}{v_B}. \tag{4}$$

Divisons membre à membre les relations (2) et (3) ; on obtient, compte tenu de la relation (4),

$$\frac{Q_2}{Q_1} = \frac{T_A}{T_B}.$$

Le rendement du cycle de Carnot est donc, d'après la relation (1),

$$\boxed{\eta = 1 - \frac{T_A}{T_B}}.$$

Application numérique : On obtient $\eta = 25\ \%$: ce rendement est maximal, puisqu'il correspond au cycle réversible (rendement théorique).

2° Pour les températures infiniment voisines, le rendement s'écrit

$$\eta = 1 - \frac{T - \mathrm{d}T}{T} \quad \text{ou} \quad \eta = \frac{\mathrm{d}T}{T}. \tag{5}$$

Application : Le "gaz de photons" subit le cycle de Carnot élémentaire *ABCD* représenté sur la figure IV, 10.

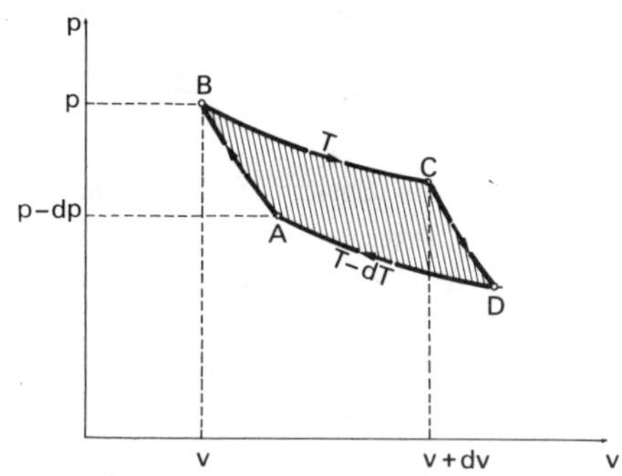

Figure IV, 10

Le travail fourni par le système est mesuré par l'aire hachurée, que l'on peut confondre avec celle d'un rectangle de côtés dp et dv, soit

$$\delta W \approx \mathrm{d}p \,.\, \mathrm{d}v = \mathrm{d}\left(\frac{u}{3}\right) .\, \mathrm{d}v = \frac{\mathrm{d}u \,.\, \mathrm{d}v}{3}.$$

La quantité de chaleur reçue par le système, au cours de la transformation isotherme BC, est

$$\delta Q = \mathrm{d}U - (-p\,\mathrm{d}v).$$

Or, l'énergie interne du système est

$$U = uv \text{ , d'où } \quad \mathrm{d}U = u\,\mathrm{d}v$$

(car u est constant le long de l'isotherme) ;

donc $$\delta Q = u\,\mathrm{d}v + \frac{u\,\mathrm{d}v}{3} = \frac{4}{3}\,u\,\mathrm{d}v.$$

Le rendement du cycle est alors

$$\eta = \frac{\delta W}{\delta Q} = \frac{\dfrac{\mathrm{d}u\,.\,\mathrm{d}v}{3}}{\dfrac{4}{3}\,u\,\mathrm{d}v} = \frac{\mathrm{d}u}{4u}\,. \tag{6}$$

En comparant les expressions (5) et (6) du rendement, on a

$$\frac{\mathrm{d}T}{T} = \frac{\mathrm{d}u}{4u}, \quad \text{soit} \quad \frac{\mathrm{d}u}{u} = 4\frac{\mathrm{d}T}{T}.$$

En intégrant, il vient

$$\ln u = \ln T^4 + \ln k = \ln kT^4$$

(k étant une constante d'intégration) ;

et finalement, $$\boxed{u = kT^4}\,.$$

14 – MACHINE FRIGORIFIQUE

Le fluide d'un réfrigérateur subit une transformation cyclique suivant un cycle de Carnot. Au cours d'un cycle, de durée d, le fluide reçoit le travail W ($W > 0$).

1° Comparer la valeur Q_2 de la *chaleur cédée* par la source froide (température T_2) à celle Q_1 de la *chaleur reçue* par la source chaude (température T_1).

Peut-on refroidir l'air d'une cuisine en laissant ouverte la porte du réfrigérateur ?

2°

a) En supposant le cycle décrit de façon *réversible*, calculer Q_2 en fonction de W, T_1 et T_2.

b) Quelle masse de glace m peut-on fabriquer par seconde à partir d'eau prise à 0°C ? (négliger la chaleur massique de la glace).

Application numérique : Le travail est fourni par un moteur de puissance $\mathcal{P} = 200$ W ; $T_1 = 50$°C ; $T_2 = -5$°C.

Chaleur latente de solidification de l'eau : $L = 320$ J/g. Durée d'un cycle : 10 s.

Solution

1° Le cycle de Carnot étant décrit de façon réversible, le théorème de Carnot permet d'écrire

$$\frac{Q_2}{|Q_1|} = \frac{T_2}{T_1} ; \qquad (1)$$

soit

$$\frac{Q_2}{|Q_1|} = \frac{268}{323} = \mathbf{0{,}83}.$$

Si on laisse la porte du réfrigérateur ouverte, la machine frigorifique est en communication avec une seule source (air de la cuisine) ; elle reçoit un travail W, donc *fournit* obligatoirement à l'air, une quantité de chaleur positive. L'air de la cuisine ne peut donc pas se refroidir.

2°

a) Au cours d'un cycle, le fluide du réfrigérateur

– *reçoit* une quantité de chaleur $Q_2 > 0$, de la part de la source froide, et un travail $W > 0$ du milieu extérieur ;

– *cède* une quantité de chaleur $|Q_1|$ à la source chaude.

Le 1er principe permet d'écrire $W + Q_2 - |Q_1| = 0$.

En utilisant la relation (1), on en déduit

$$W + Q_2 - Q_2 \frac{T_1}{T_2} = 0,$$

soit

$$\boxed{Q_2 = W \frac{T_2}{T_1 - T_2}}. \qquad (2)$$

b) Au cours d'un cycle, de durée d, le travail reçu par le fluide est $W = \mathcal{P}.d$, et la chaleur Q_2, extraite à une masse M d'eau à 0°C pour la transformer en glace à 0°C, est $Q_2 = ML$.

La relation (2) s'écrit alors

$$ML = \mathcal{P}\, d \, \frac{T_2}{T_1 - T_2} .$$

La masse de glace fabriquée par seconde est alors

$$m = \frac{M}{d} \quad \text{ou} \quad \boxed{m = \frac{\mathcal{P}}{L} \, \frac{T_2}{T_1 - T_2}} .$$

Application numérique : On obtient $m = \dfrac{200}{320} \cdot \dfrac{268}{55} = 3$ **g/s.**

15 – POMPE A CHALEUR

Une pompe à chaleur est en liaison avec deux sources : l'une constituée par 1 m^3 d'eau, de chaleur massique $c = 4\,185$ J/kg. K, initialement à la température $T'_1 = 280$ K, l'autre constituée par l'atmosphère qui est à la température T_2 supposée constante : $T_2 = 280$ K.

La pompe à chaleur fonctionne réversiblement, de sorte que l'eau s'échauffe lorsque la pompe reçoit un travail W, sous forme d'énergie électrique.

1° Exprimer le travail W fourni à la pompe à chaleur, lorsque l'eau atteint la température $T''_1 = 320$ K, en fonction des températures T'_1, T''_1, T_2 et de la capacité calorifique μ de l'eau. Application numérique.

2° Exprimer, en fonction des températures T'_1, T''_1 et T_2, le coefficient d'efficacité de la pompe à chaleur, défini comme étant le rapport de la quantité de chaleur fournie à la source chaude au travail fourni par le milieu extérieur, au cours d'un cycle. Application numérique. Interpréter physiquement le résultat obtenu.

Solution

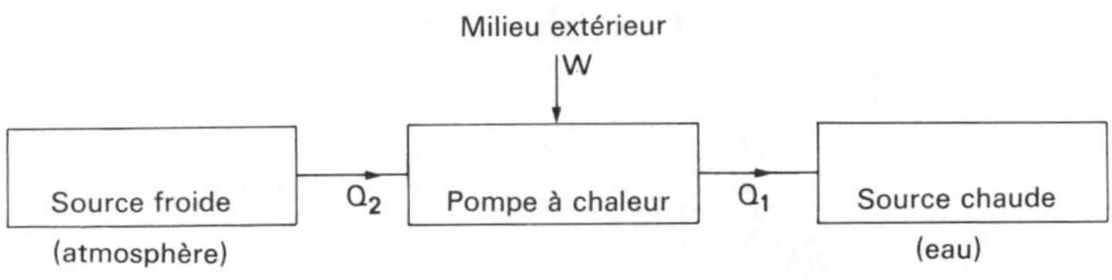

Figure IV, 11

1° La pompe à chaleur

– *reçoit* du milieu extérieur un travail W ($W > 0$) ;

– *reçoit* de la part de l'atmosphère (source froide) une quantité de chaleur Q_2 ($Q_2 > 0$) ;

– *fournit* à la source chaude (eau) une quantité de chaleur $|Q_1|$ ($Q_1 < 0$) .

On a donc, en mesures algébriques : $W + Q_1 + Q_2 = 0$ (premier principe) ou, en module,

$$|W| - |Q_1| + |Q_2| = 0 \tag{1}$$

et

$$-\int \frac{\mathrm{d}|Q_1|}{T_1} + \int \frac{\mathrm{d}|Q_2|}{T_2} = 0, \tag{2}$$

d'après le 2ème principe appliqué aux transformations *réversibles* (égalité de Clausius).

Or, la quantité de chaleur élémentaire reçue par la masse m d'eau, lorsque sa température s'élève de T_1 à $T_1 + \mathrm{d}T_1$, est

$$\mathrm{d}|Q_1| = mc\ \mathrm{d}T_1 = \mu\ \mathrm{d}T_1. \tag{3}$$

La relation (2) s'écrit donc, puisque T_2 = cte,

$$-\mu \int_{T_1'}^{T_1''} \frac{\mathrm{d}T_1}{T_1} + \frac{Q_2}{T_2} = 0\ ,$$

ou

$$-\mu \ln \frac{T_1''}{T_1'} + \frac{Q_2}{T_2} = 0\ .$$

On en déduit

$$Q_2 = \mu T_2 \ln \frac{T_1''}{T_1'}\ .$$

En intégrant la relation (3), on obtient $|Q_1| = \mu(T_1'' - T_1')$.

La relation (1) permet enfin de déterminer le travail W qu'on a fourni à la pompe à chaleur (donc le travail reçu par cette pompe) :

$$W = |Q_1| - Q_2,$$

soit

$$\boxed{W = \mu \left[(T_1'' - T_1') - T_2 \ln \frac{T_1''}{T_1'}\right]}\ .$$

Application numérique : 1 m^3 d'eau pèse $m = 10^3$ kg ; la capacité calorifique de l'eau est alors $\mu = mc = 4{,}185 \,.\, 10^6$ J/K ; donc

$$W = 10^6 \,.\, 4{,}185 \left(40 - 280 \ln \frac{320}{280}\right)$$

ou $$W = 11{,}08 \cdot 10^6 \text{ J} = \mathbf{11\,080 \text{ kJ}}.$$

2° Le coefficient d'efficacité de la pompe à chaleur est le rapport recette/dépense :

$$e = \frac{|Q_1|}{W}, \quad \text{soit} \quad e = \frac{mc\,(T_1'' - T_1')}{mc\left[(T_1'' - T_1') - T_2 \ln\dfrac{T_1''}{T_1'}\right]}$$

ou

$$\boxed{e = \frac{1}{1 - \dfrac{T_2}{T_1'' - T_1'} \ln\dfrac{T_1''}{T_1'}}}\,.$$

Application numérique : On trouve $\boldsymbol{e \approx 15}$.

Physiquement, ce résultat signifie que pour échauffer directement l'eau (source chaude) il faudrait dépenser une énergie $|Q_1|$ 15 fois supérieure au travail W fourni à la pompe à chaleur ; grâce à la pompe à chaleur, on réalise une économie appréciable d'énergie (dans le rapport 15).

16 – DIAGRAMMES ENTROPIQUES

Un moteur à air chaud (gaz supposé parfait) fonctionne suivant le cycle suivant :

– l'air admis à la température $T_1 = 300$ K sous la pression $p_1 = 1$ atm et occupant un volume $v_1 = 60$ l est comprimé à *température constante* jusqu'à la pression $p_2 = 6\,p_1$;

– l'air est ensuite chauffé à *pression constante* jusqu'à la température T_3, de façon *réversible* ; son volume à la fin de l'échauffement est

$$v_3 = \frac{v_1}{2}\ ;$$

– l'air subit ensuite une détente *adiabatique réversible* qui le ramène au volume initial v_1 ;

– l'air est enfin ramené à l'état initial (p_1, v_1, T_1), par une transformation *isochore*.

Le rapport $\gamma = \dfrac{c_p}{c_v} = 1{,}40$ est supposé constant.

1° Représenter le cycle de transformation :

– dans le diagramme de Clapeyron (p, v) ;

– dans le diagramme entropique (T, S) ;

– dans le diagramme $\ln v = f(S)$.

On indiquera pour chacun des états A_1, A_2, A_3 et A_4 les valeurs des coordonnées sur chacun des diagrammes.

On prendra comme origine des entropies l'entropie du gaz à l'état initial ($S_1 = 0$).

2° Déterminer, à la température $T_1 = 300$ K, les pentes de l'isobare et de l'isochore représentées :

a) dans le diagramme (T, S) : on montrera que le rapport des pentes isobare - isochore est indépendant de la température T ;

b) dans le diagramme $(\ln v, S)$.

Solution

1° La capacité calorifique du gaz à pression constante est $c_p = \dfrac{\gamma}{\gamma - 1} nR$,

ou $c_p = \dfrac{\gamma}{\gamma - 1} \dfrac{p_1 v_1}{T_1}$, soit $c_p = \dfrac{7}{2} \cdot \dfrac{10^5 . 60 . 10^{-3}}{300} = 70 \text{ J.K}^{-1}$.

— A la fin de la compression isotherme A_1A_2, le gaz est dans l'état

$$A_2 \begin{cases} p_2 = 6\, p_1 = 6 \text{ atm}, \\ v_2 = v_1 . \dfrac{p_1}{p_2} = 10 \text{ l}, \\ T_2 = T_1 = 300 \text{ K}, \\ S_2 = S_1 - \dfrac{p_1 v_1}{T_1} \ln \dfrac{p_2}{p_1} = -35{,}8 \text{ J. K}^{-1}. \end{cases}$$

— A la fin de la compression isobare A_2A_3, le gaz est dans l'état

$$A_3 \begin{cases} p_3 = p_2 = 6 \text{ atm}, \\ v_3 = \dfrac{v_1}{2} = 30 \text{ l}, \\ T_3 = T_2 . \dfrac{v_3}{v_2} = 900 \text{ K}, \\ S_3 = S_2 + c_p \ln \dfrac{T_3}{T_2} = -35{,}8 + 70 \ln 3 = +41{,}1 \text{ J. K}^{-1}. \end{cases}$$

– A la fin de la détente adiabatique réversible A_3A_4, le gaz est, compte tenu de l'isochore A_4A_1, dans l'état

$$A_4 \begin{cases} p_4 = p_3 \left(\dfrac{v_3}{v_4}\right)^{\gamma} = 6\left(\dfrac{1}{2}\right)^{1,4} = 2{,}27 \text{ atm}, \\ v_4 = v_1 = 60 \text{ l}, \\ T_4 = T_1 \dfrac{p_4}{p_1} = 681 \text{ K}, \\ S_4 = S_3 = 41{,}1 \text{ J. K}^{-1}. \end{cases}$$

Ces résultats permettent de représenter le cycle :

- dans le diagramme de Clapeyron (p, v) :

– l'isotherme A_1A_2 est une hyperbole équilatère (pv = cte),

– l'isobare A_2A_3 est une droite horizontale (p = cte),

– l'isentropique A_3A_4 est la courbe pv^{γ} = cte,

– l'isochore A_4A_1 est une droite verticale (v = cte) ;

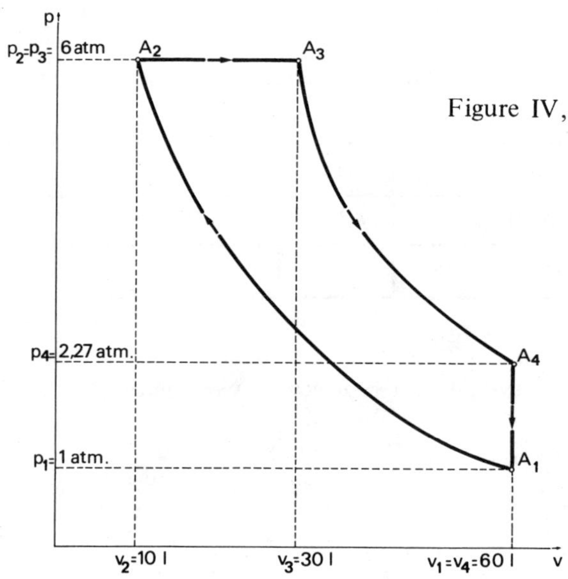

Figure IV, 12

- dans le diagramme entropique (T, S) :

– l'isotherme A_1A_2 est une droite horizontale (T = cte) ;

– l'isobare A_2A_3 est une courbe d'équation différentielle $\dfrac{dT}{dS} = \dfrac{T}{c_p}$

(car $dQ_p = dH$ ou $TdS = c_p dT$) ;

– l'isentropique A_3A_4 est une droite verticale (S = cte) ;

– l'isochore A_4A_1 est une courbe d'équation différentielle $\frac{dT}{dS} = \frac{T}{c_v}$ (car $dQ_v = dU$ ou $TdS = c_v\, dT$).

Figure IV, 13

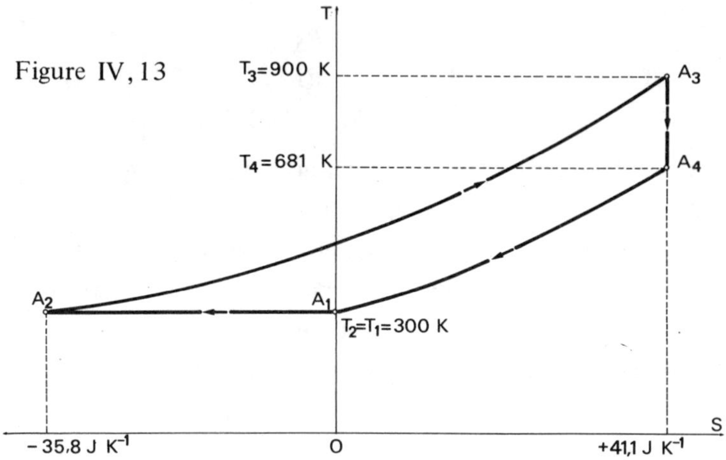

Les résultats précédents permettent de dresser le tableau de valeurs suivant :

ETAT	A_1	A_2	A_3	A_4
ln v (v en litres)	4,09	2,30	3,40	4,09
Entropie S (en J. K^{-1})	0	− 35,8	+ 41,1	+ 41,1

• Dans le diagramme (ln v, S) :

– l'isotherme A_1A_2 est représentée par une droite de pente $\frac{p_1 v_1}{T_1} = nR$

$\left(\text{car } S_2 - S_1 = \frac{p_1 v_1}{T_1} \ln \frac{v_2}{v_1}\right)$; la fonction entropie est donc

$$\boxed{S = \frac{p_1 v_1}{T_1} \ln v + \text{cte}} \; ;$$

– l'isobare A_2A_3 est représentée par une droite de pente c_p

$$\left(\text{car } S_3 - S_2 = c_p \ln \frac{T_3}{T_2} = c_p \ln \frac{v_3}{v_2}\right) ;$$

on a donc

$$\boxed{S = c_p \ \ln v + \text{cte}} \ ;$$

– l'adiabatique réversible A_3A_4 est représentée par une droite verticale (car S = cte) ;

– l'isochore A_4A_1 est représentée par une droite horizontale (car $\ln v$ = cte).

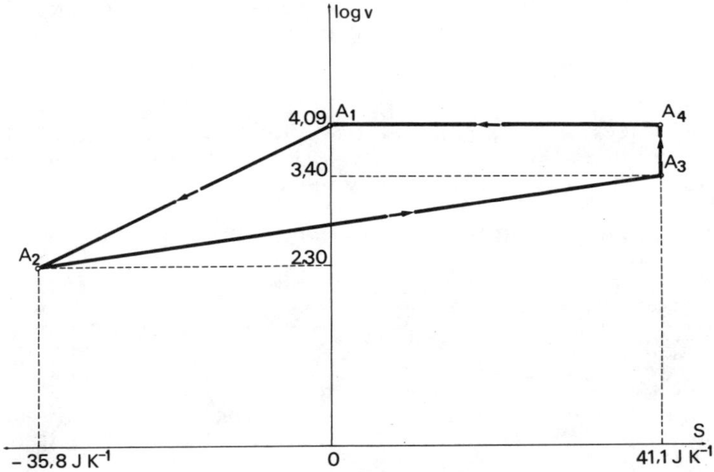

Figure IV, 14

2°

a) Dans le diagramme (T, S), on a déjà vu, dans la 1ère question, que :

– la pente de l'isobare est $\left(\dfrac{\mathrm{d}T}{\mathrm{d}S}\right)_p = \dfrac{T}{c_p} = \dfrac{300}{70} \approx 4{,}3$ S.I. ;

– la pente de l'isochore est $\left(\dfrac{\mathrm{d}T}{\mathrm{d}S}\right)_v = \dfrac{T}{c_v} = \dfrac{\gamma T}{c_p} = \dfrac{1{,}40 \,.\, 300}{70} = 6{,}0$ S.I.

Le rapport des pentes des isochore et isobare, à une température T, est donc

$$\frac{\left(\dfrac{\mathrm{d}T}{\mathrm{d}S}\right)_v}{\left(\dfrac{\mathrm{d}T}{\mathrm{d}S}\right)_p} = \gamma = 1{,}40 \ ;$$

ce rapport est indépendant de T.

b) Dans le diagramme ($\ln \nu$, S) :

– l'isobare $S = c_p \ln \nu + \text{cte}$ a pour pente $\left[\dfrac{\mathrm{d}S}{\mathrm{d}(\ln \nu)}\right]_p = c_p = 70$ S.I. ;

– l'isochore horizontale $\ln \nu = \text{cte}$ a pour pente 0.

17 – RENDEMENT ET PUISSANCE DU CYCLE D'UN MOTEUR DIESEL

Un moteur thermique, utilisant un fluide parfait, décrit un cycle réversible Diesel $A_1A_2A_3A_4A_1$ composé d'une isobare et d'une isochore reliées par deux adiabatiques :

A_1A_2 : l'air admis subit une compression adiabatique de l'état initial $A_1(p_1, v_1, T_1)$ à l'état $A_2(p_2, v_2, T_2)$

A_2A_3 : combustion isobare par injection progressive du carburant entre l'état A_2 et l'état $A_3(v_3, T_3)$

A_3A_4 : l'injection cesse en A_3 et le mélange subit une détente adiabatique jusqu'à l'état $A_4(v_4 = v_1, T_4)$.

A_4A_1 : refroidissement isochore.

1° Représenter le cycle Diesel sur un diagramme (p, v) et sur un diagramme (T, S) entropique.

2° Exprimez le rendement du cycle Diesel, en fonction :

a) des températures T_1, T_2, T_3 et T_4 et du rapport γ des chaleurs massiques du mélange gazeux,

b) du “taux de compression” $x = \dfrac{v_1}{v_2}$, du “taux de détente” $y = \dfrac{v_1}{v_3}$ et du rapport γ.

3° Une automobile à moteur Diesel possède les caractéristiques suivantes : taux de compression $x = 21$; taux de détente $y = 7$. A la vitesse maximale du véhicule : $v = 147$ km/h correspondant à $N = 4\,500$ tours/minute, la consommation est $c = 8$ litres de carburant (gas-oil) aux 100 km. Le gas-oil a une masse volumique $\rho = 0{,}8$ kg/l et un pouvoir calorifique $q = 46{,}8$ kJ/g. Déterminer

a) le rendement théorique de ce moteur Diesel (on donne $\gamma = 1{,}4$).

b) la masse de carburant injectée à chaque cycle, à vitesse maximale.

c) la puissance maximale de ce moteur Diesel, supposé idéal.

Solution

1° Diagrammes du cycle Diesel idéal.

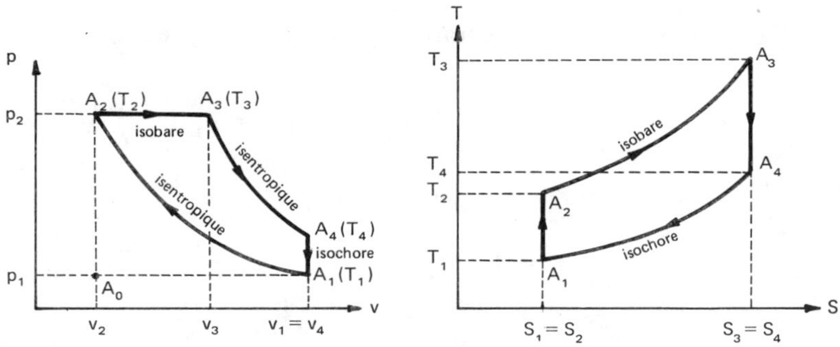

Figure IV, 15

2° *a*) Le rendement du cycle est $r = \left| \dfrac{\text{recette}}{\text{dépense}} \right| = - \dfrac{W_{\text{cycle}}}{Q_{\text{reçue}}}$.

D'après le 1er principe,

$$W_{\text{cycle}} + Q_{\text{cycle}} = 0\,, \quad \text{soit} \quad W_{\text{cycle}} = - Q_{\text{cycle}} = - (Q_{A_2A_3} + Q_{A_4A_1}).$$

D'autre part, la dépense est constituée par la chaleur reçue par le mélange au cours de l'échauffement isobare A_2A_3 : $Q_{\text{reçue}} = Q_{A_2A_3}$. On en déduit

$$r = \frac{Q_{A_2A_3} + Q_{A_4A_1}}{Q_{A_2A_3}} = 1 + \frac{Q_{A_4A_1}}{Q_{A_2A_3}}\,.$$

Or, les chaleurs reçues par n moles du mélange gazeux (de capacités calorifiques molaires c_p et c_v) sont :

$$Q_{A_2A_3} = nc_p(T_3 - T_2)\,, \quad \text{car } A_2A_3 \text{ est isobare,}$$

et $$Q_{A_4A_1} = nc_v(T_1 - T_4)\,, \quad \text{car } A_4A_1 \text{ est isochore ;}$$

donc
$$\boxed{r = 1 - \frac{1}{\gamma}\,\frac{T_4 - T_1}{T_3 - T_2}} \qquad (1)$$

b) • Les équations de Laplace relatives aux transformations isentropiques A_1A_2 et A_3A_4 s'écrivent :

$$\frac{T_2}{T_1} = \left(\frac{v_1}{v_2}\right)^{\gamma-1} = x^{\gamma-1} \quad \text{et} \quad \frac{T_3}{T_4} = \left(\frac{v_4}{v_3}\right)^{\gamma-1} = \left(\frac{v_1}{v_3}\right)^{\gamma-1} = y^{\gamma-1}.$$

• Puisque la transformation A_2A_3 est isobare, on a :

$$\frac{T_3}{v_3} = \frac{T_2}{v_2}, \quad \text{soit} \quad T_3 = T_2 \frac{v_3}{v_2} = T_2 \frac{x}{y}.$$

• Exprimons alors les températures T_2, T_3 et T_4 en fonction de T_1 :

$$T_2 = T_1 x^{\gamma-1}, \quad T_3 = T_1 \frac{x^\gamma}{y} \quad \text{et} \quad T_4 = T_1 \left(\frac{x}{y}\right)^\gamma ;$$

portons dans (1), il vient après simplification :

$$r = 1 - \frac{1}{\gamma} \frac{\left(\frac{x}{y}\right)^\gamma - 1}{\frac{x^\gamma}{y} - x^{\gamma-1}}, \quad \text{soit} \quad \boxed{r = 1 - \frac{y^{-\gamma} - x^{-\gamma}}{\gamma\left(\frac{1}{y} - \frac{1}{x}\right)}} \qquad (2)$$

N.B.: Le moteur Diesel fonctionne sans l'aide de bougies : en effet, il y a autoallumage au cours de l'injection du carburant durant l'étape isobare A_2A_3, car la température T_2 atteinte à la fin de la compression adiabatique est supérieure à la température d'inflammation spontanée du mélange.

3° *a*) Le rendement théorique du moteur Diesel est, d'après (2),

$$r = 1 - \frac{(7)^{-1,4} - (21)^{-1,4}}{1{,}4\left(\frac{1}{7} - \frac{1}{21}\right)} = \mathbf{61{,}4\ \%}.$$

b) Le cycle Diesel $A_1A_2A_3A_4A_1$ est précédé d'une phase d'admission de l'air (étape A_0A_1) et est suivi d'une phase d'échappement (étape A_1A_0) ; donc un cycle correspond à deux aller-retour du piston ou à deux tours de l'arbre moteur.

Le nombre de cycles par seconde est donc : $\dfrac{N/2}{60} = \dfrac{4500/2}{60} = 37{,}5\text{c/s}$

Le chemin parcouru par le véhicule pendant la durée $t_{\text{cycle}} = \dfrac{1}{37{,}5}$ s du cycle est : $vt_{\text{cycle}} = \dfrac{147\,000 \text{ m}}{3\,600 \text{ s}} \cdot \dfrac{1}{37{,}5} \text{ s} = 1{,}09 \text{ m}.$

Le volume et la masse du carburant introduit par cycle sont donc

$V = \dfrac{8}{100}$ l/km × $1{,}09 . 10^{-3}$ km $= 8{,}72 . 10^{-5}$ litres.

et $\quad m = \rho V = 0{,}8 . 8{,}72 . 10^{-5} \doteq 7 . 10^{-5}$ kg $=$ **70 mg/cycle**.

c) La chaleur apportée par le carburant, par cycle, est

$$Q = qm = (46{,}8 \,.\, 10^3)\ (7 \,.\, 10^{-2}) = 3\,276\ \text{J}\,.$$

Le travail fourni par cycle est donc $[W_{\text{cycle}}] = rQ = 2011$ J. La puissance théorique maximale du moteur fonctionnant en cycle Diesel idéal est donc

$$\mathcal{P} = \frac{|W_{\text{cycle}}|}{t_{\text{cycle}}} = 75\,412 \text{ Watts} \quad \text{ou} \quad \mathcal{P} = \mathbf{102{,}6\ ch.}$$

18 – MOTEUR A EXPLOSION. CYCLE BEAU DE ROCHAS (OU CYCLE D'OTTO)

Dans un moteur à explosion, un fluide supposé parfait (n moles) décrit le cycle Beau de Rochas, appelé aussi Cycle d'Otto, composé de deux adiabatiques et deux isochores :

– compression adiabatique de l'état (p_1, v_1, T_1) à l'état (p_2, v_2, T_2)
– échauffement isochore de l'état (p_2, T_2) à l'état (p_3, T_3)
– détente adiabatique de l'état (p_3, T_3) à l'état (p_4, T_4)
– refroidissement isochore qui ramène le fluide à l'état initial.

1° Représenter le cycle d'Otto dans le diagramme (p, v) et dans le diagramme entropique (T, S).

2° Exprimer le rendement théorique r de ce cycle :

a) en fonction des températures T_1, T_2, T_3 et T_4 ;

b) puis en fonction du rapport volumétrique $x = \dfrac{v_1}{v_2}$ et du rapport $\gamma = \dfrac{c_p}{c_v}$ des chaleurs massiques du fluide.

3° Le piston du cylindre où évolue l'air ($\gamma = 1{,}4$) a une course utile $l = 10$ cm, une section $S = 50\ \text{cm}^2$ et emprisonne un volume d'air de $100\ \text{cm}^3$ en fin de compression. Calculer

a) le rendement théorique du cycle d'Otto

b) le travail fourni au cours d'un cycle, si l'air est admis sous 1 atmosphère à 300 K, et si la température maximale atteinte est 900 K.

4° Pour quelle valeur du rapport volumétrique, le moteur fonctionnant suivant le cycle d'Otto entre les températures 300 K et 900 K a-t-il le même rendement qu'une machine réversible fonctionnant suivant le cycle de Carnot entre les mêmes températures.

Solution

1° Diagrammes du cycle Beau de Rochas (ou d'Otto) Figure IV,16.

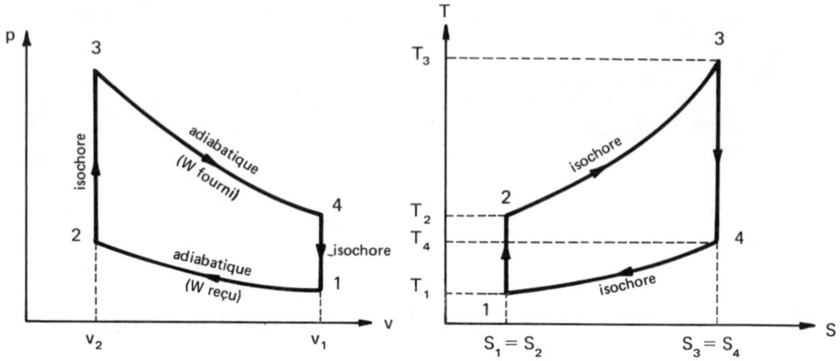

Figure IV, 16

2° *a*) Le rendement du cycle est $r = \left| \dfrac{\text{recette}}{\text{dépense}} \right| = \dfrac{-W_{\text{cycle}}}{Q_{\text{reçue}}}$.

D'après le 1er principe,

$$W_{\text{cycle}} + Q_{\text{cycle}} = 0, \quad \text{soit} \quad W_{\text{cycle}} = -Q_{\text{cycle}} = -(Q_{2\to3} + Q_{4\to1}).$$

D'autre part, la dépense est constituée par la chaleur reçue par le fluide au cours de l'échauffement isochore : $Q_{\text{reçue}} = Q_{2\to3}$. On en déduit

$$r = \frac{Q_{2\to3} + Q_{4\to1}}{Q_{2\to3}} = 1 + \frac{Q_{4\to1}}{Q_{2\to3}}. \qquad (1)$$

Or, les chaleurs reçues par les n moles du fluide, de capacité calorifique molaire $c_v = \dfrac{R}{\gamma - 1}$ à volume constant, au cours des transformations isochores $2 \to 3$ et $4 \to 1$ sont

$$Q_{2\to3} = \Delta U_{2\to3} = nc_v(T_3 - T_2) \qquad (2)$$

et

$$Q_{4\to1} = \Delta U_{4\to1} = nc_v(T_1 - T_4) \qquad (3)$$

L'expression (1) s'écrit donc, compte tenu de (2) et (3),

$$\boxed{r = 1 - \frac{T_4 - T_1}{T_3 - T_2}} \qquad (4)$$

b) Les équations de Laplace relatives aux transformations isentropiques $1 \to 2$ et $3 \to 4$ s'écrivent :

$$\frac{T_2}{T_1} = \left(\frac{v_1}{v_2}\right)^{\gamma-1} = x^{\gamma-1} \quad \text{et} \quad \frac{T_3}{T_4} = \left(\frac{v_4}{v_3}\right)^{\gamma-1} = \left(\frac{v_1}{v_2}\right)^{\gamma-1} = x^{\gamma-1}$$

soit $$T_1 = T_2\, x^{1-\gamma} \quad \text{et} \quad T_4 = T_3\, x^{1-\gamma} \qquad (5)$$

On en déduit, d'après (4) et (5),

$$r = 1 - \frac{T_3\, x^{1-\gamma} - T_2\, x^{1-\gamma}}{T_3 - T_2} \quad \text{soit} \quad \boxed{r = 1 - x^{1-\gamma}} \,. \qquad (6)$$

Le rendement du cycle d'Otto est donc indépendant de la quantité de fluide brûlé, et ne dépend que du rapport volumétrique $x = v_1/v_2 = v_3/v_4$ appelé aussi taux de compression ; ce rendement croit avec x.

3° *a*) La cylindrée du moteur est $v_1 - v_2 = S.\, l = 500 \text{ cm}^3$. L' "espace mort" est, par hypothèse, $v_2 = 100 \text{ cm}^3$. On en déduit $v_1 = 500 + 100 = 600 \text{ cm}^3$ et le taux de compression : $x = \dfrac{v_1}{v_2} = 6$.

Le rendement théorique de ce cycle d'Otto est, d'après (6),

$$r = 1 - 6^{-0,4} = \mathbf{51{,}2\ \%}.$$

b) Le travail fourni par ce moteur thermique, au cours d'un cycle, est

$$-W = -(W_{1\to 2} + W_{3\to 4}) = nc_v\,[(T_1 - T_2) + (T_3 - T_4)] \qquad (7)$$

avec $T_1 = 300\text{ K}$, $T_3 = 1\,100\text{ K}$, $T_2 = T_1\, x^{\gamma-1} = 300.(6)^{0,4} = 614{,}3\text{ K}$, $T_4 = T_3\, x^{1-\gamma} = 900.(6)^{-0,4} = 439{,}5\text{ K}$; de plus, la capacité calorifique isochore du gaz est

$$nc_v = \frac{P_1 V_1}{RT_1} \cdot \frac{R}{\gamma - 1} = \frac{P_1 V_1}{(\gamma - 1) T_1} = \frac{10^5 \,.\, 600 \,.\, 10^{-6}}{0{,}4 \,.\, 300} = 0{,}5 \text{ J-K}^{-1}.$$

Numériquement, on a donc d'après (7) :

$$-W_{\text{cycle}} = 0{,}5\,(300 - 614{,}3 + 900 - 439{,}5) \simeq 73{,}1 \text{ J}.$$

4° Le moteur réversible qui fonctionne suivant le cycle de Carnot entre les températures $T_1 = 300\text{ K}$ et $T_3 = 1\,100\text{ K}$ a un rendement théorique $r_c = 1 - \dfrac{T_1}{T_3}$.

Le moteur qui fonctionne suivant le cycle Beau de Rochas entre la même température a un rendement $r_B = 1 - x^{1-\gamma}$.

On aura donc même rendement $(r_c = r_B)$ si $x^{1-\gamma} = \dfrac{T_3}{T_1}$, donc si le "taux de compression" est

$$x = \left(\frac{T_1}{T_3}\right)^{\frac{1}{1-\gamma}}$$

Application numérique : $x = \left(\frac{300}{900}\right)^{-2,5} = \mathbf{15{,}6}.$

19 – TURBOMOTEUR : CYCLE DE JOULE (OU DE BRAYTON) TAUX DE COMPRESSION OPTIMAL.

Une turbine à gaz fonctionne suivant le cycle théorique de Joule, appelé aussi cycle de Brayton, composé de deux adiabatiques reliées par deux isobares :

– compression isentropique de l'état ① (p_1, v_1, T_1) à l'état ② (p_2, v_2, T_2) dans un turbomoteur (compresseur)

– échauffement isobare de l'état ② à l'état ③ dans un échangeur thermique (chambre de combustion)

– détente isentropique de l'état ③ à l'état ④ dans la turbine à gaz

– refroidissement isobare de l'état ④ à l'état initial ① dans un second échangeur thermique.

Le cycle est décrit par n moles de fluide (supposé parfait).

1° Représenter le cycle de Joule dans les diagrammes (p, v) et (T, S).

2° Calculer le rendement théorique du cycle de Joule

a) en fonction des températures T_1, T_2, T_3 et T_4 du fluide dans chacun des quatre états envisagés

b) en fonction du taux de compression $x = p_2/p_1$ et du rapport $\gamma = c_p/c_v$ des chaleur massiques du fluide.

3° *a*) Le rapport T_3/T_1 des températures a une valeur imposée. Calculer le taux de compression qui permet d'obtenir un travail maximal.

b) Exprimer alors ce travail maximum en fonction de n, γ, T_1 et T_3.

Solution

1° Diagrammes du cycle de Joule (ou de Brayton).

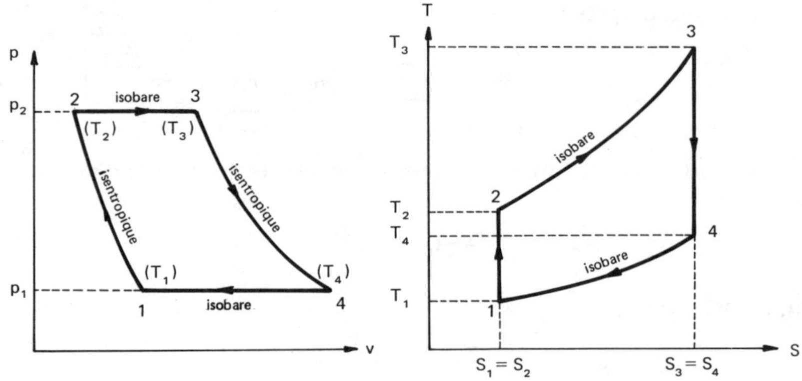

Figure IV, 17

2° *a*) Le rendement du cycle est : $r = \left|\dfrac{\text{recette}}{\text{dépense}}\right| = -\dfrac{W_{\text{cycle}}}{Q_{\text{reçue}}}$.

D'après le 1er principe,

$$W_{\text{cycle}} + Q_{\text{cycle}} = 0\,, \quad \text{soit} \quad W_{\text{cycle}} = -\,Q_{\text{cycle}} = -\,(Q_{2\to3} + Q_{4\to1}).$$

D'autre part, la dépense est constituée par la chaleur reçue par le fluide, au cours de l'échauffement isobare : $Q_{\text{reçue}} = Q_{2\to3}$. On en déduit

$$r = \frac{Q_{2\to3} + Q_{4\to1}}{Q_{2\to3}} = 1 + \frac{Q_{4\to1}}{Q_{2\to3}} \qquad (1)$$

Or, les chaleurs reçues par les n moles du fluide (de capacité calorifique molaire $c_p = \dfrac{\gamma R}{\gamma - 1}$ à pression constante) au cours des transformations isobares $2 \to 3$ et $4 \to 1$ sont :

$$Q_{2\to3} = nc_p(T_3 - T_2) \qquad (2)$$

et

$$Q_{4\to1} = nc_p(T_1 - T_4) \qquad (3)$$

L'expression (1) s'écrit donc, compte tenu de (2) et (3),

$$r = 1 - \frac{T_4 - T_1}{T_3 - T_2} \qquad (4)$$

b) Les équations de Laplace relatives aux transformations $1 \to 2$ et $3 \to 4$ isentropiques s'écrivent :

$$\frac{T_2}{T_1} = \left(\frac{p_2}{p_1}\right)^{\frac{\gamma-1}{\gamma}} = x^{\frac{\gamma-1}{\gamma}} \quad \text{et} \quad \frac{T_3}{T_4} = \left(\frac{p_3}{p_4}\right)^{\frac{\gamma-1}{\gamma}} = \left(\frac{p_2}{p_1}\right)^{\frac{\gamma-1}{\gamma}} = x^{\frac{\gamma-1}{\gamma}}$$

soit

$$T_1 = T_2\,x^{\frac{1-\gamma}{\gamma}} \quad \text{et} \quad T_4 = T_3\,x^{\frac{1-\gamma}{\gamma}} \qquad (5)$$

On en déduit, d'après (4) et (5),

$$r = 1 - \frac{T_3\, x^{\frac{1-\gamma}{\gamma}} - T_2\, x^{\frac{1-\gamma}{\gamma}}}{T_3 - T_2} \quad \text{soit} \quad \boxed{r = 1 - x^{\frac{1-\gamma}{\gamma}}} \tag{6}$$

3° *a*) Le travail fourni au cours du cycle de Joule est, d'après (2) et (3),

$$-W_{\text{cycle}} = Q_{2\to3} + Q_{4\to1} = nc_p\,[(T_3 - T_2) + (T_1 - T_4)]$$

ou, d'après (5),

$$-W_{\text{cycle}} = nc_p\,[T_1\,(1 - x^{\frac{\gamma-1}{\gamma}}) + T_3\,(1 - x^{\frac{1-\gamma}{\gamma}})] \tag{7}$$

Ce travail fourni sera maximal pour $\dfrac{dW_{\text{cycle}}}{dx} = 0$, soit :

$$nc_p\left(T_1\,\frac{1-\gamma}{\gamma}\,x^{-\frac{1}{\gamma}} - T_3\,\frac{1-\gamma}{\gamma}\,x^{\frac{1-2\gamma}{\gamma}}\right) = 0$$

ou $$T_1\,x^{-\frac{1}{\gamma}} = T_3\,x^{\frac{1-2\gamma}{\gamma}}, \quad \text{soit} \quad \frac{T_3}{T_1} = x^{\frac{2(\gamma-1)}{\gamma}}.$$

Le taux de compression optimal du cycle de Joule est donc

$$\boxed{x = \frac{p_2}{p_1} = \left(\frac{T_3}{T_1}\right)^{\frac{\gamma}{2(\gamma-1)}}} \tag{8}$$

N.B. : Le rapport T_3/T_1 est généralement imposé car la température $T_3 = T_{\text{maximum}}$ est imposée par la température maximale à laquelle la turbine peut résister, et $T_1 = T_{\text{minimum}}$ est imposée par la température de l'air ambiant.

b) Le travail maximal fourni par cycle est donc, d'après (7) et (8),

$$-W_{\max} = \frac{n\gamma R}{\gamma - 1}\left\{T_1\left[1 - \left(\frac{T_3}{T_1}\right)^{\frac{1}{2}}\right] + T_3\left[1 - \left(\frac{T_3}{T_1}\right)^{-\frac{1}{2}}\right]\right\}$$

soit $$-W_{\max} = \frac{n\gamma R}{\gamma - 1}\,(T_3 + T_1 - 2\sqrt{T_1\,T_3})$$

ou $$\boxed{-W_{\max} = \frac{n\gamma R}{\gamma - 1}\,(\sqrt{T_3} - \sqrt{T_1})^2}$$

20 – MACHINE THERMIQUE EN RELATION AVEC TROIS SOURCES – CYCLES MOTEUR ET FRIGORIFIQUE

N.B. – Les questions 1 et 2 sont indépendantes l'une de l'autre.

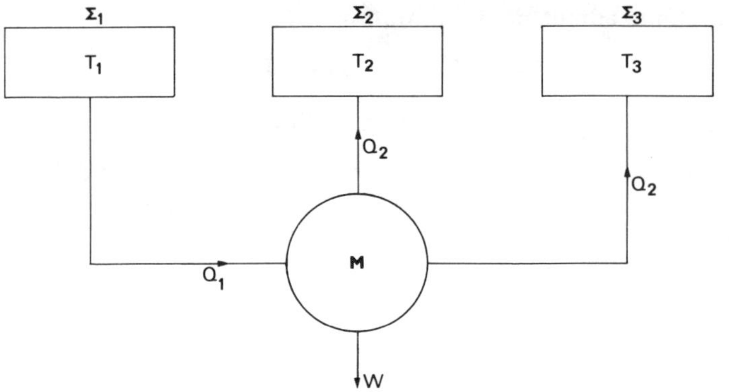

Figure IV, 18

On considère une machine thermique *réversible* M et trois sources Σ_1, Σ_2 et Σ_3 de température T_1, T_2, T_3.

On donne : $T_1 = 450$ K, $T_2 = 360$ K, $T_3 = 300$ K.

1° M est en relation avec les trois sources. Déterminer les quantités de chaleur Q_1 et Q_2 échangées avec les sources (cf. figure IV, 18) et le rendement de la machine, si l'on recueille, au bout d'un certain nombre de cycles, un travail $W = 1$ kJ.

2° La machine M réversible est maintenant en relation avec deux sources, alternativement avec les sources Σ_1 et Σ_2, puis avec les sources Σ_1 et Σ_3. Au bout d'un certain nombre de cycles, la machine a fourni à la source Σ_2 une quantité de chaleur égale à 1 800 J et a emprunté à la source Σ_3 une quantité de chaleur égale à 600 J. En déduire le travail total fourni par la machine ainsi que le rendement (ou coefficient d'efficacité) des cycles dithermes (Σ_1, Σ_2) et (Σ_1, Σ_3) et enfin le rendement global de M.

Solution

1° Le 1er principe permet d'écrire : $Q_1 + 2Q_2 + W = 0$.

Le 2ème principe permet d'écrire : $\dfrac{Q_1}{T_1} + \dfrac{Q_2}{T_2} + \dfrac{Q_2}{T_3} = 0$.

On obtient, puisque $W = -1\,000$ J,

$$\begin{cases} Q_1 + 2Q_2 = 1\,000, & (1) \\ \dfrac{Q_1}{450} + Q_2\left(\dfrac{1}{360} + \dfrac{1}{300}\right) = 0. & (2) \end{cases}$$

Ce système admet pour solution

$$Q_1 = +\ \mathbf{3\,666\ J.}$$

$$Q_2 = -\ \mathbf{1\,333\ J.}$$

La machine a donc emprunté une quantité de chaleur de 3 666 J à la source Σ_1 et a fourni une quantité de chaleur de 1 333 J à chacune des sources Σ_2 et Σ_3. Le rendement de cette machine thermique est donc

$$r = -\frac{W}{Q_1} = \frac{1\,000}{3\,666} = 27{,}3\ \%.$$

2°

• Lorsque M est en relation avec les deux sources Σ_1 et Σ_2, désignons par $Q_{1,2}$ et Q_2 les mesures algébriques des quantités de chaleur échangées avec Σ_1 et Σ_2 et $W_{1,2}$ la mesure algébrique du travail échangé.

Le 1er principe permet d'écrire

$$Q_{1,2} + Q_2 + W_{1,2} = 0\,. \qquad (3)$$

Le 2ème principe permet d'écrire (cycle réversible)

$$\frac{Q_{1,2}}{T_1} + \frac{Q_2}{T_2} = 0. \qquad (4)$$

D'après la relation (4), on a donc

$$\boxed{Q_{1,2} = -Q_2\,\frac{T_1}{T_2}}\,.$$

Or, $Q_2 = -1\,800$ J (par hypothèse, M a fourni 1 800 J à Σ_2) ; on obtient $Q_{1,2} = -(-1\,800)\dfrac{450}{360} = \mathbf{2\,250\ J.}$

D'après la relation (3), on a donc $W_{1,2} = -(Q_{1,2} + Q_2) = -\ \mathbf{450\ J.}$

• Lorsque M est en relation avec les sources Σ_1 et Σ_3, désignons par $Q_{1,3}$, Q_3 et $W_{1,3}$ les mesures algébriques des quantités de chaleur échangées avec Σ_1 et Σ_3 et du travail échangé.

Les deux principes se traduisent par les relations

$$Q_{1,3} + Q_3 + W_{1,3} = 0, \tag{5}$$

$$\frac{Q_{1,3}}{T_1} + \frac{Q_3}{T_3} = 0. \tag{6}$$

D'après la relation (6), on a

$$\boxed{Q_{1,3} = -Q_3 \frac{T_1}{T_3}}$$

avec $Q_3 = +600$ J par hypothèse.

On obtient donc

$$Q_{1,3} = -600 \frac{450}{300} = -\mathbf{900\ J}.$$

D'après la relation (5), on a

$$W_{1,3} = -(Q_{1,3} + Q_3) = +\mathbf{300\ J}.$$

- Le travail total échangé par M est donc

$$W = W_{1,2} + W_{1,3} = -\mathbf{150\ J}.$$

La machine a fourni un travail de 150 J au milieu extérieur.

- Au cours des cycles dithermes (Σ_1, Σ_2), la machine M :

– emprunte une quantite de chaleur $Q_{12} = 2\,250$ J à la source chaude Σ_1,
– cède une quantité de chaleur $|Q_2| = 1\,800$ J à la source froide Σ_2,
– et fournit un travail $|W_{1,2}| = 450$ J au milieu extérieur.

M se comporte donc comme un *moteur thermique* dont le rendement est

$$r_{1,2} = \frac{\text{travail fourni au milieu extérieur}}{\text{chaleur empruntée à la source chaude}} = -\frac{W_{1,2}}{Q_{1,2}} = \frac{450}{2\,250} = \mathbf{20\ \%}.$$

- Au cours des cycles dithermes (Σ_1, Σ_3), la machine M :

– emprunte une quantité de chaleur $Q_3 = 600$ J à la source froide Σ_3,
– reçoit un travail $W_{1,3} = 300$ J du milieu extérieur,
– cède une quantité de chaleur $|Q_{1,3}| = 900$ J à la source chaude Σ_1.

M se comporte donc comme une *machine frigorifique* dont le coefficient d'efficacité est

$$e = \frac{\text{chaleur empruntée à la source froide}}{\text{travail emprunté au milieu extérieur}} = \frac{Q_3}{W_{1,3}} = 2.$$

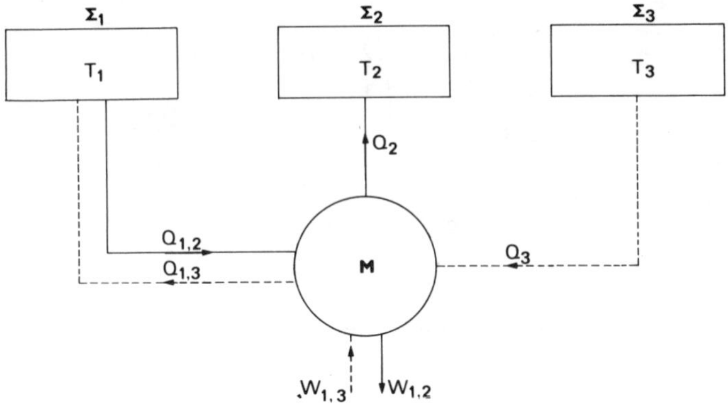

Figure IV, 19

• Au total, la machine M :

– a emprunté une quantité de chaleur $Q_1 = Q_{1,2} + Q_{1,3}$ soit $Q_1 = 1\,350$ J à la source chaude Σ_1,

– a cédé une chaleur de 1 200 J ($Q_2 + Q_3 = -1\,200$ J) aux sources froides Σ_2 et Σ_3,

– a fourni un travail $|W| = 150$ J au milieu extérieur.

Globalement, M se comporte donc comme un moteur thermique de rendement

$$r = -\frac{W}{Q_1} = \frac{150}{1\,350} \approx 11\ \%.$$

21 – ENTROPIE D'UNE ASSEMBLEE D'ATOMES PARAMAGNETIQUES

Une certaine masse d'argent, vaporisée dans le vide, émet un jet de N atomes d'argent, pourvus d'un moment magnétique μ. Le désordre de cette assemblée d'atomes paramagnétiques soumis à une induction magnétique B, à la température T, est mesuré par l'entropie

$$S = kN\left[\ln\left(e^{-x} + e^{x}\right) + x\,\frac{e^{-2x} - 1}{e^{-2x} + 1}\right], \qquad \text{où} \qquad x = \frac{\mu B}{kT}\,;$$

k désigne la constante de Boltzmann.

1° Déterminer la variation d'entropie d'une mole d'atomes, lorsque la température absolue du jet d'atomes passe d'une température très basse à une température infiniment élevée.

On donne : constante des gaz parfaits : $R = 8{,}31$ J/ K. mole.

2°

a) Représenter la courbe $S(x)$ et montrer qu'elle présente un point d'inflexion, pour la température $T_1 = 1{,}3$ K, sachant que pour une induction $B = 1{,}5\ T$, le rapport $\frac{\mu B}{k}$ vaut 1 unité S.I.

b) Quelle est alors, à la température T_1, l'entropie S_1 d'une mole d'atomes ? Que remarquez-vous ?

Solution

1°

• A l'état initial, la température est très basse, donc $x = \frac{\mu B}{kT}$ est infiniment grand et $e^{-x} \approx 0$, $e^{-2x} \approx 0$, $\ln(e^{-x} + e^{x}) \approx \ln e^{x} = x$.

L'entropie de i'ensemble des atomes est alors

$$S_0 = kN(x - x) = 0.$$

Ce résultat est en accord avec le 3ème principe de thermodynamique : si $T \to 0$ K, l'entropie $S_0 \to 0$: c'est à cette température que le désordre, mesuré par S, est minimal (nul).

• A l'état final, la température est infiniment grande, donc $x = \frac{\mu B}{kT} \approx 0$, alors e^{x}, e^{-x} et e^{-2x} tendent vers la valeur commune 1.

L'entropie de l'assemblée d'atomes est alors

$$S_\infty = kN \ln 2.$$

La variation d'entropie de N atomes est $\Delta S = S_\infty - S_0$,

ou

$$\boxed{\Delta S = kN \ln 2}.$$

Si l'on considère une mole d'atomes, N sera égal au nombre $\mathcal{N}$ d'Avogadro et alors $kN = k\mathcal{N} = R$.

La variation d'entropie d'une mole d'atomes est finalement

$$\boxed{\Delta S = R \ln 2}.$$

Application numérique : $\Delta S = 8{,}31 \, . \, 0{,}69 =$ **5,73 J/K.mole.**

2° $S(x)$ est une fonction décroissante, car

$$\frac{\mathrm{d}S}{\mathrm{d}x} = kN \left[\frac{-4x\,e^{-2x}}{(e^{-2x}+1)^2} \right] = \frac{-4\,kN\,x}{(e^{x}+e^{-x})^2} < 0.$$

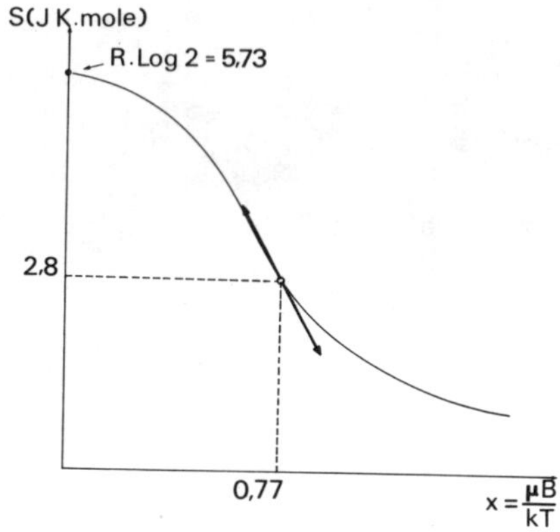

Figure IV, 20

L'entropie $S(x)$ présente un maximum $S_\infty = kN \ln 2$, lorsque $\dfrac{\mathrm{d}S}{\mathrm{d}x} = 0$, donc pour $x = 0$.

La courbe $S(x)$ présente un point d'inflexion pour la valeur x_1 de x telle que $\left(\dfrac{\mathrm{d}^2 S}{\mathrm{d}x^2}\right)_{x=x_1} = 0$,

soit
$$-\frac{4}{(e^{x_1}+e^{-x_1})^2} \left(1 - 2x_1 \frac{e^{x_1}-e^{-x_1}}{e^{x_1}+e^{-x_1}}\right) = 0.$$

En introduisant les fonctions hyperboliques

$$\mathrm{ch}\,x = \frac{e^{x}+e^{-x}}{2} \qquad \text{et} \qquad \mathrm{th}\,x = \frac{e^{x}-e^{-x}}{e^{x}+e^{-x}},$$

l'équation s'écrit

$$\frac{1}{\mathrm{ch}^2\,x_1}\,(1 - 2x_1\,\mathrm{th}\,x_1) = 0 \qquad \text{ou} \qquad \mathrm{th}\,x_1 = \frac{1}{2x_1}.$$

La résolution graphique de cette équation donne la solution $x_1 \approx 0{,}77$; la température correspondante est

$$T_1 = \frac{\mu B}{k x_1} = \frac{1}{0{,}77} = \mathbf{1{,}3\ K.}$$

b) L'entropie d'une mole d'atomes peut s'écrire

$$S = R\,[\ln(e^{-x} + e^{+x}) - x\ \mathrm{th}\,x].$$

Or, au point d'inflexion, on a $x = 0{,}77$ et $x\,\mathrm{th}x = \frac{1}{2}$; l'entropie d'une mole d'atomes vaut donc

$$S = 8{,}31\left[\ln(e^{-0{,}77} + e^{0{,}77}) - \frac{1}{2}\right] = 3{,}8\ \mathrm{J/K\,.\,mole}.$$

Ainsi, pour $T_1 = 1{,}3$ K (très basse température), le désordre de l'assemblée d'atomes est encore important, puisque l'entropie est environ égale au 2/3 de l'entropie maximale (5,73 J/ K . mole), aux températures infiniment grandes. Donc la variation d'entropie est très lente pour les températures supérieures à 1,3 K et très brusque entre 1,3 K et 0 K. Ce n'est qu'en se rapprochant très près du zéro absolu que l'entropie tend vers 0.

22 – TRANSFORMATIONS IRREVERSIBLES ET REVERSIBLES EN VASE CLOS

Un cylindre vertical, de section $S = 100\ \mathrm{cm}^2$, est fermé par un piston horizontal de masse négligeable, mobile sans frottement. Une masse $m = 1$ g d'hélium (gaz parfait monoatomique, de masse molaire $M = 4$ g) est initialement enfermée dans le cylindre, dans les conditions $T_0 = 300$ K et $p_0 = 1\ \mathrm{atm} = 10^5$ Pa (p_0 = pression atmosphérique extérieure, supposée constante).

A) *Les parois du cylindre et du piston sont imperméables à la chaleur.*

1° On applique brutalement une surcharge de poids 1 000 N sur le piston. Le gaz prend un nouvel état d'équilibre (p_1, v_1, T_1).

a) Calculer le taux de compression $x = \dfrac{p_1}{p_0}$.

b) Exprimer $\dfrac{v_1}{v_0}$ et $\dfrac{T_1}{T_0}$ en fonction de x et du rapport $\gamma = \dfrac{c_p}{c_v}$.

c) Calculer numériquement, dans l'état d'équilibre final, la température T_1 du gaz et la hauteur h_1 du piston au-dessus du fond. Que devient cette hauteur lorsque la surcharge est appliquée progressivement sur le piston, jusqu'à ce que la pression du gaz soit p_1 ?

d) Donner en fonction des variables p et T, l'expression de l'entropie S du gaz. On rappelle que la quantité de chaleur échangée au cours d'une transformation élémentaire réversible s'écrit $\delta Q = c_p\,\mathrm{d}T + h\,\mathrm{d}p$, avec

$h = -v$ pour les gaz parfaits. En déduire la variation ΔS_1 d'entropie du gaz, au cours de là transformation considérée. Justifier le signe de ΔS_1.

2° On enlève brutalement la surcharge de poids 1 000 N. Le gaz subit une détente irréversible qui l'amène à un nouvel état d'équilibre (p_0, v_2, T_2). Puis, on ramène le gaz à l'état d'équilibre initial (p_0, v_0, T_0) par une transformation irréversible isobare, en mettant le gaz en contact avec une source de chaleur à la température T_0.

a) En utilisant les résultats de la 1ère question, déterminer littéralement v_2 et T_2, en fonction de v_1, T_1, $x = \dfrac{p_1}{p_0}$ et γ.

Application numérique.

b) Calculer la quantité de chaleur Q mise en jeu au cours de la transformation isobare. Justifier le signe de Q.

c) Déterminer les variations d'entropie $\Delta S'$ et $\Delta S''$ du gaz, au cours de la détente puis au cours de la transformation isobare. Quelle relation doivent vérifier Q et $\Delta S''$, d'après le 2ème principe ? Comparer ΔS_1 et $\Delta S' + \Delta S''$.

B) Les parois du cylindre et du piston sont maintenant modérément *perméables à la chaleur* ; le cylindre est baigné dans un liquide de température constante $T_0 = 300$ K. Le gaz est dans les conditions (p_0, v_0, T_0).

1° On applique brutalement la surcharge de poids 1 000 N. Le gaz atteint un nouvel état d'équilibre (p_1, v'_1, T_0). Quels sont alors :

a) la hauteur h'_1 du piston au-dessus du fond du cylindre ;

b) le travail W_i reçu par le gaz au cours de cette compression irréversible ;

c) la variation d'entropie de l'univers $(\Delta S)_{\text{univers}}$?

2° On applique maintenant la surcharge progressivement jusqu'à atteindre la pression p_1. Montrer que le piston atteint la même position h'_1 qu'à la question précédente. Calculer le travail W_r reçu par le gaz.

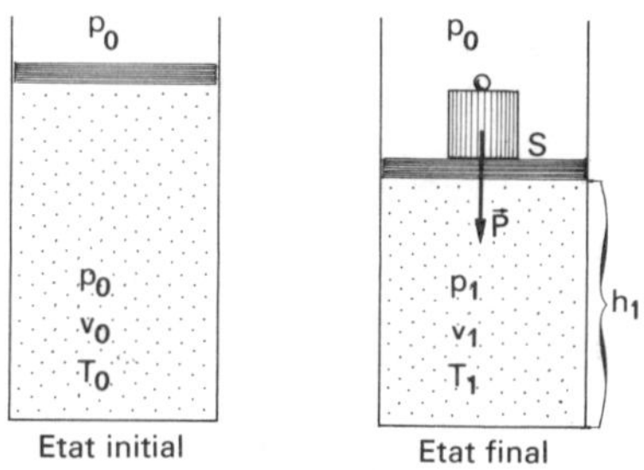

Figure IV, 21

3° Montrer que $W_i - W_r = T_0 (\Delta S)_{\text{univers}}$.

On donne : $\gamma = \dfrac{5}{3}$ et $R = 8{,}32$ J/mole. K.

Solution

A) 1°

a) La transformation envisagée est une compression *adiabatique* (car les parois sont imperméables à la chaleur) et *irréversible* (la surcharge est appliquée brutalement).

La condition d'équilibre mécanique (Σ forces $= 0$) s'écrit

$$P + p_0 S = p_1 S, \qquad \text{soit} \qquad p_1 = p_0 + \frac{P}{S}.$$

Le taux de compression est donc

$$\boxed{\frac{p_1}{p_0} = 1 + \frac{P}{p_0 S}}.$$

Application numérique : $x = \dfrac{p_1}{p_0} = 1 + \dfrac{1\,000}{10^5 \,.\, 10^{-2}} = 2.$

b) Le travail W reçu par le gaz est mesuré par la variation d'énergie interne ΔU du gaz (car la transformation est adiabatique) ; or, ΔU a la même valeur que si la transformation était effectuée de façon adiabatique réversible, et d'autre part on a

$$W = - p_{\text{ext}} (v_1 - v_0) \qquad \text{avec} \qquad p_{\text{ext}} = p_0 + \frac{P}{S} = p_1.$$

La relation $W = \Delta U$ s'écrit alors

$$- p_1 (v_1 - v_0) = \frac{p_1 v_1 - p_0 v_0}{\gamma - 1}.$$

En divisant les deux membres par $p_1 v_0$, et compte tenu de $p_1 = x p_0$, il vient

$$1 - \frac{v_1}{v_0} = \frac{\dfrac{v_1}{v_0} - \dfrac{1}{x}}{\gamma - 1}.$$

On en déduit le rapport des volumes :

$$\frac{v_1}{v_0} = \frac{x\gamma + 1 - x}{x\gamma} \qquad \text{ou} \qquad \boxed{\frac{v_1}{v_0} = 1 - \frac{x - 1}{x\gamma}}. \qquad (1)$$

Comme le gaz est parfait, on a $\frac{p_0 v_0}{T_0} = \frac{p_1 v_1}{T_1}$; le rapport des températures est donc $\frac{T_1}{T_0} = \frac{p_1}{p_0} \frac{v_1}{v_0}$, soit, d'après la relation (1),

$$\boxed{\frac{T_1}{T_0} = x - \frac{x-1}{\gamma}} \,. \qquad (2)$$

c) Application numérique : $\frac{T_1}{T_0} = 2 - \frac{3}{5} = \frac{7}{5}$, soit

$T_1 = 1{,}4\ T_0 = \mathbf{420\ K}$; $\frac{v_1}{v_0} = 1 - \frac{3}{10} = \frac{7}{10}$, soit $v_1 = 0{,}7\ v_0$.

Or, le nombre de moles du gaz est $n = \frac{m}{M} = \frac{1}{4}$ mole ; le volume initial est donc

$$v_0 = \frac{nRT_0}{p_0} = \frac{\frac{1}{4}\,.\,8{,}32\,.\,300}{10^5} = 624\,.\,10^{-5}\ \text{m}^3 = 6{,}24\ \text{l}.$$

Le volume final du gaz est $v_1 = 0{,}7\,.\,6{,}24 = \mathbf{4{,}37\ l}$; d'où

$$h_1 = \frac{v_1}{S} = \mathbf{0{,}437\ m.}$$

• Si la surcharge était appliquée progressivement, la transformation adiabatique envisagée aurait été réversible, et, d'après l'équation de Laplace, $pv^{\gamma} = $ cte, le volume final du gaz serait $v'_1 = v_0 \left(\frac{p_0}{p_1}\right)^{\frac{1}{\gamma}} = v_0 x^{-\frac{1}{\gamma}}$; donc

$v'_1 = 6{,}24\,.\,2^{-3/5} = 4{,}11$ l.

La hauteur correspondante est $h'_1 = \frac{v'_1}{S} = \mathbf{0{,}411\ m.}$ On remarque que $h'_1 < h_1$.

d) Au cours d'une transformation réversible, la différentielle de l'entropie $S(p, T)$, de n moles de gaz parfait, d'équation $pv = nRT$, est

$$\mathrm{d}S = \frac{\delta Q}{T} = \frac{c_p\,\mathrm{d}T - v\,\mathrm{d}p}{T},$$

c_p étant la capacité calorifique du gaz : $c_p = \frac{n\gamma R}{\gamma - 1} = \frac{5}{2}\,nR$

d'où $$\mathrm{d}S = \frac{5}{2}\, nR\, \frac{\mathrm{d}T}{T} - nR\, \frac{\mathrm{d}P}{P}.$$

L'intégration donne l'entropie du gaz parfait monoatomique, à une constante S_0 près :

$$\boxed{S = nR\left(\frac{5}{2}\ln T - \ln p\right) + S_0}. \qquad (3)$$

La variation d'entropie du gaz, entre l'état (p_0, T_0) et l'état (p_1, T_1), indépendante du chemin suivi, peut être calculée comme si la compression était réversible, soit d'après la relation (3) :

$$\boxed{\Delta S_1 = nR\left(\frac{5}{2}\ln\frac{T_1}{T_0} - \ln\frac{p_1}{p_0}\right)}.$$

Application numérique : $\Delta S_1 = 2{,}08\left(\frac{5}{2}\ln\frac{7}{5} - \ln 2\right) = \mathbf{0{,}31\ J/K}$; ΔS_1 est positif, ce qui était prévisible puisque la transformation est irréversible.

2°

a) La détente irréversible adiabatique de l'état (p_1, v_1, T_1) à l'état (p_0, v_2, T_2) est régie par les mêmes lois que la compression irréversible adiabatique de la 1ère question.

Donc, d'après la relation (1), on a

$$\frac{v_2}{v_1} = 1 - \frac{\dfrac{p_0}{p_1} - 1}{\dfrac{p_0}{p_1}\cdot\gamma} = 1 - \frac{x}{\gamma}\left(\frac{1}{x} - 1\right),$$

soit $$\boxed{v_2 = v_1\left(1 + \frac{x-1}{\gamma}\right)}.$$

De même, d'après la relation (2), on a

$$\frac{T_2}{T_1} = \frac{p_0}{p_1} + \frac{1 - \dfrac{p_0}{p_1}}{\gamma} = \frac{1}{x} + \frac{1 - \dfrac{1}{x}}{\gamma},$$

soit $$\boxed{T_2 = T_1\left(\frac{1}{x} + \frac{x-1}{\gamma x}\right)}.$$

Application numérique : $v_2 = 4{,}37\left(1 + \frac{3}{5}\right) \approx \mathbf{7{,}0\ l}$;

et
$$T_2 = 420\left(\frac{1}{2} + \frac{3}{10}\right) = \mathbf{336\ K}.$$

b) Au cours du refroidissement isobare, de T_2 à T_0, la quantité de chaleur mise en jeu est

$$Q = c_p\ (T_0 - T_2),$$

ou
$$\boxed{Q = \frac{5}{2}\, nR\ (T_0 - T_2)}\ .$$

Comme $T_0 < T_2$, on a $Q < 0$: ce qui est en accord avec le $2^{\text{ème}}$ principe de la thermodynamique appliqué aux transformations cycliques monothermes : le système envisagé est en relation avec une seule source de chaleur, donc, au cours du cycle, il ne peut pas fournir de travail au milieu extérieur, donc $W > 0$ et $Q < 0$.

Application numérique : $Q = \frac{5}{2} \cdot 2{,}08\ (300 - 336) = \mathbf{-\ 187{,}2\ J}.$

c) La variation d'entropie du gaz est d'après la relation (3) :

– au cours de la détente adiabatique irréversible :

$$\boxed{\Delta S' = nR\left(\frac{5}{2}\ln\frac{T_2}{T_1} - \ln\frac{p_0}{p_1}\right)}\ ; \qquad (4)$$

– au cours du refroidissement isobare irréversible :

$$\boxed{\Delta S'' = \frac{5}{2}\, nR \ln\frac{T_0}{T_2}}\ . \qquad (5)$$

Application numérique : $\Delta S' = 2{,}08\left(\frac{5}{2}\ln\frac{336}{420} + \ln 2\right) = \mathbf{+\ 0{,}27\ J/K}.$

$$\Delta S'' = \frac{5}{2} \times 2{,}08 \ln\frac{300}{336} = \mathbf{-\ 0{,}58\ J/K}.$$

• Au cours de la transformation isobare, la variation d'entropie de la source de chaleur (qui a fourni une quantité de chaleur Q) est $-\frac{Q}{T_0}$; et la variation d'entropie du gaz est $\Delta S''$. Comme cette transformation est irréversible, on a nécessairement $(\Delta S)_{\text{univers}} > 0$,

ou
$$\boxed{-\frac{Q}{T_0} + \Delta S'' > 0} \, .$$

Vérification : $-\dfrac{Q}{T_0} + \Delta S'' = +\dfrac{187{,}2}{300} - 0{,}58 > 0$.

• On peut écrire, d'après les relations (4) et (5) :

$$\Delta S' + \Delta S'' = nR\left[\frac{5}{2}\left(\ln\frac{T_2}{T_1} + \ln\frac{T_0}{T_2}\right) - \ln\frac{p_0}{p_1}\right] ,$$

ou $\Delta S' + \Delta S'' = nR\left(\dfrac{5}{2}\ln\dfrac{T_0}{T_1} - \ln\dfrac{p_0}{p_1}\right) = -\,nR\left(\dfrac{5}{2}\ln\dfrac{T_1}{T_0} - \ln\dfrac{p_1}{p_0}\right)$,

donc
$$\boxed{\Delta S' + \Delta S'' = -\,\Delta S_1} \, .$$

Ce résultat était prévisible, puisque la variation d'entropie totale est nulle au cours d'un cycle (réversible ou irréversible) :

$$\Delta S_1 + \Delta S' + \Delta S'' = 0.$$

B) 1°

a) La compression est isotherme et irréversible. En considérant l'état d'équilibre initial (p_0, v_0, T_0) et l'état d'équilibre final (p_1, v'_1, T_0), la loi de Mariotte s'écrit

$$p_1 v'_1 = p_0 v_0, \quad \text{d'où} \quad v'_1 = v_0 \frac{p_0}{p_1} ,$$

soit
$$v'_1 = \frac{v_0}{x} = 3{,}12 \text{ l} ;$$

on en déduit la nouvelle hauteur $h'_1 = \dfrac{v'_1}{S}$, ou

$$\boxed{h'_1 = \frac{v_0}{xS}} \, .$$

Application numérique : $\mathbf{h'_1 = 0{,}312}$ **m.**

b) Au cours de cette compression isotherme, la variation d'énergie interne du gaz parfait est nulle :

$$\Delta U = W_i + Q_i = 0.$$

Pour calculer W_i, il suffit d'écrire, puisque la pression extérieure est constante et égale à $p_0 + \dfrac{P}{S} = p_1$:

$$W_i = - p_1 \; (v'_1 - v_0) = x p_0 v_0 \; \left(1 - \frac{1}{x}\right)$$

ou

$$\boxed{W_i = nRT_0 \; (x - 1)} \, .$$

Application numérique : $W_i = 2{,}08 \, . \, 300 \times 1 =$ **624 J.**

c) La variation d'entropie du gaz est la même que si la transformation était réversible, avec les mêmes extrémités ; donc

$$\Delta S_{\text{gaz}} = \frac{Q_r}{T_0} = - \, nR \ln \frac{p_1}{p_0} = - \, nR \ln x .$$

De plus, le milieu extérieur a fourni une quantité de chaleur Q_i, donc a reçu $- \, Q_i = W_i$; l'entropie du milieu extérieur varie de

$$\Delta S_{\text{ext}} = - \frac{Q_i}{T_0} = \frac{W_i}{T_0} = nR \; (x - 1) \, .$$

La variation d'entropie de l'univers est donc

$$(\Delta S)_{\text{univers}} = \Delta S_{\text{gaz}} + \Delta S_{\text{ext}}$$

ou

$$\boxed{(\Delta S)_{\text{univers}} = nR \; (x - 1 - \ln x)} \, . \qquad (6)$$

Application numérique : $(\Delta S)_{\text{univers}} = 2{,}08 \; (1 - \ln 2) =$ **+ 0,64 J/K.**

2° La transformation est isotherme et réversible ; les extrémités de cette transformation étant identiques à celles de la question B 1°, on a encore

$$v'_1 = v_0 \frac{p_0}{p_1} \, , \quad \text{donc} \quad h'_1 = 0{,}312 \text{ m} .$$

Le travail reçu par le gaz est

$$W_{\text{r}} = - \, Q_{\text{r}} = nRT_0 \ln \frac{p_1}{p_0} \quad \text{ou} \quad \boxed{W_r = nRT_0 \ln x} \, .$$

Application numérique : $W_r = 2{,}08 . 300 \ln 2 =$ **431 J.**

3° On a $\qquad W_i - W_r = nRT_0 \; [(x - 1) - \ln x]$

et $\quad T_0 \; (\Delta S)_{\text{univers}} = nRT_0 \; [(x - 1) - \ln x]$, d'après la relation (6).

On a donc vérifié la relation générale

$$\boxed{W_i - W_r = T_0 \; (\Delta S)_{\text{univers}}} \, .$$

Dans le cas d'une transformation réversible ($W_i = W_r$), on retrouve

$$(\Delta S)_{\text{univers}} = 0.$$

23 – ENTROPIE DE MELANGE ET DE DIFFUSION. PARADOXE DE GIBBS

1° Mélange de deux gaz

On met en communication un récipient de volume $V_1 = 10$ l contenant $n = \frac{1}{2}$ mole d'oxygène, sous la pression atmosphérique (10^5 N/m^2), avec un récipient de volume $V_2 = 15$ l contenant également $n = \frac{1}{2}$ mole d'oxygène, sous la pression atmosphérique. Les deux récipients sont parfaitement calorifugés et les gaz sont supposés parfaits. Déterminer, lorsque l'équilibre est atteint, la variation d'entropie du système des deux gaz, en fonction des températures initiales T_1 et T_2 de l'oxygène, dans chaque récipient.

Application numérique : Capacité calorifique molaire à pression constante, de l'oxygène :

$$c_p = \frac{7}{2} R, \qquad \text{avec} \qquad R = 8{,}32 \text{ S.I.}$$

2° Entropie de diffusion isotherme de deux gaz

a) Soit un cylindre divisé en deux compartiments A_1 et A_2 de volumes V_1 et V_2 par une cloison diatherme étanche. Les compartiments A_1 et A_2 renferment respectivement $n_1 = 1$ mole d'oxygène et $n_2 = 4$ moles d'azote, à la même pression p et à la même température T. On perce un petit trou dans la cloison diatherme. Au bout d'un certain temps, les gaz mélangés forment un mélange idéal de gaz parfait (air), à la température T. Calculer, en fonction de n_1 et n_2, la variation d'entropie du système, au cours de cette diffusion.

b) Que pensez-vous du résultat obtenu, si les gaz qui diffusent sont identiques ?

Solution

1° Puisque les récipients sont calorifugés, la quantité de chaleur cédée par le gaz chaud de température initiale $T_2 > T_1$ est égale, à l'équilibre, à la quantité de chaleur reçue par le gaz froid de température initiale T_1. La température T d'équilibre du mélange gazeux est donc telle que :

$$nc_p(T - T_2) = nc_p(T_1 - T)$$

soit
$$T = \frac{T_1 + T_2}{2}. \tag{1}$$

D'autre part, le mélange des deux gaz, initialement à la même pression, s'effectue à pression constante ; la variation d'entropie est donc :

– pour l'oxygène initialement contenu dans C_1 :

$$\Delta S_1 = nc_p \ln \frac{T}{T_1},$$

– pour l'oxygène initialement contenu dans C_2 :

$$\Delta S_2 = nc_p \ln \frac{T}{T_2}.$$

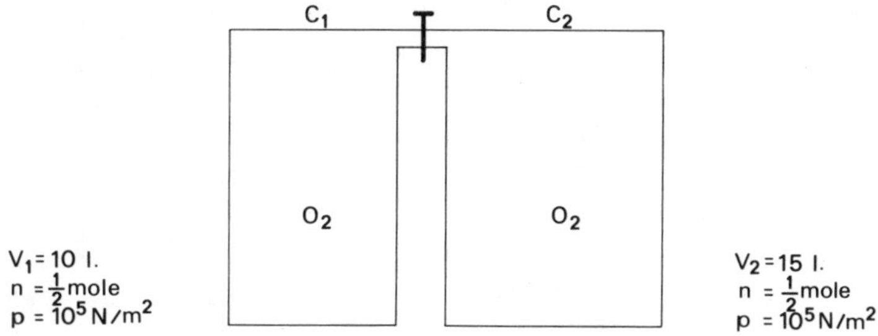

Figure IV,22

La variation d'entropie du système est donc

$$\Delta S = nc_p \left(\ln \frac{T}{T_1} + \ln \frac{T}{T_2}\right) = nc_p \ln \frac{T^2}{T_1 T_2},$$

ou
$$\Delta S = 2\, nc_p \ln \frac{T}{\sqrt{T_1 T_2}}.$$

La variation d'entropie, en fonction de T_1 et T_2, s'écrit finalement d'après (1)

$$\boxed{\Delta S = 2\, nc_p \ln \frac{T_1 + T_2}{2\sqrt{T_1 T_2}}}.$$

Application numérique : La température initiale de l'oxygène est

– dans le compartiment C_1 : $T_1 = \dfrac{pV_1}{nR} = \dfrac{10^5 \cdot 10^{-2}}{4{,}16} = 240{,}4$ K ;

– dans le compartiment C_2 : $T_2 = \dfrac{pV_2}{nR} = 360{,}6$ K.

On en déduit

$$\Delta S = \frac{7}{2} \ln \frac{601}{589} \approx \mathbf{0{,}59\ J/K.}$$

4°

a) La détente considérée est *irréversible et isotherme* ; la variation d'entropie de chaque gaz est la même que s'il effectuait une détente *isotherme réversible,* en faisant passer le volume final à $V_1 + V_2$.

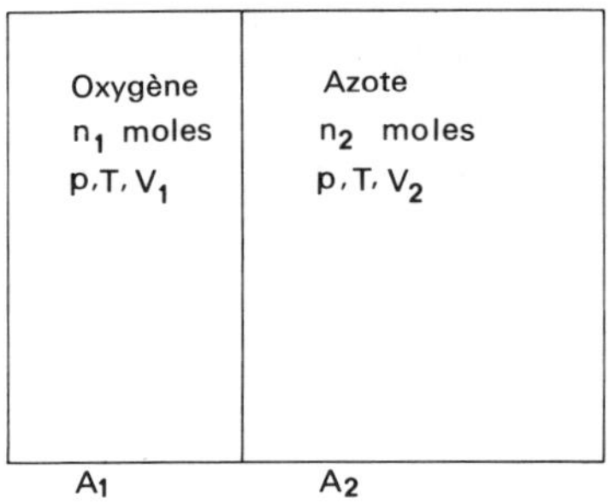

Figure IV,23

La variation d'entropie de l'oxygène est donc

$$\Delta S_1 = n_1 R \ln \frac{V_1 + V_2}{V_1}.$$

La variation d'entropie de l'azote est

$$\Delta S_2 = n_2 R \ln \frac{V_1 + V_2}{V_2}.$$

Or, d'après le théorème de Gibbs, l'entropie d'un mélange idéal de gaz parfait est égale à la somme des entropies des gaz constituant le mélange, comme s'ils occupaient seuls tout le volume du mélange.

La variation d'entropie du système est donc

$$\Delta S = \Delta S_1 + \Delta S_2 = n_1 R \ln \left(1 + \frac{V_2}{V_1}\right) + n_2 R \ln \left(1 + \frac{V_1}{V_2}\right).$$

Comme les gaz étaient à la même pression et à la même température, on a, d'après l'équation d'état des gaz parfaits,

$$\frac{V_2}{V_1} = \frac{n_2}{n_1}.$$

On en déduit

$$\boxed{\Delta S = R\left[n_1 \ln\left(1 + \frac{n_2}{n_1}\right) + n_2 \ln\left(1 + \frac{n_1}{n_2}\right)\right]} \qquad (2)$$

Application numérique : $\Delta S = 8{,}32\ \left(1.\ \ln 5 + 4.\ \ln \frac{5}{4}\right) = \mathbf{20{,}8\ J/K}$.

b) Si les gaz sont identiques, la relation (2) donne le même résultat ΔS que pour des gaz différents. Or, pour des gaz identiques, il n'y a *aucune variation d'entropie*, car l'état initial et l'état final du gaz sont identiques (même pression, même température, même gaz). L'entropie de diffusion (donc le désordre) n'a pas varié lorsque les molécules sont identiques. La relation (2) ne s'applique donc pas aux gaz identiques. L'entropie de mélanges par diffusion perd sa signification : c'est le paradoxe de Gibbs.

CHAPITRE 5

APPLICATIONS DES PRINCIPES THERMODYNAMIQUES ÉNERGIE ET ENTHALPIE LIBRES

I. EXPRESSION MATHEMATIQUE DES PRINCIPES. PARAMETRES EXTENSIFS ET INTENSIFS

L'état d'un système thermodynamique quelconque est défini, dans un état d'équilibre, par les variables $x_1, x_2, x_3, \ldots, x_i, X_1, X_2, X_3, \ldots, X_i$. Les grandeurs $X_1, X_2, X_3, \ldots, X_i$ sont des paramètres *intensifs* (ayant la même valeur pour tous les éléments constituant le système) et les grandeurs $x_1, x_2, x_3, \ldots, x_i$ sont des paramètres *extensifs* (donc additifs).

Grandeur intensive X_i	Tension d'un fil : f	Constante superficielle d'un liquide : A	Pression : p	Tension électrique : V	Température : T
Grandeur extensive x_i	Longueur du fil : l	Surface d'un liquide en contact avec sa vapeur saturante : s	Volume : v	Charge électrique q	Entropie : S
Energie associée $X_i \mathrm{d}x_i$	$f.\,\mathrm{d}l$	$A\,\mathrm{d}s$	$-p\,\mathrm{d}v$	$V\,\mathrm{d}q$	$T\,\mathrm{d}S$

Le tableau ci-dessus montre qu'à chaque couple de variables (x_i, X_i) correspond, pour une transformation *réversible,* une énergie $X_i\,\mathrm{d}x_i$ (travail δW ou chaleur δQ échangés avec le milieu extérieur).

La différentielle de l'énergie interne d'un système s'écrit donc sous la forme

$$\mathrm{d}U = \delta W + \delta Q = \Sigma\, X_i \mathrm{d}x_i = A_1 \mathrm{d}x_1 + A_2 \mathrm{d}x_2 + A_3 \mathrm{d}x_3 + \ldots \quad (1)$$

La différentielle de l'entropie s'écrit de même, sous la forme

$$\mathrm{d}S = \frac{\delta Q}{T} = B_1 \mathrm{d}x_1 + B_2 \mathrm{d}x_2 + B_3 \mathrm{d}x_3 + \ldots\ldots \quad (2)$$

Notons qu'on peut écrire dU sous la forme

$$dU = \left(\frac{\partial U}{\partial x_1}\right) dx_1 + \left(\frac{\partial U}{\partial x_2}\right) dx_2 + \left(\frac{\partial U}{\partial x_3}\right) dx_3 + \ldots,$$

et en composant avec la relation (1), on obtient

$$A_1 = \frac{\partial U}{\partial x_1}, A_2 = \frac{\partial U}{\partial x_2}, A_3 = \frac{\partial U}{\partial x_3}, \ldots;$$

de même, $B_1 = \dfrac{\partial S}{\partial x_1}, B_2 = \dfrac{\partial S}{\partial x_2}, B_3 = \dfrac{\partial S}{\partial x_3}, \ldots\ldots$

Pour traduire mathématiquement les deux principes, on écrit que dU et dS sont des différentielles totales exactes des fonctions d'état

$$U(x_1, x_2, x_3, \ldots) \quad \text{et} \quad S(x_1, x_2, x_3, \ldots).$$

On obtient ainsi deux groupes de relations :

*– d'après la relation (1) :

$$\left(\frac{\partial A_1}{\partial x_2}\right) = \left(\frac{\partial A_2}{\partial x_1}\right), \left(\frac{\partial A_1}{\partial x_3}\right) = \left(\frac{\partial A_3}{\partial x_1}\right), \left(\frac{\partial A_2}{\partial x_3}\right) = \left(\frac{\partial A_3}{\partial x_2}\right), \ldots$$

– d'après la relation (2) :

$$\left(\frac{\partial B_1}{\partial x_2}\right) = \left(\frac{\partial B_2}{\partial x_1}\right), \left(\frac{\partial B_1}{\partial x_3}\right) = \left(\frac{\partial B_3}{\partial x_1}\right), \left(\frac{\partial B_2}{\partial x_3}\right) = \left(\frac{\partial B_3}{\partial x_2}\right), \ldots$$

En combinant ces relations, on obtient de nouvelles relations entre les coefficients $A_1, A_2, \ldots, B_1, B_2, \ldots$, les variables $x_1, x_2, x_3, \ldots$ et leurs dérivées partielles.

II FONCTION ENERGIE LIBRE F ET ENTHALPIE LIBRE G

a) Définition.

A partir des fonction d'état U, H et S, on définit deux nouvelles fonctions d'état :

- l'énergie libre : $F = U - TS$,
- l'enthalpie libre : $G = H - TS$.

----

* La notation $\left(\dfrac{\partial A_1}{\partial x_2}\right)$ doit être lue : dérivée partielle de A_1 par rapport à la variable x_2, les autres paramètres $x_1, x_3, \ldots$ étant supposés constants. On écrit également

$$\left(\frac{\partial A_1}{\partial x_2}\right)_{x_1, x_3, \ldots}$$

La fonction d'état F est appelée énergie libre ; en effet, pour une compression isotherme, la variation de la fonction F est

$$\Delta F = \Delta U - T\Delta S \ ;$$

or ΔU représente l'*énergie totale* emmagasinée et la quantité $T\Delta S$ représente une *énergie inutilisable;* ΔF apparaît alors comme l'*énergie utile* (libre d'être transformée intégralement en travail).

b) Transformations monothermes.

On établit aisément que pour les transformations monothermes,

– à volume constant : $\Delta F \leqslant W$, W étant le travail reçu par le système,

– à pression constante : $\Delta G \leqslant W'$, W' étant le travail autre que celui des forces de pression, reçu par le système.

L'inégalité stricte caractérise les processus irréversibles, et l'égalité, les processus réversibles.

c) Sens d'évolution des fonctions F et G.

La relation précédente s'écrit $\Delta F \leqslant 0$ pour un système de volume invariable ($W = 0$), alors que d'après le $2^{\text{ème}}$ principe, on a $\Delta S \geqslant 0$.

Ainsi, l'entropie S d'un système thermiquement isolé ne peut que croître (passage de l'ordre vers le désordre) et son énergie libre F à volume constant ne peut que décroître (l'énergie totale du système est de moins en moins apte à se transformer en travail). On a donc **S maximal et F minimal, à l'équilibre.**

De même, un système qui ne reçoit du travail que des forces de pression est tel que $\Delta G \leqslant 0$, au cours d'une évolution monotherme isobare. Dans ces conditions, G ne peut que décroître et à l'équilibre G atteint une valeur minimale, toute évolution réelle sera alors impossible.

III EQUATIONS CARACTERISTIQUES DE LA THERMODYNAMIQUE

a) L'équation fondamentale liant dU et dS est, puisque $\mathrm{d}U = \delta Q + \delta W$,

$$\boxed{\mathrm{d}U = T\,\mathrm{d}S + \Sigma\, X\,\mathrm{d}x \quad ,}$$

où $\Sigma\, X\,\mathrm{d}x$ représente la somme des travaux élémentaires échangés avec le milieu extérieur.

Par exemple, dans le cas d'une transformation thermomécanique (seules les forces de pression travaillent), on aura

$$\mathrm{d}U = T\,\mathrm{d}S - p\,\mathrm{d}v.$$

Ces relations, écrites pour des transformations réversibles, restent valables pour les transformations irréversibles, car dU ne dépend pas du chemin suivi. *Ces relations sont donc toujours valables.*

b) Relations relatives aux transformations thermomécaniques : en exprimant que dU, dS, dH, dF et dG sont des différentielles totales exactes (cf. paragraphe 1.), on obtient des relations souvent utilisées en thermodynamique :

– les quatre relations de Maxwell :

$$\left(\frac{\partial S}{\partial p}\right)_v = -\left(\frac{\partial v}{\partial T}\right)_S \; ; \; \left(\frac{\partial S}{\partial v}\right)_p = \left(\frac{\partial p}{\partial T}\right)_S \; ;$$

$$\left(\frac{\partial S}{\partial p}\right)_T = -\left(\frac{\partial v}{\partial T}\right)_p \; ; \; \left(\frac{\partial S}{\partial v}\right)_T = \left(\frac{\partial p}{\partial T}\right)_v \; ;$$

– les relations de Clapeyron exprimant les coefficients calorimétriques :

$$l = T\left(\frac{\partial p}{\partial T}\right)_v \quad \text{et} \quad h = -T\left(\frac{\partial v}{\partial T}\right)_p \; ;$$

– les expressions des chaleurs massiques et de leurs dérivées partielles :

$$c_v = \left(\frac{\partial U}{\partial T}\right)_v = T\left(\frac{\partial S}{\partial T}\right)_v = -T\left(\frac{\partial^2 F}{\partial T^2}\right)_v ,$$

$$c_p = \left(\frac{\partial H}{\partial T}\right)_p = T\left(\frac{\partial S}{\partial T}\right)_p = -T\left(\frac{\partial^2 G}{\partial T^2}\right)_p ,$$

$$c_p - c_v = T\left(\frac{\partial p}{\partial T}\right)_v\left(\frac{\partial v}{\partial T}\right)_p \; ; \; \frac{\partial c_v}{\partial v} = T\frac{\partial^2 p}{\partial T^2} \; ; \; \frac{\partial c_p}{\partial p} = -T\frac{\partial^2 v}{\partial T^2} \; ;$$

– les équations de l'énergie :

$$\left(\frac{\partial U}{\partial v}\right)_T = T\left(\frac{\partial p}{\partial T}\right)_v - p \quad \text{et} \quad \left(\frac{\partial H}{\partial p}\right)_T = -T\left(\frac{\partial v}{\partial T}\right)_p + v \; ;$$

– les relations d'Helmoltz :

$$U = F - T\left(\frac{\partial F}{\partial T}\right)_{v, x, \ldots} \quad \text{et} \quad H = G - T\left(\frac{\partial G}{\partial T}\right)_{p, x, \ldots}$$

PROBLEMES DU CHAPITRE 5

1 – RELATIONS ENTRE COEFFICIENTS CALORIMETRIQUES ET COEFFICIENTS THERMOELASTIQUES. APPLICATIONS

La quantité de chaleur δQ échangée par l'unité de masse d'un fluide, avec le milieu extérieur, au cours d'une transformation élémentaire réversible, s'écrit

$$\delta Q = c_v \, \mathrm{d}T + l \, \mathrm{d}v \,,$$

ou

$$\delta Q = c_p \, \mathrm{d}T + h \mathrm{d}p.$$

On rappelle les relations de Clapeyron :

$$l = T \left(\frac{\partial p}{\partial T}\right)_v \quad \text{et} \quad h = -T \left(\frac{\partial v}{\partial T}\right)_p .$$

1° Etablir les expression de l, h et $(c_p - c_v)$ en fonction des variables thermodynamiques indépendantes (v, T) et des coefficients thermoélastiques α et χ du gaz.

2° **Application** : A la température de 22°C, et sous la pression de une atmosphère, l'acétone liquide, de masse volumique $\rho = 0{,}79$ g/cm^3, a un coefficient de compressibilité isotherme valant $1{,}06.10^{-9}$ pascal^{-1}, et un coefficient de dilatation isobare valant $1{,}1 \,.\, 10^{-3}$K^{-1}. Dans ces conditions, le rapport des chaleurs massiques de ce fluide est $\gamma = 1{,}26$.

a) Déterminer les chaleurs massiques à pression constante et à volume constant, de l'acétone à 22°C, sous une atmosphère.

b) Calculer les coefficients l, h et $\left(\frac{\partial U}{\partial v}\right)_T$ relatifs à 1 g d'acétone.

c) En déduire, pour 1 g d'acétone liquide, le coefficient a de l'équation de Van der Waals, à laquelle le liquide obéit :

$$\left(p + \frac{a}{v^2}\right) (v - b) = rT.$$

On calculera a dans le système international. On rappelle que 1 atm $\approx 10^5$ Pa.

Solution

1° Le rapport d'augmentation de pression isochore est

$$\beta = \frac{1}{p}\left(\frac{\partial p}{\partial T}\right)_v ;$$

donc le coefficient calorimétrique $l = T\left(\frac{\partial p}{\partial T}\right)_v$ s'écrit

$$l = Tp\beta.$$

Or, β est lié aux coefficients de dilatation isobare α et de compressibilité isotherme χ par la relation

$$\frac{\chi\beta}{\alpha} = \frac{1}{p}, \qquad \text{donc} \qquad p\beta = \frac{\alpha}{\chi},$$

soit

$$\boxed{l = T\frac{\alpha}{\chi}}. \tag{1}$$

D'autre part, le coefficient d'augmentation de volume isobare est

$$\alpha = \frac{1}{v}\left(\frac{\partial v}{\partial T}\right)_p ;$$

donc le coefficient calorimétrique $h = -T\left(\frac{\partial v}{\partial T}\right)_p$ s'écrit

$$\boxed{h = -Tv\alpha}.$$

Enfin, à pression constante, la quantité de chaleur mise en jeu s'écrit de deux façons :

$$\partial Q = c_v\,\mathrm{d}T + l\,\mathrm{d}v = c_p\,\mathrm{d}T,$$

donc

$$(c_p - c_v)\,\mathrm{d}T = l\,\mathrm{d}v.$$

La différence des capacités calorifiques du gaz est donc

$$c_p - c_v = l\left(\frac{\partial v}{\partial T}\right)_p \qquad \text{avec} \qquad \left(\frac{\partial v}{\partial T}\right)_p = \alpha v.$$

On en déduit, compte tenu de la relation (1),

$$\boxed{c_p - c_v = Tv\frac{\alpha^2}{\chi}}. \tag{2}$$

2°

a) Le volume massique de l'acétone est $\frac{v}{m} = \frac{1}{\rho}$; pour l'unité de masse ($m = 1$ kg), la relation (2) s'écrit

$$c_p - c_v = \frac{T}{\rho} \cdot \frac{\alpha^2}{\chi} ;$$

or $c_p = \gamma c_v$; on en déduit

$$c_v (\gamma - 1) = \frac{T}{\rho} \cdot \frac{\alpha^2}{\chi} .$$

La chaleur massique à volume constant du fluide est alors

$$\boxed{c_v = \frac{T}{\rho(\gamma - 1)} \cdot \frac{\alpha^2}{\chi}} .$$

Application numérique : $c_v = \frac{295}{(0{,}79.10^3).0{,}26} \cdot \frac{(1{,}1.10^{-3})^2}{1{,}06.10^{-9}} = \mathbf{1\,640\ J/kg}$
et $c_p = \gamma c_v = 1{,}26.1640 = \mathbf{2\,066\ J/kg}$.

b) On a, pour 1 g de fluide,

$$l = T\frac{\alpha}{\chi} = \frac{295.1{,}1.10^{-3}}{1{,}06.10^{-9}} = 3{,}06.10^8 \text{ Pa} \approx \mathbf{3\,060\ atm},$$

$$h = -T\frac{m}{\rho}\alpha = -295.\frac{10^{-3}}{790}. 1{,}1.10^{-3} = -4{,}1.10^{-7}\, m^3 = -\mathbf{0{,}41\ cm^3}$$

et $\left(\frac{\partial U}{\partial v}\right)_T = l - p = \mathbf{3\,059\ atm.}$

Notons que l et $\left(\frac{\partial U}{\partial v}\right)_T$ sont des quantités intensives (indépendantes de la masse du fluide) et que h est une quantité extensive.

c) Le coefficient calorimétrique l, pour le fluide obéissant à l'équation de Van der Waals $p = \frac{rT}{v - b} - \frac{a}{v^2}$, est

$$l = T\left(\frac{\partial p}{\partial T}\right)_v = \frac{rT}{v - b} = p + \frac{a}{v^2}.$$

On en déduit

$$\left(\frac{\partial U}{\partial v}\right)_T = l - p = \frac{a}{v^2}\,;$$

le quotient différentiel $\left(\frac{\partial U}{\partial v}\right)_T$ représente donc la pression interne du fluide ; la grande valeur trouvée (3 059 atm.) est normale car il s'agit d'un liquide (fluide à l'état condensé).

Le coefficient a de l'équation de Van der Waals vaut alors

$$a = v^2 \left(\frac{\partial U}{\partial v}\right)_T = \frac{m^2}{\rho^2} \left(\frac{\partial U}{\partial v}\right)_T.$$

Application numérique : $a = \dfrac{10^{-6}}{(0{,}79)^2 \cdot 10^6} \cdot 3\,059 \cdot 10^5 = \mathbf{4{,}9 \cdot 10^{-4}\ Pa.\ m^6}$.

2 – EQUATIONS DE MAXWELL. APPLICATION

On considère un corps pur, sous une seule phase, défini par deux des variables thermodynamiques : pression p, volume v, température T, énergie interne U, enthalpie H, entropie S, énergie libre F et enthalpie libre G.

1° Ecrire les expressions différentielles des fonctions d'état U, H, F et G, en fonction des variables T, p, S, v. Préciser les conditions de validité des équations écrites.

2° En déduire les quatre équations de Maxwell exprimant les dérivées partielles de l'entropie S par rapport à v et p.

3° *Application* : On comprime réversiblement, de 1 à 10 atmosphères, une certaine masse m d'hexane liquide pris à la température $T = 300$ K, dans un récipient à parois adiabatiques. Déterminer en grandeur et en signe la variation de température ΔT du liquide. Cette variation de température sera très faible devant T ($\Delta T \ll T$).

On donne pour l'hexane :

masse volumique $\rho = 0{,}7$ g/cm^3,
coefficient de dilatation isobare : $\alpha = 1{,}3 . 10^{-3}$ K^{-1},
chaleur massique à pression constante : $c_p = 25$ J/g/degré.

ρ, α et c_p sont supposés indépendants de la pression et de la température.
1 atm = 10^5 pascals.

Solution

1° Les différentielles des fonctions d'état U, H, F et G s'écrivent :

$$dU = \delta Q + \delta W \quad \text{ou} \quad \boxed{dU = T\,dS - p\,dv} \qquad (1)$$

$$dH = d(U + pv) \quad \text{ou} \quad \boxed{dH = T\,dS + v\,dp} \qquad (2)$$

$$dF = d(U - TS) \quad \text{ou} \quad \boxed{dF = -p\,dv - S\,dT} \qquad (3)$$

$$dG = d(H - TS) \quad \text{ou} \quad \boxed{dG = v\,dp - S\,dT} \qquad (4)$$

Comme ces relations ne font intervenir que des variables d'état, les variations d'énergie et d'enthalpie, dU, dF, dG et dH ne dépendent pas du chemin suivi ; donc ces relations, écrites pour une transformation élémentaire réversible, restent valables pour les transformations irréversibles, ayant même état initial et même état final que la transformation réversible. *Les relations écrites sont donc très générales.*

2° dU est une différentielle totale exacte ; donc, d'après la relation (1), on a

$$\left(\frac{\partial T}{\partial v}\right)_S = -\left(\frac{\partial p}{\partial S}\right)_v \quad \text{ou} \quad \boxed{\left(\frac{\partial S}{\partial p}\right)_v = -\left(\frac{\partial v}{\partial T}\right)_S}.$$

dH est une différentielle totale exacte, donc, d'après la relation (2), on a

$$\left(\frac{\partial T}{\partial p}\right)_S = \left(\frac{\partial v}{\partial S}\right)_p \quad \text{ou} \quad \boxed{\left(\frac{\partial S}{\partial v}\right)_p = \left(\frac{\partial p}{\partial T}\right)_S}.$$

dF est une différentielle totale exacte, donc, d'après la relation (3), on a

$$-\left(\frac{\partial p}{\partial T}\right)_v = -\left(\frac{\partial S}{\partial v}\right)_T \quad \text{ou} \quad \boxed{\left(\frac{\partial S}{\partial v}\right)_T = \left(\frac{\partial p}{\partial T}\right)_v}.$$

Enfin, dG est une différentielle totale exacte, donc, d'après la relation (4), on a

$$\left(\frac{\partial v}{\partial T}\right)_p = -\left(\frac{\partial S}{\partial p}\right)_T \quad \text{ou} \quad \boxed{\left(\frac{\partial S}{\partial p}\right)_T = -\left(\frac{\partial v}{\partial T}\right)_p}.$$

3° La $2^{\text{ème}}$ équation de Maxwell s'écrit

$$\left(\frac{\partial T}{\partial p}\right)_S = \left(\frac{\partial v}{\partial S}\right)_p. \qquad (5)$$

Introduisons le coefficient de dilatation isobare $\alpha = \frac{1}{v}\left(\frac{\partial v}{\partial T}\right)_p$. On a

$$\left(\frac{\partial v}{\partial S}\right)_p = \left(\frac{\partial v}{\partial T}\right)_p \cdot \left(\frac{\partial T}{\partial S}\right)_p = \alpha v \left(\frac{\partial T}{\partial S}\right)_p .$$

Or, à pression constante, la quantité de chaleur reçue par le corps de masse m, de chaleur massique c_p, s'écrit $T\mathrm{d}S = mc_p\mathrm{d}T$.

On en déduit

$$\left(\frac{\partial T}{\partial S}\right)_p = \frac{T}{mc_p} .$$

D'où

$$\left(\frac{\partial T}{\partial p}\right)_S = \frac{\alpha v T}{mc_p} .$$

Comme la transformation envisagée est isentropique (adiabatique et réversible), on en déduit, en introduisant la masse volumique $\rho = \frac{m}{v}$, du fluide, l'équation différentielle

$$\frac{\mathrm{d}T}{T} = \frac{\alpha}{\rho c_p}\,\mathrm{d}p.$$

Comme $\mathrm{d}T \ll T$, on peut admettre que T est une constante, alors la relation précédente permet de déterminer la variation de température du corps :

$$\boxed{\Delta T \approx \frac{\alpha T}{\rho c_p}\Delta p} .$$

Comme $\Delta p > 0$ et $\alpha > 0$, on en déduit que $\Delta T > 0$: *la compression de l'hexane s'accompagne d'une élévation de sa température,* alors que pour les corps ayant un coefficient α négatif, tels que l'eau dans certains domaines de température, la compression s'accompagne d'un refroidissement.

Application numérique : $\rho = 700$ kg/m³ ; $c_p = 25.10^3$ J/kg. On obtient

$$\Delta T = + \frac{1{,}3.10^{-3}.300}{700.25.10^3} . 9.10^5 = + \mathbf{0{,}02\ K.}$$

On remarque que $\Delta T \ll T$, ce qui justifie les approximations effectuées.

3 – RELATIONS DE CLAPEYRON. APPLICATIONS

Soit c_p, c_v, l et h les coefficients calorimétriques relatifs à l'unité de masse d'un gaz. On désigne par U et H l'énergie interne et l'enthalpie du gaz dans l'état (p, v, T). Par application des deux principes de la thermodynamique :

1°

a) Etablir les relations de Clapeyron

$$l = T\left(\frac{\partial p}{\partial T}\right)_v , \quad h = -T\left(\frac{\partial v}{\partial T}\right)_p$$

et

$$c_p - c_v = T\left(\frac{\partial p}{\partial T}\right)_v \left(\frac{\partial v}{\partial T}\right)_p .$$

Cas du gaz parfait

b) En déduire les relations

$$\left(\frac{\partial U}{\partial v}\right)_T = T\left(\frac{\partial p}{\partial T}\right)_v - p$$

et

$$\left(\frac{\partial H}{\partial p}\right)_T = -T\left(\frac{\partial v}{\partial T}\right)_p + v .$$

Cas du gaz parfait.

2° Etablir les relations

$$\left(\frac{\partial c_v}{\partial v}\right)_T = T\left(\frac{\partial^2 p}{\partial T^2}\right)_v$$

et

$$\left(\frac{\partial c_p}{\partial p}\right)_T = -T\left(\frac{\partial^2 v}{\partial T^2}\right)_p .$$

Cas du gaz parfait.

3° *Application* : Calculer l, $\left(\frac{\partial U}{\partial v}\right)_T$ et $\left(\frac{\partial c_v}{\partial v}\right)_T$ pour l'unité de masse d'un gaz réel qui obéit à l'équation d'état de Berthelot :

$$\left(p + \frac{a}{Tv^2}\right)(v - b) = rT.$$

Solution

1°

a) Pour une transformation réversible élémentaire :

– le travail des forces de pression est

$$\delta W = -\, p\,\mathrm{d}v,$$

– la quantité de chaleur mise en jeu est

$$\delta Q = c_v\,\mathrm{d}T + l\mathrm{d}v = c_p\mathrm{d}T + h\mathrm{d}p.$$

• **Avec les variables indépendantes *T* et *v*,** les différentielles de l'énergie interne et de l'entropie du gaz sont respectivement

$$\mathrm{d}U = \delta Q + \delta W = c_v\mathrm{d}T + (l - p)\,\mathrm{d}v,$$

et

$$\mathrm{d}S = \frac{\delta Q}{T} = \frac{c_v}{T}\,\mathrm{d}T + \frac{l}{T}\,\mathrm{d}v.$$

La traduction mathématique du premier principe ($\mathrm{d}U$ = différentielle totale exacte) s'écrit

$$\left(\frac{\partial c_v}{\partial v}\right)_T = \left(\frac{\partial (l-p)}{\partial T}\right)_v \quad \text{ou} \quad \left(\frac{\partial c_v}{\partial v}\right)_T = \left(\frac{\partial l}{\partial T}\right)_v - \left(\frac{\partial p}{\partial T}\right)_v . \qquad (1)$$

La traduction mathématique du second principe ($\mathrm{d}S$ = différentielle totale exacte) s'écrit

$$\left[\frac{\partial\left(\frac{c_v}{T}\right)}{\partial v}\right]_T = \left[\frac{\partial\left(\frac{l}{T}\right)}{\partial T}\right]_v$$

ou en simplifiant par T,

$$\left(\frac{\partial c_v}{\partial v}\right)_T = \left(\frac{\partial l}{\partial T}\right)_v - \frac{l}{T}\,. \qquad (2)$$

En identifiant les relations (1) et (2), on obtient

$$\boxed{l = T\left(\frac{\partial p}{\partial T}\right)_v}\,. \qquad (3)$$

• **Avec les variables indépendantes *T* et *p*,** on a

$$\mathrm{d}v = \left(\frac{\partial v}{\partial T}\right)_p \mathrm{d}T + \left(\frac{\partial v}{\partial p}\right)_T \mathrm{d}p\ ;$$

donc

$$dU = \delta Q + \delta W = \left[c_p - p\left(\frac{\partial v}{\partial T}\right)_p\right] dT + \left[h - p\left(\frac{\partial v}{\partial p}\right)_T\right] dp,$$

et
$$dS = \frac{\delta Q}{T} = \frac{c_p}{T} dT + \frac{h}{T} dp\cdot$$

dU est une différentielle totale exacte ; on peut donc écrire

$$\left(\frac{\partial c_p}{\partial p}\right)_T - p\frac{\partial^2 v}{\partial T . \partial p} - \left(\frac{\partial v}{\partial T}\right)_p = \left(\frac{\partial h}{\partial T}\right)_p - p\frac{\partial^2 v}{\partial p . \partial T},$$

ou
$$\left(\frac{\partial c_p}{\partial p}\right)_T = \left(\frac{\partial h}{\partial T}\right)_p + \left(\frac{\partial v}{\partial T}\right)_p \cdot \tag{4}$$

dS est une différentielle totale exacte, on a donc, après simplification des deux membres par T,

$$\left(\frac{\partial c_p}{\partial p}\right)_T = \left(\frac{\partial h}{\partial T}\right)_p - \frac{h}{T}\cdot \tag{5}$$

En comparant les relations (4) et (5), il vient

$$\boxed{h = -T\left(\frac{\partial v}{\partial T}\right)_p} \cdot \tag{6}$$

A pression constante, la quantité de chaleur s'écrit

$$\delta Q = c_v\, dT + l dv = c_p\, dT\ ;$$

donc

$$c_p - c_v = l\left(\frac{\partial v}{\partial T}\right)_p \cdot$$

En remplaçant l par l'expression (3), on obtient

$$\boxed{c_p - c_v = T\left(\frac{\partial p}{\partial T}\right)_v \left(\frac{\partial v}{\partial T}\right)_p} \cdot \tag{7}$$

Cas du gaz parfait : L'équation relative à l'unité de masse du gaz ($pv = rT$) permet d'écrire

$$\left(\frac{\partial p}{\partial T}\right)_v = \frac{r}{v} = \frac{p}{T} \quad \text{et} \quad \left(\frac{\partial v}{\partial T}\right)_p = \frac{r}{p} = \frac{v}{T}\cdot$$

Les relations (3), (6) et (7) deviennent donc pour un gaz parfait

$$l = p \; ; \; h = -v \; ; \qquad \text{et} \qquad c_p - c_v = r \, .$$

b) La différentielle de l'énergie interne U d'un gaz quelconque est

$$\mathrm{d}U = c_v \, \mathrm{d}T + (l - p) \, \mathrm{d}v \; ;$$

donc

$$\left(\frac{\partial U}{\partial v}\right)_T = l - p,$$

soit

$$\boxed{\left(\frac{\partial U}{\partial v}\right)_T = T\left(\frac{\partial p}{\partial T}\right)_v - p} \, ,$$

d'après la relation (3).

La différentielle de l'enthalpie H d'un gaz quelconque est

$$\mathrm{d}H = \mathrm{d}(U + pv) = c_p \, \mathrm{d}T + (h + v) \, \mathrm{d}p \; ;$$

donc

$$\left(\frac{\partial H}{\partial p}\right)_T = h + v,$$

soit

$$\boxed{\left(\frac{\partial H}{\partial p}\right)_T = -T\left(\frac{\partial v}{\partial T}\right)_p + v} \, ,$$

d'après la relation (6).

Cas du gaz parfait : $l = p$, $h = -v$, donc $\left(\frac{\partial U}{\partial v}\right)_T = 0$ et $\left(\frac{\partial H}{\partial p}\right)_T = 0$: ces relations traduisent les deux lois de Joule.

2° La relation (1) s'écrit, compte tenu de la relation (3),

$$\left(\frac{\partial c_v}{\partial v}\right)_T = \frac{\partial}{\partial T}\left[T\left(\frac{\partial p}{\partial T}\right)_v\right] - \left(\frac{\partial p}{\partial T}\right)_v = \left[T\left(\frac{\partial^2 p}{\partial T^2}\right)_v + \left(\frac{\partial p}{\partial T}\right)_v\right] - \left(\frac{\partial p}{\partial T}\right)_v,$$

donc

$$\boxed{\left(\frac{\partial c_v}{\partial v}\right)_T = T\left(\frac{\partial^2 p}{\partial T^2}\right)_v} \, . \qquad (8)$$

De même, la relation (4) s'écrit, compte tenu de la relation (6),

$$\left(\frac{\partial c_p}{\partial p}\right)_T = \frac{\partial}{\partial T}\left[-T\left(\frac{\partial v}{\partial T}\right)_p\right] + \left(\frac{\partial v}{\partial T}\right)_p = -T\left(\frac{\partial^2 v}{\partial T^2}\right)_p - \left(\frac{\partial v}{\partial T}\right)_p + \left(\frac{\partial v}{\partial T}\right)_p,$$

donc

$$\boxed{\left(\frac{\partial c_p}{\partial p}\right)_T = -T\left(\frac{\partial^2 v}{\partial T^2}\right)_p}.$$

Dans le cas d'un gaz parfait, on obtient aisément

$$\left(\frac{\partial c_v}{\partial v}\right)_T = 0 \quad \text{et} \quad \left(\frac{\partial c_p}{\partial p}\right)_T = 0.$$

3° L'équation d'état du gaz de Berthelot peut s'écrire

$$p = \frac{rT}{v-b} - \frac{a}{Tv^2}.$$

On obtient, en dérivant à volume constant,

$$\left(\frac{\partial p}{\partial T}\right)_v = \frac{r}{v-b} + \frac{a}{T^2 v^2}.$$

Le coefficient calorimétrique $l = T\left(\frac{\partial p}{\partial T}\right)_v$ est donc

$$\boxed{l = \frac{rT}{v-b} + \frac{a}{Tv^2}}.$$

On en déduit $\left(\frac{\partial U}{\partial v}\right)_T = l - p$, soit

$$\boxed{\left(\frac{\partial U}{\partial v}\right)_T = \frac{2a}{Tv^2}}.$$

D'autre part, on a $\left(\frac{\partial^2 p}{\partial T^2}\right)_v = -\frac{2a}{T^3 v^2}$; la relation (8) s'écrit alors

$$\boxed{\left(\frac{\partial c_v}{\partial v}\right)_T = -\frac{2a}{T^2 v^2}}.$$

4 – ENERGIE INTERNE ET DETENTE DE JOULE D'UN GAZ REEL

On considère une mole de gaz satisfaisant à l'équation de Berthelot

$$\left(p + \frac{a}{Tv^2}\right)(v - b) = RT,$$

dans laquelle a, b et R sont des constantes.

1° Etablir l'expression de l'énergie interne $U(v, T)$ et de la capacité calorifique molaire à volume constant c_v ; on admettra que c_v tend vers une limite C indépendante de la température T, si le volume augmente indéfiniment.

2° Evaluer l'abaissement de température ΔT au cours d'une détente de Joule qui amène le gaz du volume v_1 au volume v_2 ; on posera $\frac{v_2}{v_1} = K$ et l'on tiendra compte du fait que l'abaissement relatif de température est très faible.

Application numérique : On donne : $K = 2$; $v_1 = 25$ l ; $T_1 = 300$ K ; $c = 29$ J/mole.K ; $a = 100$ S.I.

Solution

1° Au cours d'une transformation réversible élémentaire, la variation d'énergie interne du gaz est

$$\mathrm{d}U = -p\,\mathrm{d}v + \delta Q = c_v\,\mathrm{d}T + (l - p)\,\mathrm{d}v. \qquad (1)$$

Or, l'équation d'état relative à une mole du gaz s'écrit

$$p = \frac{RT}{v - b} - \frac{a}{Tv^2}.$$

En utilisant la relation de Clapeyron, $l = T\left(\frac{\partial p}{\partial T}\right)_v$, établie dans le problème n° 3, on en déduit

$$l = T\left(\frac{R}{v - b} + \frac{a}{T^2 v^2}\right) = \frac{RT}{v - b} + \frac{a}{Tv^2}\,; \qquad (2)$$

d'après les relations (1) et (2), on aura alors

$$\left(\frac{\partial U}{\partial v}\right)_T = l - p = \frac{2a}{Tv^2}.$$

En intégrant, on obtient l'énergie interne :

$$U = \int \frac{2a}{Tv^2}\, dv + f_1(T) = -\frac{2a}{Tv} + f_1(T), \tag{3}$$

où $f_1(T)$ est une fonction de la température seule, que nous déterminerons par le calcul de c_v.

D'autre part, on a établi, dans le problème n° 3, la relation

$$\left(\frac{\partial c_v}{\partial v}\right)_T = T\left(\frac{\partial^2 p}{\partial T^2}\right)_v ;$$

or, $\left(\frac{\partial^2 p}{\partial T^2}\right)_v = -\frac{2a}{T^3 v^2}$ pour le gaz de Berthelot, donc $\left(\frac{\partial c_v}{\partial v}\right)_T = -\frac{2a}{T^2 v^2}$.

En intégrant, on obtient la capacité calorifique molaire à volume constant.

$$C_v = \frac{2a}{T^2 v} + \varphi(T),$$

$\varphi(T)$ étant fonction de la température T seule. Or la condition $c_v \to C$ si $v \to \infty$ a pour conséquence $\varphi(T) = C = \text{cte}$, d'où

$$\boxed{c_v = \frac{2a}{T^2 v} + C}\,.$$

On en déduit :

$$\left(\frac{\partial U}{\partial T}\right)_v = c_v = \frac{2\,a}{Tv^2} + C$$

L'énergie interne du gaz s'obtient en intégrant sur la température :

$$U = -\frac{2a}{Tv} + CT + f_2(v), \tag{4}$$

$f_2(v)$ étant fonction du volume seul.

En identifiant les expressions (3) et (4), on en déduit

$$f_1(T) = CT,$$

si l'on prend arbitrairement $f_2(v) = 0$, puisque l'énergie interne est définie à une constante additive près.

Finalement, l'énergie interne du gaz de Berthelot est

$$\boxed{U(v, T) = CT - \frac{2a}{Tv}}\,.$$

2° Au cours d'une détente de Joule, le gaz n'échange aucun travail ni aucune chaleur avec le milieu extérieur ($\delta W = \delta Q = 0$) ; donc

$$dU = \delta W + \delta Q = 0,$$

l'énergie interne ne varie pas ; d'où

$$dU = C\,dT - 2a\,d\left(\frac{1}{Tv}\right) = 0.$$

Or, on a $\dfrac{dT}{T} \ll 1$ (donc $T \approx$ cte) ; la relation précédente s'écrit

$$C\,dT - \frac{2a}{T}\,d\left(\frac{1}{v}\right) = 0.$$

En intégrant, on obtient

$$C\Delta T - \frac{2a}{T_1}\left(\frac{1}{Kv_1} - \frac{1}{v_1}\right) = 0.$$

La variation de température est donc

$$\boxed{\Delta T \approx -\frac{2a}{CT_1 v_1} \cdot \frac{K-1}{K}}.$$

Application numérique : $\Delta T = -$ **0,46 K** (le signe $-$ indique que le gaz s'est refroidi).

Remarque : $\dfrac{\Delta T}{T_1} = \dfrac{0{,}46}{300} \approx 1{,}5$ ‰ est très petite, de sorte que l'approximation faite, $d\left(\dfrac{1}{Tv}\right) \approx \dfrac{1}{T}\,d\left(\dfrac{1}{v}\right)$, est justifiée.

5 – GAZ REEL. ECARTS A LA RELATION DE MAYER DU GAZ PARFAIT

On considère un gaz réel qui obéit à l'équation d'état de Van der Waals, relative à une mole :

$$\left(p + \frac{a}{v^2}\right)(v - b) = RT.$$

1° Déterminer la différence des capacités calorifiques molaires $c_p - c_v$ du gaz, en fonction des variables indépendantes p, v et des constantes a, b, R relatives à une mole.

2°

a) En tenant compte du fait que $\frac{a}{v^2} \ll p$ et $b \ll v$, trouver une valeur approchée de $c_p - c_v$ en fonction des variables p et T.

b) En déduire, dans les conditions normales de température et de pression, l'écart relatif à la loi de Mayer des gaz parfaits, pour le gaz carbonique, dont les constantes relatives à une mole sont dans le système international : $a = 0{,}36$; $R = 8{,}32$ S.I.

Solution

1° La différence des capacités calorifiques d'un gaz est (cf. problème n° 3)

$$c_p - c_v = T\left(\frac{\partial p}{\partial T}\right)_v \left(\frac{\partial v}{\partial T}\right)_p .$$

Pour le gaz de Van der Waals,

$$p = \frac{RT}{v - b} - \frac{a}{v^2} ;$$

on obtient

$$\left(\frac{\partial p}{\partial T}\right)_v = \frac{R}{v - b} \quad \text{et} \quad \left(\frac{\partial v}{\partial T}\right)_p = \frac{Rv^3 (v - b)}{RTv^3 - 2a(v - b)^2} .$$

On en déduit, après simplification,

$$c_p - c_v = \frac{R^2 T v^3}{RTv^3 - 2a(v - b)^2} = \frac{R}{1 - \dfrac{2a(v - b)^2}{RTv^3}} .$$

On peut également, à l'aide de l'équation de Van der Waals, exprimer cette différence en fonction des variables indépendantes p et v :

$$\boxed{c_p - c_v = \frac{R}{1 - \dfrac{2a(v - b)}{\left(p + \dfrac{a}{v^2}\right)v^3}}} . \qquad (1)$$

2°

a) En première approximation, l'expression (1) s'écrit

$$c_p - c_v \approx \frac{R}{1 - \dfrac{2a}{pv^2}} \approx \frac{R}{1 - \dfrac{2ap}{R^2T^2}}$$

ou

$$\boxed{c_p - c_v \approx R\left(1 + \frac{2ap}{R^2T^2}\right)}.$$

b) La relation de Mayer relative à une mole de gaz parfait s'écrit

$$c_p - c_v = R.$$

L'écart relatif à la relation de Mayer, pour le gaz réel, est donc

$$\boxed{\frac{\Delta(c_p - c_v)}{c_p - c_v} = \frac{2ap}{R^2T^2}}.$$

Application numérique : Dans les conditions normales de température et de pression ,

$$T = 273 \text{ K}, p = 1 \text{ atm} \approx 10^5 \text{Pa} ;$$

on obtient

$$\frac{\Delta(c_p - c_v)}{c_p - c_v} = \frac{2.0{,}36.10^5}{(8{,}32.273)^2} = 1{,}4\ \%.$$

6 – ENERGIE LIBRE ET TRAVAIL ISOTHERME D'UN GAZ

On considère une mole d'un gaz dans l'état p, v, T ; on désigne par F la fonction énergie libre de ce gaz.

1° Montrer que la pression du gaz est

$$p = -\left(\frac{\partial F}{\partial v}\right)_T$$

2° En déduire la fonction d'état F :

– si le gaz est parfait ;

– s'il obéit à l'équation d'état de Van der Waals

$$\left(p + \frac{a}{v^2}\right)(v - b) = RT.$$

3° On réalise une compression isotherme amenant le fluide du volume v au volume v'.

a) Exprimer la variation d'énergie libre :
– pour le gaz parfait ;
– pour le gaz de Van der Waals.

b) Comparer avec le travail reçu par le gaz au cours d'une compression isotherme réversible.

c) Comparer la variation d'énergie libre et la variation d'enthalpie libre d'un gaz parfait.

Solution

1° La différentielle de l'énergie libre $F = U - TS$ est

$$dF = dU - TdS - SdT,$$

avec

$$dU = TdS - pdv,$$

car il n'y a que les forces de pression qui travaillent.

On a donc

$$dF = -pdv - SdT. \qquad (1)$$

On en déduit

$$\boxed{p = -\left(\frac{\partial F}{\partial v}\right)_T}.$$

2° Intégrons l'équation précédente ; on obtient l'expression de l'énergie libre :

$$F = \int -pdv + f(T),$$

où $f(T)$ est une fonction de T seulement.

– Pour une mole de gaz parfait, on a $p = \dfrac{RT}{v}$,

donc

$$F = -\int RT\frac{dv}{v} + f(T),$$

ou

$$\boxed{F = -RT \ln v + f(T)}. \qquad (2)$$

– Pour une mole du gaz de Van der Waals, on a $p = \dfrac{RT}{v - b} - \dfrac{a}{v^2}$,

donc
$$F = -\int RT \frac{\mathrm{d}v}{v-b} + \int \frac{a\mathrm{d}v}{v^2} + f(T),$$

ou
$$\boxed{F = -RT \ln (v-b) - \frac{a}{v} + f(T).} \qquad (3)$$

3°

a) La relation (2) montre que, pour une mole de gaz parfait subissant une compression isotherme, la variation d'énergie libre est

$$\Delta F = F' - F = [-RT \ln v' + f(T)] - [-RT \ln v + f(T)],$$

ou
$$\boxed{\Delta F = RT \ln \frac{v}{v'}}.$$

Pour une mole du gaz de Van der Waals, on peut déterminer, d'après la relation (3), la variation d'énergie libre :

$$\boxed{\Delta F = F' - F = RT \ln \frac{v-b}{v'-b} + a\left(\frac{1}{v} - \frac{1}{v'}\right)}.$$

b) Dans les deux cas, l'expression de ΔF est identique à celle du travail isotherme (cf. chap. 3 , Problème n° 14) :

$$\boxed{\Delta F = W_{\text{isotherme}}}.$$

Ce résultat était prévisible ; en effet, pour une transformation isotherme ($\mathrm{d}T = 0$), la relation (1) s'écrit $\mathrm{d}F = -p\mathrm{d}v$; or, $-p\mathrm{d}v = \delta W$ représente le travail des forces de pression reçu par le gaz. On en déduit $\Delta F = W$, pour une transformation réversible isotherme.

c) La différentielle de l'enthalpie libre d'un fluide est

$$\mathrm{d}G = d(F + pv) = \mathrm{d}F + p\mathrm{d}v + v\mathrm{d}p,$$

donc
$$\mathrm{d}G = v\mathrm{d}p - S\mathrm{d}T. \qquad (4)$$

Comme la transformation envisagée est isotherme ($\mathrm{d}T = 0$), on a

$$\mathrm{d}G = v\mathrm{d}p \qquad \text{et} \qquad \mathrm{d}F = -p\,\mathrm{d}v.$$

Or, pour un gaz parfait, à température constante, on a $\mathrm{d}(pv) = 0$, soit $v\mathrm{d}p = -p\mathrm{d}v$, donc $\mathrm{d}G = \mathrm{d}F$.

Les fonctions F et G subissent les mêmes variations au cours d'une transformation isotherme :

$$\boxed{\Delta F = \Delta G}.$$

7 – ENTHALPIE LIBRE ET TRAVAIL MAXIMAL

On opère sur un système une transformation monotherme à pression constante p ; on désignera par W le travail des forces de pression et par W' le travail reçu par le système, autre que par les forces de pression.

1°

a) Montrer que la variation d'enthalpie libre du système est $\Delta G \leqslant W'$ (le signe égal correspondant au processus réversible, et l'inégalité au processus irréversible).

b) Justifier l'appellation de "potentiel thermodynamique" donnée à la fonction G.

2° Déterminer le travail maximal que l'on peut recueillir lorsqu'une mole d'oxygène $\left(\text{gaz parfait diatomique, } \gamma = \frac{7}{5}\right)$ se refroidit de la température $T_0 = 600$ K à la température $T = 300$ K du milieu ambiant, à volume constant.

Solution

1°

a) La différentielle de l'enthalpie libre est

$$dG = d(U + pv - TS) = dU + p dv + v dp - T dS - S dT \;;$$

or

$$dU = \delta Q - p dv + \delta W' \;;$$

d'où

$$dG = \delta Q - T dS - S dT + v dp + \delta W'.$$

– *Si la transformation est réversible,* on a $\delta Q = T dS$,

d'où

$$dG = - S dT + v dp + \delta W'.$$

Comme la transformation est monotherme et isobare il vient

$$dG = \delta W'.$$

Intégrons pour obtenir la variation d'enthalpie libre, au cours d'une transformation réversible, monotherme et isobare :

$$\boxed{\Delta G = W'}\,.$$

– *Si la transformation est irréversible,* on a $\delta Q < T dS$;

alors

$$dG < - S dT + v dp + \delta W'.$$

Pour une transformation monotherme et isobare, on a donc $dG < \delta W'$ et la variation d'enthalpie libre est

$$\boxed{\Delta G < W'}.$$

En résumé, pour toute transformation monotherme et isobare, on a toujours $\Delta G \leqslant W'$.

b) Dans le cas d'un système où l'on maintient la température T et la pression p constantes, on aura $\Delta G \leqslant 0$, si seules les forces de pression travaillent ; alors l'enthalpie libre G ne pourra que décroître et atteindre sa *valeur minimale à l'équilibre* : toute évolution spontanée sera alors impossible. Or, en mécanique, un système est en équilibre lorsque l'énergie potentielle est minimale. Cette analogie permet de justifier l'emploi de "potentiel thermodynamique" pour désigner G.

2° Le milieu ambiant, compte tenu de ses grandes dimensions, peut être considéré comme ayant une température T uniforme et une pression p constante. Donc le travail minimal reçu par le système, dans ces conditions, est égal à la variation de son enthalpie libre :

$$W_{\text{min}} = \Delta G \ ;$$

d'après la relation $\Delta G \leqslant W'$, on a

$$W_{\text{min}} = \Delta U - T\Delta S + p\Delta v.$$

Réciproquement, le travail maximal que le milieu extérieur pourra recevoir lors du refroidissement du gaz sera

$$|W_{\text{max}}| = -\Delta G,$$

ou

$$|W_{\text{max}}| = -\Delta U + T\Delta S - p\Delta v.$$

Comme v est constant, on obtient

$$|W_{\text{max}}| = -c_v(T - T_0) + T\int_{T_0}^{T} c_v \frac{dT}{T} = -c_v(T - T_0) + c_v T \ln\frac{T}{T_0} ;$$

la capacité calorifique molaire du gaz étant $c_v = \dfrac{R}{\gamma - 1} = \dfrac{5}{2}R$, on en déduit

$$\boxed{|W_{\text{max}}| = \frac{5}{2}R\left[T\ln\frac{T}{T_0} + (T_0 - T)\right]}.$$

Application numérique : $|W_{\text{max}}| = 20{,}8\,(-300 \ln 2 + 300) =$ **1930 J.**

8 – ETUDE THERMODYNAMIQUE DE LA TRACTION D'UNE BARRE

On considère une barre métallique de longueur l, de section s, de masse volumique ρ et de chaleur massique c, sur laquelle on exerce une force F dans le sens de sa longueur.

On admet que l'état de la barre est alors bien défini par la température T et la force F ; en particulier $l = l(F, T)$.

1° Soit δl l'allongement de la tige correspondant à des variations δF et δT, de F et T.

La chaleur reçue par la barre, au cours de cette transformation réversible, peut s'écrire

$$\delta Q = K(F, T)\,\delta F + A(F, T)\,\delta T.$$

Ecrire les expressions des différentielles de l'énergie totale : $\mathrm{d}U$ et de l'entropie : $\mathrm{d}S$, correspondant aux variations δF et δT de F et T.

En déduire les relations

$$K = T\left(\frac{\partial l}{\partial T}\right)_F \quad \text{et} \quad \frac{\partial A}{\partial F} = T\,\frac{\partial^2 l}{\partial T^2}\,.$$

2° On suppose la traction adiabatique.

a) Quelle est alors la variation de température δT_1 qu'entraîne une variation δF_1 de F ?

b) On définit le coefficient de dilatation linéaire λ de la barre par

$$\lambda = \frac{1}{l}\left(\frac{\partial l}{\partial T}\right)_F\,.$$

Exprimer le rapport $\dfrac{\delta T_1}{\delta F_1}$ en fonction de λ, c, ρ, s et T.

c) *Application numérique* : Calculer la variation de température qu'entraîne une traction adiabatique de 100 N/mm² sur une barre d'aluminium, à 27° C, pour laquelle $\lambda = 2{,}5\,.10^{-5}$, $c = 930$ J/kg.K, $\rho = 2{,}7$ g/cm³.

3° On chauffe la barre en maintenant sa longueur constante.

a) Quelle force δF_2 faut-il exercer si l'on augmente sa température de δT_2 ?

b) On définit le module d'élasticité isotherme E_T de la barre par

$$\frac{1}{E_T} = \frac{s}{l}\left(\frac{\partial l}{\partial F}\right)_T.$$

Exprimer $\frac{\delta F_2}{\delta T_2}$ en fonction de λ, E_T et s.

c) *Application numérique* : Pour la barre précédente, $E_T = 12.10^{10}\,\mathrm{N/m^2}$. Quelle force par unité de surface faut-il exercer pour élever sa température de 1 K, en maintenant sa longueur constante ?

Solution

1° Le travail élémentaire reçu par le fil, correspondant à l'allongement δl, est

$$\delta W = F.\delta l = F\left[\left(\frac{\partial l}{\partial F}\right)_T \delta F + \left(\frac{\partial l}{\partial T}\right)_F \delta T\right].$$

La quantité de chaleur reçue est

$$\delta Q = K\delta F + A\,\delta T.$$

La différentielle de l'énergie interne de la tige est donc

$$\mathrm{d}U = \delta W + \delta Q = \left[K + F\left(\frac{\partial l}{\partial F}\right)_T\right]\delta F + \left[A + F\left(\frac{\partial l}{\partial T}\right)_F\right]\delta T.$$

La différentielle de l'entropie de la tige est

$$\mathrm{d}S = \frac{\delta Q}{T} \quad \text{ou} \quad \delta S = \frac{K}{T}\,\delta F + \frac{A}{T}\,\delta T.$$

• Ecrivons que $\mathrm{d}U$ est une différentielle totale exacte :

$$\left\{\frac{\partial\left[K + F\left(\frac{\partial l}{\partial F}\right)_T\right]}{\partial T}\right\}_F = \left\{\frac{\partial\left[A + F\left(\frac{\partial l}{\partial T}\right)_F\right]}{\partial F}\right\}_T,$$

soit $$\left(\frac{\partial K}{\partial T}\right)_F + F\frac{\partial^2 l}{\partial F.\partial T} = \left(\frac{\partial A}{\partial F}\right)_T + F\frac{\partial^2 l}{\partial T.\partial F} + \left(\frac{\partial l}{\partial T}\right)_F,$$

ou, en simplifiant,

$$\boxed{\left(\frac{\partial K}{\partial T}\right)_F = \left(\frac{\partial A}{\partial F}\right)_T + \left(\frac{\partial l}{\partial T}\right)_F}. \qquad (1)$$

- Ecrivons que dS est une différentielle totale exacte :

$$\left[\frac{\partial\left(\frac{K}{T}\right)}{\partial T}\right]_F = \left[\frac{\partial\left(\frac{A}{T}\right)}{\partial F}\right]_T,$$

soit
$$-\frac{K}{T^2} + \frac{1}{T}\left(\frac{\partial K}{\partial T}\right)_F = \frac{1}{T}\left(\frac{\partial A}{\partial F}\right)_T$$

ou bien
$$\boxed{\left(\frac{\partial K}{\partial T}\right)_F = \left(\frac{\partial A}{\partial F}\right)_T + \frac{K}{T}}. \qquad (2)$$

En comparant les relations (1) et (2), il vient

$$\left(\frac{\partial l}{\partial T}\right)_F = \frac{K}{T}, \qquad \text{d'où} \qquad \boxed{K = T\left(\frac{\partial l}{\partial T}\right)_F}. \qquad (3)$$

Enfin, la relation (1) s'écrit, compte tenu de la relation (3),

$$\left(\frac{\partial l}{\partial T}\right)_F + T\left(\frac{\partial^2 l}{\partial T^2}\right)_F = \left(\frac{\partial A}{\partial F}\right)_T + \left(\frac{\partial l}{\partial T}\right)_F, \qquad \text{soit} \qquad \boxed{\left(\frac{\partial A}{\partial F}\right)_T = T\left(\frac{\partial^2 l}{\partial T^2}\right)_F}.$$

2°

a) La traction étant adiabatique, la chaleur reçue est nulle :

$$\delta Q = K\,\delta F + A\,\delta T = 0\ ;$$

on en déduit
$$\boxed{\delta T_1 = -\frac{K}{A}\,\delta F_1}. \qquad (4)$$

b) Or, $A = \left(\frac{\delta Q}{\delta T}\right)_F$ représente la capacité calorifique de la barre ; donc $A = mc = \rho slc$. D'autre part, on a $\left(\frac{\partial l}{\partial T}\right)_F = \lambda l$; la chaleur latente isotherme vaut donc $K = T_1\left(\frac{\partial l}{\partial T}\right)_F = T_1\lambda l$.

On en déduit, d'après la relation (4),

$$\frac{\delta T_1}{\delta F_1} = -\frac{K}{A} = -\frac{T_1\lambda l}{\rho slc},$$

ou
$$\boxed{\frac{\delta T_1}{\delta F_1} = -\frac{\lambda T_1}{\rho sc}}.$$

c) On a

$$\frac{\delta T_1}{T_1} = -\frac{\lambda}{\rho\, sc}\,\delta F_1\,. \qquad (5)$$

L'intégration fournit la solution

$$\ln \frac{T_1 + \Delta T_1}{T_1} = -\frac{\lambda}{\rho c}\frac{F}{s},$$

ou

$$\boxed{\ln\left(1 + \frac{\Delta T_1}{T_1}\right) = -\frac{\lambda}{\rho c}\frac{F}{s}}\,.$$

En première approximation, $\Delta T_1 \ll T_1$, donc

$$\ln\left(1 + \frac{\Delta T_1}{T_1}\right) \approx \frac{\Delta T_1}{T_1}\;;$$

on en déduit

$$\boxed{\Delta T_1 = -\frac{\lambda T_1}{\rho c}\,.\,\frac{F}{s}}\,.$$

On peut retrouver directement ce résultat en écrivant, d'après (5), $\delta T_1 = -\dfrac{\lambda T_1}{\rho c s}\,\delta F_1$, avec $\dfrac{\lambda T_1}{\rho c s} \approx$ cte, car on admet à priori que ΔT_1 est très petit.

Application numérique : $\dfrac{F}{s} = 10^8\,\text{N/m}^2$; $\dfrac{\lambda}{\rho c} = \dfrac{2{,}5\,.\,10^{-5}}{930.2{,}7.10^3} \approx 10^{-11}$ S.I. ; on obtient la variation de température :

$$\Delta T_1 = -\,10^{-11}.\,10^8.\,300 = -\,\mathbf{0{,}3\ K}.$$

Le faible refroidissement obtenu permet de justifier l'hypothèse simplificatrice $\Delta T_1 \ll T_1$.

3°

a) La longueur de la barre étant maintenue constante, on en déduit

$$\mathrm{d}l = \left(\frac{\partial l}{\partial f}\right)_T \delta F + \left(\frac{\partial l}{\partial T}\right)_F \delta T = 0, \qquad \text{soit} \qquad \boxed{\delta F_2 = -\frac{\left(\frac{\partial l}{\partial T}\right)_F}{\left(\frac{\partial l}{\partial F}\right)_T}\,\delta T_2\,.} \qquad (6)$$

b) La relation de définition du module d'élasticité isotherme E_T permet d'écrire $\left(\frac{\partial l}{\partial F}\right)_T = \frac{l}{s} \cdot \frac{1}{E_T}$; de plus on a $\left(\frac{\partial l}{\partial T}\right)_F = \lambda l$.

La relation (6) s'écrit alors $\delta F_2 = -\lambda s E_T \, \delta T_2$,

ou

$$\boxed{\frac{\delta F_2}{\delta T_2} = -\lambda s \, E_T}.$$

c) *Application numérique* : Le module de la force par unité de surface, pour élever de $\Delta T_2 = 1$ K la barre de longueur constante, est donc

$$\boxed{\frac{F_2}{s} = \lambda E_T \, \Delta T_2},$$

soit $\frac{F_2}{s} = 2{,}5.10^{-5}.12.10^{10}.1 = 3.10^6 \text{N/m}^2 = \mathbf{3\ N/mm^2}$.

9 – VARIATION DE TEMPERATURE D'UN FIL DE TORSION

Un pendule de torsion est constitué par un fil métallique vertical auquel on a suspendu une tige horizontale MN en son milieu O. Le fil de torsion est caractérisé par sa capacité calorifique a (supposée constante) et par sa constante de torsion $C = C_0 - kT$ (C_0 et k étant des constantes). L'appareil étant en équilibre à la température T, on imprime au fil, lentement, de façon réversible, une torsion α, en agissant sur la barre MN, de sorte qu'aucun échange de chaleur n'ait le temps de se produire avec le milieu extérieur.

Les grandeurs qui caractérisent le système sont fonctions des variables indépendantes T et α ; on pose

$$\delta Q = a\mathrm{d}T + b\mathrm{d}\alpha,$$

δQ étant la chaleur fournie au système par le milieu extérieur, au cours d'une transformation élémentaire réversible.

1° Exprimer le coefficient b en fonction de T, α et k.

Application numérique.

2° Calculer la variation de température du fil, au cours de la torsion ; on fera les approximations nécessaires : la variation de température est petite devant T.

3° Quelle est la variation de l'énergie interne du système ?

Application numérique : $a = 1{,}8.10^{-4}$ J/K ; $\alpha = \dfrac{3\pi}{2}$ rd ; $T = 300$ K ; à la température T, la constante de torsion (en N.m/rd) est

$$C = 10^{-4} - 3.10^{-8}\,T.$$

Solution

1° Au cours d'une transformation réversible élémentaire pour laquelle la torsion du fil croît de α à $\alpha + \mathrm{d}\alpha$, le travail que le milieu extérieur doit fournir au fil (pour vaincre le travail du couple de torsion de moment $-C\alpha$) est

$$\delta W = -(-C\alpha)\,\mathrm{d}\alpha = +C\alpha\,\mathrm{d}\alpha.$$

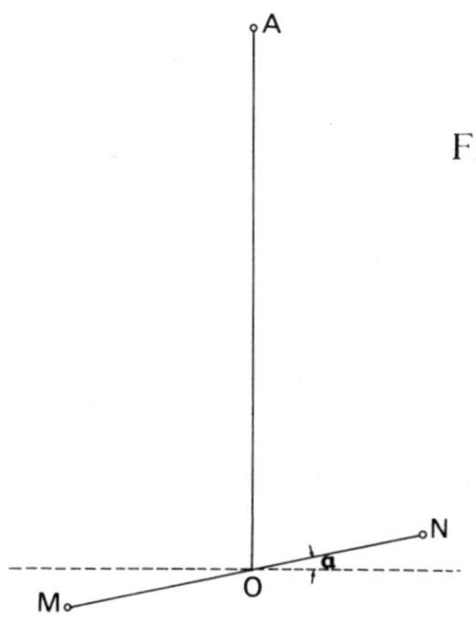

Figure V, 1

La différentielle de l'énergie interne du système est

$$\mathrm{d}U = \delta W + \delta Q \qquad \text{ou}$$

$$\mathrm{d}U = a\,\mathrm{d}T + (b + C\alpha)\,\mathrm{d}\alpha. \tag{1}$$

La différentielle de l'entropie du système est

$$\mathrm{d}S = \frac{\delta Q}{T} \qquad \text{ou} \qquad \mathrm{d}S = \frac{a}{T}\,\mathrm{d}T + \frac{b}{T}\,\mathrm{d}\alpha.$$

Ecrivons que $\mathrm{d}U$ est une différentielle totale exacte (1er principe)

$$\left(\frac{\partial a}{\partial \alpha}\right)_T = \frac{\partial b}{\partial T} + \alpha\,\frac{\partial C}{\partial T}. \tag{2}$$

Ecrivons que $\mathrm{d}S$ est une différentielle totale exacte (2ème principe) :

$$\frac{1}{T}\frac{\partial a}{\partial \alpha} = \frac{1}{T}\frac{\partial b}{\partial T} - \frac{b}{T^2}. \tag{3}$$

En comparant les relations (2) et (3), il vient

$$\alpha\frac{\partial C}{\partial T} = -\frac{b}{T}, \qquad \text{d'où} \qquad b = -T\alpha\frac{\partial C}{\partial T}.$$

Comme C ne dépend que de la température T, on peut remplacer $\frac{\partial C}{\partial T}$ par $\frac{\mathrm{d}C}{\mathrm{d}T}$, d'où $b = -T\alpha\frac{\mathrm{d}C}{\mathrm{d}T}$.

Or, $C = C_0 - kT$, donc $\frac{\mathrm{d}C}{\mathrm{d}T} = -k$; on en déduit l'expression de b, chaleur latente isotherme de torsion :

$$\boxed{b = kT\alpha}.$$

Application numérique : $b = 3.10^{-8}.300.\frac{3\pi}{2} = \mathbf{4{,}24.10^{-5}\ J/rd.}$

2° Par hypothèse, la chaleur échangée avec le milieu extérieur est nulle :

$$\delta Q = a\mathrm{d}T + b\mathrm{d}\alpha = 0. \tag{4}$$

La variation élémentaire de la température du fil est donc

$$\mathrm{d}T = -\frac{b}{a}\,\mathrm{d}\alpha \qquad \text{ou} \qquad \mathrm{d}T = -\frac{kT}{a}\,\alpha\,\mathrm{d}\alpha\,. \tag{5}$$

Comme, par hypothèse, la variation de température est petite, on peut admettre que $\frac{kT}{a}$ est une constante ; en intégrant l'équation (5), l'angle de torsion variant de 0 à α, on obtient la variation de température du fil :

$$\boxed{\Delta T = -\frac{kT}{a}\frac{\alpha^2}{2}}.$$

Application numérique : $\Delta T = -\frac{3.10^{-8}.300}{1{,}8.10^{-4}}.\frac{9\pi^2}{4} = \mathbf{-\,1{,}12\ K.}$

Ce faible refroidissement permet de justifier l'hypothèse $\Delta T \ll T$.

3° Puisque la transformation est isentropique (adiabatique et réversible), on a

$$\mathrm{d}U = \delta W = C\alpha\,\mathrm{d}\alpha\,.$$

La variation d'énergie interne du système, en admettant que C soit une constante (hypothèse justifiée par le fait que $\Delta T \ll T$), est

$$\boxed{\Delta U = \frac{C\alpha^2}{2}}.$$

C'est justement le travail qu'il faut fournir au pendule pour l'écarter de sa position d'équilibre, qui a été emmagasinée par le fil sous forme d'énergie interne, car il n'y a pas d'échange de chaleur avec l'extérieur.

Application numérique : $C = 10^{-4} - 3.10^{-8}.300 = 9{,}1.10^{-5}$ N.m/rd. On obtient $\Delta U = 9{,}1.10^{-5}.\dfrac{9\pi^2}{8} \approx \mathbf{10^{-3}\,J}$.

10 – CHALEURS MASSIQUES D'UN GAZ PARAMAGNETIQUE AIMANTE. CELERITE DU SON

1°

a) Montrer que les chaleurs massiques d'un fluide sont liées à l'entropie S par les relations

$$c_v = T\left(\frac{\partial S}{\partial T}\right)_v \quad \text{et} \quad c_p = T\left(\frac{\partial S}{\partial T}\right)_p .$$

b) Etablir la relation de Reech :

$$\gamma = \frac{c_p}{c_v} = \frac{\left(\dfrac{\partial p}{\partial v}\right)_S}{\left(\dfrac{\partial p}{\partial v}\right)_T} .$$

2° On considère un gaz paramagnétique supposé parfait. En l'absence de champ magnétique, les chaleurs massiques $c_{p,0}$ et $c_{v,0}$ de ce gaz sont supposées indépendantes de la température $\left(\gamma_0 = \dfrac{c_p}{c_v} = \text{cte}\right)$.

On applique un champ magnétique uniforme, d'induction B. Le gaz acquiert un moment magnétique par unité de volume

$$M = a\,.\frac{B}{T}$$

(loi de Curie), où a est une constante.

Le travail reçu par le gaz paramagnétique, à volume constant, est $\delta W = B\,\mathrm{d}M$.

a) Ecrire la différentielle du potentiel thermodynamique du gaz :

$$G = U - TS - BM.$$

b) En déduire l'expression de l'entropie S et les chaleurs massiques du gaz $c_{p,B}$ et $c_{v,B}$, en présence du champ magnétique uniforme B.

c) Donner une expression approchée du rapport γ_B des chaleurs massiques du gaz en présence du champ B, sous la forme $\gamma_B = \gamma_0(1 - \epsilon)$; on admettra que le rapport $\dfrac{B^2}{T^2}$ est très petit devant $\dfrac{a}{c_v}$.

3° *Application* : La célérité du son V, dans un fluide non visqueux, de masse volumique ρ et de coefficient de compressibilité adiabatique $\chi_s = -\dfrac{1}{v}\left(\dfrac{\partial v}{\partial p}\right)_S$, est telle que $V^2 = \dfrac{1}{\chi_s\,\rho}$

Quelle est la variation de la célérité du son dans l'oxygène paramagnétique diatomique ($\gamma_0 = 1{,}40$) supposé parfait, sous 1 atmosphère, à 27° C, lorsque l'on applique une induction magnétique uniforme $B = 2$ teslas à une mole du gaz ?

On donne : constante des gaz parfaits : $R = 8{,}32$ J/K.mole ; $a = 4{,}25 \cdot 10^3$ S.I., pour l'oxygène ; la célérité du son dans l'oxygène, à 27°C et sous une pression de 1 atmosphère, en l'absence de champ magnétique, est $V_0 = 330$ m/s.

Solution

1°

a) La différentielle de l'énergie interne $\mathrm{d}U = \delta Q + \delta W$ s'écrit, pour un fluide où le seul travail mis en jeu est celui des forces de pression,

$$\boxed{\mathrm{d}U = T\,\mathrm{d}S - p\,\mathrm{d}v\ ,} \qquad (1)$$

que la transformation soit réversible ou non, puisque $\mathrm{d}U$ ne dépend pas du chemin suivi.

De même, la différentielle de l'enthalpie est $\mathrm{d}H = \mathrm{d}(U + pv)$, ou, d'après la relation (1),

$$\boxed{\mathrm{d}H = T\,\mathrm{d}S + v\,\mathrm{d}p}\ . \qquad (2)$$

La chaleur massique du fluide à volume constant est

$$c_v = \left(\frac{\partial U}{\partial T}\right)_v = \left(\frac{\partial U}{\partial S}\right)_v \left(\frac{\partial S}{\partial T}\right)_v .$$

Or, d'après la relation (1), $\left(\frac{\partial U}{\partial S}\right)_v = T$; on en déduit

$$\boxed{c_v = T\left(\frac{\partial S}{\partial T}\right)_v}. \qquad (3)$$

La chaleur massique du fluide à pression constante est

$$c_p = \left(\frac{\partial H}{\partial T}\right)_p = \left(\frac{\partial H}{\partial S}\right)_p \left(\frac{\partial S}{\partial T}\right)_p .$$

Or, d'après la relation (2), $\left(\frac{\partial H}{\partial S}\right)_p = T$; on en déduit

$$\boxed{c_p = T\left(\frac{\partial S}{\partial T}\right)_p} . \qquad (4)$$

b) Pour une transformation adiabatique réversible ($\mathrm{d}S = 0$ ou $S = \text{cte}$), la chaleur élémentaire échangée avec le milieu extérieur est nulle :

$$\delta Q = c_v \, \mathrm{d}T + l \, \mathrm{d}v = c_p \, \mathrm{d}T + h \, \mathrm{d}p = 0 .$$

On en déduit $\left(\frac{\partial p}{\partial T}\right)_S = -\frac{C_p}{h}$ et $\left(\frac{\partial v}{\partial T}\right)_S = -\frac{C_v}{l}$

d'où $\left(\frac{\partial p}{\partial v}\right)_S = \left(\frac{\partial p}{\partial T}\right)_S \left(\frac{\partial T}{\partial v}\right)_S = \left(-\frac{Cp}{h}\right)\left(-\frac{l}{C_v}\right) = \frac{C_p}{C_v}\,\frac{l}{h}$

soit

$$\left(\frac{\partial p}{\partial v}\right)_S = \gamma \, \frac{l}{h} \qquad (5)$$

Pour une transformation isotherme ($\mathrm{d}T = 0$), la chaleur échangée avec le milieu extérieur s'écrit

$$\delta Q = l \, \mathrm{d}v = h \, \mathrm{d}p, \qquad \text{d'où} \qquad \left(\frac{\partial p}{\partial v}\right)_T = \frac{l}{h} . \qquad (6)$$

En divisant membre à membre les relations (5) et (6), on obtient la relation de Reech :

$$\boxed{\frac{\left(\frac{\partial p}{\partial v}\right)_S}{\left(\frac{\partial p}{\partial v}\right)_T} = \gamma} .$$

N.B. : Cette relation générale a déjà été établie à propos des gaz parfaits (cf. problème 18, chapitre 3, question 1, p. 166).

2°

a) La différentielle de l'énergie interne s'écrit

$$dU = \delta Q + \delta W$$

ou

$$dU = T dS + (\underbrace{B dM}_{\substack{\text{Travail reçu par} \\ \text{la substance de la part} \\ \text{du champ magnétique}}} - \underbrace{p dv}_{\substack{\text{Travail} \\ \text{des forces} \\ \text{de pression}}}) . \qquad (7)$$

On en déduit la différentielle du potentiel thermodynamique :

$$dG = d(U - TS - BM) = dU - T dS - S dT - B dM - M dB .$$

En remplaçant dU par l'expression (7), il vient, après simplification,

$$\boxed{dG = -M dB - S dT - p dv.} \qquad (8)$$

b) D'après la relation (8), l'entropie représente, au signe près, la dérivée partielle du potentiel thermodynamique par rapport à la température :

$$S = -\left(\frac{\partial G}{\partial T}\right)_{B, v} . \qquad (9)$$

Intégrons l'équation (8) à température et volume constants :

$$G = -\int M dB + G_0(T, v).$$

Or, on a $M = a \dfrac{B}{T}$, d'après la loi de Curie ; on en déduit

$$G = -\int \frac{aB}{T} dB + G_0 (T, v),$$

ou

$$G = -\frac{aB^2}{2T} + G_0(T, v).$$

D'après la relation (9), l'entropie du gaz est donc

$$\boxed{S = -\frac{aB^2}{2T^2} + S_0 (T, v)} ,$$

où $S_0 (T, v)$ est l'entropie du gaz en l'absence de champ magnétique.

Les chaleurs massiques du gaz soumis à l'induction magnétique B sont, d'après la relation (3),

$$c_{v,B} = T\left(\frac{\partial S}{\partial T}\right)_v = \frac{aB^2}{T^2} + T\left(\frac{\partial S_0}{\partial T}\right)_v = \frac{aB^2}{T^2} + c_{v,0}$$

ou

$$\boxed{c_{v,B} = c_{v,0}\left(1 + \frac{aB^2}{T^2 c_{v,0}}\right)}$$

et, d'après la relation (4),

$$c_{p,B} = T\left(\frac{\partial S}{\partial T}\right)_p = \frac{aB^2}{T^2} + T\left(\frac{\partial S_0}{\partial T}\right)_p = \frac{aB^2}{T^2} + c_{p,0},$$

ou

$$\boxed{c_{p,B} = c_{p,0}\left(1 + \frac{aB^2}{T^2 c_{p,0}}\right)}.$$

c) Le rapport des chaleurs massiques du gaz, soumis au champ magnétique B, est donc

$$\gamma_B = \frac{c_{p,B}}{c_{v,B}} = \gamma_0 \frac{1 + \dfrac{aB^2}{T^2 c_{p,0}}}{1 + \dfrac{aB^2}{T^2 c_{v,0}}} \;;$$

comme $\dfrac{aB^2}{T^2 c_{v,0}} \ll 1$, on en déduit

$$\gamma_B = \gamma_0\left(1 + \frac{aB^2}{T^2 c_{p,0}} - \frac{aB^2}{T^2 c_{v,0}}\right),$$

ou

$$\boxed{\gamma_B = \gamma_0\left[1 - \frac{aB^2}{T^2}\left(\frac{c_{p,0} - c_{v,0}}{c_{p,0} \cdot c_{v,0}}\right)\right]}. \qquad (10)$$

3° *Application*

Le carré de la célérité du son est $V^2 = \dfrac{1}{\chi_s \rho} = -\dfrac{v}{\rho}\left(\dfrac{\partial p}{\partial v}\right)_S$.

Or, d'après la loi de Reech, on a $\left(\dfrac{\partial p}{\partial v}\right)_S = \gamma\left(\dfrac{\partial p}{\partial v}\right)_T$; on en déduit

$$V^2 = -\gamma \frac{v}{\rho}\left(\frac{\partial p}{\partial v}\right)_T.$$

Comme le gaz est parfait, on a $\left(\dfrac{\partial p}{\partial v}\right)_T = -\dfrac{p}{v}$, d'où

$$\boxed{V^2 = \frac{\gamma p}{\rho}}\ .$$

Si l'on applique un champ magnétique B, seul γ varie suivant la loi (10) ; la variation relative de la célérité du son, lorsque le champ magnétique passe de la valeur 0 à la valeur B, est donc

$$\frac{\Delta V}{V} = \frac{1}{2}\frac{\Delta\gamma}{\gamma}\ ;$$

or, d'après la relation (10), on a

$$\frac{\Delta\gamma}{\gamma} = \frac{\gamma_B - \gamma_0}{\gamma_0} = -\frac{aB^2}{T^2}\,\frac{c_{p,0} - c_{v,0}}{c_{p,0}\cdot c_{v,0}}\ ;$$

d'où

$$\frac{\Delta V}{V} = -\frac{aB^2}{2T^2}\,\frac{c_{p,0} - c_{v,0}}{c_{p,0}\cdot c_{v,0}}\ .$$

Or, les capacités calorifiques d'une mole de gaz parfait sont

$$C_{p,0} = \frac{\gamma_0 R}{\gamma_0 - 1} = \frac{7}{2}R \qquad \text{et} \qquad c_{v,0} = \frac{R}{\gamma_0 - 1} = \frac{5}{2}R.$$

On en déduit

$$\boxed{\frac{\Delta V}{V} = \frac{V(B) - V(0)}{V(0)} = -\frac{2\,aB^2}{35\,RT^2}}\ .$$

Application numérique : $\dfrac{\Delta V}{V} = -\dfrac{2.4{,}25\,.\,10^3.4}{35\,.\,8{,}32\,.\,9\,.\,10^4} = -\dfrac{1}{770}$; donc

$$\Delta V = V(B) - V(0) = -\frac{1}{770}\,.\,V(0) = -\frac{1}{770}\,.\,330 = -\ \mathbf{0{,}43\ m/s}:$$

la présence du champ magnétique diminue donc la célérité du son de 0,43 m/s.

11 – COEFFICIENT DE JOULE-THOMSON. TEMPERATURE D'INVERSION

Un gaz traverse lentement une paroi poreuse ; sa pression passe de la valeur p (en amont) à la valeur $p + dp$ (en aval). Au cours de cette détente irréversible (détente de Joule-Thomson), l'enthalpie du gaz reste constante.

1° En utilisant la relation de Maxwell $\left(\frac{\partial S}{\partial p}\right)_T = -\left(\frac{\partial v}{\partial T}\right)_p$, établir l'expression du coefficient de Joule-Thomson :

$$\mu = \left(\frac{\mathrm{d}T}{\mathrm{d}p}\right)_H$$

en fonction de la capacité calorifique c_p du gaz, de sa température T, de son volume v, et du quotient différentiel $\left(\frac{\partial v}{\partial T}\right)_p$.

2°

a) Une mole du gaz obéit à l'équation d'état de Van der Waals :

$$\left(p + \frac{a}{v^2}\right)(v - b) = RT.$$

Exprimer, pour les faibles pressions, la valeur du coefficient μ de Joule-Thomson de ce gaz. On admettra que la pression interne $\frac{a}{v^2}$ est un terme correctif très petit par rapport à la pression p du gaz.

Application numérique : Calculer μ pour l'azote à 273 K ; on donne dans le système international, pour une mole :

$$a = 0{,}139 \; ; \; b = 39{,}1 \, . \, 10^{-6} \; ; \; R = 8{,}32 \; ; \; c_p = 29{,}2 \ \mathrm{J} \, . \, \mathrm{mole}^{-1}$$

Le comparer au coefficient donné par la formule expérimentale de Linde : $\mu = 0{,}276 \left(\frac{273}{T}\right)^2$ en degré . atmosphère^{-1}.

b) Montrer que pour refroidir le gaz par détente de Joule-Thomson, il faut que l'on ait $T < T_i$; on déterminera T_i et on justifiera son appellation de température d'inversion.

c) Calculer l'abaissement de température, au cours d'une détente de Joule-Thomson, où la chute de pression est 2 atmosphères. La température initiale est 273 K.

Solution

1° La différentielle de l'entropie du gaz s'écrit

$$\mathrm{d}S = \left(\frac{\partial S}{\partial T}\right)_p \mathrm{d}T + \left(\frac{\partial S}{\partial p}\right)_T \mathrm{d}p \, .$$

En utilisant les relations

$$c_p = T\left(\frac{\partial S}{\partial T}\right)_p \qquad \text{et} \qquad \left(\frac{\partial S}{\partial p}\right)_T = -\left(\frac{\partial v}{\partial T}\right)_p ,$$

on obtient

$$dS = \frac{c_p}{T}\, dT - \left(\frac{\partial v}{\partial T}\right)_p dp. \tag{1}$$

La différentielle de l'enthalpie s'écrit

$$dH = T dS + v dp,$$

ou, d'après la relation (1),

$$dH = c_p\, dT + \left[v - T\left(\frac{\partial v}{\partial T}\right)_p\right] dp\,.$$

Puisque la détente de Joule-Thomson est isenthalpique ($dH = 0$), elle s'accompagne d'une variation de température

$$dT = \frac{1}{c_p}\left[T\left(\frac{\partial v}{\partial T}\right)_p - v\right] dp\,.$$

Le coefficient de Joule-Thomson est donc

$$\boxed{\left(\frac{dT}{dp}\right)_H = \frac{1}{c_p}\left[T\left(\frac{\partial v}{\partial T}\right)_p - v\right]}\,. \tag{2}$$

2°

a) L'équation de Van der Waals s'écrit, puisque $\frac{a}{v^2} \ll p$,

$$v = \frac{RT}{p\left(1 + \frac{a}{pv^2}\right)} + b \approx \frac{RT}{p}\left(1 - \frac{a}{pv^2}\right) + b,$$

ou

$$v = \frac{RT}{p} - \frac{aRT}{p^2 v^2} + b.$$

Dans le terme correctif $\frac{aRT}{p^2 v^2}$, on peut remplacer $\left(\text{puisque } p \gg \frac{a}{v^2}\right)$ le produit pv par RT ; alors, on aura approximativement

$$v = \frac{RT}{p} - \frac{a}{RT} + b\ ; \tag{3}$$

d'où
$$\left(\frac{\partial v}{\partial T}\right)_p = \frac{R}{p} + \frac{a}{RT^2}. \tag{4}$$

La relation (2) s'écrit alors, compte tenu des relations (3) et (4),

$$\left(\frac{\mathrm{d}T}{\mathrm{d}p}\right)_H = \frac{1}{c_p}\left[\left(\frac{RT}{p} + \frac{a}{RT}\right) - \left(\frac{RT}{p} - \frac{a}{RT} + b\right)\right],$$

soit
$$\boxed{\mu = \left(\frac{\mathrm{d}T}{\mathrm{d}p}\right)_H = \frac{1}{c_p}\left(\frac{2a}{RT} - b\right)}.$$

Application numérique : Pour l'azote, on a $\mu = \dfrac{1}{29{,}2}\left(\dfrac{0{,}278}{8{,}32.273} - 39{,}1.10^{-6}\right)$,
ou $\mu = 2{,}85.10^{-6}$ degré.pascal^{-1} = **0,285 degré . atmosphère^{-1}**.

A partir de la formule expérimentale de Linde, à 273 K, on obtient $\mu = 0{,}276$ degré.atmosphère^{-1}. Les résultats sont donc en bon accord, à 3 % près, avec la formule de Linde.

b) On pourra refroidir le gaz ($\mathrm{d}T < 0$), au cours de la détente ($\mathrm{d}p < 0$) de Joule-Thomson, à condition que l'on ait

$$\mu = \left(\frac{\mathrm{d}T}{\mathrm{d}p}\right)_H > 0,$$

donc
$$\frac{2a}{RT} - b > 0$$

ou
$$T < \frac{2a}{Rb}.$$

On pose
$$\boxed{T_i = \frac{2a}{Rb}} \;;$$

– si $T < T_i$, il y aura refroidissement du gaz ($\mu > 0$),

– si $T > T_i$, il y aura réchauffement du gaz ($\mu < 0$).

Donc, en traversant la température T_i ($\mu = 0$), les effets thermiques sont inversés, d'où le nom de température d'inversion donné à T_i.

Application numérique : $\boldsymbol{T_i}$ **= 855 K** pour l'azote ; on obtiendra donc un refroidissement de l'azote, au cours d'une détente isenthalpique, pour $T < 855$ K.

c) Comme l'abaissement de température est faible, on peut admettre que le coefficient $\mu = \left(\dfrac{\mathrm{d}T}{\mathrm{d}p}\right)_H$ reste constant.

La variation de température est donc, approximativement,

$$\boxed{\Delta T = \mu \, \Delta p}\,.$$

Application numérique : $\Delta T = 0{,}285\,(-\,2) = -\,\mathbf{0{,}57\ K}$.

12 – REFROIDISSEMENT D'UN SEL PARAMAGNETIQUE PAR DESAIMANTATION ADIABATIQUE

L'état d'équilibre thermodynamique d'un volume donné de sel paramagnétique (1 cm^3) est décrit par deux variables indépendantes : le champ magnétique appliqué B et la température absolue T.

Le moment magnétique M (parallèle à $\vec{B}$) de l'unité de volume, est fonction de B et T.

On fait passer, de manière réversible, le champ magnétique de la valeur B à $B + \mathrm{d}B$ et la température de la valeur T à $T + \mathrm{d}T$. L'échantillon de sel reçoit alors du milieu extérieur le travail $\delta W = -\,M\mathrm{d}B$ et la quantité de chaleur $\delta Q = c_B \mathrm{d}T + k\mathrm{d}B$.

1°

a) Quel est le sens physique des coefficients calorimétriques c_B et k ?

b) En appliquant les deux principes sous leur forme différentielle, exprimer k et $\dfrac{\partial c_B}{\partial B}$ en fonction de T, $\dfrac{\partial M}{\partial T}$, $\dfrac{\partial^2 M}{\partial T^2}$

2° Le sel étudié obéit à la loi de Curie, c'est-à-dire que son équation d'état est $M = C\,\dfrac{B}{T}$, où C est une constante.

a) Calculer k et $\dfrac{\partial c_B}{\partial B}$ en fonction de B et T, puis en fonction de M et T.

b) En déduire l'expression de c_B en fonction de B et T. Il s'introduit dans ce calcul une fonction arbitraire de la température, $c_0\,(T)$. On lui attribuera la valeur donnée par l'expérience, soit

$$c_0\,(T) = \frac{A}{T^2},$$

où A est une constante.

3°

a) Le volume considéré (1 cm^3) de sel paramagnétique est initialement à l'équilibre à la température T_i dans le champ magnétique B_i. On annule alors lentement le champ de manière réversible et adiabatique. En fin d'opération, le sel est à la température T_f que l'on déterminera.

b) Application : Le sel considéré est du sulfate de gadolinium hydraté $Gd_2(SO_4)_3$, 8 H_2O, pour lequel $A = 2{,}65$ J. degré, et $C = 78{,}7$ J. degré. tesla^{-2}. Calculer T_f, sachant que $T_i = 2$ K et $B_i = 0{,}71$ T.

Solution

1°

a) $c_B = \left(\frac{\delta Q}{\mathrm{d}T}\right)_B$ représente la capacité calorifique de l'échantillon, à induction magnétique constante, c'est-à-dire la chaleur qu'il faut apporter à la substance pour élever de 1 K sa température, le champ magnétique étant uniforme.

$$k = \left(\frac{\delta Q}{\mathrm{d}B}\right)_T$$

représente la chaleur d'aimantation isotherme, c'est-à-dire la chaleur reçue par la substance, lorsqu'on augmente de 1 tesla l'induction magnétique, en maintenant la température constante.

b) La variation élémentaire d'énergie interne $\mathrm{d}U = \delta O + \delta W$ s'écrit

$$\mathrm{d}U = c_B\,\mathrm{d}T + (k - M)\,\mathrm{d}B.$$

La variation élémentaire d'entropie, $\mathrm{d}S = \frac{\delta Q}{T}$ (transformation réversible), s'écrit

$$\mathrm{d}S = \frac{c_B}{T}\,\mathrm{d}T + \frac{k}{T}\,\mathrm{d}B.$$

Ecrivons que $\mathrm{d}U$ et $\mathrm{d}S$ sont des différentielles totales exactes ; il vient

$$\left(\frac{\partial c_B}{\partial B}\right)_T = \left(\frac{\partial k}{\partial T}\right)_B - \left(\frac{\partial M}{\partial T}\right)_B \qquad (1)$$

et $$\frac{1}{T}\left(\frac{\partial c_B}{\partial B}\right)_T = \frac{1}{T}\left(\frac{\partial k}{\partial T}\right)_B - \frac{k}{T^2} \quad \text{ou} \quad \left(\frac{\partial c_B}{\partial B}\right)_T = \left(\frac{\partial k}{\partial T}\right)_B - \frac{k}{T}\cdot \qquad (2)$$

En comparant les relations (1) et (2), on obtient

$$\boxed{k = T\left(\frac{\partial M}{\partial T}\right)_B}\,. \qquad (3)$$

La relation (1) s'écrit alors

$$\left(\frac{\partial c_B}{\partial B}\right)_T = \left[T\left(\frac{\partial^2 M}{\partial T^2}\right)_B + \left(\frac{\partial M}{\partial T}\right)_B \right] - \left(\frac{\partial M}{\partial T}\right)_B,$$

ou

$$\boxed{\left(\frac{\partial c_B}{\partial B}\right)_T = T\left(\frac{\partial^2 M}{\partial T^2}\right)_B}. \tag{4}$$

2°

a) D'après la loi de Curie, le moment magnétique par unité de volume est proportionnel au rapport $\frac{B}{T}$:

$$M = C\frac{B}{T}.$$

On en déduit

$$\left(\frac{\partial M}{\partial T}\right)_B = -C\frac{B}{T^2} \quad \text{et} \quad \left(\frac{\partial^2 M}{\partial T^2}\right)_B = \frac{2CB}{T^3}.$$

Les relations (3) et (4) s'écrivent alors respectivement

$$\boxed{k = -C\frac{B}{T} = -M} \quad \text{et} \quad \boxed{\left(\frac{\partial c_B}{\partial B}\right)_T = \frac{2CB}{T^2} = \frac{2M}{T}}.$$

b) Par intégration, à température constante, on obtient la chaleur massique :

$$c_B = \int \frac{2CB}{T^2}\,\mathrm{d}B + c_0(T),$$

ou

$$c_B = C\frac{B^2}{T^2} + c_0(T) \;;$$

en tenant compte de $c_0(T) = \frac{A}{T^2}$, par hypothèse, on obtient

$$\boxed{c_B = \frac{CB^2 + A}{T^2}}.$$

3°

a) La désaimantation est isentropique :

$$\mathrm{d}S = \frac{c_B}{T}\,\mathrm{d}T + \frac{k\,\mathrm{d}B}{T} = 0,$$

soit $$\frac{CB^2 + A}{T^2}\,\mathrm{d}T - \frac{CB}{T}\,\mathrm{d}B = 0\,.$$

Séparons les variables T et B :

$$\frac{2\,\mathrm{d}T}{T} = \frac{2\,CB\,\mathrm{d}B}{CB^2 + A}\,.$$

Intégrons :

$$2\int_{T_i}^{T_f} \frac{\mathrm{d}T}{T} = \int_{B_i}^{0} \frac{2\,CB\,\mathrm{d}B}{CB^2 + A}\,.$$

On obtient

$$\ln\left(\frac{T_f}{T_i}\right)^2 = \ln\left(\frac{A}{CB_i^2 + A}\right) \quad \text{ou} \quad \frac{T_f}{T_i} = \left(\frac{A}{CB_i^2 + A}\right)^{1/2}.$$

La température à la fin de la désaimantation adiabatique est donc

$$\boxed{T_f = T_i\sqrt{\frac{A}{CB_i^2 + A}}}\,.$$

b) Application numérique : $T_f = 2\sqrt{\dfrac{2{,}65}{42}} = 0{,}5$ K ; par cette méthode, on obtient donc un net refroidissement. On remarque que le sel se refroidit d'autant plus que A est plus petit, donc que la chaleur massique c_B est plus faible.

13 – PILE REVERSIBLE HYDROELECTRIQUE

On considère une pile réversible hydroélectrique : la réaction chimique ne fait intervenir que des substances solides ou liquides pour lesquelles le volume v et la pression p sont constantes au cours du fonctionnement.

L'état de cette pile est défini par trois paramètres : sa f.é.m. E (ou sa f.c.é.m.), sa température T et la quantité d'électricité q emmagasinée. On admettra que la f.é.m. varie avec la température suivant la loi

$$E = E_0\,[1 + \alpha(T - T_0)],$$

où E_0 est la f.é.m. à la température T_0.

Soit C_q la capacité calorifique et $a = \left(\dfrac{\mathrm{d}Q}{\mathrm{d}q}\right)_T$ la chaleur latente isotherme de la pile.

L'énergie électrique élémentaire reçue par la pile s'écrit $\delta W = E\,\mathrm{d}q$ (avec $\mathrm{d}q < 0$ si la pile fonctionne en générateur, et $\mathrm{d}q > 0$ si elle fonctionne en récepteur).

1° Ecrire, en fonction de C_q, E_0, α, T_0 et des deux variables indépendantes T et q, les différentielles $\mathrm{d}U$ et $\mathrm{d}S$ de l'énergie interne et de l'entropie de la pile.

2° Ecrire la différentielle de l'enthalpie libre, à l'aide des variables T et q. En déduire la relation

$$\left(\frac{\partial S}{\partial q}\right)_{T,p} = -\,E_0\,.\alpha.$$

3° On charge la pile de façon *isotherme* en y faisant passer un courant de 2A pendant 50 s. Exprimer la variation d'énergie interne ΔU_T, la variation d'entropie ΔS_T, la variation d'enthalpie ΔH_T, la quantité de chaleur mise en jeu Q_T et le travail reçu par la pile W_T, lorsque la charge de la pile varie de Δq.

Calculer Δq, ΔU_T, ΔS_T, ΔH_T, Q_T, W_T, sachant que

$$E_0 = 1{,}2\ \mathrm{V}\ ;\ \alpha = 0{,}004\ \text{degré}^{-1}\ ;\ T_0 = 300\ \mathrm{K}.$$

4° La pile débite de façon *adiabatique* un courant de 2A pendant 50 s. Calculer la variation ΔT de température de la pile.

On donne $C_q = 418\ \mathrm{J}\,.\,\text{degré}^{-1}$; et la température initiale $T_0 = 300\,\mathrm{K}$.

Solution

1° La pile considérée échange avec le milieu extérieur :

– une énergie électrique $\delta W = E\,\mathrm{d}q$ (le travail des forces de pression est nul, car v = cte) ;

– une énergie calorifique $\delta Q = C_q\,\mathrm{dT} + a\,\mathrm{d}q$, qui est la somme d'une quantité de chaleur $C_q\,\mathrm{d}T$ à charge constante (lorsque la pile ne fonctionne pas), et d'une quantité de chaleur $a\mathrm{d}q$ mise en jeu lorsqu'elle fonctionne.

La différentielle de l'énergie interne est donc

$$\mathrm{d}U = \delta Q + \delta W = C_q\,\mathrm{d}T + (E + a)\mathrm{d}q.$$

La différentielle de l'entropie de la pile est

$$\mathrm{d}S = \frac{\delta Q}{T} = \frac{C_q}{T}\,\mathrm{d}T + \frac{a}{T}\,\mathrm{d}q\,.$$

Ecrivons que $\mathrm{d}U$ et $\mathrm{d}S$ sont des différentielles totales exactes :

$$\frac{\partial C_q}{\partial q} = \frac{\partial E}{\partial T} + \frac{\partial a}{\partial T} \qquad \text{et} \qquad \frac{\partial C_q}{\partial q} = \frac{\partial a}{\partial T} - \frac{a}{T}\,.$$

En comparant ces deux relations, on en déduit l'expression de la chaleur latente isotherme :

$$a = -T\frac{\partial E}{\partial T}.$$

Or, $$E = E_0[1 + \alpha(T - T_0)],$$

d'où $$\frac{\partial E}{\partial T} = \alpha E_0$$

et $$a = -\alpha E_0 T, \qquad \text{soit} \qquad E + a = E_0(1 - \alpha T_0).$$

Les différentielles des fonctions U et S s'écrivent donc

$$\boxed{\mathrm{d}U = C_q\,\mathrm{d}T + E_0\,(1 - \alpha T_0)\,\mathrm{d}q} \qquad (1)$$

et $$\boxed{\mathrm{d}S = \frac{C_q}{T}\,\mathrm{d}T - \alpha E_0 \mathrm{d}q}. \qquad (2)$$

2° La différentielle de l'enthalpie libre est

$$\mathrm{d}G = \mathrm{d}(H - TS) = \mathrm{d}U + \mathrm{d}(pv) - \mathrm{d}(TS),$$

avec $\mathrm{d}(pv) = 0$, car p et v sont constants, et $\mathrm{d}U = \delta W + \delta Q$.

On en déduit

$$\mathrm{d}G = \delta W + \underbrace{\delta Q - T\,\mathrm{d}S}_{\substack{=0,\text{ car la pile}\\ \text{fonctionne réversiblement.}}} - S\,\mathrm{d}T,$$

soit $$\boxed{\mathrm{d}G = E\,\mathrm{d}q - S\,\mathrm{d}T}.$$

Ecrivons que $\mathrm{d}G$ est une différentielle totale exacte :

$$\left(\frac{\partial S}{\partial q}\right)_T = -\left(\frac{\partial E}{\partial T}\right)_q,$$

avec $\left(\frac{\partial E}{\partial T}\right)_q = \alpha E_0$; on en déduit

$$\boxed{\left(\frac{\partial S}{\partial q}\right)_T = -\alpha E_0}.$$

3° Lorsqu'on charge la pile, elle se comporte comme un récepteur de f.c.é.m. E. Elle reçoit donc une charge positive

$$\Delta q = I\Delta t = 2.50 = 100 \text{ coulombs.}$$

Comme la transformation est isotherme ($T = T_0$), on a :

$\mathrm{d}U_T = E_0(1 - \alpha T_0)\,\mathrm{d}q$, d'après la relation (1) ;

$\mathrm{d}H_T = \mathrm{d}(U + pv) = \mathrm{d}U_T$, car p et v sont constants ;

$\mathrm{d}S_T = -\alpha E_0\,\mathrm{d}q$, d'après la relation (2).

$\delta Q_T = T_0\mathrm{d}S_T = -\alpha E_0 T_0 \mathrm{d}q$

et $\delta W_T = E\mathrm{d}q = E_0\mathrm{d}q$.

On en déduit, par intégration, les variations de U_T, H_T, S_T, ainsi que Q_T et W_T :

$$\Delta U_T = \Delta H_T = E_0\,(1 - \alpha T_0)\,\Delta q = -\,24 \text{ J ;}$$

$$\Delta S_T = -\,\alpha E_0\,\Delta q = -\,0{,}48 \text{ J/degré ;}$$

$$Q_T = -\,\alpha E_0 T_0\,\Delta q = -\,144 \text{ J ;}$$

$$W_T = E_0\,\Delta q = +\,120 \text{ J.}$$

4° Lorsque la pile débite, elle se comporte comme un générateur de f.é.m. E, elle fournit une charge $I\Delta t = 100$ C, ce qui revient à recevoir une charge négative : $\Delta q = -\,100$ C.

Comme la pile fonctionne de façon adiabatique et réversible, on a $\mathrm{d}S = 0$, ce qui entraîne, d'après la relation (2),

$$\frac{\mathrm{d}T}{T} = \frac{\alpha E_0}{C_q}\,\mathrm{d}q\,.$$

On en déduit, en supposant ΔT petit,

$$\boxed{\Delta T \approx \frac{\alpha E_0 T_0}{C_q}\,\Delta q}\,.$$

Comme $\Delta q < 0$, ΔT est négatif : il y a refroidissement pendant la décharge adiabatique de la pile.

Application numérique : $\Delta T = -\dfrac{144}{418} = -$ **0,34 K.**

14 – RELATION DE GIBBS-HELMHOLTZ. PILE A COMBUSTIBLE

On considère une pile à combustible pouvant absorber ou dégager des gaz de façon réversible. L'état de cette pile, de capacité calorifique C_q, de f.é.m. E, est défini par les trois variables indépendantes : sa température T, sa charge q, et la pression p des gaz absorbés ou dégagés. On désigne par a la chaleur latente isotherme de la pile.

1° Ecrire les différentielles dU et dG des fonctions énergie interne et enthalpie libre.

2° Ecrire les trois relations traduisant le fait que G est une fonction d'état. En déduire comment varie qualitativement la f.é.m. de la pile avec la pression extérieure.

b) On désignera par n le nombre de moles gazeuses *dégagées* par le passage de $\mathcal{F} = 96\,500$ coulombs. Les gaz dégagés ou absorbés sont supposés parfaits. On donne $n = \frac{3}{4}$. Calculer la variation de E lorsque la pression passe de 1 à 2 atm, à $T = 300$ K.

3°

a) Etablir la relation de Gibbs-Helmholtz exprimant la variation d'enthalpie d'un système en fonction de la variation d'enthalpie libre, au cours d'une transformation isotherme et isobare :

$$\Delta H = \Delta G - T\left[\frac{\partial(\Delta G)}{\partial T}\right]_p .$$

b) *Application* : La pile est placée dans un thermostat qui maintient sa température T constante ; elle fonctionne à pression constante. Etablir, pour une mole de combustible, la chaleur *fournie* par la pile, en fonction de sa f.é.m. E et de $\left(\frac{\partial E}{\partial T}\right)_p$.

La réaction chimique dans la pile fait intervenir $\nu\mathcal{F}$ coulombs par mole ($\mathcal{F} = 96\,500$ C).

On donne : 1 atm = 10^5 pascals.

Solution

1° Pendant que la pile débite, les énergies mises en jeu sont :

– l'énergie calorifique : $\delta Q = C_q\,dT + a\,dq$;

– le travail des forces de pression : $\delta W = -p\,dv$;

– et l'énergie électrique : $\delta W' = E\,dq$ ($dq < 0$, si la pile fonctionne en générateur).

La différentielle de l'énergie interne est alors

$$\mathrm{d}U = \delta Q + \delta W + \delta W', \qquad \text{ou}$$

$$\boxed{\mathrm{d}U = C_q\ \mathrm{d}T + (E + a)\ \mathrm{d}q - p\ \mathrm{d}v}\ .$$

La différentielle de l'enthalpie libre est

$$\mathrm{d}G = \mathrm{d}(U + pv - TS) = \delta W + \delta W' + \delta Q + p\mathrm{d}v + v\mathrm{d}p - T\mathrm{d}S - S\mathrm{d}T.$$

En tenant compte de la relation $T\mathrm{d}S = \delta Q$ (transformation réversible), on obtient donc, après simplification,

$$\boxed{\mathrm{d}G = -\ S\mathrm{d}T + E\mathrm{d}q + v\mathrm{d}p}\ . \qquad (1)$$

2°

a) dG étant une différentielle totale exacte, on en déduit les trois relations aux dérivées partielles :

$$\left(\frac{\partial E}{\partial T}\right)_{p,\,q} = -\left(\frac{\partial S}{\partial q}\right)_{p,\,T},$$

$$\left(\frac{\partial E}{\partial p}\right)_{T,\,q} = \left(\frac{\partial v}{\partial q}\right)_{p,\,T}, \qquad (2)$$

$$\left(\frac{\partial S}{\partial p}\right)_{T,\,q} = -\left(\frac{\partial v}{\partial T}\right)_{p,\,q}.$$

La relation (2) montre que :

– lorsque la pile absorbe des gaz ($\mathrm{d}v > 0$) en débitant une charge ($\mathrm{d}q < 0$), le quotient différentiel $\left(\frac{\partial v}{\partial q}\right)_{p,\,T}$ est négatif ; on en déduit que $\frac{\partial E}{\partial p} < 0$, donc la f.é.m. décroît si la pression des gaz (égale à la pression extérieure) croît ;

– lorsque la pile dégage des gaz ($\mathrm{d}v < 0$) en débitant une charge ($\mathrm{d}q < 0$), on aura $\left(\frac{\partial E}{\partial p}\right)_{T,\,q} = \left(\frac{\partial v}{\partial q}\right)_{p,\,T} > 0$; donc la f.é.m. croît avec la pression.

b) Les gaz étant supposés parfaits, le nombre n de moles dégagées correspond, sous la pression p, à un volume gazeux

$$v = \frac{nRT}{p}$$

On en déduit

$$\left(\frac{\partial v}{\partial q}\right)_{p,T} = \frac{v}{\mathcal{F}} = \frac{nRT}{p\,\mathcal{F}}$$

ou, d'après la relation (2), $\left(\frac{\partial E}{\partial p}\right)_{T,q} = \frac{nRT}{p\,\mathcal{F}}$; en intégrant, on obtient

la variation de f.é.m. lorsque la pression croît de p_1 à p_2 :

$$\boxed{\Delta E = \frac{nRT}{\mathcal{F}} \ln \frac{p_2}{p_1}}$$

Application numérique : $p_2/p_1 = 2$; on obtient

$$\Delta E = \mathbf{13{,}4\ mV}$$

3°

a) D'après la relation (1), la dérivée partielle de la fonction G par rapport à la température est

$$\left(\frac{\partial G}{\partial T}\right)_{q,p} = -S. \qquad (3)$$

Or, les fonctions H et G sont liées par la relation de définition

$$G = H - TS, \qquad \text{ou} \qquad H = G + TS,$$

soit en tenant compte de la relation (3),

$$H = G - T\left(\frac{\partial G}{\partial T}\right)_{q,p}.$$

Si la transformation est isobare et isotherme, la variation d'enthalpie s'écrit donc

$$\boxed{\Delta H = \Delta G - T\left[\frac{\partial(\Delta G)}{\partial T}\right]_p}.$$

b) A pression constante, la chaleur reçue par la pile est mesurée par sa variation ΔH d'enthalpie. La chaleur fournie par la pile est donc

$$-Q_p = -\Delta H = -\Delta G + T\left[\frac{\partial(\Delta G)}{\partial T}\right]_p.$$

Or, d'après la relation (1), à pression et température constantes, la variation d'enthalpie libre est

$$\Delta G = E\,\Delta q.$$

Comme la pile *débite* la quantité d'électricité $\nu\mathcal{F}$ par mole, on a

$$\Delta q = -\nu\mathcal{F} \quad \text{et} \quad \Delta G = -\nu\mathcal{F}E.$$

On en déduit

$$-Q_p = \nu\mathcal{F}E - T\nu\mathcal{F}\left(\frac{\partial E}{\partial T}\right)_p.$$

La chaleur dégagée est donc

$$\boxed{-Q_p = \nu\mathcal{F}\left[E - T\left(\frac{\partial E}{\partial T}\right)_p\right]}.$$

15 – ETUDE THERMODYNAMIQUE DU CONDENSATEUR. ELECTROSTRICTION

Un condensateur, à armatures rigides, est plongé dans un liquide isolant. Soit v le volume du liquide, p la pression exercée à la surface. On néglige la variation de pression dans le liquide due au poids de celui-ci.

On applique entre les deux armatures une différence de potentiel V progressive (de façon que le système condensateur-liquide évolue de façon *réversible*) et il apparaît une charge Q. Soit T la température et S l'entropie du système.

1°

a) Ecrire la différentielle de l'énergie interne U, en utilisant les grandeurs précédemment définies.

b) On pose $G = U + pv - VQ - TS$. Ecrire la différentielle de G. Quelles sont les relations que l'on peut en déduire entre les dérivées partielles de v, S et Q ?

2°

a) En présence du liquide, la capacité du condensateur vaut $C = \epsilon_r C_0$, C_0 étant sa capacité dans le vide et ϵ_r dépendant de p et de T. On opère à pression et température constantes. Calculer la variation de volume Δv du liquide et la quantité de chaleur Q_e reçue par le système. On exprimera Δv et Q_e en fonction de T, ϵ_r, $\left(\frac{\partial \epsilon_r}{\partial T}\right)_p$, $\left(\frac{\partial \epsilon_r}{\partial p}\right)_T$ et W_e (énergie électrostatique du condensateur).

b) $\epsilon_r - 1$ est approximativement proportionnel à la masse volumique ρ du liquide. Exprimer Δv en fonction de ϵ_r, W_e et du coefficient de compressibilité isotherme du liquide $\chi = \frac{1}{\rho}\left(\frac{\partial \rho}{\partial p}\right)_T$.

3° Pour simplifier, on décompose le volume occupé par le liquide en une partie située en dehors des armatures, où le champ électrique E est considéré comme nul, et une partie située entre les armatures, de volume v_0, où E sera considéré comme uniforme. On précise que l'énergie du champ électrique par unité de volume dans un milieu non vide, caractérisé par une constante diélectrique $\epsilon = \epsilon_0 \epsilon_r$, vaut $W = \frac{1}{2} \epsilon E^2$. Calculer en fonction de χ, ϵ_r, ϵ_0 et E, la variation relative du volume du liquide $\frac{\Delta v}{v_0}$, ainsi que la variation de pression Δp_0. Montrer que ϵ_r est une fonction croissante de la pression p.

4° On utilise comme liquide du pétrole, pour lequel

$$\epsilon_r = 2{,}1 \; ; \; \frac{1}{\epsilon_r}\left(\frac{\partial \epsilon_r}{\partial T}\right)_p = -\,10^{-3}\,(\text{degré}^{-1}) \; ; \; \chi = 2{,}3 \, . \, 10^{-9}\,(\text{pascal}^{-1}) \; ;$$

on rappelle que $\epsilon_0 = 0{,}885 \, . \, 10^{-11}$ (S.I.). On donne $E = 10^7$ V/m. Calculer $\frac{\Delta v}{v_0}$ et Δp (en millimètres de mercure).

Calculer la fraction de l'énergie électrique transformée en chaleur, à 27° C, sous la pression extérieure de 1 atmosphère.

Solution

1° *a*) La différentielle de l'énergie interne est

$$\mathrm{d}U = \delta W + \delta Q_e \, .$$

Or, le travail élémentaire échangé avec le milieu extérieur est

$$\delta W = \underbrace{-\,p\,\mathrm{d}v}_{\substack{\text{Travail}\\ \text{des forces}\\ \text{de pression}}} + \underbrace{V\mathrm{d}Q}_{\substack{\text{Travail}\\ \text{des forces}\\ \text{électrostatiques}}},$$

et la quantité de chaleur échangée avec le milieu extérieur est

$$\delta Q_e = T \, . \, \mathrm{d}S.$$

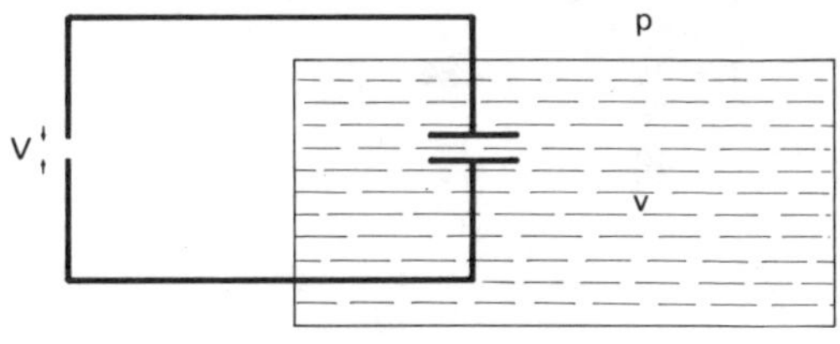

Figure V, 2

On en déduit

$$\boxed{dU = -p\,dv + V\,dQ + T\,dS}. \qquad (1)$$

b) La différentielle de la fonction d'état $G = U + pv - VQ - TS$ est

$$dG = dU + p\,dv + v\,dp - V\,dQ - Q\,dV - T\,dS - S\,dT\ ;$$

en utilisant l'expression (1) de dU, on obtient après simplification

$$\boxed{dG = v\,dp - Q\,dV - S\,dT}\ .$$

G comme U est une fonction d'état ; dG est donc une différentielle totale exacte. On en déduit trois relations :

$$\begin{cases} \left(\dfrac{\partial v}{\partial V}\right)_{p,T} = -\left(\dfrac{\partial Q}{\partial p}\right)_{V,T}, & (2) \\[2ex] \left(\dfrac{\partial v}{\partial T}\right)_{p,V} = -\left(\dfrac{\partial S}{\partial p}\right)_{V,T}, & (3) \\[2ex] \left(\dfrac{\partial Q}{\partial T}\right)_{V,p} = \left(\dfrac{\partial S}{\partial V}\right)_{p,T}. & (4) \end{cases}$$

2° *a*) Le volume v du liquide est fonction des trois variables indépendantes (V, p, T). La variation élémentaire du volume du liquide s'écrit

$$dv = \frac{\partial v}{\partial V}\,dV + \frac{\partial v}{\partial p}\,dp + \frac{\partial v}{\partial T}\,dT.$$

A pression et température constantes, on a donc

$$dv = \left(\frac{\partial v}{\partial V}\right)_{p,T} dV, \qquad \text{soit} \qquad dv = -\left(\frac{\partial Q}{\partial p}\right)_{V,T} dV,$$

d'après la relation (2).

Comme la charge du condensateur est $Q = CV = \epsilon_r\,C_0\,V$, on a

$$\left(\frac{\partial Q}{\partial p}\right)_{V,T} = \frac{\partial \epsilon_r}{\partial p}\,C_0\,V\ ;$$

on en déduit

$$dv = -\left(\frac{\partial \epsilon_r}{\partial p}\right)_T C_0\,V\,dV.$$

En intégrant sur la variable V (qui varie de 0 à V), on obtient la variation de volume du liquide :

$$\Delta v = -\left(\frac{\partial \epsilon_r}{\partial p}\right)_T \frac{C_0 V^2}{2},$$

Or, l'énergie électrique du condensateur est $W_e = \frac{1}{2} CV^2 = \frac{1}{2} C_0 V^2 \epsilon_r$; finalement, on obtient

$$\boxed{\Delta v = -\frac{W_e}{\epsilon_r}\left(\frac{\partial \epsilon_r}{\partial p}\right)_T}. \qquad (5)$$

D'autre part, la variation élémentaire d'entropie du système, à pression et température constantes, est

$$\mathrm{d}S = \left(\frac{\partial S}{\partial V}\right)_{p,T} \mathrm{d}V,$$

ou, d'après la relation (4),

$$\mathrm{d}S = \left(\frac{\partial Q}{\partial T}\right)_{V,p} \mathrm{d}V = \left(\frac{\partial \epsilon_r}{\partial T}\right)_p C_0 V \,\mathrm{d}V.$$

Comme la transformation est réversible, la quantité de chaleur élémentaire échangée avec le milieu extérieur est

$$\delta Q_e = T\,\mathrm{d}S = T\left(\frac{\partial \epsilon_r}{\partial T}\right)_p C_0 V \,\mathrm{d}V.$$

Intégrons sur V, car T = cte ; on en déduit la quantité de chaleur reçue par le système :

$$Q_e = T\left(\frac{\partial \epsilon_r}{\partial T}\right)_p \frac{C_0 V^2}{2},$$

ou

$$\boxed{Q_e = T\frac{W_e}{\epsilon_r}\left(\frac{\partial \epsilon_r}{\partial T}\right)_p}. \qquad (6)$$

b) La loi $\epsilon_r - 1 = k\rho$ permet d'écrire $\frac{\partial(\epsilon_r - 1)}{\epsilon_r - 1} = \frac{\partial \rho}{\rho}$; on en déduit

$$\frac{\partial \epsilon_r}{\partial p} = \frac{\partial(\epsilon_r - 1)}{\partial p} = \frac{\epsilon_r - 1}{\rho} \cdot \frac{\partial \rho}{\partial p} = \chi(\epsilon_r - 1).$$

La relation (5) s'écrit donc

$$\boxed{\Delta v = -\chi W_e \frac{\epsilon_r - 1}{\epsilon_r}}. \qquad (7)$$

3° Toute l'énergie électrique est emmagasinée dans le volume v_0 et vaut

$$W_e = wv_0 \quad \text{ou} \quad W_e = \frac{1}{2}\epsilon_0 \epsilon_r E^2 v_0 .$$

La variation du volume du liquide est donc, d'après la relation (7),

$$\Delta v = -\frac{1}{2}\chi \epsilon_0 E^2 v_0 \ (\epsilon_r - 1) \ ;$$

la variation relative de volume est alors

$$\boxed{\frac{\Delta v}{v_0} = -\frac{\chi \epsilon_0 (\epsilon_r - 1)}{2} E^2}.$$

La variation relative de la masse volumique du liquide $\left(\rho = \frac{m}{v}\right)$ est donc

$$\frac{\Delta \rho}{\rho} = -\frac{\Delta v}{v_0} = +\frac{\chi \epsilon_0 (\epsilon_r - 1)}{2} E^2$$

et la variation de pression est

$$\Delta p = \frac{1}{\chi}\frac{\Delta \rho}{\rho} \quad \text{ou} \quad \boxed{\Delta p = \frac{\epsilon_0 (\epsilon_r - 1) E^2}{2}}.$$

Le liquide situé entre les armatures a donc subi une augmentation de pression ($\Delta p > 0$) et une diminution de volume $\left(\frac{\Delta v}{v_0} < 0\right)$; c'est le phénomène d'*électrostriction* (contraction du volume du diélectrique lorsqu'on augmente la tension V).

Comme $\Delta v < 0$, la relation (5) montre que $\frac{\partial \epsilon_r}{\partial p} > 0$; donc la "constante diélectrique" relative ϵ_r croît avec la pression.

4° La variation relative du volume du pétrole est

$$\frac{\Delta v}{v_0} = -\frac{2,3.10^{-9}.0,885.10^{-11}.1,1}{2} \cdot 10^{14} = -\mathbf{1,12.10^{-6}}$$

(contraction relative de l'ordre du millionième).

L'augmentation de pression est $\Delta p = 487$ Pa ; or 760 mm de mercure correspondent à 10^5 Pa ; d'où $\Delta p = \frac{760 \times 487}{10^5} \approx$ **3,7 mm de mercure.**

D'après la relation (6), la fraction de l'énergie électrique transformée en chaleur est

$$\frac{Q_e}{W_e} = T\frac{1}{\epsilon_r}\left(\frac{\partial \epsilon_r}{\partial T}\right)_p .$$

Application numérique : $\frac{Q_e}{W_e} = 300.(-10^{-3}) = -0,3$; on en déduit

$$|Q_e| = 0,3\ W_e .$$

Comme le travail de la pression extérieure est négligeable devant l'énergie électrostatique du condensateur, l'énergie électrique apportée est

$$\underset{\text{Energie électrique apportée}}{W} = \underset{\text{Energie emmagasinée}}{W_e} + \underset{\text{Energie calorifique}}{|Q_e|} = 1,3\ W_e .$$

On en déduit

$$\frac{|Q_e|}{W} = \frac{|Q_e|}{1,3\ W_e} = \frac{3}{13}.$$

Donc les $\frac{3}{13}$ de l'énergie électrique apportée au condensateur seront transformés en chaleur, et les $\frac{10}{13}$ restants seront emmagasinés par le condensateur sous forme d'énergie électrostatique.

16 – ETUDE THERMODYNAMIQUE DU RAYONNEMENT

Un rayonnement est en équilibre, à la température T, à l'intérieur d'un cylindre de volume v fermé par un piston mobile sans frottement. Ce rayonnement a une énergie interne $U = uv$; la densité d'énergie u ne dépend que de la température T. La pression (de radiation) qui règne dans l'enceinte est $p = \frac{u}{3}$.

1° Trouver la relation $u(T)$ liant la densité d'énergie interne et la température T du rayonnement, de trois manières :

a) par application du second principe ;

b) par application de la relation d'Helmholtz : $U = F - T\left(\frac{\partial F}{\partial T}\right)_v$, où F représente l'énergie libre du rayonnement ;

c) par application de l'expression donnant $\left(\frac{\partial U}{\partial v}\right)_T$ en fonction de p, T et $\left(\frac{\partial p}{\partial T}\right)_v$.

2° Les parois du récipient et le piston sont, à présent, parfaitement non absorbants (diffusants ou réfléchissants). On réalise une compression réversible du rayonnement. Montrer qu'elle est *isentropique* et établir la relation Tv^n = cte (n est une constante que l'on déterminera), en utilisant la relation $u(T)$ obtenue à la 1ère question.

Application : Le rayonnement est initialement à l'équilibre, à la température T_1 = 1 000 K ; trouver la nouvelle température d'équilibre T_2, après une compression isentropique amenant le volume de l'enceinte à la moitié du volume initial.

Solution

1°

a) Au cours d'une transformation élémentaire, la variation de l'énergie interne du rayonnement est

$$dU = d(uv) = u\,dv + v\,du$$

et le travail élémentaire des forces de pression, reçu par le rayonnement, est

$$\delta W = -p\,dv = -\frac{u}{3}\,dv.$$

La quantité de chaleur mise en jeu est donc

$$\delta Q = \mathrm{d}U - \delta W = (u\mathrm{d}v + v\mathrm{d}u) - \left(-\frac{u}{3}\right)\mathrm{d}v = \frac{4}{3}u\mathrm{d}v + v\mathrm{d}u\,,$$

ou, en fonction des variables indépendantes T et v,

$$\delta Q = \frac{4}{3}u\mathrm{d}v + v\frac{\mathrm{d}u}{\mathrm{d}T}\mathrm{d}T.$$

D'après le $2^{\text{ème}}$ principe, la différentielle de l'entropie,

$$\mathrm{d}S = \frac{\delta Q}{T} = \left(\frac{4\,u}{3\,T}\right)\mathrm{d}v + \left(\frac{v}{T}\frac{\mathrm{d}u}{\mathrm{d}T}\right)\mathrm{d}T, \qquad (1)$$

est une différentielle totale exacte ; on a donc

$$\frac{\partial\left(\frac{4\,u}{3\,T}\right)}{\partial T} = \frac{\partial\left(\frac{v}{T}\frac{\mathrm{d}u}{\mathrm{d}T}\right)}{\partial v},$$

soit

$$\frac{4}{3}\left(\frac{1}{T}\frac{\mathrm{d}u}{\mathrm{d}T} - \frac{u}{T^2}\right) = \frac{1}{T}\frac{\mathrm{d}u}{\mathrm{d}T},$$

ou

$$\frac{\mathrm{d}u}{u} = 4\frac{\mathrm{d}T}{T}\cdot \qquad (2)$$

L'intégration fournit la loi de variation $u(T)$:

$$\boxed{u = KT^4}\,,$$

K étant une constante d'intégration.

La densité d'énergie rayonnante est donc proportionnelle à la puissance quatrième de la température absolue du rayonnement (loi de Stefan).

b) Imaginons une compression *isotherme* réversible du rayonnement ; la relation d'Helmholtz :

$$U = F - TS = F - T\left(\frac{\partial F}{\partial T}\right)_v$$

permet alors d'écrire (T = cte)

$$\Delta U = \Delta F - T\frac{\partial(\Delta F)}{\partial T}\,. \qquad (3)$$

Or, la variation d'énergie du rayonnement $\Delta F = \Delta(U - TS)$ est égale au travail reçu $W = -p\,\Delta v$, car la transformation est isotherme réversible ; on a donc $\Delta F = -\dfrac{u}{3}\Delta v$.

D'autre part, la variation d'énergie interne du rayonnement est

$$\Delta U = \Delta(uv) = u\,\Delta v, \qquad \text{car} \qquad u = f(T) = \text{cte}.$$

La relation (3) s'écrit donc

$$u\,\Delta v = -\frac{u}{3}\,\Delta v + \frac{T}{3}\,\frac{\mathrm{d}u}{\mathrm{d}T}\,\Delta v,$$

ou, après simplification, $\dfrac{\mathrm{d}u}{u} = 4\,\dfrac{\mathrm{d}T}{T}$, soit $u = KT^4$.

c) On a établi, à l'exercice n° 3, la relation générale

$$\left(\frac{\partial U}{\partial v}\right)_T = T\left(\frac{\partial p}{\partial T}\right)_v - p\,;$$

or la pression du rayonnement est $p = \dfrac{u}{3}$, donc

$$u = \frac{T}{3}\,\frac{\mathrm{d}u}{\mathrm{d}T} - \frac{u}{3}\,;$$

on retrouve l'équation différentielle $\dfrac{\mathrm{d}u}{u} = 4\dfrac{\mathrm{d}T}{T}$ et la solution $u = KT^4$.

2° Puisque les parois de l'enceinte et le piston sont parfaitement non absorbants, la seule forme d'énergie possible échangée entre le rayonnement et le milieu extérieur, pendant la compression, est le *travail* exercé par le piston pour vaincre la pression du rayonnement. Donc, aucune chaleur n'est échangée. Le rayonnement subit une compression *adiabatique* et de plus réversible, par hypothèse : la transformation est donc isentropique ($\mathrm{d}S = 0$ ou $S = \text{cte}$).

D'autre part, la relation (2) s'écrit

$$\frac{\mathrm{d}u}{\mathrm{d}T} = 4\,\frac{u}{T}.$$

La relation (1) s'écrit alors

$$\mathrm{d}S = \frac{4\,u}{3\,T}\,\mathrm{d}v + \frac{4uv}{T^2}\,\mathrm{d}T = \frac{4\,u}{T}\left(\frac{\mathrm{d}v}{3} + \frac{v\,\mathrm{d}T}{T}\right).$$

Comme la compression est isentropique, on a $\mathrm{d}S = 0$,

donc
$$\frac{\mathrm{d}v}{3} + \frac{v\,\mathrm{d}T}{T} = 0,$$

soit
$$\frac{\mathrm{d}T}{T} + \frac{1}{3}\frac{\mathrm{d}v}{v} = 0.$$

Cette équation différentielle a pour solution

$$\boxed{T_v^{1/3} = \text{cte}},$$

de la forme $Tv^n = \text{cte}$ avec $n = \dfrac{1}{3}$.

Application : On a $T_2 v_2^{1/3} = T_1 v_1^{1/3}$; la température d'équilibre à la fin de la compression isentropique est donc $T_2 = T_1 \left(\dfrac{v_1}{v_2}\right)^{1/3}$, soit

$$T_2 = 1\,000\,(2)^{1/3} = \mathbf{1\,260\ K}.$$

17 – SYSTEME TRIVARIANT. LAME PIEZOELECTRIQUE

On considère une lame piézoélectrique, d'épaisseur l. Les deux faces en regard, planes, de surface s, sont métalliques. L'épaisseur l et la charge q de la lame sont fonctions des trois variables indépendantes (p, T, V) : p = pression appliquée sur une face, T = température de la lame, V = d.d.p. appliquée aux bornes de la lame. La pression p sera comptée positivement pour une force de traction et négativement pour une force de compression. Dans ce problème, on n'étudiera que des processus *adiabatiques* réversibles. On définit les coefficients caractéristiques de la lame, pour une transformation adiabatique :

– module élastique à tension constante :

$$E = l\left(\frac{\partial p}{\partial l}\right)_V \;;$$

– coefficient piézoélectrique à pression constante :

$$K = \frac{1}{l}\left(\frac{\partial l}{\partial V}\right)_p \;;$$

– coefficient pyroélectrique :

$$\Pi = \left(\frac{\partial q}{\partial T}\right)_{p,V} \;;$$

– coefficient de dilatation linéaire :

$$\lambda = \frac{1}{l}\left(\frac{\partial l}{\partial T}\right)_{p,V} \quad ;$$

– coefficient d'augmentation de charge, à tension constante :

$$a = \left(\frac{\partial q}{\partial l}\right)_V \cdot$$

1° En appliquant les principes thermodynamiques sous forme différentielle, montrer que pour maintenir constante l'épaisseur l de la lame, lorsqu'on fait varier de façon réversible et adiabatique la tension de ΔV, il faut faire varier la pression d'une quantité Δp qu'on exprimera en fonction de a, s et ΔV.

Application numérique : Quel est le sens et l'intensité de l'effort supplémentaire qu'il faut exercer sur une lame piézoélectrique définie par

$$a = 0{,}21 \text{ S.I.},$$

lorsqu'on augmente la tension de 200 V ?

2° Montrer que les coefficients de la lame sont liés par la relation

$$a = KE\,s.$$

3°

a) Exprimer la différentielle relative $\frac{\mathrm{d}l}{l}$ de l'épaisseur, en fonction des variations élémentaires $\mathrm{d}p$, $\mathrm{d}T$ et $\mathrm{d}V$ des variables et des coefficients caractéristiques E, λ, K.

b) Ecrire la différentielle du potentiel thermodynamique

$$G = U - qV - psl - TS.$$

En déduire la différentielle de l'entropie $S(p, V, T)$ en fonction des coefficients caractéristiques de la lame et de sa capacité calorifique c_p.

c) En utilisant les expressions obtenues aux questions 3° *a*) et 3° *b*), exprimer $\frac{\mathrm{d}l}{l}$ sous la forme $A\,\mathrm{d}T + B\,\mathrm{d}p$.

Solution

1° Les forces de pression effectuent un travail $+ F\mathrm{d}l = ps\,\mathrm{d}l$ (d'après la convention de signe de l'énoncé) et les forces électriques, un travail $+ V\mathrm{d}q$. La différentielle de l'énergie interne de la lame est donc (transformation adiabatique)

$$dU = \delta W = ps\,dl + V\,dq. \qquad (1)$$

Pour faire apparaître les variables l et V (au lieu de l et q), introduisons la fonction d'état $F = U - qV$; sa différentielle est

$$dF = dU - V\,dq - q\,dV,$$

ou

$$\boxed{dF = ps\,dl - q\,dV}.$$

Ecrivons que dF est une différentielle totale exacte :

$$\left(\frac{\partial(ps)}{\partial V}\right)_l = -\left(\frac{\partial q}{\partial l}\right)_V \qquad \text{ou} \qquad s\left(\frac{\partial p}{\partial V}\right)_l = -a.$$

Lorsqu'on maintient constante l'épaisseur l de la lame, les variations de pression et de tension sont donc liées par la relation différentielle

$$dp = -\frac{a}{s}\,dV.$$

On en déduit

$$\boxed{\Delta p = -\frac{a}{s}\,\Delta V}.$$

Application numérique : Il faut exercer une force supplémentaire

$$\Delta f = s\,\Delta p = -a\,\Delta V,$$

soit $\Delta f = -0{,}21 \,.\, 200 = -$ **42 N** ; le signe $-$ indique que cette force doit être exercée dans le sens qui correspond à une *compression* de la lame ; donc lorsque V augmente adiabatiquement, l'épaisseur de la lame a tendance à augmenter.

2° On peut considérer que l est fonction des trois variables p, T et S (entropie) ; il existe donc une relation $f(l, p, T, S) = 0$.

Les dérivées partielles des variables sont liées par la relation mathématique

$$\left(\frac{\partial l}{\partial p}\right)_{V,S} \cdot \left(\frac{\partial p}{\partial V}\right)_{l,S} \cdot \left(\frac{\partial V}{\partial l}\right)_{p,S} = -1.$$

Or, tous les coefficients définis concernent les transformations réversibles adiabatiques à entropie constante ; d'où

$$\frac{l}{E} \cdot \left(-\frac{a}{s}\right) \cdot \frac{1}{Kl} = -1, \qquad \text{ou} \qquad \boxed{a = EKS}.$$

3°

a) Exprimons la différentielle dl en fonction des variables indépendantes p, T, V :

$$\mathrm{d}l = \left(\frac{\partial l}{\partial p}\right)_{T,V} \mathrm{d}p + \left(\frac{\partial l}{\partial T}\right)_{p,V} \mathrm{d}T + \left(\frac{\partial l}{\partial V}\right)_{p,T} \mathrm{d}V\ ;$$

soit

$$\mathrm{d}l = \frac{l}{E}\,\mathrm{d}p + \lambda l\,\mathrm{d}T + Kl\,\mathrm{d}V.$$

La variation relative de l'épaisseur de la lame est donc

$$\boxed{\frac{\mathrm{d}l}{l} = \frac{1}{E}\,\mathrm{d}p + \lambda\,\mathrm{d}T + K\,\mathrm{d}V}\ . \qquad (2)$$

b) $\mathrm{d}G = \mathrm{d}U - q\,\mathrm{d}V - V\mathrm{d}q - ps\,\mathrm{d}l - sl\,\mathrm{d}p - T\,\mathrm{d}S - S\,\mathrm{d}T.$

Comme les transformations envisagées sont adiabatiques et réversibles, on a d$S = 0$. La différentielle de G s'écrit donc, compte tenu de la relation (1) :

$$\boxed{\mathrm{d}G = -\,sl\,\mathrm{d}p - S\,\mathrm{d}T - q\,\mathrm{d}V}\ .$$

Ecrivons que dG est une différentielle totale exacte ; on obtient les dérivées partielles de la fonction entropie de la lame :

$$\left(\frac{\partial S}{\partial p}\right)_{T,V} = s\left(\frac{\partial l}{\partial T}\right)_{p,V} = \lambda ls \qquad \text{et} \qquad \left(\frac{\partial S}{\partial V}\right)_{p,T} = \left(\frac{\partial q}{\partial T}\right)_{p,V} = \Pi.$$

La différentielle de l'entropie s'écrit

$$\mathrm{d}S = \left(\frac{\partial S}{\partial p}\right)_{T,V} \mathrm{d}p + \left(\frac{\partial S}{\partial T}\right)_{p,V} \mathrm{d}T + \left(\frac{\partial S}{\partial V}\right)_{p,T} \mathrm{d}V,$$

ou

$$\boxed{\mathrm{d}S = \lambda ls\,\mathrm{d}p + \frac{c_p}{T}\,\mathrm{d}T + \Pi\,\mathrm{d}V}\ . \qquad (3)$$

c) Pour une transformation adiabatique réversible, on a d$S = 0$; d'après la relation (3), on a

$$\mathrm{d}V = -\,\frac{c_p}{\Pi T}\,\mathrm{d}T - \frac{\lambda ls}{\Pi}\,\mathrm{d}p.$$

Portons cette expression dans la relation (2) ; il vient

$$\boxed{\frac{\mathrm{d}l}{l} = \left(\lambda - \frac{Kc_p}{\Pi T}\right)\mathrm{d}T + \left(\frac{1}{E} - \frac{K\lambda ls}{\Pi}\right)\mathrm{d}p}\ .$$

18 – COUPLE THERMOELECTRIQUE. EFFETS PELTIER ET THOMSON

Considérons un couple thermoélectrique composé de deux fils A et B, respectivement en fer et en cuivre ; les soudures S_1 et S_2 entre les deux fils sont à des températures différentes T_1 et T_2 ($T_2 > T_1$). L'expérience montre qu'il existe entre les deux soudures S_1 et S_2 une f.é.m. E fonction des températures T_1 et T_2. On rend négligeables les phénomènes irréversibles : effet Joule négligeable, et fils très mauvais conducteurs de chaleur. Le couple thermoélectrique fonctionne alors de façon réversible. Il est le siège de deux effets :

a) **Effet Peltier** : Lorsqu'un courant i passe dans un circuit métallique comprenant une soudure entre deux métaux différents A et B, il *se dégage* (si le courant passe du fer vers le cuivre), dans la portion de circuit entourant la soudure, une quantité de chaleur dont le débit est proportionnel au courant :

$$\frac{dQ}{dt} = i.V,$$

où V, fonction de la température T de la soudure, s'appelle f.é.m. Peltier ;

b) **Effet Thomson** : Lorsqu'un fil de métal est parcouru par un courant i, s'il existe un gradient de température $\frac{dT}{dx}$ le long de ce fil, chaque portion dx du circuit électrique *absorbe* une quantité de chaleur (si le courant circule dans le sens des températures croissantes pour le cuivre et décroissantes pour le fer) dont le débit est

$$d\left(\frac{dQ}{dt}\right) = h\ i\frac{dT}{dx}dx = h\ i\,dT,$$

le coefficient Thomson h dépendant de la nature du métal.

Lorsque l'on inverse le sens du courant, les signes des effets calorifiques Peltier et Thomson s'inversent.

1° Faire le bilan des énergies et en déduire l'expression de la f.é.m. E en fonction des températures T_1 et T_2, des f.é.m. Peltier à ces températures, et des coefficients de Thomson des métaux A et B (cf. fig. V, 3).

2° Faire le bilan des entropies du couple thermoélectrique en fonction de T_1 et T_2. On considérera alors la température T de l'une des sources comme constante et on fera varier la température de l'autre source.

En déduire les relations

$$V = T\frac{dE}{dT} \qquad \text{et} \qquad h_A - h_B = -T\frac{d^2E}{dT^2}.$$

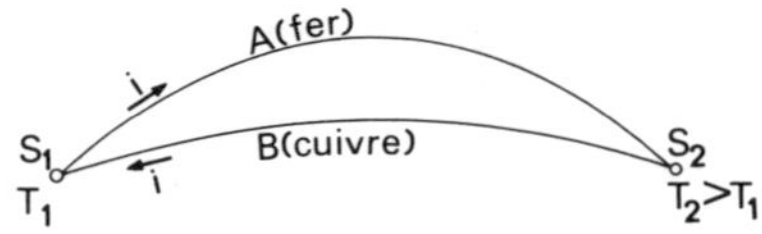

Figure V, 3

Solution

1° Faisons le bilan énergétique ; pendant le temps dt, le couple thermo-électrique reçoit :

– une énergie électrique : $-Ei\mathrm{d}t$ (puisqu'il fournit une énergie $E\mathrm{d}q = E\,i\,\mathrm{d}t$) ;

– une quantité de chaleur Peltier : $-iV(T_1)\,\mathrm{d}t$, au niveau de S_1 (il y a absorption de chaleur car i a le sens cuivre-fer) ;

– une quantité de chaleur Peltier : $+\,iV(T_2)\,\mathrm{d}t$, au niveau de S_2 (il y a dégagement de chaleur car i a le sens fer-cuivre) ;

– une quantité de chaleur Thomson dans A (fer) : $-\int_{T_1}^{T_2} h_A\, i\mathrm{d}T$ (le signe "moins" indique qu'il y a dégagement de chaleur dans le fer) ;

– une quantité de chaleur Thomson dans B (cuivre) : $-\int_{T_2}^{T_1} h_B\, i\mathrm{d}T$ (le signe "moins" indique qu'il y a dégagement de chaleur dans le cuivre).

Ecrivons que pour ce système isolé (thermocouple et sources) la variation d'énergie interne est nulle :

$$\mathrm{d}U = \delta W + \delta Q = 0,$$

$$\text{soit } \mathrm{d}U = \left[-E - V(T_1) + V(T_2) - \int_{T_1}^{T_2} h_A\,\mathrm{d}T - \int_{T_2}^{T_1} h_B\mathrm{d}T\right] i\mathrm{d}t = 0\ ;$$

le terme entre crochets est donc nul ; on en déduit l'expression de la f.é.m. du thermocouple :

$$\boxed{E = V(T_2) - V(T_1) + \int_{T_1}^{T_2} (h_B - h_A)\,\mathrm{d}T}\,. \qquad (1)$$

2° La variation d'entropie du système isolé est nulle, puisque le thermocouple fonctionne de façon réversible. La variation d'entropie, qui se réduit à celle des sources de température $T_1 = T$ et $T_2 = T + \mathrm{d}T\,(\mathrm{d}T \ll T)$, est donc pendant l'unité de temps

$$\Delta S = \frac{Q_1}{T} + \frac{Q_2}{T + \mathrm{d}T} = 0,$$

en désignant par Q_1 et Q_2 les valeurs algébriques des quantités de chaleur reçues par chaque source, pendant l'unité de temps. On en déduit

$$Q_1\left(\frac{1}{T} - \frac{1}{T + \mathrm{d}T}\right) + \frac{1}{T + \mathrm{d}T}(Q_1 + Q_2) = 0. \tag{2}$$

Or, d'après le premier principe, on a $Q_1 + Q_2 + W = 0$; raisonnons sur l'unité de temps : donc $Q_1 + Q_2 = -W = +i\mathrm{d}E$; et la relation (2) s'écrit

$$\frac{Q_1 \mathrm{d}T}{T(T + \mathrm{d}T)} + \frac{i\mathrm{d}E}{T + \mathrm{d}T} = 0.$$

Puisque l'on a $\mathrm{d}T \ll T$, en négligeant $\mathrm{d}T$ devant T, il vient

$$\frac{Q_1}{T^2}\,\mathrm{d}T + \frac{i}{T}\,\mathrm{d}E = 0 \qquad \text{ou} \qquad \frac{Q_1}{T}\,\mathrm{d}T + i\mathrm{d}E = 0.$$

Or, la chaleur Q_1 se réduit à la chaleur Peltier absorbée par S_1 pendant l'unité de temps : $Q_1 = -iV$.

On en déduit

$$-iV\frac{\mathrm{d}T}{T} + i\mathrm{d}E = 0.$$

La f.é.m. Peltier est donc

$$\boxed{V = T\frac{\mathrm{d}E}{\mathrm{d}T}}\,. \tag{3}$$

D'autre part, la relation (1) s'écrit sous forme différentielle

$$\mathrm{d}E = \mathrm{d}V + (h_B - h_A)\,\mathrm{d}T,$$

soit

$$\frac{\mathrm{d}E}{\mathrm{d}T} = \frac{\mathrm{d}V}{\mathrm{d}T} + h_B - h_A\,. \tag{4}$$

Dérivons les deux membres de la relation (3) par rapport à la température :

$$\frac{\mathrm{d}V}{\mathrm{d}T} = \frac{\mathrm{d}E}{\mathrm{d}T} + T\frac{\mathrm{d}^2E}{\mathrm{d}T^2}\ ;$$

la relation (4) s'écrit alors

$$\frac{\mathrm{d}E}{\mathrm{d}T} = \frac{\mathrm{d}E}{\mathrm{d}T} + T\frac{\mathrm{d}^2E}{\mathrm{d}T^2} + h_B - h_A\ ;$$

on en déduit la loi du thermocouple :

$$\boxed{h_B - h_A = -T\frac{\mathrm{d}^2E}{\mathrm{d}T^2}}\,.$$

19 – TENSION SUPERFICIELLE D'UN LIQUIDE

L'état de la surface libre de l'eau, en contact avec l'atmosphère, dépend de deux variables indépendantes : la température T et la surface libre s du liquide. Au cours d'une transformation réversible, la quantité de chaleur mise en jeu s'écrit

$$\delta Q = c\,\mathrm{d}T + k\,\mathrm{d}s\ ;$$

l'énergie superficielle du liquide augmente de $\delta W = A\,\mathrm{d}s$, où A désigne la constante de tension superficielle du liquide. On admet que A est une fonction linéaire de la température T. On donne, pour l'eau,

$$A = 71{,}65 \, . \, 10^{-3}\ \mathrm{N/m}\ \text{à}\ 27°\ \mathrm{C}\ \text{et}\ A = 68{,}65 \, . \, 10^{-3}\ \mathrm{N/m}\ \text{à}\ 47°\ \mathrm{C}.$$

1° Exprimer les différentielles $\mathrm{d}U$ et $\mathrm{d}S$ de l'énergie interne et de l'entropie de la surface libre du liquide. Que représente le coefficient k ? Exprimer k en fonction de T et $a = \dfrac{\mathrm{d}A}{\mathrm{d}T}$.

2° On considère une lame mince d'eau d'épaisseur $e = 2\mu$; chaque face a une surface $s_0 = 0{,}5\ \mathrm{m}^2$ à 27° C. On peut de façon réversible doubler la surface de la lame de liquide :

a) soit en maintenant constante la température : déterminer alors les variations d'énergie interne et d'entropie de la lame ;

b) soit par voie adiabatique : déterminer alors la variation de température de la lame liquide.

*3° On pulvérise 1 g d'eau à température constante $\theta = 27°$ C, en un brouillard de gouttelettes que l'on suppose à l'état de molécules. Déterminer le rayon des molécules d'eau supposées sphériques. On admettra que la notion de tension superficielle s'applique aussi aux molécules.

On donne : chaleur latente de vaporisation de l'eau à 27° C : $L = 2\,450$ J/g ; masse volumique de l'eau (supposée constante) : $\rho = 1\ \mathrm{g/cm}^3$.

Solution

1° La différentielle de l'énergie interne de la surface libre du liquide est

$$\mathrm{d}U = \delta Q + \delta W \qquad \text{ou} \qquad \boxed{\mathrm{d}U = c\,\mathrm{d}T + (k + A)\,\mathrm{d}s}\ ;$$

---

* Cette question est relative aux changements d'état (Chapitre 6).

et la différentielle de l'entropie est

$$\mathrm{d}S = \frac{\delta Q}{T} \quad \text{ou} \quad \boxed{\mathrm{d}S = \frac{c}{T}\,\mathrm{d}T + \frac{k}{T}\,\mathrm{d}s.}$$

Le coefficient k désigne la chaleur latente d'augmentation de surface isotherme, car si T = cte, on aura $k = \left(\frac{\partial Q}{\partial s}\right)_T$.

Exprimons que dU et dS sont des différentielles totales exactes :

$$\left(\frac{\partial c}{\partial s}\right)_T = \left(\frac{\partial k}{\partial T}\right)_s + \left(\frac{\partial A}{\partial T}\right)_s \quad \text{et} \quad \left(\frac{\partial c}{\partial s}\right)_T = \left(\frac{\partial k}{\partial T}\right)_s - \frac{k}{T}.$$

On en déduit, par identification :

$$\left(\frac{\partial A}{\partial T}\right)_s = -\frac{k}{T} \quad \text{soit} \quad k = -T\left(\frac{\partial A}{\partial T}\right)_s.$$

Or, A varie linéairement avec la température T, donc

$$\left(\frac{\partial A}{\partial T}\right)_s = \frac{\mathrm{d}A}{\mathrm{d}T} = a\,.$$

Le coefficient calorimétrique k est donc

$$\boxed{k = -\,aT}\,. \qquad (1)$$

2°

a) **Transformation isotherme** (dT = 0).

La différentielle de l'énergie interne s'écrit $\mathrm{d}U = (k + A)\,\mathrm{d}s$, ou, d'après la relation (1), $\mathrm{d}U = (-\,aT + A)\,\mathrm{d}s$.

Intégrons à température constante ; on obtient

$$\boxed{\Delta U = (-\,aT + A)\,(s_2 - s_1)}\,.$$

La différentielle de l'entropie est

$$\mathrm{d}S = \frac{k}{T}\,\mathrm{d}s = -\,a\,\mathrm{d}s, \quad \text{soit} \quad \boxed{\Delta S = -\,a\,\Delta s}$$

Application numérique :

$$a = \frac{\mathrm{d}A}{\mathrm{d}T} = \frac{(68{,}65 - 71{,}65).\,10^{-3}}{20} = -\,1{,}5\,.\,10^{-4}\ \mathrm{N/m.K}.$$

Comme la lame a deux faces : $s_1 = 2s_0$; $s_2 = 4s_0$, donc

$$s_2 - s_1 = 2s_0 = 1\ \mathrm{m}^2\ ;\quad T = 300\ \mathrm{K}\ ;\ A = 71{,}65\ \mathrm{N/m}\ ;$$

on obtient **$\Delta U = 71{,}70$ J** et **$\Delta S = 1{,}5\,.\,10^{-4}$ J/K.**

b) **Transformation adiabatique réversible.**

Soit m la masse du liquide, de masse volumique ρ, qui subit la transformation. On a

$$m = \rho . e . s_0$$

Cette transformation est isentropique :

$$\mathrm{d}S = m \frac{c}{T} \mathrm{d}T - a \,\mathrm{d}s = 0, \qquad \text{donc} \qquad \frac{\mathrm{d}T}{T} = \frac{a}{mc} \mathrm{d}s.$$

Par intégration, on obtient

$$\ln \frac{T_2}{T_1} = \frac{a}{mc} (s_2 - s_1) = \frac{2a}{\rho . e . c}, \quad \text{car} \quad s_2 - s_1 = 2 s_0 .$$

Comme la quantité $\dfrac{2a}{\rho . e . c}$ est petite, on peut écrire

$$\ln \frac{T_2}{T_1} = \ln \frac{T_1 + \Delta T}{T_1} = \ln \left(1 + \frac{\Delta T}{T_1} \right) \approx \frac{\Delta T}{T_1} .$$

La variation de température est donc

$$\boxed{\Delta T = \frac{2 a T_1}{\rho . e . c.}} \; .$$

Application numérique : $\Delta T = - \dfrac{3 . 10^{-4} . 300}{10^3 . 10^{-6} . 4{,}2 . 10^3} = \mathbf{- 0{,}02\ K}$.

3° Une masse m d'eau de masse volumique ρ est pulvérisée en un nombre de gouttes moléculaires

$$\frac{m}{\frac{4}{3} \pi r^3 \rho} = \frac{3m}{4 \pi r^3 \rho}. \tag{2}$$

La surface libre finale de l'eau pulvérisée est alors

s_2 = surface libre d'une molécule . nombre de molécules,

soit $\quad s_2 = 4 \pi r^2 . \dfrac{3m}{4 \pi r^3 \rho} = \dfrac{3m}{\rho r}.$

Comme le rayon d'une molécule est très petit, on a $s_2 \gg s_1$, et comme $aT \ll A$, la variation d'énergie interne est alors, pour cette opération isotherme,

$$\Delta U = (-aT + A)(s_2 - s_1) \approx \frac{3mA}{\rho r}.$$

La vaporisation s'effectuant à pression constante, on peut écrire que la variation d'enthalpie du liquide est égale à la quantité de chaleur qu'il a reçue au cours de la pulvérisation :

$$\Delta H = mL.$$

D'où

$$\Delta U + p\,\Delta v = mL.$$

La quantité $p\,\Delta v$, de l'ordre de $10^5 . 10^{-3} = 100$ J, est négligeable devant ΔU. On en déduit en première approximation

$$\Delta U = mL \qquad \text{soit} \qquad \frac{3mA}{\rho r} = mL.$$

Le rayon des molécules est finalement

$$\boxed{r = \frac{3A}{\rho L}}.$$

Application numérique : $A = 71{,}65 . 10^{-3}$ N/m ; $L = 2{,}45 . 10^6$ J/kg ; $\rho = 10^3$ kg/m^3 ; on obtient $r = 0{,}86 . 10^{-10}$ m $=$ **0,86 Å.**

Remarque : La solution de cette 3ème question a un caractère très approximatif puisque la relation (2) n'est valable que si l'on néglige le vide intermoléculaire entre les molécules du liquide.

CHAPITRE 6

ÉQUILIBRE D'UN CORPS PUR. CHANGEMENT DE PHASE. RELATION DE CLAPEYRON

Toute partie homogène d'un système en équilibre constitue une phase. Les paramètres de l'équilibre seront la pression et la température.

I. EQUILIBRE D'UN CORPS PUR SOUS DEUX PHASES. CHANGEMENT DE PHASE

$$A_1 \rightleftharpoons A_2$$

1° Conditions d'équilibre. Les deux phases ont à l'équilibre :

– même température $T_1 = T_2$ (équilibre thermique),

– même pression $p_1 = p_2$ (équilibre mécanique),

– même potentiel chimique $\mu_1\ (p, T) = \mu_2\ (p, T)$.

La dernière condition montre que la pression et la température sont liées par une relation $p = f(T)$; on dit que le système est MONOVARIANT : on ne peut choisir arbitrairement qu'un seul paramètre d'équilibre (p ou T par exemple) ; les autres sont alors déterminés. Ce résultat est confirmé par la règle de Gibbs qui attribue la variance 1 à ce système formé d'un corps pur ($c = 1$), sous deux phases ($\varphi = 2$) :

$$v = c + 2 - \varphi = 1 + 2 - 2 = 1.$$

2° Courbes d'équilibre. On a représenté sur la figure V,1 les trois courbes d'équilibre $p = f(T)$ d'un corps pur sous deux phases :

– courbe de fusion $T_r f$: solide $\underset{1}{\rightleftharpoons}$ liquide,

– courbe de vaporisation $T_r C$: liquide $\underset{1}{\rightleftharpoons}$ vapeur,

– courbe de sublimation $T_r s$: solide $\underset{1}{\rightleftharpoons}$ vapeur.

Soit un corps pur à la pression p et à la température T. Si le point représentatif $M(p, T)$ appartient à l'une des courbes d'équilibre, on aura un équilibre entre deux phases du corps ; sinon le corps existe sous une seule phase : solide, liquide ou vapeur, suivant que M appartient à la zone ①, ② ou ③.

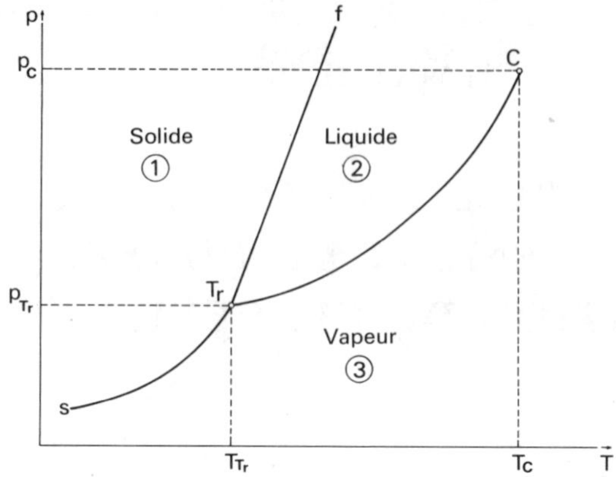

Figure VI, 1

3° **Changement de phase.** Le passage d'une phase A_1 de volume massique u_1 à une phase A_2 de volume massique u_2 est un processus réversible qui s'effectue à pression et température constantes, d'après les conditions d'équilibre.

La fusion (solide → liquide), la vaporisation (liquide → vapeur) et la sublimation (solide → vapeur) s'accompagnent toujours d'une absorption de chaleur, et la transformation inverse d'une libération de chaleur. Cette chaleur L de changement d'état, relative à l'unité de masse du corps, est donnée par la formule de Clapeyron :

$$\boxed{L = T\,(u_2 - u_1)\,\frac{\mathrm{d}p}{\mathrm{d}T}}$$

Conséquence. Lors du passage d'une phase condensée (solide ou liquide) à la phase vapeur, on a toujours $u_{\text{vapeur}} > u_{\text{liquide}}$ ou u_{solide} ; on en déduit $\left(\frac{\mathrm{d}p}{\mathrm{d}T}\right)_{\text{vaporisation}} > 0$ et $\left(\frac{\mathrm{d}p}{\mathrm{d}T}\right)_{\text{sublimation}} > 0$: les pentes des courbes de vaporisation et de sublimation sont positives.

II. EQUILIBRE D'UN CORPS PUR SOUS TROIS PHASES. POINT TRIPLE

1° **Conditions d'équilibre.** Les trois phases ont à l'équilibre :

– même température : $T_1 = T_2 = T_3$;

– même pression : $p_1 = p_2 = p_3$;

– même potentiel chimique : $\mu_1\,(p\,,T) = \mu_2\,(p\,,T) = \mu_3\,(p\,,T)$.

La dernière condition indique qu'il existe deux relations entre la pression p et la température T d'équilibre. Le système est INVARIANT ; on ne peut choisir arbitrairement aucun paramètre d'équilibre. Ce résultat est confirmé par la règle de Gibbs qui attribue la variance 0 à ce système :

$$\nu = c + 2 - \varphi = 1 + 2 - 3 = 0.$$

2° **Point triple.** C'est le point T_r figuratif de l'état du système lorsque les trois phases coexistent à l'équilibre. On en déduit que les trois courbes d'équilibre se coupent au point triple. La température T_{T_r} et la pression p_{T_r} au point triple, sont imposées par l'expérience.

Au point triple la chaleur latente de sublimation est égale à la somme des chaleurs latentes de fusion et de vaporisation :

$$L_s = L_f + L_v \ ;$$

l'inégalité $L_s > L_v$ entraîne :

$$\left(\frac{\mathrm{d}p}{\mathrm{d}T}\right)_{\text{subl.}} > \left(\frac{\mathrm{d}p}{\mathrm{d}T}\right)_{\text{vap.}} \ ;$$

la pente de la courbe de sublimation est donc supérieure à celle de vaporisation.

III. EQUILIBRE LIQUIDE-VAPEUR. POINT CRITIQUE

1° **Pression de vapeur saturante.** L'isotherme de l'équilibre liquide-vapeur présente un palier horizontal LG dans le diagramme (p, v), à la pression constante p_s qui est la pression de vapeur saturante.

– Si $p < p_s$, on a uniquement de la vapeur sèche (qui obéit approximativement aux lois du gaz parfait).

– Si $p = p_s$, on a un mélange liquide-vapeur, où le taux de vapeur saturante x (défini comme le rapport entre la masse de vapeur et la masse totale du mélange) est compris entre 1 (point représentatif G) et 0 (point représentatif L).

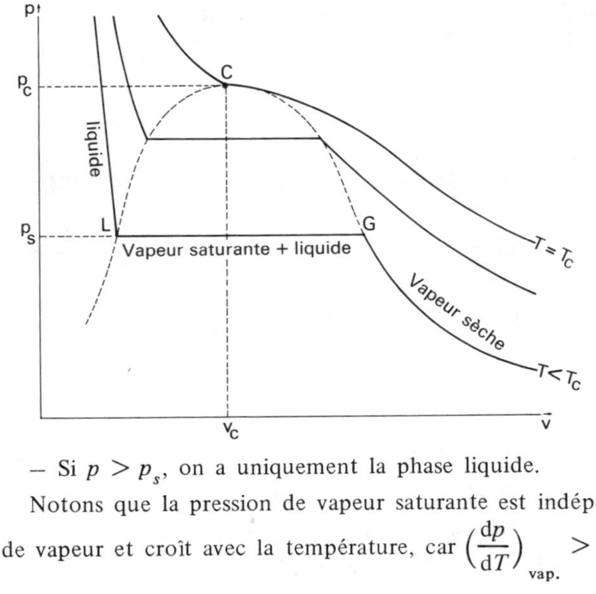

Figure VI, 2

– Si $p > p_s$, on a uniquement la phase liquide.

Notons que la pression de vapeur saturante est indépendante du taux x de vapeur et croît avec la température, car $\left(\frac{\mathrm{d}p}{\mathrm{d}T}\right)_{\text{vap.}} > 0$.

2° **Point critique.** Si l'on augmente la température, le palier de liquéfaction LG se rétrécit, jusqu'à se confondre avec un point C, pour une température $T = T_c$ = température critique. L'isotherme critique présente alors un point d'inflexion à tangente horizontale en C.

On en déduit que la courbe de vaporisation $p = f(T)$ est limitée au point critique C (figure VI,1) et part du point triple T_r. Il est donc impossible de vaporiser un liquide à pression constante, si sa température est *supérieure* à la température critique T_c.

En résumé, l'équilibre liquide-vapeur ne peut être réalisé qu'à des pressions comprises entre celle du point triple et celle du point critique :

$$p_{T_r} < p < p_c$$

Au point critique, les phases liquide et vapeur ont mêmes *propriétés* et en particulier même volume massique $u_1 = u_2$, ce qui entraîne $\left(\text{la pente } \frac{\mathrm{d}p}{\mathrm{d}T} \text{ restant finie}\right)$ $L = 0$; de plus $\frac{\mathrm{d}L}{\mathrm{d}T} \rightarrow -\infty$ au point critique.

3° **Courbe de saturation. Chaleurs massiques.** Le lieu des extrémités L et G du palier constitue la courbe de saturation (tracée sur la figure V,2) formée de deux branches : la courbe d'ébulition LC et la courbe de rosée GC qui se rejoignent au point critique C.

Les chaleurs massiques m_l et m_v du liquide et de sa vapeur le long des courbes d'ébullition et de rosée sont liées à L et T par la relation

$$m_l - m_v = \frac{\mathrm{d}L}{\mathrm{d}T} - \frac{L}{T}$$

4° **Energie interne et entropie.** Si l'on admet que la chaleur massique m_l du liquide saturant est constante, et si l'on néglige le volume massique u_l de la phase liquide devant celui u_v de la vapeur, les fonctions d'état relatives à l'unité de masse du mélange liquide-vapeur, caractérisé par le taux x de vapeur saturante, sont (cf. probl. 9, 10 et 11 de ce chapitre) :

$$U = m_l\,(T) + x\,(L - pu_v)$$

et

$$S = m_l \ln T + x\frac{L}{T}$$

IV. VARIATION DES FONCTIONS U, H, S, F ET G DANS UN CHANGEMENT D'ETAT.

Au cours d'un changement de phase relatif à l'unité de masse d'un corps pur :

– la variation d'énergie interne est $\Delta U = L - p\,(u_2 - u_1)$;

– la variation d'enthalpie est $\Delta H = L$;

– la variation d'entropie est $\Delta S = \frac{L}{T}$;

– la variation d'énergie libre est $\Delta F = \Delta U - T\Delta S = -p\,(u_2 - u_1)$;

– la variation d'enthalpie libre est $\Delta G = \Delta H - T\Delta S = 0$.

C'est à partir de cette dernière relation qu'on établit que chaque constituant a même potentiel chimique à l'équilibre, dans toutes les phases.

PROBLEMES DU CHAPITRE 6

1 – VARIATION DES FONCTIONS *U* et *H*, AU COURS DU CHANGEMENT D'ETAT D'UN CORPS PUR

a) Calculer les variations d'enthalpie H et d'énergie interne U d'un kilogramme d'eau liquide à 100 °C, que l'on vaporise sous la pression atmosphérique $p = 1$ atm. On assimilera la vapeur d'eau à un gaz parfait.

b) En déduire la quantité de chaleur qu'il faut fournir à un litre d'eau à 25°C pour la transformer en vapeur à 100°C, sous 1 atmosphère, dans un récipient de volume constant.

On donne :

– chaleur latente de vaporisation de l'eau à 100°C : $L = 540$ cal/g,
– masse molaire de l'eau : $H_2O = 18$ g,
– volume molaire à 100°C, 1 atm : 30,6 l,
– chaleur massique de l'eau liquide : $c = 1$ cal/g/degré,
– 1 cal = 4,18 J.

Solution

a) La variation d'enthalpie, au cours de la vaporisation qui s'effectue à *pression constante,* est mesurée par la quantité de chaleur reçue par l'eau :

$$\Delta H = Q_p = mL.$$

Application numérique : $m = 1$ kg ; $L = 540 \times 4{,}18 = 2\,257$ J/g $= 2\,257$ kJ/kg.

On obtient $\mathbf{\Delta H = 2\,257}$ **kJ.**

● La variation d'énergie interne de l'eau, au cours de la vaporisation, est

$$\Delta U = \Delta (H - pv) = \Delta H - p\Delta v,$$

car la pression est constante ;

Δv est la variation de volume $v_v - v_L$ qui accompagne la vaporisation de 1 kg d'eau. On a donc :

$$\Delta U = mL - p\,(v_v - v_L).$$

Or, le volume de 1 kg de la phase liquide est $v_L = 1$ l $= 10^{-3}$ m^3 et celui de la phase vapeur est

$$v_v = \frac{30{,}6\,.\,10^{-3} \times 1\,000}{18} = 1{,}7 \text{ m}^3,$$

car une mole de vapeur (18 g) occupe un volume de $30{,}6\,.\,10^{-3}$ m^3.

Puisque le volume v_L de la phase liquide est négligeable devant celui de la phase vapeur v_v, la variation d'énergie interne est

$$\boxed{\Delta U \approx mL - pv_v}$$

Application numérique :

$$\Delta U = 2{,}257 \,.\, 10^6 - 10^5 \,.\, 1{,}7 = 2{,}087 \,.\, 10^6 \text{ J} = \mathbf{2\,087\ kJ}.$$

b) • Il faut d'abord échauffer l'eau liquide de

$$\theta_1 = 25°\text{C à } \theta_2 = 100°\text{C},$$

ce qui nécessite une quantité de chaleur

$$Q_1 = mc\,(\theta_2 - \theta_1).$$

Application numérique : $Q_1 = 1 \times 4{,}18 \times 75 =$ **313 kJ**, car

$$c = 4{,}18 \text{ kJ/kg/degré}.$$

• Il faut vaporiser l'eau, ce qui nécessite la quantité de chaleur $Q_2 = \Delta U$, car à volume constant le travail échangé est nul.

La quantité de chaleur qu'il faut donc fournir est

$$Q = Q_1 + \Delta U$$

Application numérique : $Q = 313 + 2\,087 =$ **2 400 kJ.**

Remarque : Le volume constant sous lequel on opère doit être supérieur ou égal au volume v_v de la phase vapeur.

2 – VARIATION D'ENTROPIE AU COURS D'UN CHANGEMENT D'ETAT

Dans un récipient parfaitement calorifugé contenant une masse $M = 1$ kg d'eau à $\theta_1 = 20°$C, on place un bloc de glace, à $\theta_0 = 0°$C, de masse $m = 500$ g.

Déterminer :

1° la composition et la température du mélange à l'équilibre ;

2° la variation d'entropie de la masse d'eau :

a) initialement à l'état liquide ;

b) initialement à l'état solide.

La transformation est-elle réversible ?

On donne : chaleur massique de l'eau : $c = 4{,}2$ kJ/kg - degré ;
chaleur de fusion de la glace : 336 kJ/kg.

Solution

1° Soit x la masse de la glace qui a fondu ; à l'équilibre, on aura une masse $(M + x)$ d'eau et une masse $(m - x)$ de glace, à la température d'équilibre $\theta_0 = 0°C$, où les deux phases peuvent coexister.

D'après le principe de la calorimétrie, on a

$$\underbrace{Mc\,(\theta_1 - \theta_0)}_{\text{Quantité de chaleur cédée par l'eau}} = \underbrace{xL}_{\text{Quantité de chaleur reçue par la glace, lors de la fusion}}$$

On en déduit

$$\boxed{x = \frac{Mc\,(\theta_1 - \theta_0)}{L}}$$

Application numérique : $x = \dfrac{1\,.\,4{,}2\,.\,10^3\,.\,20}{336\,.\,10^3} = 0{,}25$ kg.

A l'équilibre, on aura, à 0°C, 0,25 kg de glace et 1,25 kg d'eau liquide.

2° *a)* La variation d'entropie de la masse M d'eau, initialement à l'état liquide, est

$$\Delta S_1 = \int \frac{\delta Q}{T} = \int_{T_1}^{T_0} Mc\,\frac{dT}{T} = Mc\,\ln\frac{T_0}{T_1}$$

Application numérique : $\Delta S_1 = 1\,.\,4{,}2\,.\,10^3\,\ln\dfrac{273}{293} = -\,\mathbf{296{,}7\ J\,.\,K^{-1}}$

b) La variation d'entropie de la masse m, initialement à l'état de glace, se réduit à la variation d'entropie de la masse x de glace fondue, car la masse $(m - x)$ est restée dans le même état. On a donc

$$\Delta S_2 = \frac{xL}{T_0} = \frac{Mc\,(T_1 - T_0)}{T_0}$$

Application numérique : $\Delta S_2 = +\,\mathbf{307{,}7\ J\,.\,K^{-1}}$

La variation d'entropie du système est donc

$$\Delta S = \Delta S_1 + \Delta S_2 = +\,11\ \text{J}\,.\,\text{K}^{-1}\ ;$$

ΔS est positif, la transformation envisagée est donc irréversible.

3 – LIQUEFACTION DE L'HELIUM

On considère un petit récipient dont les parois sont imperméables à la chaleur, de volume 10 cm³, muni d'un robinet, et contenant de l'hélium gazeux (gaz supposé parfait) comprimé sous la pression

$$p_0 = 80 \text{ atmosphères.}$$

On ouvre légèrement le robinet. De l'hélium s'échappe très lentement jusqu'au moment où à l'intérieur du récipient règne une pression $p_1 = 1$ atm et une température $T_1 = 4{,}22$ K (température d'équilibre liquide-vapeur de l'hélium sous 1 atmosphère).

1° Quelle doit être la température initiale de l'hélium pour qu'à la fin de l'expérience il ne reste dans le récipient que de l'hélium liquide ?

2° En déduire la masse d'hélium que l'on a dû introduire dans le récipient.

On donne :

He = 4 ;

rapport des chaleurs massiques de l'hélium gazeux (supposé constant) : $\gamma = \frac{5}{3}$;

chaleur de vaporisation de l'hélium à 4,22 K ; 20,8 J/g ;

constante des gaz parfaits : $R = 8{,}32$ J/mole . K.

Solution

1° Puisque les parois du récipient sont adiabatiques et que la détente est réversible, la variation d'entropie des x moles de fluide restant dans le récipient est nulle :

$$\Delta S = 0$$

On peut imaginer que le passage de l'hélium gazeux à l'hélium liquide se fait en deux étapes :

a) Le gaz passe de l'état (p_0, T_0) à l'état (p_1, T_1) ; la variation d'entropie correspondante est

$$\Delta S_1 = \int_{p_0,T_0}^{p_1,T_1} \frac{\delta Q}{T} = \int_{p_0,T_0}^{p_1,T_1} \frac{x c_p \, \mathrm{d}T + h \, \mathrm{d}p}{T} = x c_p \int_{T_0}^{T_1} \frac{\mathrm{d}T}{T} - x R \int_{p_0}^{p_1} \frac{\mathrm{d}p}{p},$$

car, pour un gaz parfait,

$$h = -v = -\frac{x R T}{p} ;$$

soit
$$\Delta S_1 = x c_p \ln \frac{T_1}{T_0} - x R \ln \frac{p_1}{p_0}$$

Or, la capacité calorifique molaire du gaz parfait à pression constante est

$$c_p = \frac{\gamma R}{\gamma - 1} = \frac{5}{2} R \ ;$$

on en déduit

$$\Delta S_1 = xR \left(\frac{5}{2} \ln \frac{T_1}{T_0} - \ln \frac{p_1}{p_0} \right)$$

b) L'hélium passe de l'état gazeux (p_1, T_1) à l'état liquide, la pression et la température restant constantes ; la variation d'entropie au cours de ce changement de phase est

$$\Delta S_2 = -\frac{xL_v}{T_1},$$

où L_v est la chaleur de vaporisation relative à une mole.

Ecrivons que la variation d'entropie totale du fluide restant est nulle :

$$\Delta S = \Delta S_1 + \Delta S_2 = x \left(\frac{5}{2} R \ln \frac{T_1}{T_0} - R \ln \frac{p_1}{p_0} - \frac{L_v}{T_1} \right) = 0 \ ;$$

on en déduit

$$\ln \frac{T_1}{T_0} = \frac{2}{5R} \left(R \ln \frac{p_1}{p_0} + \frac{L_v}{T_1} \right)$$

La température initiale de l'hélium doit donc être

$$\boxed{T_0 = T_1 \exp \frac{2}{5} \left(\ln \frac{p_0}{p_1} - \frac{L_v}{\mathrm{RT}_1} \right)}$$

Application numérique :

$$L_v = 20{,}8 \,.\, 4 = 83{,}2 \text{ J/mole} \ ; \ T_0 = 4{,}22 \text{ exp. } \frac{2}{5} \left(\ln 80 - \frac{10}{4{,}2} \right),$$

soit $T_0 = \mathbf{9{,}40 \ K}$

2° L'équation d'état du gaz parfait permet de déterminer le nombre de moles d'hélium introduites :

$$n = \frac{p_0 v}{RT_0} = \frac{80 \,.\, 10^5 \,.\, 10^{-5}}{8{,}32 \,.\, 9{,}40} \approx 1{,}023 \text{ mole.}$$

La masse d'hélium est donc 1,023 . 4 = **4,09 g**.

4 – FUSION ET VAPORISATION. DIAGRAMMES D'EQUILIBRE (P, T)

A 0°C, les chaleurs latentes de fusion et de vaporisation de l'eau sont respectivement $L_f = 335$ kJ/kg et $L_v = 2\,375$ kJ/kg. La température et la pression au point triple sont $\theta = 0{,}01$°C ≈ 0°C et $p_0 = 4{,}6$ mm de mercure.

On donne :

– masse volumique de l'eau liquide : $\rho_l = 1$ kg/l ;

– densité de la glace : $d = 0{,}915$;

– densité de la vapeur d'eau : $d' = 0{,}625$;

– masse volumique de l'air : $a_0 = 1{,}3$ g/l.

1° Calculer, au point triple, les pentes des courbes de fusion, de vaporisation et de sublimation de l'eau, dans le diagramme (p, T), en atm. K^{-1}.

2° Ecrire les équations de la courbe de fusion (assimilée à une droite) et de la courbe de vaporisation $\left(\text{d'équation } p = a\,\mathrm{e}^{-\frac{b}{T}}\right)$. On rappelle qu'à 100°C la pression de vapeur saturante de l'eau vaut 1 atmosphère.

Représenter les états d'équilibre de l'eau dans le diagramme (p, T).

3° On considère de la glace, prise à –0,5°C sous 100 mm de mercure. On opère une compression isotherme. Calculer la pression à partir de laquelle la glace commence à fondre.

4° *a)* On opère un échauffement isobare à la pression de 100 mm de mercure, sur de la glace prise à –0,5°C. Déterminer à quelles températures se produiront la fusion et la vaporisation.

b) Que se passe-t-il si l'échauffement isobare a lieu à une pression inférieure à p_0 ?

Solution

1° D'après la formule de Clapeyron relative à la fusion, la pente de la courbe de fusion est

$$\left(\frac{\mathrm{d}p}{\mathrm{d}T}\right)_f = \frac{L_f}{T(u_l - u_s)}$$

Si l'on désigne par ρ_l et ρ_s les masses volumiques de l'eau liquide et solide, la variation de volume massique, au cours de la fusion, est

$$u_l - u_s = \frac{1}{\rho_l} - \frac{1}{\rho_S} = \frac{1}{\rho_l} - \frac{1}{d\rho_l} = -\frac{1}{\rho_l} \cdot \frac{1-d}{d}$$

On en déduit

$$\boxed{\left(\frac{\mathrm{d}p}{\mathrm{d}T}\right)_f = -\frac{L_f}{T}\,\rho_l \cdot \frac{d}{1-d}}$$

Application numérique :

$$\rho_l = 10^3\ \mathrm{kg/m^3}\ ;\ \left(\frac{\mathrm{d}p}{\mathrm{d}T}\right)_f = -\frac{335\,.\,10^3}{273}\,.\,10^3\,.\,\frac{0{,}915}{0{,}085} = -1{,}32\,.\,10^7\ \mathrm{Pa\,.\,K^{-1}}\ ;$$

ou $$\left(\frac{\mathrm{d}p}{\mathrm{d}T}\right)_f = -\ \mathbf{132\ atm.\ K^{-1}}$$

De même, la formule de Clapeyron relative à la vaporisation,

$$L_v = T\,(u_v - u_l)\,\frac{\mathrm{d}p}{\mathrm{d}T},$$

permet de déterminer, en négligeant le volume de la phase liquide devant celui de la vapeur, la pente de la courbe de vaporisation :

$$\left(\frac{\mathrm{d}p}{\mathrm{d}T}\right)_v \approx \frac{L_v}{Tu_v}, \qquad \text{avec} \qquad u_v = \frac{1}{\rho_v} = \frac{1}{a_0 d'}\ ;$$

d'où $$\boxed{\left(\frac{\mathrm{d}p}{\mathrm{d}T}\right)_v = \frac{L_v}{T}\,a_0 d'}$$

Application numérique :

$$\left(\frac{\mathrm{d}p}{\mathrm{d}T}\right)_v = \frac{2\,375\,.\,10^3}{273}\,.\,1{,}3\,.\,0{,}625 = 7{,}1\,.\,10^3\ \mathrm{Pa\,.\,K^{-1}} = \mathbf{0{,}071\ atm.\ K^{-1}}$$

Enfin, la pente de la courbe de sublimation est, en négligeant le volume de la phase solide devant celui de la vapeur,

$$\left(\frac{\mathrm{d}p}{\mathrm{d}T}\right)_s \approx \frac{L_s}{Tu_v}, \quad \text{avec} \quad u_v = \frac{1}{a_0 d'} \quad \text{et} \quad L_s = L_f + L_v$$

(Cf. problème n° 13),

donc $$\boxed{\left(\frac{\mathrm{d}p}{\mathrm{d}T}\right)_s = \frac{(L_f + L_v)\,a_0 d'}{T}}$$

On remarque que

$$\left(\frac{\mathrm{d}p}{\mathrm{d}T}\right)_s > \left(\frac{\mathrm{d}p}{\mathrm{d}T}\right)_v$$

Application numérique :

$$\left(\frac{\mathrm{d}p}{\mathrm{d}T}\right)_s = \frac{2\,720 \,.\, 10^3 \,.\, 1{,}3 \,.\, 0{,}625}{273} = 8{,}1 \,.\, 10^3\ \mathrm{Pa}\,.\,\mathrm{K}^{-1} = \mathbf{0{,}081\ atm.\,K^{-1}}$$

2° La courbe de fusion est une droite, de pente $\left(\frac{\mathrm{d}p}{\mathrm{d}T}\right)_f = -132$ atm. K^{-1} et qui passe par le point triple de coordonnées :

$$T_r \begin{cases} T_0 \approx 273\ \mathrm{K}, \\ p_0 = 4{,}6 \text{ mm de mercure} = \frac{4{,}6}{760} \text{ atm.} = 6{,}1 \,.\, 10^{-3} \text{ atm.} \end{cases}$$

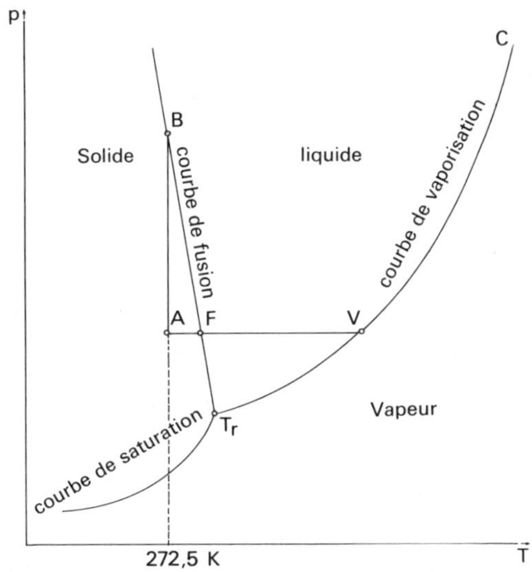

Figure VI, 3

Son équation est

$$p - p_0 = \left(\frac{\mathrm{d}p}{\mathrm{d}T}\right)_f (T - T_0),$$

$$\boxed{p_{(\mathrm{atm})} \approx -132\,(T_{(K)} - 273)} \qquad (1)$$

La courbe de vaporisation, limitée au point critique C, a pour équation, dans le domaine considéré

$$p = a\mathrm{e}^{-b/T}$$

Pour déterminer les constantes a et b, écrivons que l'équation est vérifiée au point triple T_r, et au point d'ébullition normal de l'eau :

$$\begin{cases} T_1 = 373\ \mathrm{K}, \\ p_1 = 1\ \mathrm{atm.} \end{cases}$$

On obtient :

$$\begin{cases} 6{,}1 \,.\, 10^{-3} = a\,e^{-\frac{b}{273}} \\ 1 = a\,e^{-\frac{b}{373}} \end{cases}$$

En divisant membre à membre, on obtient $b = 5\,200$; on en déduit

$$a = e^{+\frac{b}{373}} = 1{,}13 \,.\, 10^6$$

Donc

$$\boxed{p_{(\text{atm})} = 1{,}13 \,.\, 10^6 \ e^{-5200/T}} \qquad (2)$$

3° Au cours de la compression isotherme ($T = 272{,}5$ K) de la glace, le point représentatif décrit le segment AB. Lorsque la glace commence à fondre, son état est représenté par le point B, intersection de la courbe de fusion et de l'isotherme $T = 272{,}5$ K.

D'après la relation (1), la pression en B est

$$p_B = -\ 132\ (272{,}5 - 273) = \mathbf{66\ atm.}$$

La glace commence donc à fondre, lorsque la pression atteint 66 atmosphères, à $-0{,}5$°C.

4° *a)* A la pression constante $p_A = 100$ mm de mercure ou

$$p_A = \frac{100}{760} = \frac{5}{38}\ \text{atm},$$

l'échauffement isobare de la glace, représenté dans le diagramme (p, T) par la droite horizontale AFV, produit la fusion de la glace à la température du point figuratif F, intersection de l'isobare AFV et de la courbe de fusion ; donc, d'après la relation (1), on a

$$\frac{5}{38} = -\ 132\ (T_f - 273)$$

On en déduit que la fusion se produit à une température très légèrement supérieure à 273 K (la courbe de fusion est presque verticale). En continuant à chauffer de façon isobare, le liquide se vaporise à la température du point figuratif V, intersection de l'isobare et de la courbe de vaporisation ; donc, d'après la relation (2) on a

$$\frac{5}{38} = 1{,}13 \,.\, 10^6 \ e^{-5200/T_v}$$

soit $$\frac{5\,200}{T_v} = \ln 8{,}58\,.\,10^6 \quad \text{ou} \quad T_v = 326 \text{ K}.$$

b) Si p est inférieur à p_0, il y aura sublimation ; la glace passe directement à l'état de vapeur (voir figure VI,3).

5 – VAPEUR SECHE ET VAPEUR SATURANTE

1° La pression maximale de la vapeur d'eau (en atmosphères) entre 0 et 130°C est exprimée en fonction de la température absolue T, par la formule empirique de Rankine :

$$\ln p = A - \frac{5\,120}{T},$$

(A étant une constante) avec une précision de 1 %.

La chaleur de vaporisation de l'eau, loin du point critique, est donnée par la formule de Regnault :

$$L_{\text{kJ/kg}} = 3\,335 - 2{,}91\ T$$

Calculer le volume massique de la vapeur saturante, à 100°C, sous la pression atmosphérique. Comparer le résultat obtenu à celui que l'on obtiendrait en assimilant la vapeur d'eau à un gaz parfait.

2° On introduit 1 gramme d'eau dans un récipient de 1 litre initialement vide. Quelles sont les proportions respectives de liquide et de vapeur en présence à 50°C ?

3° Le récipient de volume invariable est initialement rempli d'air à 50°C, sous 1 atmosphère , on introduit 1 gramme de vapeur d'eau à 50°C. La pression totale du mélange est 1,116 atm. La vapeur d'eau est-elle sèche ou saturante ? On chauffe le mélange jusqu'à 90°C. Déterminer la pression finale du mélange.

On rappelle que l'eau bout à 100°C sous la pression atmosphérique normale.

On donne :

– masse volumique de l'eau liquide : $\mu_l = 10^3$ kg.m^{-3} (supposée indépendante de la température) ;

– 1 atm $= 10^5$ Pa ;

– 1 cal $= 4{,}2$ J.

Solution

1° En négligeant le volume de l'eau liquide devant celui de la vapeur, la chaleur massique de vaporisation est donnée par la formule de Clapeyron :

$$L = T u_v \frac{dp}{dT}$$

Le volume massique de la vapeur est alors

$$u_v = \frac{L}{T \frac{dp}{dT}} \tag{1}$$

Exprimons les différentielles logarithmiques des deux membres de la formule de Rankine :

$$\frac{dp}{p} = \frac{5\,120 \ dT}{T^2}$$

La pente de la courbe de vaporisation dans le diagramme (T, p) est alors

$$\frac{dp}{dT} = \frac{5\,120 \ p}{T^2}$$

L'expression (1) s'écrit donc

$$\boxed{u_v = \frac{L}{5\,120} \cdot \frac{T}{p}} \tag{2}$$

Application numérique : A 100°C, sous 1 atmosphère, on a

$$L = 3\,335 - 2{,}91 \,.\, 373 = 2\,250 \text{ kJ/kg} \,;$$

d'où : $$u_v = \frac{2{,}25 \,.\, 10^6 \,.\, 373}{5\,120 \,.\, 10^5} = \mathbf{1{,}640 \ m^3/kg.}$$

On remarque que $u_l << u_v$ ($u_l = 0{,}001$ m^3/kg), ce qui justifie l'approximation effectuée.

Si la vapeur d'eau saturante se comporte comme un gaz parfait, l'équation d'état relative à l'unité de masse du gaz s'écrit

$$p u_v = \frac{R}{M} T,$$

M étant la masse molaire de l'eau,

ou

$$\boxed{u_v = \frac{R}{M} \cdot \frac{T}{p}}$$

Application numérique : $u_v = \dfrac{8{,}32}{18 \cdot 10^{-3}} \cdot \dfrac{373}{10^5} = \mathbf{1{,}720\ m^3/kg}$.

Le désaccord relatif par rapport au comportement du gaz parfait est donc

$$\frac{\Delta u_v}{u_v} = \frac{1{,}72 - 1{,}64}{1{,}72} \approx 4{,}6\ \%$$

Ce désaccord est supérieur à la précision (1 %) de la formule de Rankine ; donc la vapeur saturante n'obéit pas rigoureusement aux lois des gaz parfaits.

2° La constante A de la formule de Rankine peut être déterminée en écrivant que la pression de vapeur saturante de l'eau à 100°C (ou 373 K) est $p = 1$ atm ; soit

$$\ln 1 = A - \frac{5\,120}{373}, \quad \text{donc} \quad A = \frac{5\,120}{373} = 13{,}7.$$

La formule de Rankine s'écrit alors

$$\ln p = 13{,}7 - \frac{5\,120}{T} \qquad (p \text{ en atmosphères})$$

A 50°C (ou 323 K), la pression de vapeur saturante est donc

$$p = \exp.\left(13{,}7 - \frac{5\,120}{323}\right) = \exp.(-\ 2{,}1) = \mathbf{0{,}121\ atm.}$$

et la chaleur de vaporisation est

$$L = 3\,335 - 2{,}91 \cdot 323 = 2\,395 \text{ kJ/kg}$$

On en déduit le volume massique de la vapeur d'eau saturante, d'après la relation (2) :

$$u_v = \frac{2{,}395 \cdot 10^6}{5\,120} \cdot \frac{323}{0{,}121 \cdot 10^5} = 12{,}45 \text{ m}^3/\text{kg}.$$

Soit m_l et m_v les masses respectives de liquide et de vapeur ; la masse totale est $m = m_l + m_v = 10^{-3}$ kg ; le volume total est $V = m_l u_l + m_v u_v = 10^{-3}$ m³. On en déduit

$$m_v = \frac{V - m u_l}{u_v - u_l} \quad \text{et} \quad m_l = \frac{m u_v - V}{u_v - u_l}$$

Comme $u_l << u_v$, il vient en première approximation

$$\boxed{m_v \approx \frac{V}{u_v}} \quad \text{et} \quad \boxed{m_l \approx \frac{mu_v - V}{u_v}}$$

Application numérique : $\boldsymbol{m_v} \approx$ **0,08 g** et $\boldsymbol{m_l} \approx$ **0,92 g** ; à l'équilibre, il y a donc 8 % de vapeur saturante et 92 % de liquide.

3° La pression du mélange à 50°C est égale à la somme des pressions partielles de l'air et de la vapeur d'eau. La pression partielle de la vapeur d'eau est donc

$$p_1 = 1{,}116 - 1 = 0{,}116 \text{ atm.}$$

Cette pression étant *inférieure* à la pression de vapeur saturante (0,121 atm), la vapeur d'eau est initialement *sèche.*

A 90°C, en supposant que la vapeur d'eau reste sèche, la loi des gaz parfaits s'écrit à volume constant

$$\frac{p_2}{T_2} = \frac{p_1}{T_1}$$

La pression finale est alors

$$p_2 = p_1 \cdot \frac{T_2}{T_1} = 0{,}116 \cdot \frac{363}{323} = 0{,}130 \text{ atm.}$$

Or, la pression maximale de vapeur saturante, à 90°C, est telle que

$$\ln p_s = 13{,}7 - \frac{5\,120}{363}, \quad \text{soit} \quad p_s = \exp(-0{,}5), \quad \text{ou} \quad p_s = 0{,}690 \text{ atm.}$$

Comme p_2 est inférieur à p_s, la vapeur d'eau est encore sèche à 90°C (si l'on avait $p_2 > p_s$, la vapeur aurait été saturante à la pression p_s).
D'autre part, la pression partielle de l'air, à 90°C, est

$$p'_2 = p'_1 \frac{T_2}{T_1} = 1 \cdot \frac{363}{323} = 1{,}122 \text{ atm}$$

La pression finale du mélange gazeux est donc

$$P = p_2 + p'_2 = \mathbf{1{,}252 \text{ atm.}}$$

6 – INFLUENCE DE LA TEMPERATURE SUR L'EQUILIBRE LIQUIDE-VAPEUR

1° Ecrire les conditions d'équilibre de deux phases d'un corps pur défini par la pression et la température. En déduire la formule de Clapeyron exprimant la chaleur latente L de changement d'état.

2° On considère l'équilibre des phases liquide-vapeur du corps. La vapeur sera assimilée à un gaz parfait (loin du point critique). Déterminer en fonction de p, T et L, *le long de la courbe d'équilibre liquide-vapeur :*

a) la variation $\frac{dp}{dT}$ de la pression de la vapeur saturante avec la température ;

b) la variation $\frac{dv}{dT}$ du volume de la vapeur saturante avec la température.

c) Application numérique : Quelles sont les variations de la pression et du volume d'une mole de vapeur d'eau saturante, à 100°C, sous 1 atmosphère, si l'on élève la température de 1°C ?

On donne : chaleur latente de vaporisation de l'eau (en cal/g) à la température Celsius θ : $L = 607 - 0{,}7\,\theta$; 1 cal = 4,2 J ; constante des gaz parfaits :

$$R = 8{,}32\ \text{J. mole}^{-1}.\ \text{K}^{-1}\ ;$$

Masse molaire de l'eau : 18 g.

Solution

1° L'équilibre des phases 1 et 2 du corps se traduit par :

– l'égalité des températures des deux phases :

$$T_1 = T_2 \text{ (équilibre thermique) ;}$$

– l'égalité des pressions des deux phases :

$$p_1 = p_2 \text{ (équilibre mécanique) ;}$$

– l'égalité des potentiels thermodynamiques :

$$G_1 = G_2, \text{ car } dG = v\,dp - S\,dT = 0\ ;$$

il y a égalité des potentiels chimiques (potentiel thermodynamique par mole) : $\mu_1 = \mu_2$.

L'équilibre de deux phases ($\varphi = 2$) d'un corps ($c = 1$) est *univariant* (variance : $c + 2 - \varphi = 1$) ; donc la pression p est fonction de la température T, seule variable indépendante.

La condition d'équilibre $\mu_1 = \mu_2$ s'écrit sous forme différentielle

$$d\mu_1 \ (p, T) = d\mu_2 \ (p, T) \ ;$$

soit
$$\left(\frac{\partial \mu_1}{\partial p}\right)_T dp + \left(\frac{\partial \mu_1}{\partial T}\right)_p dT = \left(\frac{\partial \mu_2}{\partial p}\right)_T dp + \left(\frac{\partial \mu_2}{\partial T}\right)_p dT \qquad (1)$$

Si l'on considère une mole de chaque phase, on a

$$d\mu = dG = v dp - S dT,$$

où v et S représentent le volume et l'entropie molaire.

La relation (1) s'écrit alors

$$v_1 \, dp - S_1 \, dT = v_2 \, dp - S_2 \, dT$$

La différence des entropies des deux phases est donc

$$S_2 - S_1 = (v_2 - v_1) \frac{dp}{dT}$$

Comme le processus considéré est réversible, la chaleur latente molaire de changement d'état est $L = T (S_2 - S_1)$, soit

$$\boxed{L = T (v_2 - v_1) \frac{dp}{dT}} \qquad \text{(relation de Clapeyron)}$$

2° *a)* Le volume v_1 de la phase liquide est négligeable devant le volume $v_2 = \dfrac{RT}{p}$ de la phase gazeuse ; la relation de Clapeyron s'écrit alors

$$L = \frac{RT^2}{p} \frac{dp}{dT}$$

On en déduit la loi de variation de la pression de vapeur saturante avec la température :

$$\boxed{\frac{dp}{dT} = \frac{Lp}{RT^2}} \qquad (2)$$

b) La différentielle du volume v (T, p) de la vapeur saturante s'écrit

$$dv = \left(\frac{\partial v}{\partial T}\right)_p dT + \left(\frac{\partial v}{\partial p}\right)_T dp$$

La variation de volume de la vapeur avec la température est donc, en utilisant la relation (2),

$$\frac{\mathrm{d}v}{\mathrm{d}T} = \left(\frac{\partial v}{\partial T}\right)_p + \left(\frac{\partial v}{\partial p}\right)_T \frac{Lp}{\mathrm{RT}^2}$$

La vapeur saturante étant assimilée à un gaz parfait, on a

$$\left(\frac{\partial v}{\partial T}\right)_p = \frac{R}{p} \quad \text{et} \quad \left(\frac{\partial v}{\partial p}\right)_T = -\frac{RT}{p^2} \; ;$$

on en déduit

$$\frac{\mathrm{d}v}{\mathrm{d}T} = \frac{R}{p} - \frac{L}{pT} \quad \text{ou} \quad \boxed{\frac{\mathrm{d}v}{\mathrm{d}T} = \frac{1}{p}\left(R - \frac{L}{T}\right)} \qquad (3)$$

c) A 100°C, la chaleur latente de vaporisation de l'eau est

$$L = 607 - 70 = 537 \text{ cal/g}$$

ou $$L = 537 \,.\, 4{,}2 \,.\, 18 = 4{,}06 \,.\, 10^4 \text{ J/mole.}$$

D'après la relation (2), on a $\frac{\mathrm{d}p}{p} = \frac{L\mathrm{d}T}{RT^2}$; intégrons en supposant L constant entre 100°C et 101°C :

$$\ln \frac{p_2}{p_1} = -\frac{L}{R}\left(\frac{1}{T_2} - \frac{1}{T_1}\right)$$

Comme $T_1 \approx T_2$, les variations de pression ne sont pas très importantes ; on en déduit

$$\ln \frac{p_2}{p_1} = \ln\left(1 + \frac{p_2 - p_1}{p_1}\right) \approx \frac{p_2 - p_1}{p_1} = \frac{L}{R}\,\frac{T_2 - T_1}{T_1^2},$$

donc $$\Delta p = \frac{Lp_1}{RT_1^2}\,\Delta T \; ;$$

soit $$\Delta p = \frac{4{,}06 \,.\, 10^4 \,.\, 1}{8{,}32\ (373)^2} = \mathbf{0{,}035\ atm.}$$

D'après la relation (3), on a, en faisant les approximations précédentes,

$$\Delta v = \frac{1}{p}\left(R - \frac{L}{T}\right)\Delta T,$$

soit $$\Delta v = \frac{1}{10^5}\left(8{,}32 - \frac{4{,}06 \,.\, 10^4}{373}\right) . \, 1 = -\,10^{-3} \text{ m}^3 = -\,\mathbf{1\ l}.$$

Donc, si la température croît, la pression de la vapeur saturante croît également et son volume diminue, à condition que la vapeur saturante soit constamment en équilibre avec le liquide.

7 – DETENTE ISOTHERME D'UN MELANGE LIQUIDE-VAPEUR

Les expériences sont effectuées à la température de 50°C que l'on maintient *constante.* Une éprouvette E cylindrique de section $s = 50$ cm², munie d'une soupape et fermée par un piston, contient de l'air sec sous la pression initiale $p_0 = 1$ atmosphère, sur une hauteur $h = 1{,}20$ m. On injecte dans E, progressivement, une masse m d'eau : la pression de vapeur saturante de l'eau est $f = 0{,}12$ atmosphère.

1° Etudier la variation de la pression totale régnant dans E, en fonction de m (m compris entre 0 et 2 g), si l'on maintient constant le volume de E.

2° Après avoir introduit 2 g d'eau, on ferme la soupape et on opère une détente réversible jusqu'au moment où le volume du système est le triple du volume initial.

Déterminer le travail fourni par le système, la variation d'énergie interne et la variation d'entropie, au cours de cette détente isotherme.

On donne :

– 1 atmosphère : 10^5 Pa

– volume massique à 50°C : du liquide saturant : $u_l = 1$ cm³/g ; de la vapeur saturante : $u_v = 12\,000$ cm³/g.

– chaleur de vaporisation de l'eau à 50°C : 2 380 kJ/kg.

Solution

1° Au début de l'expérience, l'eau introduite se vaporise et l'on obtient de la vapeur sèche. Soit m_0 la masse d'eau minimale introduite, à partir de laquelle la vapeur commence à devenir saturante :

$$v = sh = m_0\, u_v, \text{ soit } m_0 = \frac{v}{u_v} = \frac{6\,000}{12\,000} = 0{,}5 \text{ g}$$

a) Si $0 < m < 0{,}5$ g, la vapeur est sèche et la pression totale est égale à la somme des pressions partielles de l'air et de l'eau ; or, la pression partielle de la vapeur d'eau sèche est proportionnelle à la masse de vapeur, à volume et température constants $\left(\text{d'après la loi des gaz parfaits : } pv = \frac{m}{M} RT\right)$. La pression partielle de l'eau est donc

$$p_{\text{air}} = f \cdot \frac{m}{m_0} \ ,$$

et la pression totale est

$$\boxed{p = \frac{f}{m_0}\, m + p_0}$$

En conclusion, si l'on injecte une masse d'eau inférieure à 0,5 g, la pression totale est une fonction linéaire de la masse m d'eau injectée.

b) Si $m > 0{,}5$ g, la vapeur sera saturante à la pression maximale f et la pression totale sera donc constante (en négligeant le volume de la phase liquide) :

$$\boxed{p = f + p_0} = 1{,}12 \text{ atm.}$$

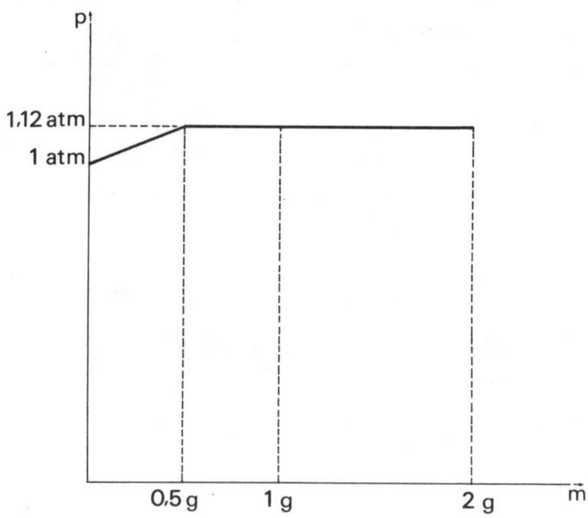

Figure VI, 4

On a représenté sur la figure VI,4 les variations de la pression totale p avec la masse m d'eau injectée.

2° On peut négliger le volume occupé par le liquide saturant ($\approx$ 1,5 cm^3) devant le volume occupé par la vapeur (6 000 cm^3).

Le travail *reçu par l'air,* au cours de la détente isotherme, est

$$W_{\text{air}} = -\, p_0 v \ln \frac{v_{\text{final}}}{v_{\text{initial}}} = -\, p_0 v \ln 3 = 10^5 \,.\, 6 \,.\, 10^{-3} \,.\, 1{,}098 = -\ \mathbf{659\ J}.$$

Le travail *reçu par la vapeur d'eau* qui reste saturante est

$$W_{eau} = - f\Delta v = - f(3\,v - v) = - f.\,2v = - 0{,}12\,.\,10^5\,.\,12\,.\,10^{-3} = - \mathbf{144\ J.}$$

Le travail *fourni par le système* est donc

$$W = - (W_{air} + W_{eau}) = \mathbf{803\ J.}$$

La quantité de chaleur reçue par l'air est, puisque la transformation est isotherme,

$$Q_{air} = - W_{air} = \mathbf{+\ 659\ J}$$

La quantité de chaleur reçue par l'eau est $Q_{eau} = L\Delta m$; or, le volume a triplé, donc la masse m_0 de vapeur saturante triple $\left(m_0 = \frac{v}{u}\right)$; la masse d'eau vaporisée est donc $\Delta m = 3\,m_0 - m_0 = 2\,m_0$. On en déduit

$$Q_{eau} = L\,.\,2\,m_0 = 2{,}380\,.\,10^6\,.\,10^{-3} = 2\,380\ \text{J}.$$

La variation d'énergie interne, qui est nulle pour l'air

$$(\Delta U = Q_{air} + W_{air} = 0)\,,$$

se réduit à celle de la vapeur d'eau :

$$\Delta U = Q_{eau} + W_{eau} = + 2\,380 - 144 = \mathbf{2\,236\ J}$$

La variation d'entropie du système est, puisque la température est constante,

$$\Delta S = \frac{Q_{eau} + Q_{air}}{T} = \frac{2\,380 + 659}{323} \doteq \mathbf{9{,}4\ J\,.\,K^{-1}}$$

8 – EVAPORATION DE L'EAU

1° Un récipient, dont les parois sont imperméables à la chaleur, contient initialement une masse $m_0 = 20$ g d'eau liquide de chaleur massique $c = 4\,185\ \text{J}\,.\,\text{kg}^{-1}\,.\,\text{K}^{-1}$, à la température $T_0 = 345$ K. La vapeur formée au cours de l'évaporation qui se produit est éliminée grâce à une pompe qui l'aspire lentement. La chaleur de vaporisation de l'eau dans l'intervalle de température considéré, de la forme

$$L = A - BT\,,$$

décroît de $2{,}9\,.\,10^3\ \text{J}\,.\,\text{kg}^{-1}$ par degré K.

L'évaporation de la masse dm d'eau produit une variation dT de la température à l'intérieur du récipient.

a) Etablir l'équation différentielle qui lie dm et dT.

b) Lorsque la fraction d'eau vaporisée est $\frac{1}{10}$, la température à l'intérieur du récipient est $T = 284$ K. Déterminer les constantes A et B de la relation $L\,(T)$.

c) Quelle est la fraction d'eau vaporisée lorsqu'il reste dans le récipient la phase liquide à 0°C ? Quelle est la masse m' de glace obtenue lorsque tout le liquide disparaît ? On donne : chaleur de fusion de la glace $L_f = 335\ \text{kJ}\,.\,\text{kg}^{-1}$ et on négligera la sublimation de la glace.

2° Dans une autre expérience, la masse $m_0 = 20$ g d'eau, à $T_0 = 345$ K, est placée dans une ampoule située elle-même à l'intérieur d'un calorimètre de valeur en eau totale $\mu = 1$ kg. L'ampoule est mise en communication avec un récipient vide. La vaporisation de l'eau provoque un refroidissement. Déterminer la température finale T_1 à l'intérieur du calorimètre. On utilisera la relation $L = A - BT$ déterminée à la 1re question.

Solution

1° *a)* La masse dm de liquide qui se vaporise reçoit une quantité de chaleur Ldm de la part de la masse m du liquide restant qui se refroidit en passant de la température T à la température $T - \mathrm{d}T$.

Le bilan calorifique s'écrit donc

$$\mathrm{d}m\,.\,L = mc\,\mathrm{d}T.$$

ou

$$\frac{\mathrm{d}m}{m} = \frac{c}{L}\,\mathrm{d}T.$$

Or, la chaleur de vaporisation de l'eau est de la forme $L = A - BT$. On en déduit l'équation différentielle

$$\boxed{\frac{1}{c}\,\frac{\mathrm{d}m}{m} = \frac{\mathrm{d}T}{A - BT}}$$

b) Intégrons cette équation différentielle :

$$\frac{1}{c}\int_{m_0}^{m}\frac{\mathrm{d}m}{m} = -\frac{1}{B}\int_{T_0}^{T} - \frac{B\mathrm{d}T}{A - BT},$$

soit

$$\frac{1}{c}\ln\frac{m}{m_0} = -\frac{1}{B}\ln\frac{A - BT}{A - BT_0} \tag{1}$$

Soit x la fraction d'eau vaporisée, la masse de liquide restante est alors

$$m = m_0 \ (1 - x) \ ;$$

d'où
$$\frac{m}{m_0} = 1 - x$$

La relation (1) s'écrit donc

$$-\frac{B}{C} \ln (1 - x) = \ln \frac{A - BT}{A - BT_0}$$

On en déduit la relation

$$\frac{A - BT}{A - BT_0} = (1 - x)^{-\frac{B}{C}} \qquad (2)$$

avec
$$B = -\frac{dL}{dT} = 2{,}9 \, . \, 10^3 \text{ J . kg}^{-1} \text{ . K}^{-1}$$

Ecrivons que la relation (2) est vérifiée pour $x = \frac{1}{10}$, T = 284 K ; il vient

$$\frac{A - 2{,}9 \, . \, 10^3 \, . \, 284}{A - 2{,}9 \, . \, 10^3 \, . \, 345} = \left(\frac{9}{10}\right)^{-\frac{2{,}9 \, . \, 10^3}{4{,}185 \, . \, 10^3}} = 1{,}073$$

On en déduit la valeur de A :

$$A = 3{,}31 \, . \, 10^6 \text{ J/kg}$$

La relation $L = A - BT$ s'écrit donc

$$\boxed{L = (3\,310 - 2{,}9 \ T) \text{ kJ . kg}^{-1}}$$

la température T étant exprimée en K.

c) La fraction d'eau vaporisée à 0°C est

$$x = 1 - \left(\frac{A - BT}{A - BT_0}\right)^{-C/B}$$

soit

$$x = 1 - \left(\frac{3{,}31 \, . \, 10^6 - 2{,}9 \, . \, 10^3 \, . \, 273}{3{,}31 \, . \, 10^6 - 2{,}9 \, . \, 10^3 \, . \, 345}\right)^{-1{,}443} = 1 - (0{,}916)^{1{,}443} = 0{,}119 \ ,$$

ou
$$\boldsymbol{x = 11{,}9 \ \%}$$

La masse d'eau résiduelle, lorsque la température atteint 0°C, est donc

$$m = m_0 \ (1 - x)$$

Lorsque la phase liquide a disparu, la masse m' de glace formée provient de la solidification de la fraction $y = \dfrac{m'}{m}$ de la masse m d'eau à 0°C ; cette congélation cède une quantité de chaleur $m'L_f$ qui sert à vaporiser à 0°C, la masse $(m - m')$ d'eau restante.

On en déduit $m'L_f = (m - m')\ L,$

soit $$m' = \frac{mL}{L_f + L} \quad \text{ou} \quad \boxed{m' = \frac{m_0\ (1 - x)\ L}{L_f + L}} \qquad (3)$$

Application numérique : A 0°C, la chaleur de vaporisation est

$$L = A - BT = 3{,}31 \,.\, 10^6 - 2{,}9 \,.\, 10^3 \,.\, 273 = 2\,520 \text{ kJ/kg}$$

La masse de glace produite est $m' = \dfrac{20 \,.\, 0{,}881 \,.\, 2\,520}{2\,520 + 335} = \mathbf{15{,}5\ g}$

2° La vaporisation d'une masse dm de liquide s'accompagne de l'absorption d'une quantité de chaleur $L\mathrm{d}m$, ce qui provoque un abaissement de la température du calorimètre.

Le bilan calorifique s'écrit : $L\mathrm{d}m = \mu c \mathrm{d}T$, ou $\mathrm{d}m = \mu c \dfrac{\mathrm{d}T}{A - BT}$.

Intégrons : $$\int_{m_0}^{0} \mathrm{d}m = \mu c \int_{T_0}^{T_1} \frac{\mathrm{d}T}{A - BT},$$

soit $$\boxed{m_0 = \frac{\mu c}{B} \ln \frac{A - BT_1}{A - BT_0}} \qquad (4)$$

Cette relation permet de déterminer la température finale T_1 à la fin de l'évaporation totale de la masse m d'eau.

D'après la relation approchée $\ln (1 + \epsilon) \approx \epsilon$, on peut écrire

$$\ln \frac{A - BT_1}{A - BT_0} = \ln \left[1 + \frac{B\ (T_0 - T_1)}{A - BT_0}\right] \approx \frac{B\ (T_0 - T_1)}{A - BT_0};$$

la relation (4) s'écrit alors

$$m_0 = \frac{\mu c\ (T_0 - T_1)}{A - BT_0}$$

Le refroidissement du calorimètre est donc

$$\boxed{T_0 - T_1 \approx \frac{m_0\ (\mathrm{A} - \mathrm{BT}_0)}{\mu c}}$$

Application numérique : $T_0 - T_1 = \dfrac{20 \,.\, 10^{-3} \,.\, 2{,}31 \,.\, 10^6}{4{,}185 \,.\, 10^3} = 11$ K. La température finale du calorimètre est $T_1 = 334$ K ou **61°C.**

9 – ENERGIE INTERNE ET ENTROPIE D'UN MELANGE LIQUIDE-VAPEUR

1° Soit, à la température T, un mélange liquide-vapeur, dont le taux de vapeur est x. On désigne par m la chaleur massique du liquide saturant et par L la chaleur de vaporisation à la température T. On considère que ce mélange a été obtenu à partir du liquide de saturation par absorption d'un travail et d'une quantité de chaleur que l'on exprimera en fonction de x ; en déduire l'équation de l'adiabatique :

$$m \ln T + \frac{Lx}{T} = \text{cte},$$

du mélange liquide-vapeur et l'expression de son énergie interne.

2° Une chaudière fermée par un robinet à pointeau, de volume constant $V = 150$ l, contient uniquement de l'eau liquide en équilibre avec sa vapeur. La masse totale de l'eau est 1 kg. Initialement, l'eau est à la température de 20°C (température ambiante). On porte l'eau à 180°C. Calculer :

a) le taux x de vapeur saturante à 20°C et à 180°C ;

b) la variation d'entropie ΔS du mélange liquide-vapeur ;

c) la variation d'énergie interne ΔU du mélange liquide-vapeur.

On donne la pression de vapeur d'eau saturante à 180°C (11 atmosphères) et à 20°C (0,02 atmosphère).

3° Lorsque la chaudière isolée thermiquement est à 180°C, on la met brusquement en communication avec un cylindre isolé thermiquement. La température du mélange liquide-vapeur, à la fin de cette détente, est 20°C. On ramène ensuite la vapeur à l'intérieur de la chaudière, par une compression isotherme, pour revenir à l'état initial.

a) Représenter dans le diagramme (p, V) le cycle des transformations indiquées aux questions 2 et 3.

b) Comparer le travail fourni par ce système au cours du cycle à la variation d'énergie interne ΔU du mélange, lors de son échauffement.

On donne :

– volume massique de la vapeur d'eau saturante

à 20°C $\quad u_{v,1} = 57{,}80 \text{ m}^3 \cdot \text{kg}^{-1}$,

et à 180°C, $\quad u_{v,2} = 0{,}175 \text{ m}^3 \cdot \text{kg}^{-1}$

– chaleur latente de vaporisation de l'eau en kcal/kg, à la température Celsius θ : $L = 606 - 0{,}7\,\theta$;

– 1 cal = 4,2 J.

Solution

1° Au départ, on a un liquide de saturation (le taux de vapeur est $x = 0$). La quantité de chaleur et le travail qu'il faut fournir à l'unité de masse de ce fluide, pour élever sa température de dT, en le maintenant à l'état liquide de saturation, sont

$$\delta Q = m\mathrm{d}T \quad \text{et} \quad \delta W = -\,p\mathrm{d}u_l$$

(u_l étant le volume massique du liquide saturant).

Les variations correspondantes d'entropie et d'énergie interne sont

$$\mathrm{d}S = \frac{\delta Q}{T} = m\,\frac{\mathrm{d}T}{T} \qquad (1)$$

et

$$\mathrm{d}U = \delta Q + \delta W = m\mathrm{d}T - p\mathrm{d}u_l \qquad (2)$$

Le passage du liquide de saturation ($x = 0$) au mélange liquide-vapeur ($0 < x < 1$) à la même température s'accompagne de l'absorption d'un travail $-\,px\,(u_v - u_l)$ et d'une quantité de chaleur xL.

La différentielle de l'entropie devient, compte tenu de la relation (1),

$$\mathrm{d}S = m\,\frac{\mathrm{d}T}{T} + d\left(\frac{xL}{T}\right) \qquad (3)$$

En intégrant, on obtient l'expression de l'entropie du mélange liquide-vapeur :

$$S = m\,\ln\,T + \frac{Lx}{T} + \text{cte}$$

Le processus étant réversible, l'équation de l'adiabatique ($dS = 0$, ou $S =$ cte) est donc

$$\boxed{m \ln T + \frac{Lx}{T} = \text{cte}}$$

La différentielle de l'énergie interne donnée par la relation (2) devient, pour le mélange,

$$dU = m dT - p du_l + d\,[xL - px\,(u_v - u_l)] \qquad (4)$$

En général, pour des températures éloignées de la température critique, la variation de volume du liquide est négligeable : $du_l = 0$. Alors, en intégrant la relation (4), on obtient, à une constante additive près, l'énergie interne du mélange liquide-vapeur :

$$\boxed{U = mT + x\,[L - p\,(u_v - u_l)]}$$

2° *a)* Les taux de vapeur saturante et de liquide saturant sont respectivement x et $1 - x$. Le volume total du mélange est

$$V = xu_v + (1 - x)\,u_l$$

On en déduit le taux de vapeur :

$$\boxed{x = \frac{V - u_l}{u_v - u_l}}$$

Application numérique : $u_l = 10^{-3}\ \text{m}^3 . \text{kg}^{-1} = 1\ \text{l/kg}$;

- à 20°C, $x_1 = \dfrac{150 - 1}{57\,800 - 1} \approx$ **0,26** %

– à 180°C, $x_2 = \dfrac{150 - 1}{175 - 1} \approx$ **85,1** %

b) En intégrant la relation (3), on obtient la variation d'entropie du mélange :

$$\boxed{\Delta S = m \ln \frac{T_2}{T_1} + \frac{x_2 L_2}{T_2} - \frac{x_1 L_1}{T_1}}$$

Application numérique : $m \approx c_p = 1$ cal/g . degré $= 4,2 . 10^3$ J/kg . degré ;

$T_1 = 293$ K, $L_1 = 606 - 0,7 . 20 = 592$ kcal/kg $= 2,486 . 10^6$ J . kg^{-1} ;
$T_2 = 453$ K, $L_2 = 606 - 0,7 . 180 = 480$ kcal/kg $= 2,016 . 10^6$ J . kg^{-1}.

Comme $x_1 \ll x_2$, on peut négliger le terme $\frac{x_1 L_1}{T_1}$ devant les autres termes ; on obtient **ΔS = 5,60 kJ/kg.**

c) En intégrant la relation (4), on obtient la variation d'énergie interne (compte tenu de $du_l \approx 0$, $u_l \ll u_v$ et $m \approx c_p \approx$ constante) :

$$\Delta U = m\,(T_2 - T_1) + x_2\,(L_2 - p_2 u_{v,2}) - \underbrace{x_1\,(L_1 - p_1 u_{v,1})}_{\text{terme négligeable par rapport au précédent.}},$$

donc

$$\boxed{\Delta U \approx m\,(T_2 - T_1) + x_2\,(L_2 - p_2 u_{v,2})}$$

Application numérique :

$\Delta U = 4{,}2 \,.\, 10^3 \,.\, 160 + 0{,}851\,(2{,}016 \,.\, 10^6 - 11 \,.\, 10^5 \,.\, 0{,}175) =$ **2 224 kJ.**

3° *a)* Le cycle de transformation se compose :

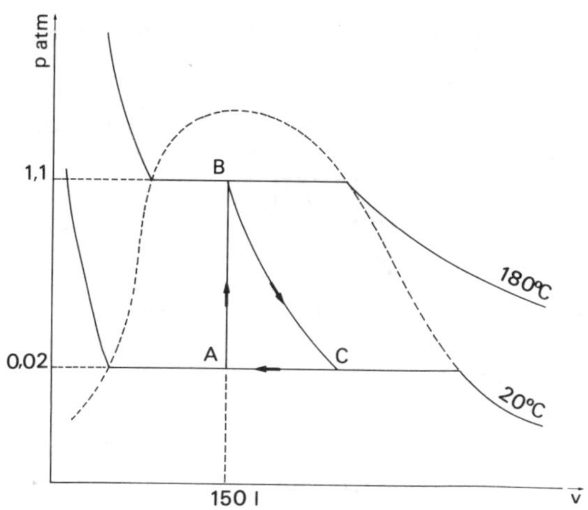

Figure VI, 5

– de l'isochore *AB*, où le mélange liquide-vapeur est échauffé de 20°C à 180°C ;

– de l'adiabatique *BC*, où le mélange liquide-vapeur est ramené à 20°C, sous un volume supérieur au volume initial ;

– de l'isotherme *CA*, à 20°C, le long du palier d'équilibre liquide-vapeur.

b) Le travail que peut fournir ce système est égal à la variation de son énergie libre :

$$W = \Delta\,(U - TS) = \Delta U - T\Delta S,$$

soit $W = 2\,224 - 293\,.\,5{,}60 \approx$ **584 kJ.**

On en déduit

$$\frac{W}{\Delta U} = \frac{584}{2\,224} \approx 26\ \%$$

Le mélange liquide-vapeur peut fournir au maximum environ le quart de l'énergie interne qu'il avait emmagasinée.

10 – CHALEURS MASSIQUES LE LONG DE LA COURBE DE SATURATION

On considère le mélange liquide-vapeur d'un corps pur, à l'équilibre, à la température T. On désigne par x la fraction de la phase vapeur dans le mélange. Soit m_l et m_g les chaleurs massiques du liquide saturant et de la vapeur saturante, le long de la courbe de saturation, u_l et u_g leurs volumes massiques et L la chaleur de vaporisation à la température T.

1° En appliquant le second principe de la thermodynamique, sous forme différentielle :

a) établir la relation $m_g - m_l = \dfrac{\mathrm{d}L}{\mathrm{d}T} - \dfrac{L}{T}$;

b) en déduire l'équation de l'adiabatique relative au mélange liquide-vapeur.

2° En appliquant le premier principe, sous forme différentielle :

a) établir la relation de Clapeyron ;

b) en déduire l'expression de l'énergie interne du mélange.

3° Pour des températures éloignées du point critique, on peut négliger la dilatation du liquide. Soit $(c_p)_l$ et $(c_p)_g$ les chaleurs massiques à pression constante du liquide et de la vapeur. Comparer m_l et $(c_p)_l$ d'une part, m_g et $(c_p)_g$, d'autre part.

On pourra utiliser la relation de Clapeyron donnant la chaleur latente isotherme d'un fluide :

$$h = -T\left(\frac{\partial v}{\partial T}\right)_p$$

On admettra que la vapeur saturante obéit aux lois du gaz parfait.

Solution

1° *a)* Lorsque la température passe de T à $T + \mathrm{d}T$, le taux de vapeur x devient $x + \mathrm{d}x$. On peut admettre que le système s'échauffe de T à $T + \mathrm{d}T$, à x constant, puisqu'à la température constante $T + \mathrm{d}T$, le taux de vapeur devient $x + \mathrm{d}x$.

La quantité de chaleur élémentaire reçue par l'unité de masse du système liquide-vapeur est alors

$$\delta Q = \underbrace{x m_g \,\mathrm{d}T}_{\substack{\text{échauffement de la}\\ \text{vapeur saturante}\\ \text{(à } x \text{ constant)}}} + \underbrace{(1 - x)\, m_l \,\mathrm{d}T}_{\substack{\text{échauffement du}\\ \text{liquide saturant}\\ \text{(à } x \text{ constant)}}} + \underbrace{L \,\mathrm{d}x}_{\substack{\text{chaleur de}\\ \text{vaporisation}\\ \text{(à } T + \mathrm{d}T)}} \tag{1}$$

La différentielle de l'entropie du mélange liquide-vapeur $\mathrm{d}S = \dfrac{\delta Q}{T}$ s'écrit donc

$$\mathrm{d}S = \frac{(m_g - m_l)\, x + m_l}{T}\,\mathrm{d}T + \frac{L}{T}\,\mathrm{d}x \tag{2}$$

D'après le 2e principe, $\mathrm{d}S$ est une différentielle totale exacte, ce qui se traduit par

$$\frac{\partial}{\partial x}\left[\frac{(m_g - m_l)\, x + m_l}{T}\right] = \frac{\partial}{\partial T}\left(\frac{L}{T}\right),$$

soit $$\frac{m_g - m_l}{T} = \frac{1}{T}\frac{\mathrm{d}L}{\mathrm{d}T} - \frac{L}{T^2}, \text{ ou } \boxed{m_g - m_l = \frac{\mathrm{d}L}{\mathrm{d}T} - \frac{L}{T}} \tag{3}$$

b) Compte tenu de la relation (3), l'expression (2) donnant la différentielle de l'entropie s'écrit

$$\mathrm{d}S = \left(\frac{\mathrm{d}L}{\mathrm{d}T} - \frac{L}{T}\right) x \frac{\mathrm{d}T}{T} + m_l \frac{\mathrm{d}T}{T} + \frac{L}{T}\,\mathrm{d}x\,,$$

ou $$\mathrm{d}S = \underbrace{\frac{x}{T}\,\mathrm{d}L + \frac{L}{T}\,\mathrm{d}x - \frac{xL}{T^2}\,\mathrm{d}T}_{\text{différentielle de } \left(\frac{xL}{T}\right)} + m_l \frac{\mathrm{d}T}{T}$$

On en déduit $\mathrm{d}S = \mathrm{d}\left(\dfrac{xL}{T}\right) + m_l \dfrac{\mathrm{d}T}{T}$; l'entropie du mélange liquide-vapeur est donc

$$S = \frac{xL}{T} + m_l \ln T + \text{cte}$$

Une adiabatique réversible (donc insentropique S = cte) a donc pour équation

$$\boxed{\frac{xL}{T} + m_l \ln T = \text{cte}}$$

2° *a)* Le volume de l'unité de masse du mélange liquide-vapeur est

$$v = xu_g + (1 - x)\, u_l$$

Pour une transformation élémentaire réversible, concernant l'unité de masse du mélange, le travail des forces de pression mis en jeu est

$$\delta W = - p\mathrm{d}v = - p\ [x\,\mathrm{d}u_g + u_g\,\mathrm{d}x + (1 - x)\,\mathrm{d}u_l - u_l\,\mathrm{d}x\,]$$

$$= - p \left\{ \left[x \frac{\mathrm{d}u_g}{\mathrm{d}T} + (1 - x) \frac{\mathrm{d}u_l}{\mathrm{d}T}\right] \mathrm{d}T + (u_g - u_l)\,\mathrm{d}x \right\}$$

Compte tenu de la relation (1), la différentielle de l'énergie interne

$$\mathrm{d}U = \delta Q + \delta W\,,$$

s'écrit alors

$$\mathrm{d}U = \left[x\, m_g + (1 - x)\, m_l - px \frac{\mathrm{d}u_g}{\mathrm{d}T} - p\,(1 - x) \frac{\mathrm{d}u_l}{\mathrm{d}T}\right] \mathrm{d}T$$

$$+ [L - p\,(u_g - u_l)]\,\mathrm{d}x \quad (4)$$

Posons

$$\left[xm_g + (1 - x)\, m_l - px \frac{\mathrm{d}u_g}{\mathrm{d}T} - p\,(1 - x) \frac{\mathrm{d}u_l}{\mathrm{d}T}\right] = A$$

$$\text{et } [L - p\,(u_g - u_l)] = B$$

D'après le 1er principe, $\mathrm{d}U$ est une différentielle totale exacte ; on a donc

$$\frac{\partial A}{\partial x} = \frac{\partial B}{\partial T}\,,$$

soit

$$m_g - m_l - p \frac{\mathrm{d}u_g}{\mathrm{d}T} + p \frac{\mathrm{d}u_l}{\mathrm{d}T} = \frac{\mathrm{d}L}{\mathrm{d}T} - p \frac{\mathrm{d}u_g}{\mathrm{d}T} + p \frac{\mathrm{d}u_l}{\mathrm{d}T} - \frac{\mathrm{d}p}{\mathrm{d}T}(u_g - u_l)\,,$$

ou après simplification

$$m_g - m_l = \frac{\mathrm{d}L}{\mathrm{d}T} - \frac{\mathrm{d}p}{\mathrm{d}T}\,(u_g - u_l) \quad (5)$$

En comparant les relations (3) et (5), on en déduit la relation de Clapeyron

$$\boxed{L = T \frac{\mathrm{d}p}{\mathrm{d}T} (u_g - u_l)}$$

b) La relation (4) s'écrit

$$\mathrm{d}U = x\,(m_g - m_l)\,\mathrm{d}T + m_l\,\mathrm{d}T - px\,(\mathrm{d}u_g - \mathrm{d}u_l) - p\mathrm{d}u_l$$
$$+ L\mathrm{d}x - p\,(u_g - u_l)\,\mathrm{d}x$$

Or, compte tenu de la relation (5), le premier terme de l'expression de dU s'écrit

$$x\,(m_g - m_l)\,\mathrm{d}T = x\,\mathrm{d}L - x\,(u_g - u_l)\,\mathrm{d}p$$

On en déduit, en permutant l'ordre des termes,

$$\mathrm{d}U = m_l\,\mathrm{d}T + \underbrace{(x\mathrm{d}L + L\mathrm{d}x)}_{\text{Différentielle de } (xL)}$$
$$- \underbrace{[x(u_g - u_l)\,\mathrm{d}p + px(\mathrm{d}u_g - \mathrm{d}u_l) + p\,(u_g - u_l)\,\mathrm{d}x]}_{\text{Différentielle de } px\,(u_g - u_l)} - \underbrace{p\mathrm{d}u_l}_{\text{négligeable}}$$

soit $$\mathrm{d}U = m_l\,\mathrm{d}T + \mathrm{d}\,(xL) - d\,[px\,(u_g - u_l)]$$

L'énergie interne du mélange liquide-vapeur est donc, à une constante additive près

$$\boxed{U = m_l T + x\,[L - p\,(u_g - u_l)]}$$

3° Désignons par δQ_l et δQ_g les quantités de chaleur absorbées respectivement par le liquide saturant et la vapeur saturante, lorsqu'on élève la température de dT, le point représentatif restant constamment sur la courbe de saturation.

Le point figuratif du liquide saturant se déplace de A_l en A'_l et celui de la vapeur saturante de A_g en A'_g (figure VI,6)

On a alors $$\delta Q_l = m_l\,\mathrm{d}T = (c_p)_l\,\mathrm{d}T + h_l\,\mathrm{d}p \qquad (6)$$

avec $$h_l = -T\left(\frac{\partial u_l}{\partial T}\right)_p$$

et $$\partial Q_g = m_g\,\mathrm{d}T = (c_p)_g\,\mathrm{d}T + h_g\,\mathrm{d}p \qquad (7)$$

avec $$h_g = -T\left(\frac{\partial u_g}{\partial T}\right)_p$$

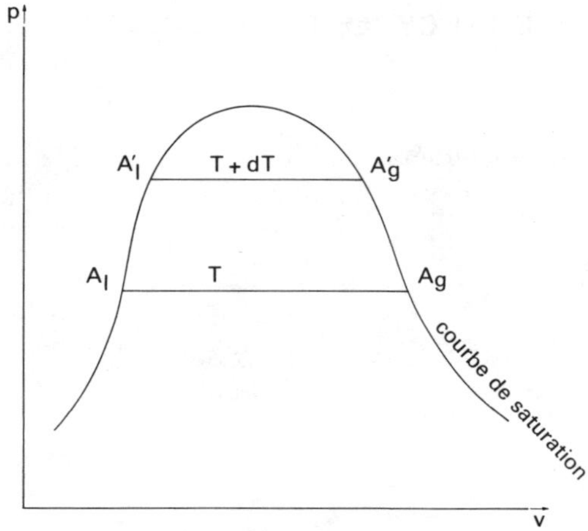

Figure VI, 6

Comme le liquide se dilate très peu, on a

$$\left(\frac{\partial u_l}{\partial T}\right)_p \approx 0, \quad \text{donc} \quad h_l \approx 0$$

On en déduit, d'après la relation (6),

$$\boxed{m_l \approx (c_p)_l}$$

D'autre part, d'après la loi des gaz parfaits $pu_g = rT$, on a

$$\left(\frac{\partial u_g}{\partial T}\right)_p = \frac{r}{p} = \frac{u_g}{T} \; ;$$

la relation (7) donne alors

$$m_g = (c_p)_g - u_g \frac{\mathrm{d}p}{\mathrm{d}T}$$

Or, d'après la relation de Clapeyron, puisque $u_l << u_g$, on a

$$u_g \frac{\mathrm{d}p}{\mathrm{d}T} \approx \frac{L}{T} \; ;$$

on en déduit

$$\boxed{m_g = (c_p)_g - \frac{L}{T}}$$

On voit donc que m_g est inférieur à $(c_p)_g$.

11 – ETUDE DU CYCLE D'UN FLUIDE REFRIGERANT

On considère un liquéfacteur, où 1 kg de fluide réfrigérant, susceptible d'exister sous deux phases, liquide et vapeur, décrit le cycle suivant :

– une transformation isotherme amène l'état initial (représenté par un point de la courbe de rosée, où coexistent la vapeur et une goutte de liquide, à la température T_1 et à la pression p_1) à l'autre extrémité du palier de saturation, sur la courbe d'ébullition ;

– le liquide obtenu est refroidi jusqu'à la température $T'_1 < T_1$, à pression constante ;

– une détente à enthalpie constante amène le fluide à la température T_2 ($T_2 < T'_1$), où coexistent liquide et vapeur ;

– le mélange est ensuite partiellement évaporé à température et pression constantes, jusqu'à l'intersection de l'isotherme (T_2) avec l'adiabatique réversible passant par l'état initial ;

– on revient à l'état initial, le long de l'adiabatique réversible.

a) Tracer le cycle décrit dans le diagramme (p, v).

b) On désigne par L_1 et L_2 les chaleurs de vaporisation aux températures T_1 et T_2, et par c_l la chaleur massique du liquide supposée constante. On négligera le volume du liquide.

Calculer la chaleur retirée à la source froide par 1 kg du corps réfrigérant, au cours de chaque cycle.

Application numérique : $T_1 = 10°C$; $T'_1 = 7{,}22°C$; $T_2 = -5°C$;
$L_1 = 314$ kcal. kg^{-1} ; $L_2 = 318$ kcal. kg^{-1} ;
$c_l = 0{,}164$ kcal. kg^{-1}. °C^{-1}

Solution

a) On a représenté dans le diagramme de Clapeyron les différents états du cycle $A_1\ A_2\ A_3\ A_4\ A_5$;

– $A_1 A_2$: palier de liquéfaction (isotherme T_1) ;

– $A_2 A_3$: isobare ;

– $A_3 A_4$: isenthalpique ;

– $A_4 A_5$: palier de liquéfaction (isotherme T_2) ;

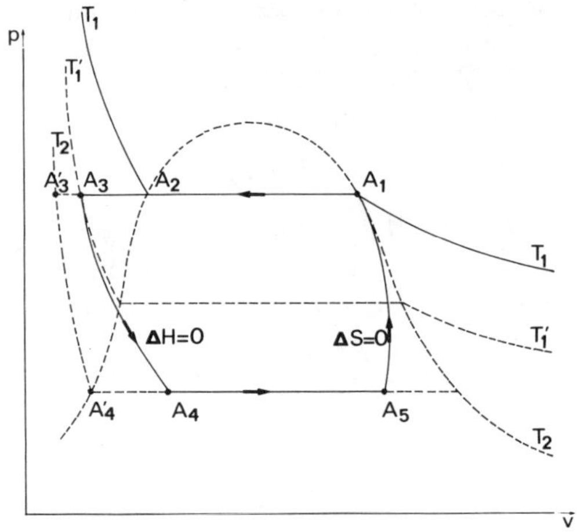

Figure VI, 7

b) La quantité de chaleur retirée à la source froide (de température T_2) par l'unité de masse du réfrigérant est (au cours de la transformation $A_4 A_5$) en désignant par x_4 et x_5 les taux de vapeur saturante dans les états A_4 et A_5

$$\boxed{Q = L_2 \ (x_5 - x_4)} \tag{1}$$

Il s'agit donc de déterminer les taux de vapeur saturante x_4 et x_5. Rappelons que l'entropie d'un mélange liquide-vapeur est

$$S = c_l \ln T + \frac{xL}{T},$$

où x désigne le taux de vapeur saturante.

Puisque le transformation $A_5 A_1$ est adiabatique et réversible, donc isentropique, on a

$$S_{A_5} = S_{A_1},$$

soit
$$c_l \ln T_2 + \frac{x_5 L_2}{T_2} = c_l \ln T_1 + \frac{L_1}{T_1}$$

(car, à l'état A_1, le fluide est entièrement à l'état de vapeur saturante : $x_1 = 1$).

On en déduit le taux de vapeur saturante de l'état A_5 :

$$\boxed{x_5 = \left(c_l \ln \frac{T_1}{T_2} + \frac{L_1}{L_2}\right) \frac{T_2}{L_2}} \tag{2}$$

D'autre part, la transformation $A_3 A_4$ est isenthalpique : $H_{A4} = H_{A3}$
Comme H est une fonction d'état, la variation d'enthalpie le long du chemin $A_3 A_3' A_4' A_4$ est nulle (cf. figure VI, 7), puisqu'elle est la même que la variation d'enthalpie entre les états A_3 et A_4 :

$$(H_{A'_3} - H_{A_3}) + (H_{A'_4} - H_{A'_3}) + (H_{A_4} - H_{A'_4}) = H_{A_4} - H_{A_3} = 0. \quad (3)$$

De plus, on a $H_{A'_4} - H_{A'_3} = 0$, car A'_4 et A'_3 appartiennent à l'isotherme T_2. Or, à pression constante, la variation d'enthalpie est mesurée par la chaleur reçue par le fluide ; on a donc

$$H_{A'_3} - H_{A_3} = c_l\,(T_2 - T'_1)$$

et

$$H_{A_4} - H_{A'_4} = xL_2$$

La relation (3) s'écrit donc

$$c_l\,(T_2 - T'_1) + 0 + L_2\,x_4 = 0$$

On en déduit le taux de vapeur saturante de l'état A_4

$$\boxed{x_4 = \frac{c_l}{L_2}\,(T'_1 - T_2)} \quad (4)$$

Application numérique : D'après la relation (2), on a $\boldsymbol{x_5 = 94{,}2\ \%}$. D'après la relation (4), on a $x_4 = 0{,}6\ \%$. Enfin, à partir de la relation (1), on obtient $Q = 297{,}6$ kcal/kg ou $\boldsymbol{Q = 1245}$ **kJ/kg.**

12 – POINT TRIPLE ET CHALEUR DE VAPORISATION DE L'ARSENIC

On considère l'arsenic pouvant exister sous les trois phases : solide, liquide et vapeur. La pression de vapeur de l'arsenic (exprimée en millimètres de mercure) est fonction de la température absolue T :

– à l'équilibre avec le liquide ; $\ln p = 6{,}7 - \dfrac{2\,460}{T}$;

– à l'équilibre avec le solide : $\ln p' = 10{,}8 - \dfrac{6\,940}{T}$

1° Déterminer la température et la pression (en atmosphères) au point triple.

2° Montrer, en assimilant la vapeur d'arsenic à un gaz parfait et en négligeant le volume du liquide, que la chaleur de vaporisation L est indépendante de la température. Calculer L.

On donne :
– masse molaire de l'arsenic : 74,9 g ;
– constante des gaz parfaits : $R = 8{,}32$ J. mole^{-1} . K^{-1}

Solution

1° La pression de vapeur saturante de l'arsenic liquide et la pression de sublimation de l'arsenic solide sont les mêmes au point triple où les trois phases solide, liquide et vapeur sont en équilibre ; on a donc, au point triple,

$$\ln p = \ln p',$$

ou
$$6{,}7 - \frac{2\,460}{T} = 10{,}8 - \frac{6\,940}{T}$$

On en déduit la température du point triple : $T = \dfrac{4\,480}{4{,}1} = 1\,092$ K ou **819° C.**

La tension de vapeur est alors telle que

$$\ln p = 6{,}7 - \frac{2\,460}{1\,092} = 4{,}45$$

On en déduit la pression au point triple : $p = 2{,}82 \cdot 10^4$ mm de mercure, ou en atmosphères (1 atm = 760 mm de mercure) :

$$p = \frac{2{,}82 \cdot 10^4}{760} = \mathbf{37\ atm.}$$

2° Considérons l'équilibre liquide-vapeur de l'arsenic. La vapeur étant assimilée à un gaz parfait, son volume massique est

$$u_v = \frac{R}{M}\,\frac{T}{p},$$

M étant la masse molaire de l'arsenic.

En négligeant le volume du liquide devant celui de la vapeur (loin du point critique), la relation de Clapeyron s'écrit

$$L = T \, . \, u_v \frac{\mathrm{d}p}{\mathrm{d}T} \quad \text{ou} \quad L = \frac{RT^2}{Mp}\,\frac{\mathrm{d}p}{\mathrm{d}T},$$

soit
$$\boxed{L = \frac{RT^2}{M}\,\frac{\mathrm{d}\,(\ln p)}{\mathrm{d}T}} \qquad (1)$$

avec $$\ln p = 2{,}3 \ \lg p = 2{,}3\left(6{,}7 - \frac{2\,460}{T}\right),$$

donc $$\frac{\mathrm{d}(\ln p)}{\mathrm{d}T} = +\ 2{,}3\ .\ \frac{2\,460}{T^2} = \frac{5\,660}{T^2}$$

D'après la relation (1), la chaleur de vaporisation de l'arsenic est alors :

$$\boxed{L = 5\,660\ .\frac{R}{M}}$$

Elle est donc indépendante de la température. Sa valeur est

$$L = 5\,660\ .\ \frac{8{,}32}{74{,}9\ .\ 10^{-3}} = 6{,}25\ .\ 10^5\ \mathrm{J\ .\ kg^{-1}}$$ ou **625 kJ/kg.**

13 – POINT TRIPLE ET DIAGRAMME ENTHALPIQUE

L'état d'une mole d'eau, dans les conditions du point triple (T_0 = 273 K, p_0 = 611 Pa), est représenté sur un diagramme (H, v) où l'on porte le volume v du fluide en abscisse et son enthalpie H en ordonnée. On prendra l'enthalpie de la phase solide comme origine des enthalpies ($H_s = 0$).

On donne :

– le volume molaire de l'eau liquide : $v_l = 18\ .\ 10^{-6}$ m³/mole ;

– " " de la glace : $v_s = 19{,}8\ .\ 10^{-6}$ m³/mole ;

– " " de la vapeur d'eau : $v_g = 3{,}72$ m³/mole.

1° Sachant que la chaleur latente de vaporisation de l'eau est L_v = 45 140 J/mole et que sa chaleur latente de fusion est L_f = 6 020 J/mole, déterminer la chaleur latente molaire L_s de sublimation.

2° *a)* Où doit se trouver dans le diagramme (H, v) un point figuratif M de l'eau pour que les trois phases solide, liquide et vapeur coexistent ? (On négligera v_l et v_s devant v_g)

b) Exprimer les coordonnées de M en fonction des fractions x_s, x_l et x_g de la mole d'eau qui sont sous forme solide, liquide et vapeur. En déduire les équations des lieux du point figuratif des états où coexistent les deux phases solide et vapeur, puis les deux phases liquide et vapeur.

3° Une mole d'eau, à la température du point triple, est enfermée dans un récipient de volume invariable v égal à la moitié du volume molaire de la vapeur d'eau. Montrer que l'enthalpie du système, lorsqu'il y a équilibre des trois phases, est comprise entre deux limites, que l'on exprimera en fonction de L_f et L_s.

4° La mole d'eau est maintenant à l'état liquide, à la température du point triple, dans un corps de pompe fermé par un piston au contact initialement avec l'eau. Les parois du corps de pompe sont *imperméables à la chaleur.* On soulève très lentement le piston de façon à augmenter le volume du corps de pompe. Lorsque ce dernier contient uniquement de la vapeur d'eau et de la glace, à la température du point triple, déterminer :

– le volume v_0 du corps de pompe,

– la masse de glace en présence avec la vapeur.

On rappelle que $H_2O = 18$ g.

Solution

1° Au cours d'un changement d'état, la pression demeure constante, donc la variation d'enthalpie d'une mole d'un corps est égale à la quantité de chaleur reçue, donc à la chaleur latente molaire de changement d'état :

$$\Delta H = Q_p = L$$

La sublimation d'une mole du corps s'accompagne donc d'une variation d'enthalpie

$$H_g - H_s = (H_g - H_l) + (H_l - H_s),$$

H_s, H_l et H_g désignant respectivement les enthalpies molaires du corps, à l'état solide, liquide et gazeux ; on en déduit

$$\boxed{L_s = L_v + L_f} \qquad (1)$$

Application numérique : L_s = **51 160 J/mole.**

2° *a*) Soit respectivement *S*, *L* et *G* les points figuratifs d'une mole d'eau, à l'état solide, à l'état liquide et à l'état gazeux (figure V,8).

Les coordonnées de ces points sont, compte tenu de $H_s = 0$,

$$S \begin{cases} v_s = 0, \\ H_s = 0 \,; \end{cases} \qquad L \begin{cases} v_l = 0, \\ H_l = L_f \,; \end{cases} \qquad G \begin{cases} v_g, \\ H_g = L_s. \end{cases}$$

Pour que les trois états de l'eau coexistent, il faut que le point figuratif *M* soit *à l'intérieur du triangle SLG.*

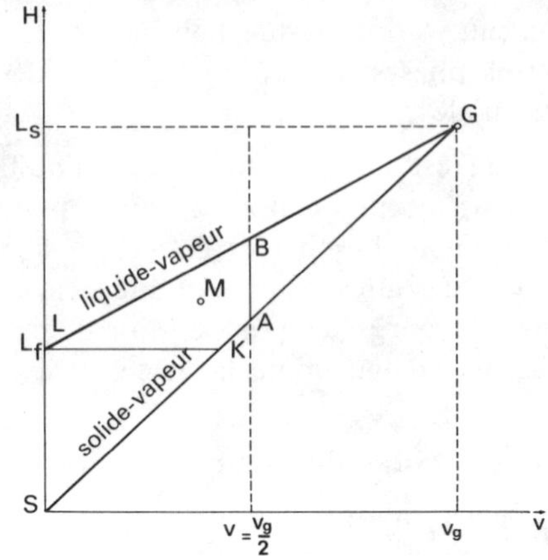

Figure VI, 8

b) Lorsque les trois phases sont en équilibre, le point M aura pour coordonnées :

$$M \begin{cases} v = x_s v_s + x_l v_l + x_g v_g, \\ H = x_s H_s + x_l H_l + x_g H_g \ ; \end{cases} \quad \text{soit} \quad M \begin{cases} v \approx x_g v_g, \\ H = x_l L_f + x_g L_s \ ; \end{cases} \qquad (2)$$

ou encore :

$$M \begin{cases} v_{(\mathrm{m}^3)} = 3{,}72\, x_g \,, \\ H_{(\mathrm{J})} = 6\,020\, x_l + 51\,160\, x_g \end{cases}$$

Lorsque les deux phases solide et vapeur coexistent, la phase liquide est absente, donc $x_l = 0$. Le point M figuratif de l'équilibre solide-vapeur a alors pour coordonnées

$$M \begin{cases} v = x_g v_g \,, \\ H = x_g L_s \,. \end{cases}$$

Le point M décrit donc la droite SG d'équation

$$H = \frac{L_s}{v_g} v \qquad (3)$$

de pente $\dfrac{L_s}{v_g} = 13\,753\ \mathrm{J/m^3}$,

soit

$$\boxed{H_{(\mathrm{J})} = 13\,753\ v_{(\mathrm{m}^3)}}$$

Puisque l'on considère une mole d'eau, on a évidemment

$$x_s + x_l + x_g = 1$$

Lorsque les deux phases liquide et vapeur coexistent ($x_s = 0$), on a

$$x_l = 1 - x_g \ ;$$

donc le point figuratif de l'équilibre des phases liquide et vapeur a pour coordonnées

$$M \begin{cases} v = x_g \, v_g \, , \\ H = (1 - x_g)\, L_f + x_g \, L_s = x_g \, L_v + L_f \, , \end{cases}$$

d'après la relation (1).

Le point M décrit alors la droite LG d'équation

$$H = \frac{L_v}{v_g}\, v + L_f \qquad (4)$$

ou

$$\boxed{H = 12\,134 \; v + 6\,020}$$

3° La droite $v = \frac{v_g}{2} =$ cte coupe les droites d'équilibre solide-vapeur et liquide-vapeur SG et LG en A et B (cf. figure VI, 8). Le point M figuratif de l'équilibre des trois phases, sous le volume $v = \frac{v_g}{2}$, décrit donc le segment AB, à l'intérieur du triangle SLG.

Les coordonnées des points A et B sont, d'après les relations (3) et (4),

$$A \begin{cases} v_A = \dfrac{v_g}{2} \\ H_A = \dfrac{L_s}{v_g} \cdot \dfrac{v_g}{2} = \dfrac{L_s}{2} \end{cases} \quad \text{et} \quad B \begin{cases} v_B = \dfrac{v_g}{2} \\ H_B = \dfrac{L_v}{v_g} \cdot \dfrac{v_g}{2} + L_f = \dfrac{L_s + L_f}{2} \end{cases}$$

En conclusion, lorsque les trois phases coexistent, l'enthalpie molaire du système doit vérifier la condition $H_A < H < H_B$,

ou

$$\boxed{\frac{L_s}{2} < H < \frac{L_s + L_f}{2}}$$

Application numérique : **25 580 J/mole < *H* < 28 590 J/mole.**

4° La transformation envisagée est adiabatique et réversible ; de plus elle s'effectue à la pression constante du point triple ; la variation d'enthalpie du système est donc nulle :

$$\mathrm{d}H = T\mathrm{d}S + v\mathrm{d}p = 0$$

Le point figuratif décrit dans le diagramme (H, v) le palier LK, où L est le point figuratif de l'état liquide initial et K le point figuratif de l'état final d'équilibre entre les deux phases vapeur et solide. Les coordonnées du point K, intersection de la droite LK d'équation $H = L_f =$ cte et de la droite SG d'équation $H = \dfrac{L_s}{v_g}\, v$, sont

$$K \begin{cases} H_0 = L_f\,, \\ v_0 = \dfrac{L_f}{L_s}\, v_g\,. \end{cases}$$

Le volume du corps de pompe est, à l'état final, $v_0 = \dfrac{L_f}{L_s}\, v_g = \mathbf{0{,}438\ m^3}$.

En négligeant le volume de la glace devant celui de la vapeur d'eau, v_0 représente le volume de la vapeur d'eau, à la température et à la pression du point triple. Le nombre de moles de vapeur d'eau est

$$x_g = \frac{v_0}{v_g} = \frac{L_f}{L_s} = 0{,}118 \text{ mole}$$

ou bien $$x_g = \frac{p_0\, v_0}{RT_0} = \frac{611\ .\ 0{,}438}{8{,}32\ .\ 273} = 0{,}118 \text{ mole.}$$

Le nombre de moles de glace est donc

$$x_s = 1 - x_g = 0{,}882 \text{ mole}\ ;$$

la masse de glace est alors

$$m = M_0\, x_s = 18\,.\,0{,}882 = \mathbf{15{,}9\ g.}$$

14 – SURFUSION DU PHOSPHORE

Une masse de phosphore liquide est progressivement refroidie, sous la pression constante de 1 atmosphère, de manière à obtenir un liquide surfondu, à la température θ, inférieure à la température θ_0 de solidification sous 1 atmosphère.

1° Calculer la chaleur latente L de fusion du phosphore, à la température θ de surfusion. On négligera les variations de volume accompagnant la solidification du phosphore.

On donne :

– température de solidification du phosphore sous 1 atm : $\theta_0 = 44°\text{C}$;

– chaleur massique du phosphore liquide : $c_l = 840\ \text{J/kg.°C}$;

– chaleur massique du phosphore solide : $c_s = 795{,}5$ J/kg.°C ;

– chaleur latente de fusion à 44 °C : $L_0 = 2 \cdot 10^4$ J/kg.°C .

2° On fait cesser brusquement la surfusion, en introduisant dans le liquide surfondu à la température θ, un germe cristallin. On obtient alors un mélange de phosphore liquide et solide en équilibre.

a) Exprimer la fraction x de phosphore solide dans le mélange, en fonction de c_l, L_0, θ_0 et θ.

Application numérique : calculer les proportions des phases solide et liquide en équilibre si le liquide surfondu était à 26 °C.

b) Quelle serait la limite supérieure θ_m de la température du liquide surfondu pour laquelle toute la masse de liquide surfondu se solidifie, en introduisant le germe ?

Solution

1° Considérons, pour l'unité de masse de phosphore, le passage de l'état liquide surfondu, à la température θ, à l'état solide à la température θ_0. On peut imaginer que cette transformation peut s'effectuer par deux chemins distincts :

– réchauffement du liquide de θ à θ_0, suivi d'une solidification, à la température θ_0, qui fournit une chaleur L_0.

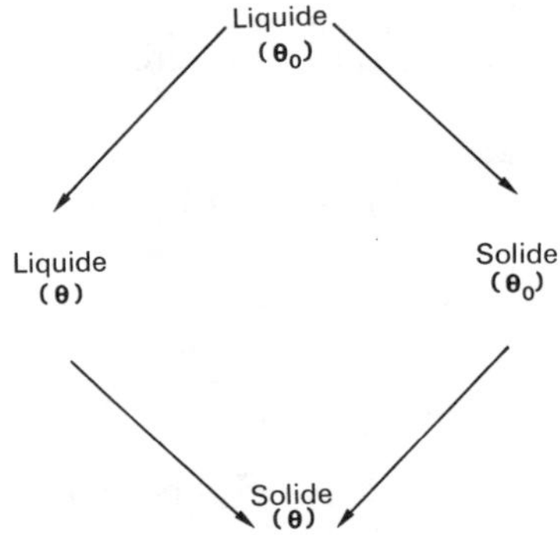

Figure VI, 9

Comme le système n'échange aucun travail ($\Delta v = 0$, par hypothèse) avec le milieu extérieur, la variation d'énergie interne se réduit à la quantité de chaleur échangée avec l'extérieur :

$$\Delta U = c_l\,(\theta_0 - \theta) - L_0 \;;$$

– solidification à la température θ, suivie d'un réchauffement du solide de θ à θ_0. La variation d'énergie interne est alors

$$\Delta U = -L + c_s\,(\theta_0 - \theta)$$

Or, d'après le premier principe, la variation d'énergie interne du système ne dépend pas du chemin suivi ; on en déduit

$$\Delta U = c_l\,(\theta_0 - \theta) - L_0 = -L + c_s\,(\theta_0 - \theta)$$

La chaleur latente de fusion (ou de solidification) du phosphore à la température θ est donc

$$\boxed{L = L_0 - (c_l - c_s)\,(\theta_0 - \theta)} \qquad (1)$$

Application numérique : $L = 20\,000 - 44{,}5\,(44 - \theta)$ ou

$$\boxed{L\ (\text{J/kg . °C}) = 18\,042 + 44{,}5\ \theta}$$

2° *a)* Dès que la surfusion cesse, la chaleur dégagée lors de la solidification partielle du phosphore à la température θ sert à échauffer les deux phases solide et liquide jusqu'à la température $\theta_0 = 44$ °C, car les deux phases ne peuvent coexister à l'équilibre qu'à la température θ_0 de solidification, sous 1 atmosphère.

En considérant l'unité de masse de phosphore, on a donc

$$\underbrace{xL}_{\text{Chaleur dégagée au cours de la solidification partielle}} = \underbrace{xc_s\,(\theta_0 - \theta)}_{\text{Chaleur reçue par le phosphore solide}} + \underbrace{(1-x)\,c_l\,(\theta_0 - \theta)}_{\text{Chaleur reçue par le phosphore liquide}} ;$$

soit $$x\,[L + (c_l - c_s)\,(\theta_0 - \theta)] = c_l\,(\theta_0 - \theta)$$

D'après la relation (1), le terme entre crochets représente L_0 ; on en déduit

$$\boxed{x = \frac{c_l\,(\theta_0 - \theta)}{L_0}} \qquad (2)$$

Application numérique : $\theta = 26$ °C ; $x = \dfrac{840\ .\ 18}{2\ .\ 10^4} = \mathbf{0{,}756}$.

On a donc, à l'équilibre, 75,6 % de phosphore solide et 24,4 % de phosphore liquide

b) Pour que le phosphore soit entièrement solidifié à $\theta_0 = 44$ °C, il faut que l'on ait $x = 1$ (100 % de phosphore solide).

D'après la relation (2), la température correspondante θ_m du liquide surfondu est telle que

$$1 = \frac{c_l\,(\theta_0 - \theta_m)}{L_0}$$

soit
$$\boxed{\theta_m = \theta_0 - \frac{L_0}{c_l}}$$

En conclusion, si $\theta < \theta_m$, tout le liquide surfondu se solidifie, et si $\theta_0 < \theta < \theta_m$, on obtient une solidification partielle, lorsque la surfusion cesse.

Application numérique : $\theta_m = 20{,}2\ °C$.

15 – ISOTHERMES DE VAN DER WAALS AUX TEMPERATURES $T < T_c$. ETATS CORRESPONDANTS

On considère un fluide homogène qui obéit à l'équation d'état de Van der Waals

$$\left(p + \frac{a}{v^2}\right)(v - b) = rT,$$

relative à l'unité de masse.

A une température T inférieure à une température critique T_c, les isothermes du fluide, qui ont l'allure indiquée sur la figure (VI,10), présentent un minimum m et un maximum M, dans le diagramme (p, v) de Clapeyron.

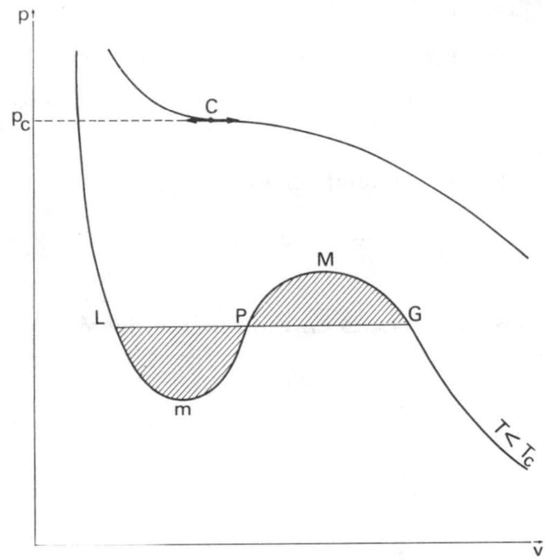

Figure VI, 10

1° Sachant qu'au point critique C appartenant à l'isotherme critique $T = T_c$, le maximum M et le minimum m se rejoignent en un point d'inflexion horizontal, déterminer la pression p_c, le volume v_c et la température T_c du point critique, en fonction des constantes a, b et r.

2° *a)* Au cours de la vaporisation (à la température inférieure à T_c), le point représentatif de l'état du fluide décrit le palier de liquéfaction LG et non pas la partie $LmPMG$ de l'isotherme. Que signifient alors les portions Lm, mM et MG de l'isotherme $T < T_c$?

b) Montrer que les aires découpées par le palier LG sur la portion $LmPMG$ de l'isotherme sont égales.

3° *a)* Ecrire l'équation réduite de Van der Waals en introduisant les coordonnées réduites du fluide :

$$p_r = \frac{p}{p_c}, \quad v_r = \frac{v}{v_c} \quad \text{et} \quad T_r = \frac{T}{T_c}$$

b) Ecrire l'expression de l'entropie molaire de vaporisation $\frac{ML}{T}$ en fonction des coordonnées réduites. Conclusion ?

Solution

1° En développant l'équation d'état du fluide, on trouve que l'équation de l'isotherme de Van der Waals est du 3e degré en v :

$$v^3 - \left(b + \frac{rT}{p}\right) v^2 + \frac{av}{p} - \frac{ab}{p} = 0 \qquad (1)$$

Si $T < T_c$, une horizontale p = cte (isobare) coupe donc l'isotherme en trois points distincts L, P et G. Mais si $T = T_c$, l'horizontale $p = p_c$ coupe l'isotherme critique en trois points confondus en C, de volume v_c.

On a donc, d'après la relation (1),

$$v^3 - \left(b + \frac{rT_c}{p_c}\right) v^2 + \frac{av}{p_c} - \frac{ab}{p_c} \equiv (v - v_c)^3 = v^3 - 3\,v_c v^2 + 3\,v_c^2 v - v_c^3$$

Identifions les coefficients en v de même degré :

$$\begin{cases} b + \dfrac{rT_c}{p_c} = 3\,v_c\,, \\ \dfrac{a}{p_c} = 3\,v_c^2\,, \\ \dfrac{ab}{p_c} = v_c^3 \end{cases}$$

On en déduit aisément les grandeurs critiques du fluide :

$$\boxed{v_c = 3\,b} \qquad \boxed{p_c = \frac{a}{27\,b^2}} \qquad \text{et} \qquad \boxed{T_c = \frac{8\,a}{27\,br}}$$

2° *a)* L'équation d'état de Van der Waals admet l'existence théorique d'un fluide dans les états représentés sur la partie médiane *LmPMG* de l'isotherme, mais ne permet pas de prévoir l'existence du palier de liquéfaction *LG*.

Tout point figuratif sur l'arc *Lm* de l'isotherme représente un état métastable (état d'équilibre instable) du fluide ; au lieu de suivre le palier *LG*, le fluide reste à l'état liquide et décrit l'arc *Lm* : il y a *retard à la liquéfaction.*

Tout point figuratif sur l'arc *MG* de l'isotherme représente aussi un état métastable : il y a *retard à la vaporisation.*

Il n'existe aucun point figuratif sur l'arc *mPM,* car il est impossible d'augmenter en même temps le volume et la pression d'un fluide.

b) Le travail reçu par le fluide au cours du cycle isotherme *LmPMGPL* est nul ; comme le travail est mesuré par la mesure algébrique de l'aire hachurée dans le diagramme (p, v), on en déduit que les aires *LmPL* et *PMGP* découpées par le palier *LG* sont égales.

3° *a)* D'après les résultats de la première question, on a

$$a = 3\,p_c\,v_c^2\;,\; b = \frac{v_c}{3} \quad \text{et} \quad r = \frac{8}{3}\,\frac{p_c\,v_c}{T_c}$$

L'équation de Van der Waals s'écrit alors

$$\left(p + 3\,p_c\,\frac{v_c^2}{v^2}\right)\left(v - \frac{v_c}{3}\right) - \frac{8}{3}\,p_c\,v_c\,\frac{T}{T_c} = 0$$

Divisons les deux membres par $p_c\,v_c$ et introduisons les coordonnées réduites ; on obtient l'équation réduite

$$\boxed{\left(p_r + \frac{3}{v_r^2}\right)\left(v_r - \frac{1}{3}\right) - \frac{8}{3}\,T_r = 0}$$

L'avantage de cette écriture est d'obtenir une équation qui est la même (mêmes coefficients) pour tous les “états correspondants” du fluide, ayant mêmes coordonnées réduites.

b) Au cours d'un changement d'état où le volume massique du fluide varie de v_1 à v_2, la relation de Clapeyron s'écrit

$$L = T\,(v_2 - v_1)\,\frac{\mathrm{d}p}{\mathrm{d}T}\,, \quad \text{ou} \quad \frac{ML}{T} = M\,(v_2 - v_1)\,\frac{\mathrm{d}p}{\mathrm{d}T}\,,$$

soit, en introduisant les coordonnées réduites,

$$\frac{ML}{T} = M\,(v_{r_2} - v_{r_1})\,v_c\,\frac{\mathrm{d}p_r}{\mathrm{d}T_r}\cdot\frac{p_c}{T_c} \quad \text{avec} \quad \frac{p_c v_c}{T_c} = \frac{3}{8}\,r\,, \text{ d'après la}$$

1ère question.

On en déduit

$$\frac{ML}{T} = \frac{3}{8}\,Mr\,(v_{r_2} - v_{r_1})\,\frac{\mathrm{d}p_r}{\mathrm{d}T_r}\;;$$

or $Mr = R$ = constante des gaz parfaits relative à une mole ; on obtient finalement

$$\boxed{\frac{ML}{T} = \frac{3}{8}\,R\,(v_{r_2} - v_{r_1})\,\frac{\mathrm{d}p_r}{\mathrm{d}T_r}}$$

En conclusion, pour des fluides ayant mêmes coordonnées réduites (états correspondants) la quantité $\dfrac{ML}{T}$ est une constante.

16 – COURBE DE MATHIAS. TUBES DE NATTERER. POINT CRITIQUE

On étudie l'équilibre liquide-vapeur de l'anhydride carbonique. La détermination expérimentale des masses volumiques du liquide et de la vapeur saturante, à diverses températures comprises entre – 5 °C et + 30 °C, a donné les résultats suivants :

θ (°C)	– 5	0	+ 5	+ 10	+ 15	+ 20	+ 25	+ 30
ρ_l (kg/m³)	955	927	897	863	824	778	716	602
ρ_v (kg/m³)	85	99	115	135	159	191	238	338

1° *Courbe de Mathias*

a) Représenter sur un même graphe les variations des masses volumiques ρ_l et ρ_v du liquide et de la vapeur en équilibre, en fonction de la température.

Quelle est la chaleur de vaporisation de l'anhydride carbonique à la température où les deux courbes se rejoignent ?

b) Montrer que la moyenne arithmétique des masses volumiques ρ_l et ρ_v est une fonction linéaire de la température θ. Représenter la droite (D) correspondante.

2° *Expérience des tubes de Natterer*

On considère plusieurs tubes cylindriques identiques indilatables, de hauteur $h = 27$ cm, de section $s = 2$ cm². Ces tubes contiennent diverses masses d'un mélange liquide-vapeur d'anhydride carbonique, à la température $\theta_0 = + 5$ °C. Soit A, B et C les tubes qui contiennent respectivement $m_A = 40$ g, $m_B = 10$ g, et $m_c = 25{,}5$ g (m_A, m_B et m_c désignant les masses de mélange).

a) Représenter dans le diagramme de Mathias (ρ, θ) les points M_A, M_B, M_C représentatifs du mélange dans chaque tube.

Indiquer pour chacun des trois tubes A, B, C la position du ménisque de séparation des phases liquide et vapeur.

b) On élève progressivement la température des tubes A, B et C :

– le liquide remplit le tube A à une température θ_A que l'on déterminera,

– la vapeur remplit le tube B à une température θ_B que l'on déterminera,

– le ménisque x trouble puis disparaît dans le tube C.

Expliquer ces observations. En déduire la température critique de l'anhydride carbonique.

Solution

1° *a)* La courbe $\rho(\theta)$ montre que lorsque la température croît :

– la masse volumique de la phase liquide décroît,

– " " " " " vapeur croît.

Les deux courbes se rejoignent au point critique C (cf. figure VI,11) ; en ce point, les phases liquide et vapeur ont même masse volumique

$$\rho_l = \rho_v ,$$

donc même volume massique $u_l = u_v$.

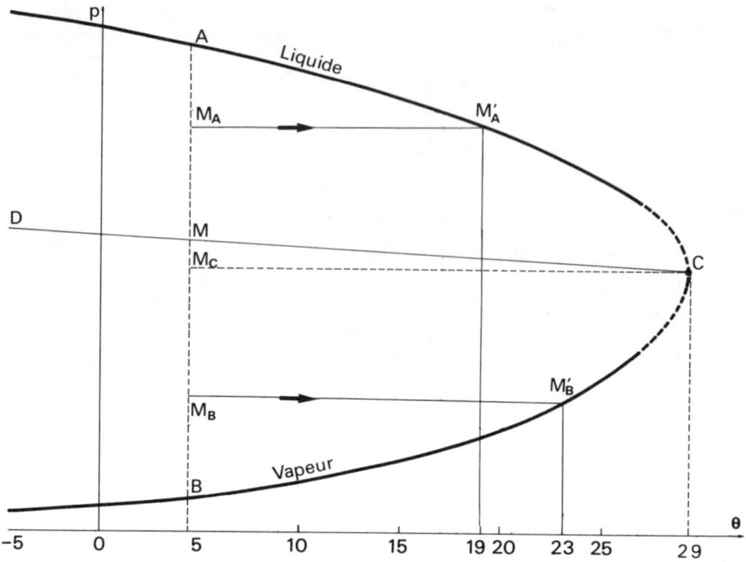

Figure VI, 11

La formule de Clapeyron $L = T\,(u_v - u_l)\,\dfrac{dp}{dT}$ s'écrit alors $L = 0$: *la chaleur de vaporisation est nulle au point critique* (c'est un résultat général).

b) La moyenne arithmétique des masses volumiques $\dfrac{\rho_l + \rho_v}{2}$ prend les valeurs suivantes, aux différentes températures :

θ (°C)	– 5	0	5	10	15	20	25	30
$\dfrac{\rho_l + \rho_v}{2}$ (kg/m³)	520	513	506	499	491,5	484,5	477	470

On constate que $\dfrac{\rho_l + \rho_v}{2}$ décroît en progression arithmétique, de raison voisine de 7 kg/m³, lorsque la température croît en progression arithmétique de raison 5 °C,

On en déduit que $\rho = \dfrac{\rho_l + \rho_v}{2}$ est une fonction linéaire décroissante de la température : ρ et θ sont liés par la relation

$$\frac{\rho_l + \rho_v}{2} = a\,\theta + b$$

La pente est $a = \dfrac{470 - 520}{30 - (-5)} = -\ 1{,}43\ \text{kg/m}^3.{}^\circ\text{C}$ et l'ordonnée à l'origine est $b = 513$;

soit
$$\boxed{\frac{\rho_l + \rho_v}{2} = -\ 1{,}43\ \theta + 513} \qquad (1)$$

La droite D représentative de cette fonction s'appelle *diamètre rectiligne de Mathias.*

Donc si A et B représentent les états du fluide à l'état liquide et vapeur, à la température θ sur la courbe de Mathias, le milieu M de la corde verticale AB décrit la droite (D).

2° *a)* Les masses volumiques moyennes du mélange des tubes A, B et C de même volume $v = sh = 54\ \text{cm}^3$, sont

$$\rho_A = \frac{m_A}{v} = 740\ \text{kg}\,.\,\text{m}^{-3}\ ,$$

$$\rho_B = \frac{m_B}{v} = 185\ \text{kg}\,.\,\text{m}^{-3}\ ,$$

$$\rho_c = \frac{m_c}{v} = 472\ \text{kg}\,.\,\text{m}^{-3}\ .$$

Les points M_A, M_B, M_C représentatifs du mélange dans A, B et C à la température $\theta_0 = +\ 5°\text{C}$, sont respectivement au-dessus, au-dessous et au voisinage de la droite (D).

Soit v_l et v_v les volumes respectifs de liquide et de vapeur en présence dans un tube et ρ la masse volumique moyenne du mélange. La masse totale est

$$\rho . v = \rho\,(v_l + v_v) = v_l\ \rho_l + v_v\ \rho_v\ ;$$

on en déduit le rapport des volumes liquide et vapeur en présence (égal au rapport des hauteurs occupées par le liquide et la vapeur dans le tube)

$$\frac{v_l}{v_v} = \frac{h_l}{h_v} = \frac{\rho - \rho_v}{\rho_l - \rho}.$$

Remarquons que ce rapport est représenté graphiquement par le rapport $\dfrac{MB}{MA}$ sur la courbe de Mathias.

– Dans le tube A, à 5 °C, on a $\dfrac{h_l}{h_v} = \dfrac{\rho - \rho_v}{\rho_l - \rho} = \dfrac{740 - 115}{897 - 740} \approx 4$; on en déduit la hauteur du liquide : $h_l = 4\ h_v = \dfrac{4}{5} h = 21{,}6$ cm.

— Dans le tube B, à 5 °C, on a $\dfrac{h_l}{h_v} = \dfrac{185 - 115}{897 - 185} = 0{,}0984$; on en déduit $\boldsymbol{h_l = 2{,}4}$ **cm.**

— Dans le tube C, à 5 °C, on a $\dfrac{h_l}{h_v} = \dfrac{472 - 115}{897 - 472} \approx 0{,}84$; on en déduit $\boldsymbol{h_l = 12{,}3}$ **cm.**

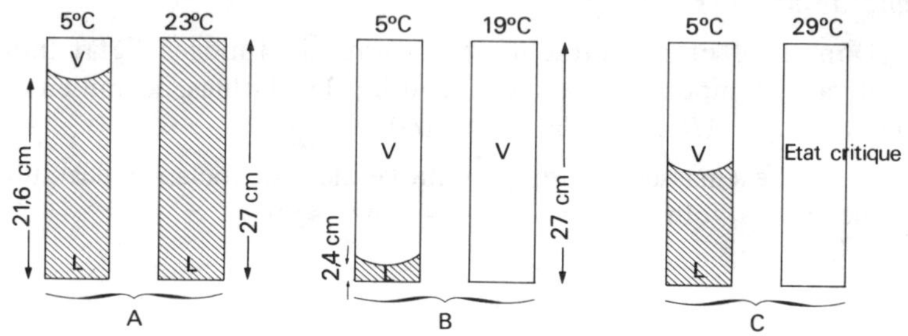

Figure VI, 12

b) La masse volumique moyenne de remplissage ne varie pas $\left(\rho = \dfrac{m}{v} = \text{cte}\right)$ pour chaque tube, pendant l'échauffement ; donc chacun des points figuratifs M_A, M_B et M_C décrit une droite horizontale dans le diagramme $(\rho,\ \theta)$.

— Pour le tube A, le point représentatif décrit donc le segment horizontal $M_A\ M'_A$ $(\rho = \rho_A)$. En M'_A, le fluide est à l'état *liquide* ; donc la phase vapeur a disparu et la phase liquide remplit le tube à la température θ_A $\approx$ **23 °C** (lue sur le graphe).

— Pour le tube B, le point représentatif décrit le segment horizontal $M_B M'_B$ $(\rho = \rho_B)$. En M'_B, le fluide est à l'état *vapeur ;* donc la phase liquide a disparu et la phase vapeur remplit le tube à la température θ_B = **19 °C.**

— Pour le tube C, l'état final M'_C est voisin de l'état critique C, alors $\rho_l = \rho_v = \rho_c$ et le ménisque disparaît, car les phases liquide et vapeur ont des propriétés identiques. A ce moment, le tube est pratiquement à la température critique. La relation (1) s'écrit alors $\rho_c = -\,1{,}43\ \theta_c + 513$; or $\rho_c = 472$ kg/m^3, on en déduit la température critique $\theta_c = \dfrac{513 - 472}{1{,}43}$ ou θ_c = **29°C.**

17 – ETUDE DE LA FORMATION D'UN BROUILLARD

La teneur en vapeur d'eau de l'atmosphère est caractérisée par l'humidité spécifique Π, définie par le rapport de la masse de vapeur d'eau et de la masse de l'air sec. L'air sec et la vapeur d'eau (saturante ou non) peuvent être considérés comme des gaz parfaits de masses molaires respectives $M_a = 29$ g et $M_v = 18$ g.

1° *a)* La pression totale du mélange est constante : $p = 760$ mm de mercure.

Donner l'expression de l'humidité spécifique saturante Π_s en fonction de la pression de la vapeur saturante p_s à la même température. On admettra dans toute la suite du problème que $p_s << p$, aux températures considérées.

b) Tracer le graphe $\Pi_s = f(t)$, sachant que les valeurs de p_s sont respectivement 4,6 ; 6,6 ; 9,2 ; 12,8 ; 17,4 ; 23,8 ; 31,8 mm de mercure aux températures $t = 0$; 5 ; 10 ; 15 ; 20 ; 25 et 30 °C.

2° Deux masses d'air humide, caractérisées par leurs températures t_1 et t_2, leurs masses d'air sec $m_{a,1}$ et $m_{a,2}$ et leurs humidités spécifiques Π_1 et Π_2, sont mélangées adiabatiquement et à la pression totale constante p, sans qu'il y ait condensation.

a) Exprimer l'humidité spécifique Π du mélange en fonction de Π_1, Π_2, $m_{a,1}$ et $m_{a,2}$.

b) Exprimer la température t du mélange en fonction de t_1, t_2, $m_{a,1}$, $m_{a,2}$. On admettra que l'air humide a une chaleur massique à pression constante c_p indépendante de la température et de l'humidité spécifique (si $\Pi << 1$).

c) Dans le diagramme (t, Π), M_1 et M_2 représentent l'état des deux masses d'air mélangées, et M l'état du mélange. Calculer la valeur du rapport $\dfrac{\overline{MM_1}}{\overline{MM_2}}$ en fonction des masses d'air sec $m_{a,1}$ et $m_{a,2}$.

3° Le soir, au bord de la mer, la brise (qui souffle de la terre vers la mer) permet le mélange d'un air saturé d'humidité à 10 °C avec l'air saturé d'humidité à 25 °C, qui surmonte la mer.

a) Montrer sur un graphique qu'il y a formation d'un brouillard sur la mer, par mélange adiabatique.

b) Dans le cas particulier où $m_{a,1} = m_{a,2}$, déterminer l'équation donnant la température θ après la condensation, en fonction de Π_1, Π_2, Π_s, t_1, t_2, c_p et L (chaleur de vaporisation de l'eau supposée constante entre les températures t_1 et t_2).

c) Résoudre graphiquement l'équation précédente et en déduire la masse d'eau condensée pour 1 m^3 d'air.

On donne :

- volume molaire : 24,2 l.
- L = 575 cal/g.
- c_p = 0,44 cal/g/degré.

Solution

1° *a)* La pression totale du mélange est :

p	=	p_s	+	p_a
Pression totale	=	Pression de vapeur saturante	+	Pression partielle de l'air

Les valeurs de p_s (données à la question 1° *b)* montrent que $p_s << p$; donc la pression partielle de l'air est pratiquement égale à la pression totale :

$$p_a \approx p$$

L'humidité spécifique saturante est $\Pi_s = \dfrac{\text{masse de vapeur d'eau saturante}}{\text{masse de l'air sec}}$,

soit
$$\Pi_s = \frac{n_{\text{vap}} \cdot M_v}{n_{\text{air sec}} \cdot M_a}$$

Or, le rapport des nombres de moles n de vapeur d'eau et d'air sec (gaz supposés parfaits) est égal au rapport des pressions partielles

$$\frac{p_s}{p_a} \approx \frac{p_s}{p}$$

On en déduit

$$\boxed{\Pi_s = \frac{p_s}{p} \cdot \frac{M_v}{M_a}}$$

Application numérique : Si p_s est exprimé en millimètres de mercure, on obtient

$$\Pi_s = 8{,}2 \cdot 10^{-4} p_s \tag{1}$$

b) En utilisant la relation (1), on obtient le tableau des résultats suivants :

t (°C)	0	5	10	15	20	25	30
p_s (mm de Hg)	4,6	6,5	9,2	12,8	17,4	23,8	31,8
Π_s (10^{-3})	3,77	5,33	7,54	10,50	14,27	19,52	26,08

La courbe $\pi_s = f(t)$ est représentée sur la figure VI,13.

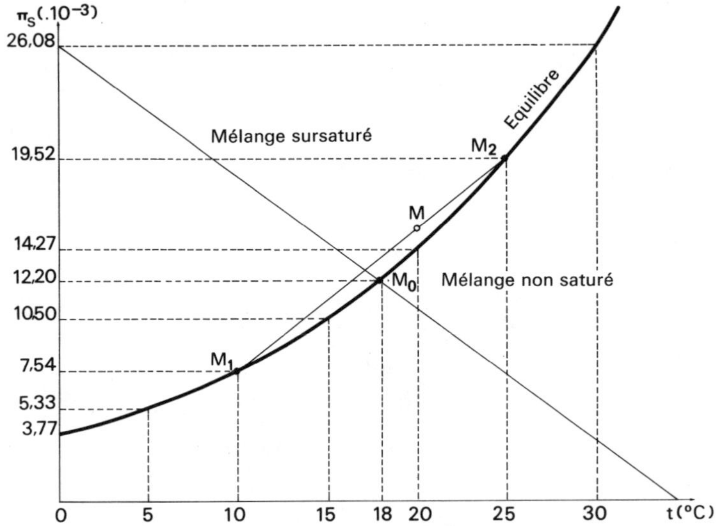

Figure VI, 13

2° *a)* La masse de vapeur d'eau contenue dans le mélange est égale à la somme des masses de vapeur d'eau de chacun des constituants :

$$\Pi \; (m_{a,1} + m_{a,2}) = \Pi_1 \; m_{a,1} + \Pi_2 \; m_{a,2}$$

L'humidité spécifique moyenne est donc

$$\boxed{\Pi = \frac{\Pi_1 \; m_{a,1} + \Pi_2 \; m_{a,2}}{m_{a,1} + m_{a,2}}} \qquad (2)$$

b) La transformation est adiabatique ($Q = 0$) et à pression totale constante ; elle est donc isenthalpique puisque $\Delta H = Q_p = 0$.

Or, la variation d'enthalpie du mélange des gaz parfaits est

$$\Delta H = m_{a,1} \; c_p \; (t - t_1) + m_{a,2} \, c_p \; (t - t_2) = 0$$

On en déduit la température du mélange :

$$\boxed{t = \frac{m_{a,1}\, t_1 + m_{a,2}\, t_2}{m_{a,1} + m_{a,2}}} \qquad (3)$$

c) Les relations (2) et (3) montrent que $M \begin{cases} \Pi \\ t \end{cases}$ est le barycentre des points $M_1 \left| \begin{matrix} \Pi_1 \\ t_1 \end{matrix} \right.$ et $M_2 \left| \begin{matrix} \Pi_2 \\ t_2 \end{matrix} \right.$, affecté des masses d'air sec. On a donc :

$$m_{a,1}\, \overline{MM_1} + m_{a,2}\, \overline{MM_2} = 0, \qquad \text{soit} \qquad \boxed{\frac{\overline{MM_1}}{\overline{MM_2}} = -\frac{m_{a,2}}{m_{a,1}}}$$

3° *a)* Sur la courbe de saturation (figure VI,13), on a représenté les points $M_1 \left| \begin{matrix} t_1 = 10\,°\mathrm{C}, \\ \Pi_1 = 7{,}54 \,.\, 10^{-3} \end{matrix} \right.$ et $M_2 \left| \begin{matrix} t_2 = 25\,°\mathrm{C}, \\ \Pi_2 = 19{,}52 \,.\, 10^{-3} \end{matrix} \right.$

Le point M, situé sur M_1M_2, entre M_1 et M_2, est situé dans la région du mélange sursaturé ; il y aura donc formation d'un brouillard.

b) S'il n'y avait pas eu de condensation, puisque $m_{a,1} = m_{a,2}$, l'humidité spécifique et la température du mélange auraient été, d'après les relations (2) et (3),

$$\Pi = \frac{\Pi_1 + \Pi_2}{2} \qquad (4)$$

et

$$t = \frac{t_1 + t_2}{2} \qquad (5)$$

Comme la masse du mélange est $m_{a,1} + m_{a,2} = 2\,m_{a,1}$, la masse de vapeur d'eau condensée est

$$\mu = 2\, m_{a,1}\, \Pi - 2\, m_{a,1}\, \Pi_s\, (\theta) = 2\, m_{a,1}\, [\Pi - \Pi_s\, (\theta)], \qquad (6)$$

si $\Pi_s\,(\theta)$ désigne l'humidité spécifique à la température θ finale du mélange. Ecrivons que la chaleur dégagée au cours de cette condensation sert à élever la température du mélange de t à θ :

$$\mu L = 2\, m_{a,1}\, c_p\, (\theta - t)$$

Cette équation s'écrit, en tenant compte de la relation (6) et après simplification :

$$\boxed{\left[\frac{\Pi_1 + \Pi_2}{2} - \Pi_s\, (\theta)\right] L = c_p \left(\theta - \frac{t_1 + t_2}{2}\right)}$$

Cette équation permet de déterminer θ.

c) L'équation en θ s'écrit

$$\Pi_s(\theta) = \frac{\Pi_1 + \Pi_2}{2} + \frac{c_p}{L} \cdot \frac{t_1 + t_2}{2} - \frac{c_p}{L}\theta ,$$

soit $$\Pi_s(\theta) = 10^{-3}\left(\frac{7{,}54 + 19{,}52}{2} + \frac{440}{575} \cdot \frac{10 + 25}{2} - \frac{440}{575}\theta\right) ,$$

ou $$\boxed{\Pi_s(\theta) = 10^{-3}\,(26{,}92 - 0{,}765\,\theta)} \qquad (7)$$

L'intersection M_0 de la courbe de saturation $\Pi_s(\theta)$ et de la droite d'équation $\Pi_s = 10^{-3}\,(26{,}92 - 765\,\theta)$, dans le diagramme (t, Π), permet de déterminer graphiquement θ, soit θ = **18 °C** et $\Pi_s(\theta) = 13{,}1 \cdot 10^{-3}$ d'après (7).

Le nombre de moles d'air contenues dans 1 m^3 est $n = \dfrac{10^3}{24{,}2}$; la masse d'air correspondante est

$$m_{a,1} = n \,.\, M_a = \frac{10^3}{24{,}2} \,.\, 29 = 1{,}2 \,.\, 10^3 \text{ g.}$$

La masse d'eau condensée par mètre cube d'air est alors

$$\mu = 2\, m_{a,1}\left[\frac{\Pi_1 + \Pi_2}{2} - \Pi_s(\theta)\right] = 2{,}4 \,.\, 10^3\,(13{,}5 - 13{,}1) \,.\, 10^{-3} \approx \mathbf{1\ g/m^3}.$$

18 – CHANGEMENT D'ETAT D'UN METAL SUPRACONDUCTEUR

La résistivité d'un métal tombe brusquement à zéro (état supraconducteur) lorsqu'on le refroidit jusqu'à une température $T < T_0$, la température T_0 désignant la température de transition entre l'état normal ($T > T_0$) et l'état supraconducteur ($T < T_0$).

Si l'on applique au métal, à la température $T < T_0$, une excitation magnétique suffisamment grande, $H \geqslant H_s$, l'état supraconducteur disparait et le métal reprend son état normal en échangeant une quantité de chaleur L avec le milieu extérieur.

L'excitation magnétique H et l'induction B dans le métal sont liées par la relation générale $B = \mu_0\,(H + M)$, où M désigne le moment magnétique du métal par unité de volume.

Dans l'état normal, le moment magnétique est pratiquement nul, et dans l'état supraconducteur, c'est l'induction B qui est nulle.

L'excitation magnétique critique H_s, à la température T, suit la loi

$$H_s = H_0 \left[1 - \left(\frac{T}{T_0}\right)^2\right] \qquad (H_0 = \text{cte}).$$

1° A partir du potentiel thermodynamique $G = U - TS - HM$, établir l'expression de la chaleur latente de transformation L, en fonction de la température T du métal et des constantes T_0 et H_0 caractéristiques du métal.

2° *a)* En déduire la variation de la chaleur massique du métal, entre l'état normal et l'état supraconducteur.

b) A quelle température T_1 doit-on appliquer l'excitation magnétique pour que le passage de l'état normal à l'état supraconducteur s'effectue sans discontinuité de la chaleur massique ? Exprimer alors L en fonction de H_0. Calculer T_1 pour le plomb, métal pour lequel la température de transition est 7,2 K. Que remarque-t-on si $T = T_0$?

Solution

1° La différentielle du potentiel thermodynamique du métal soumis à l'excitation magnétique est

$$\mathrm{d}G = \delta W + \delta Q - T\mathrm{d}S - S\mathrm{d}T - H\mathrm{d}M - M\mathrm{d}H\,,$$

avec $\delta W = H\mathrm{d}M$ et $\delta Q = T\mathrm{d}S$

On en déduit : $\mathrm{d}G = -\,S\mathrm{d}T - M\mathrm{d}H$

Puisque le potentiel thermodynamique est une fonction continue, G à la même valeur à l'état normal (T, H_s) et à l'état supraconducteur (T, H_s). Pour une variation $\mathrm{d}T$ de température et $\mathrm{d}H_s$ d'excitation magnétique, la variation du potentiel sera la même pour les deux états considérés :

$$\mathrm{d}G_n = \mathrm{d}G_s$$

(indice n pour l'état normal et s pour l'état supraconducteur),

soit $\qquad -S_n\,\mathrm{d}T - M_n\,\mathrm{d}H_s = -\,S_s\,\mathrm{d}T - M_s\,\mathrm{d}H_s$

La variation d'entropie est alors

$$S_n - S_s = -\,(M_n - M_s)\,\frac{\mathrm{d}H_s}{\mathrm{d}T}$$

La chaleur latente correspondant à la transition de l'état supraconducteur à l'état normal est donc

$$L = T\,(S_n - S_s)\,,$$

ou
$$\boxed{L = -T\,(M_n - M_s)\,\frac{\mathrm{d}H_s}{\mathrm{d}T}} \qquad (1)$$

On remarque l'analogie de cette expression avec la formule de Clapeyron.

Or, à l'état normal, on a $M_n \approx 0$, et à l'état supraconducteur, on a

$$B = \mu_0\,(H_s + M_s) = 0, \quad \text{donc} \quad M_s = -H_s$$

Le saut de moment magnétique par unité de volume est donc

$$M_n - M_s = H_s = H_0\left[1 - \left(\frac{T}{T_0}\right)^2\right] \qquad (2)$$

D'autre part,
$$\frac{\mathrm{d}H_s}{\mathrm{d}T} = -\,\frac{2\,H_0\,T}{T_0^2} \qquad (3)$$

La relation (1) s'écrit, finalement, compte tenu des relations (2) et (3) ,

$$\boxed{L = 2\,H_0^2\left(\frac{T}{T_0}\right)^2\left[1 - \left(\frac{T}{T_0}\right)^2\right]} \qquad (4)$$

2° *a)* A pression constante, la variation élémentaire d'entropie est

$$\mathrm{d}S = c\,\frac{\mathrm{d}T}{T}\ ;$$

la chaleur massique s'écrit donc
$$c = T\,\frac{\mathrm{d}S}{\mathrm{d}T}$$

Le saut de chaleur massique du métal, lors de la transition considérée, est donc

$$c_n - c_s = T\,\frac{\mathrm{d}S_n}{\mathrm{d}T} - T\,\frac{\mathrm{d}S_s}{\mathrm{d}T} = T\,\frac{\mathrm{d}}{\mathrm{d}T}\,(S_n - S_s) \qquad (5)$$

Or,
$$S_n - S_s = \frac{L}{T} = \frac{2\,H_0^2\,T}{T_0^2}\left[1 - \left(\frac{T}{T_0}\right)^2\right]$$

on en déduit

$$\frac{\mathrm{d}}{\mathrm{d}T}\,(S_n - S_s) = \frac{2\,H_0^2}{T_0^2}\left[1 - 3\left(\frac{T}{T_0}\right)^2\right]$$

D'après la relation (5), la variation de chaleur massique lors de la transition est donc

$$c_n - c_s = \frac{2H_0^2\,T}{T_0^2}\left[1 - 3\left(\frac{T}{T_0}\right)^2\right]$$

b) On n'aura pas de discontinuité de chaleur massique lorsque $c_n = c_s$ soit

$$1 - 3\left(\frac{T}{T_0}\right)^2 = 0$$

La transition doit donc s'effectuer à la température

$$T_1 = \frac{T_0\sqrt{3}}{3}$$

A cette température, la relation (4) s'écrit

$$L = \frac{4}{9}H_0^2$$

Dans le cas du plomb ($T_0 = 7{,}2$ K), la température pour laquelle $c_n = c_s$ est T_1 = **4,16 K.**

Si $T = T_0$, on aura $L = 0$ et $c_n - c_s = -\dfrac{4H_0^2}{T_0} \neq 0$; dans ce cas particulier, il s'agit d'un changement d'état *sans transfert de chaleur,* mais avec variation de chaleur massique (ce changement d'état est dit de deuxième espèce).

CHAPITRE 7

THERMODYNAMIQUE CHIMIQUE. POTENTIEL CHIMIQUE. DIAGRAMMES BINAIRES. ÉQUILIBRES CHIMIQUES

Ce chapitre étudie les systèmes formés d'une ou plusieurs phases de composition variable :

* en système "ouvert" : échange de matière avec le milieu extérieur,
* ou en système "fermé" dont la composition varie
  - soit par suite d'une réaction chimique
  - soit qu'un constituant du mélange passe d'une phase à l'autre.

I. LE POTENTIEL CHIMIQUE : DEFINITIONS ET PROPRIETES

A. Potentiel chimique d'un corps pur monophasé en système "ouvert"

1° *Définition*

Alors que pour un corps pur de composition invariable, dont la pression et la température varient, la variation de l'enthalpie libre est : $dG = v\,dp - S\,dT$, cette variation devient, si de plus le nombre de moles n du corps pur varie (système ouvert) :

$$\boxed{dG = v\,dp - S\,dT + \mu\,dn} \,. \qquad (1)$$

On définit ainsi le potentiel chimique

$$\boxed{\mu = \left(\frac{\partial G}{\partial n}\right)_{p,T}}$$

qui apparaît comme une *grandeur intensive* conjuguée du nombre de moles n du corps pur.

2° *Propriété*

L'enthalpie libre G du corps pur monophasé est une fonction linéaire de n :

$$\boxed{G = \mu n} \qquad (2)$$

Le potentiel chimique d'un corps pur est donc égal à son enthalpie molaire : $\mu = G/n$.

3° *Relation de Gibbs-Duhem*

$$\boxed{v\,\mathrm{d}p - S\,\mathrm{d}T - n\,\mathrm{d}\mu = 0}$$

déduite de (1) et (2).

4° *Cas du gaz parfait à l'état pur*

– L'enthalpie libre est $G = G^0(T) + nRT \ln p$

– le potentiel chimique fonction de la pression et de la température est donc

$$\boxed{\mu(p\,,T) = \frac{G}{n} = \mu^0(T) + RT \ln p} \qquad (3)$$

où $G^0(T)$ et $\mu^0(T)$ sont respectivement les potentiels thermodynamique et chimique du corps pur dans l'état de référence (à $p = 1$ atmosphère).

5° *Cas du gaz réel à l'état pur*

Même expression que (3) en remplaçant la pression p par la "fugacité" f $\boxed{\mu(p\,,T) = \mu^0(T) + RT \ln f.}$

6° *Equilibre entre deux phases d'un même corps pur*

Si le potentiel chimique μ_1 de la phase ① est inférieur à celui μ_2 de la phase ② en présence $(\mu_1 < \mu_2)$, il s'établit un transfert de matière de la phase ② vers la phase ① jusqu'à ce qu'à l'équilibre $(\mathrm{d}G = 0)$ le potentiel chimique soit identique dans les deux phases :

$$\boxed{\mu_1 = \mu_2}\,. \qquad (4)$$

Le potentiel chimique mesure donc la tendance à quitter une phase.

7° *Cas d'une phase solide ou liquide en équilibre avec sa vapeur* (supposée parfaite)

Le potentiel chimique du solide pur (ou du liquide pur) en équilibre avec sa vapeur, à la température T, est égal, d'après (4), au potentiel chimique de la vapeur à la pression de vapeur saturante $p_s(T)$, soit d'après (3)

$$\boxed{\underset{\text{(ou liquide)}}{\mu_{\text{solide}}}(T) = \mu_0(T) + RT \ln p_s(T)}$$

Ainsi le potentiel chimique d'une phase condensée ne dépend que de la température.

B. Potentiel chimique d'un système à N constituants répartis en φ phases

1° *Définition*

Désignons $n_1\,, n_2\,, \ldots, n_i\,, \ldots, n_N$ le nombre de moles de chaque constituant dans une phase donnée et $\mu_1\,, \mu_2\,, \ldots, \mu_i\,, \ldots, \mu_N$ leurs po-

tentiels chimiques. La variation élémentaire de l'enthalpie libre dans la phase considérée (système ouvert) est $dG = v\,dp - S\,dT + \sum_{i=1}^{N} \mu_i\, dn_i$.
On définit donc le potentiel chimique du $i^{\text{ème}}$ constituant ($i = 1, 2, \ldots, N$) par

$$\boxed{\mu_i = \left(\frac{\partial G}{\partial n_i}\right)_{p, T, n_j \neq n_i}}\,.$$

2° *Propriété*

L'enthalpie libre du système est (cf. problème 6).

$$\boxed{G = \sum_{i=1}^{N} \mu_i\, n_i}\,.$$

3° *Relation de Gibbs-Duhem*

$$\boxed{v\,dp - S\,dT - \sum_i n_i\, d\mu_i = 0}\,.$$

4° *Cas d'un mélange idéal de gaz parfaits*

- L'enthalpie libre et le potentiel chimique du $i^{\text{ème}}$ constituant, de pression partielle p_i, sont respectivement :

$$G_i = G_i^0(T) + n_i RT \ln p_i \quad \text{et} \quad \boxed{\mu_i = \mu_i^0(T) + RT \ln p_i}$$

- Si on introduit la fraction molaire du $i^{\text{ème}}$ constituant gazeux :

$$X_i = \frac{n_i}{\sum_i^N n_i}\,, \quad \text{on a :} \quad X_i = \frac{p_i}{\sum_i p_i} = \frac{p_i}{p}$$

où $p = \sum_i p_i$ désigne la *pression totale* du mélange gazeux, donc

$$\mu_i = \mu_i^0(T) + RT \ln (p \,.\, X_i) \quad \text{ou} \quad \boxed{\mu_i = \mu_i'^0(p\,, T) + RT \ln X_i} \qquad (5)$$

avec $\mu_i'^0(p\,, T) = \mu_i^0(T) + RT \ln p$ = potentiel chimique du $i^{\text{ème}}$ constituant pur ($X_i = 1$).

5° *Condition d'équilibre*

Un constituant présent dans plusieurs phases d'un mélange a tendance à égaler son potentiel chimique dans toutes les phases en équilibre.

N.B. : Les propriétés énoncées dans ce paragraphe B généralisent celles du corps pur énoncées au paragraphe A.

II. EQUILIBRE LIQUIDE-VAPEUR D'UN MELANGE BINAIRE

Une solution liquide contenant deux corps purs A_1 et A_2 est en équilibre avec sa phase vapeur qui contient également A_1 et A_2. On suppose la solution idéale.

1° *Solution idéale*

On dit que la solution est idéale si l'expression du potentiel chimique du constituant A_i dans le liquide est du type (5) :

$$\boxed{\mu_i = \mu_i^0(T) + RT \ln x_i} \qquad (6)$$

où x_i = fraction molaire du constituant A_i dans le liquide, et $\mu_i'^0(T)$ = potentiel de référence (du constituant A_i pur : $x_i = 1$).

2° *Loi de Raoult*

On établit (cf. problème 8) que pour une solution idéale la pression partielle p_i du constituant A_i dans la phase *vapeur* est proportionnelle à la fraction molaire x_i de ce constituant A_i dans la phase *liquide* :

$$\boxed{p_i = p_{si}(T) \,.\, x_i} \qquad (7)$$

avec $p_{si}(T)$ = pression de vapeur saturante du constituant A_i, à la température T.

3° *Pression totale p*

Elle varie avec x_1 suivant la loi (cf. problèmes 8 et 9)

$$\boxed{p = [p_{s_1}(T) - p_{s_2}(T)]\, x_1 + p_{s_2}(T)}$$

4° *Courbes d'ébullition et de rosée*

• Le système en équilibre est bivariant ; cet équilibre est défini par deux surfaces :

* la surface d'ébullition pour la phase liquide, d'équation $x_1(p, T)$
* la surface de rosée pour la phase vapeur, d'équation $X_1(p, T)$.

où x_1 et X_1 sont les fractions molaires du constituant A_1, respectivement dans le liquide et la vapeur, pour le système fermé (cf. problèmes 8, 9 et 10).

• On distingue les diagrammes d'équilibre liquide-vapeur isotherme et isobare

* si T = cte : courbes de rosée $X_1(p)$ et d'ébullition $x_1(p)$: fig. VII,5
* si p = cte : courbes de rosée $X_1(T)$ et d'ébullition $x_1(T)$: fig. VII,1.

5° *Lecture des diagrammes d'équilibre* (cf. problèmes 8, 9, 10)

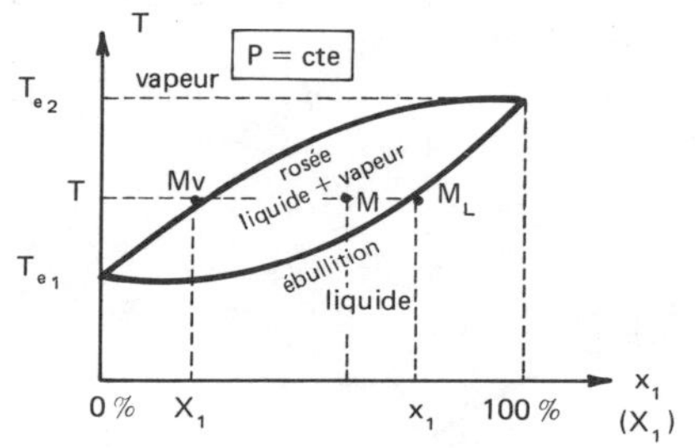

Diagramme d'équilibre isobare liquide ⇆ vapeur

Figure VII,1

T_{e_1} et T_{e_2} désignent les températures d'ébullition de A_1 et A_2. Les courbes de rosée et d'ébullition délimitent 3 régions.

L'abscisse de M donne la composition globale du système à la température T et les abscisses de M_V et M_L donnent respectivement les compositions des phases vapeur et liquide, à la température T.

6° *Cas d'une solution non idéale. Azéotropie*

• Une solution réelle (non idéale) n'obéit pas à la loi (7) de Raoult ; mais on peut conserver la forme (6) du potentiel chimique à condition de remplacer la fraction molaire x_i par une quantité $a_i = \gamma_i x_i$ appelée *activité* du constituant A_i (γ_i = coefficient d'activité) :

$$\boxed{\mu_i = \mu_i'^0(T) + RT \ln a_i}$$

le potentiel de référence $\mu_i'^0(T)$ correspond alors à une activité $a_i = 1$.

• Une telle solution peut présenter un *point d'azéotropie* A_z pour lequel :

– les courbes de rosée et d'ébullition ont un extrémum commun

– le liquide et la vapeur ont même composition (variable avec la pression)

– la solution bout à température constante (comme un corps pur).

• Notons enfin qu'une solution commence à bouillir à une température supérieure à celle du solvant pur (problème 8,II) tandis qu'elle commence à congeler à une température inférieure à celle du solvant pur.

III. EQUILIBRE SOLIDE-LIQUIDE D'UN MELANGE BINAIRE

La courbe d'ébullition est remplacée par le solidus et la courbe de rosée par le liquidus. On distingue 2 cas :

1° A_1 et A_2 *sont totalement miscibles*, à l'état solide. Le diagramme d'équilibre a la même allure que celui de l'équilibre isobare liquide – vapeur : un fuseau qui délimite 3 régions.

2° A_1 et A_2 *sont totalement immiscibles* à l'état solide. Le diagramme d'équilibre (fig. VII,2) délimite 4 régions

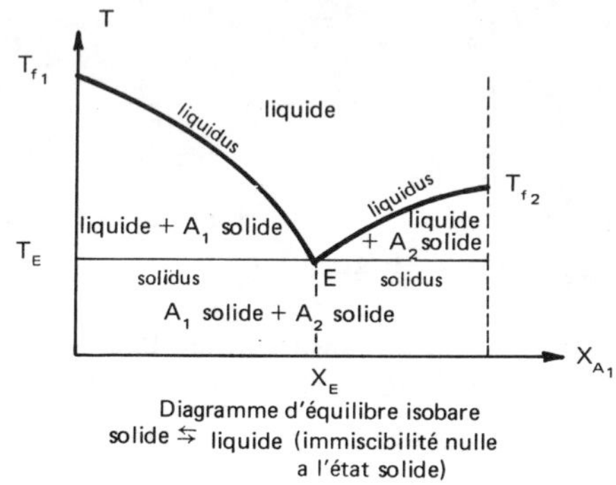

Figure VII,2

La phase liquide, la solide A_1 et le solide A_2 coexistent en E (point d'eutexie). En ce point E, la température de fusion est constante et moins élevée que celle de tout autre mélange des mêmes corps réalisés avec d'autres proportions.

Pour la lecture de ce diagramme d'équilibre, on se reportera au problème 10.

IV. CHALEURS DE REACTION. ENERGIE ET ENTHALPIE DE REACTION

Une réaction chimique totale peut se formuler

$$\underset{\text{réactifs}}{\Sigma\, \alpha_i A_i} \rightarrow \underset{\text{produits}}{\Sigma\, \alpha_i' A_i'}$$

où α_i et α_i' désignent les coefficients stœchiométriques

1° Chaleurs de réaction. Variation avec la température T

a) La réaction a lieu à volume constant : à la température T, la chaleur de réaction est égale à la variation d'énergie interne due à la réaction :

$$\boxed{Q_v = \Delta U = \underset{\text{produits}}{U'(T, v)} - \underset{\text{réactifs}}{U(T, v)}}$$

La chaleur (ou l'énergie interne) de réaction varie avec T selon la formule de Kirchhoff

$$\boxed{\frac{\partial(\Delta U)}{\partial T} = C'_v - C_v}$$

où $C'_v - C_v$ = différence des capacités calorifiques, à volume constant, des produits formés et des réactifs.

On en déduit

$$Q_v(T) = \Delta U(T) = \Delta U(T_0) + \int_T^{T_0} [C'_v(T) - C_v(T)]\, \mathrm{d}T$$

b) *La réaction a lieu à pression constante* : à la température T, la chaleur de réaction est égale à la variation d'enthalpie due à la réaction :

$$\boxed{Q_p = \Delta H = \underset{\text{produits}}{H'(T, p)} - \underset{\text{réactifs}}{H(T, p)}}$$

La chaleur (ou l'enthalpie) de réaction varie avec T selon la formule de Kirchhoff :

$$\boxed{\frac{\partial(\Delta H)}{\partial T} = C'_p - C_p}$$

où $C'_p - C_p$ = différence des capacités calorifiques, à pression constante, des produits formés et des réactifs.

On en déduit

$$Q_p(T) = \Delta H(T) = \Delta H(T_0) + \int_T^{T_0} [C'_p(T) - C_p(T)]\, \mathrm{d}T$$

2° Relation entre Q_v et Q_p (ou entre ΔU et ΔH)

Dans le cas d'une réaction entre gaz parfaits, on a : $\Delta H = \Delta U + \Delta(pv)$.

On en déduit $\Delta H - \Delta U = (n' - n) RT$ ou

$$\boxed{Q_p - Q_v = (n' - n) RT}$$

où $n' - n$ = variation du nombre de moles gazeuses au cours de la réaction.

3° Signes de Q_v et Q_p

* Si $\Delta U = Q_v > 0$ ou si $\Delta H = Q_p > 0$, la réaction est *endothermique*.

* Si $\Delta U = Q_v < 0$ ou si $\Delta H = Q_p < 0$, la réaction est *exothermique*.

V. EQUILIBRES CHIMIQUES. CONSTANTE D'EQUILIBRE K_p. LOI DE VANT'HOFF

1° Variation d'enthalpie libre au cours d'une réaction chimique

* Si une réaction se produit *spontanément* à température et pression extérieures constantes, son enthalpie libre diminue :

$$\boxed{\Delta G \leqslant 0}$$

et la réaction cesse lorsque $\Delta G = 0$

* Pour la réaction en phase gazeuse, la variation d'enthalpie libre est, à la température T,

$$\Delta G = \Sigma\, \alpha_i' \mu_i' - \Sigma\, \alpha_i \mu_i \qquad (8)$$

avec $\underset{\text{réactifs}}{\mu_i = \mu_i^0 + RT \ln p_i}$ et $\underset{\text{produits fournis}}{\mu_i' = \mu_i^0 + RT \ln p_i'}$

Ainsi, pour la réaction $\alpha_1 A_1 + \alpha_2 A_2 \longrightarrow \alpha_1' A_1' + \alpha_2' A_2'$ la variation d'enthalpie libre est, à la température T,

$$\boxed{\Delta G(T) = \Delta G^0(T) + RT \ln \frac{(p_1')^{\alpha_1'}\,(p_2')^{\alpha_2'}}{(p_1)^{\alpha_1}\,(p_2)^{\alpha_2}}} \qquad (9)$$

avec $\Delta G^0 = (\alpha_1' \mu_1'^0 + \alpha_2' \mu_2'^0) - (\alpha_1 \mu_1^0 + \alpha_2 \mu_2^0)$

2° Equilibre chimique. Constante K_p.

Pour *l'équilibre* chimique $\alpha_1 A_1 + \alpha_2 A_2 \rightleftarrows \alpha_1' A_1' + \alpha_2' A_2'$ réalisé à la température T, on a $\Delta G = 0$ soit, d'après (8) :

$\boxed{\Sigma\, \alpha_i \mu_i = \Sigma\, \alpha_i' \mu_i'}$ et d'après (9) :

$$\boxed{K_p(T) = \frac{(p_1')^{\alpha_1'}\,(p_2')^{\alpha_2'}}{(p_1)^{\alpha_1}\,(p_2)^{\alpha_2}} = e^{-\frac{\Delta G_0}{RT}}}$$

Ces deux relations encadrées traduisent la loi d'action des masses

- La variation d'enthalpie libre de réaction pour les gaz sous 1 atmosphère, à la température T est donc

$$\boxed{\Delta G^0(T) = -RT \ln K_p(T)}$$

3° Variation de K_p avec T : loi de Vant'Hoff

En combinant la relation précédente $\Delta G^0 = -RT \ln K_p$ et la relation d'Helmoltz $\Delta G^0 = \Delta H + T \dfrac{\partial(\Delta G^0)}{\Delta T}$, on obtient la loi de Vant'Hoff

$$\boxed{\frac{\mathrm{d}(\ln K_p)}{\mathrm{d}T} = \frac{\Delta H}{RT^2}}$$

dont l'intégration permet de déterminer la variation de la constante d'équilibre K_p (relative aux pressions partielles) en fonction de la température T.

PROBLEMES DU CHAPITRE 7

1 – EQUATIONS AUX DERIVEES PARTIELLES DU POTENTIEL CHIMIQUE D'UN CORPS PUR

On considère un système formé de l'assemblée de N particules identiques (corps pur, par exemple).

On désignera respectivement U, S, p, v, T et μ l'énergie interne, l'entropie, la pression, le volume, la température et le potentiel chimique de ce système.

1° *a*) Montrer, par deux méthodes, que le potentiel chimique de ce système obéit à la relation

$$\mu = \left(\frac{\partial U}{\partial N}\right)_{T,v} - T\left(\frac{\partial S}{\partial N}\right)_{T,v}$$

* soit en utilisant la différentielle de l'énergie interne du système,
* soit en utilisant la différentielle de l'entropie du système.

b) En déduire la relation

$$\frac{\mu}{T} - \left(\frac{\partial \mu}{\partial T}\right)_{v,N} = \frac{1}{T}\left(\frac{\partial U}{\partial N}\right)_{T,v}$$

2° *a*) Exprimer l'énergie libre de cette assemblée de N particules identiques en fonction de μ, N, p et v

En déduire la relation

$$\left(\frac{\partial \mu}{\partial N}\right)_{T,v} = \frac{v}{N}\left(\frac{\partial p}{\partial N}\right)_{T,v}$$

b) Exprimer la dérivée partielle $\left(\frac{\partial \mu}{\partial N}\right)_{T,v}$ en fonction de v, N et du coefficient χ de compressibilité isotherme du corps pur.

Solution

1° *a*) *Première méthode*

La différentielle de l'énergie interne de l'assemblée de N particules est :

$$dU = TdS - pdv + \mu dN \qquad (1)$$

Choisissons les variables T, v et N suggérées par la relation cherchée ; il vient

$$\mathrm{d}U = T\left[\left(\frac{\partial S}{\partial T}\right)_{v,N}\mathrm{d}T + \left(\frac{\partial S}{\partial v}\right)_{T,N}\mathrm{d}v + \left(\frac{\partial S}{\partial N}\right)_{T,v}\mathrm{d}N\right] - p\,\mathrm{d}v + \mu\,\mathrm{d}N$$

soit

$$\mathrm{d}U = T\left(\frac{\partial S}{\partial T}\right)_{v,N}\mathrm{d}T + \left[T\left(\frac{\partial S}{\partial v}\right)_{T,N} - p\right]\mathrm{d}v + \left[\mu + T\left(\frac{\partial S}{\partial N}\right)_{T,v}\right]\mathrm{d}N$$

On en déduit

$$\left[\frac{\partial U}{\partial N}\right]_{T,v} = \mu + T\left[\frac{\partial S}{\partial N}\right]_{T,v}, \quad \text{soit} \quad \boxed{\mu = \left(\frac{\partial U}{\partial N}\right)_{T,v} - T\left(\frac{\partial S}{\partial N}\right)_{T,v}}$$

• *Deuxième méthode*

La différentielle de l'entropie de l'assemblée de N particules est, d'après (1) :

$$\mathrm{d}S = \frac{1}{T}\,\mathrm{d}U + \frac{p}{T}\mathrm{d}v - \frac{\mu}{T}\,\mathrm{d}N \tag{2}$$

On en déduit :

$$\left(\frac{\partial S}{\partial U}\right)_{N,v} = \frac{1}{T} \quad \text{et} \quad \left(\frac{\partial S}{\partial N}\right)_{U,v} = -\frac{\mu}{T} \tag{3}$$

On peut alors accéder à la dérivée partielle $\left(\frac{\partial S}{\partial N}\right)_{T,v}$ qui intervient dans la relation cherchée grâce à la propriété mathématique générale :

$$\left(\frac{\partial x}{\partial y}\right)_{z_1} = \left(\frac{\partial x}{\partial y}\right)_{z_2} + \left(\frac{\partial x}{\partial z_2}\right)_{y}\cdot\left(\frac{\partial z_2}{\partial y}\right)_{z_1}$$

qui, transposée dans notre cas, s'écrit :

$$\left(\frac{\partial S}{\partial N}\right)_{T,v} = \left(\frac{\partial S}{\partial N}\right)_{U,v} + \left(\frac{\partial S}{\partial U}\right)_{N,v}\cdot\left(\frac{\partial U}{\partial N}\right)_{T,v}$$

soit, d'après (3),

$$\left(\frac{\partial S}{\partial N}\right)_{T,v} = -\frac{\mu}{T} + \frac{1}{T}\left(\frac{\partial U}{\partial N}\right)_{T,v}$$

ou

$$\boxed{\mu = \left(\frac{\partial U}{\partial N}\right)_{T,v} - T\left(\frac{\partial S}{\partial N}\right)_{T,v}} \tag{4}$$

b) La différentielle de l'énergie libre $F = U - TS$ du système est $\mathrm{d}F = \mathrm{d}U - T\mathrm{d}S - S\mathrm{d}T$ soit, d'après (1),

$$\mathrm{d}F = -S\mathrm{d}T - p\mathrm{d}v + \mu\mathrm{d}N \tag{5}$$

Puisque $\mathrm{d}F$ est une différentielle totale exacte, on a :

$$-\left(\frac{\partial S}{\partial N}\right)_{T,v} = \left(\frac{\partial \mu}{\partial T}\right)_{N,v} \quad ;$$

portons dans (4), il vient

$$\mu = \left(\frac{\partial U}{\partial N}\right)_{T,v} + T\left(\frac{\partial \mu}{\partial T}\right)_{N,v} \quad \text{soit} \quad \boxed{\frac{\mu}{T} - \left(\frac{\partial \mu}{\partial T}\right)_{N,v} = \frac{1}{T}\left(\frac{\partial U}{\partial N}\right)_{T,v}}$$

2° *a*) La différentielle de l'enthalpie libre du système est, d'après (5),

$$\mathrm{d}G = \mathrm{d}(F + pv) = -S\mathrm{d}T + v\mathrm{d}p + \mu\mathrm{d}N$$

Le potentiel chimique est donc $\mu = \left(\frac{\partial u}{\partial N}\right)_{p,T}$; or à pression et température constantes, l'enthalpie libre G, qui est une quantité extensive, est proportionnelle au nombre de particules du système, donc $\mu = \left(\frac{\partial G}{\partial N}\right)_{p,T} = \frac{G}{N}$ soit $G = \mu N$.

L'énergie libre du système considéré est donc

$$F = G - pv \quad \text{ou} \quad F = \mu N - pv \tag{6}$$

b) D'après (6), la différentielle de l'énergie libre est

$$\mathrm{d}F = \mu\mathrm{d}N + N\mathrm{d}\mu - v\mathrm{d}p - p\mathrm{d}v \tag{7}$$

Choisissons les paramètres indépendants T, v, N ; *à température T et volume v constants,* on a, d'après (5) et (7),

$$(\mathrm{d}F)_{T,v} = \mu\mathrm{d}N = \mu\mathrm{d}N + N\left(\frac{\partial \mu}{\partial N}\right)_{T,v}\mathrm{d}N - v\left(\frac{\partial p}{\partial N}\right)_{T,v}\mathrm{d}N$$

soit, en identifiant les coefficients de $\mathrm{d}N$:

$$N\left(\frac{\partial \mu}{\partial N}\right)_{T,v} - v\left(\frac{\partial p}{\partial N}\right)_{T,v} = 0 \quad \text{ou} \quad \boxed{\left(\frac{\partial \mu}{\partial N}\right)_{T,v} = \frac{v}{N}\left(\frac{\partial p}{\partial N}\right)_{T,v}} \tag{8}$$

c) Le facteur de compressibilité isotherme du corps pur

$$\chi = -\frac{1}{v}\left(\frac{\partial v}{\partial p}\right)_{T,N} \tag{9}$$

fait intervenir la dérivée partielle $\left(\frac{\partial v}{\partial p}\right)_{T,N}$ qui est reliée à la dérivée partielle $\left(\frac{\partial p}{\partial N}\right)_{T,v}$ par la relation mathématique liant les dérivées partielles d'un système divariant $f(v\,,p\,,N)=0$ à T constant :

$$\left(\frac{\partial v}{\partial p}\right)_{T,N} \cdot \left(\frac{\partial p}{\partial N}\right)_{T,v} \cdot \left(\frac{\partial N}{\partial v}\right)_{T,p} = -1$$

soit, d'après (8) et (9), et puisque le volume est proportionnel au nombre de particules à T et p constants :

$$-\chi v \,.\left[\frac{N}{v}\left(\frac{\partial \mu}{\partial N}\right)_{T,v}\right] \cdot \frac{N}{v} = -1 \quad \text{ou} \quad \boxed{\left(\frac{\partial \mu}{\partial N}\right)_{T,v} = \frac{v}{N^2 \,.\, \chi}}$$

2 – MELANGE DE GAZ PARFAITS. POTENTIEL CHIMIQUE

Soit trois récipients A_1, A_2 et A_3 contenant respectivement de l'azote, de l'oxygène et de l'hydrogène (les gaz sont supposés parfaits), dans les conditions initiales (p, v, T) suivantes :

Gaz	Volume (l)	Pression (atm)	T (K)
N_2	37,4	2	300
O_2	41,6	0,8	400
H_2	16,6	5	250

On met en communication les trois récipients dont les parois sont parfaitement adiabatiques. Lorsque l'équilibre est atteint, déterminer :

1° la température T du mélange gazeux ;

2° la pression totale du mélange ainsi que les pressions partielles de chaque constituant du mélange :

3° le potentiel chimique μ_i de chaque constituant du mélange. On admettra que $\mu_i = 0$ si $T = 0$ K et que le mélange gazeux est un mélange idéal.

On rappelle que 1 atm $\approx 10^5$ pascals et $R = 8{,}32$ J/mole.K.

Solution

1° Comme tous les gaz sont supposés parfaits, le nombre de moles d'azote est

$$n_1 = \frac{p_1 v_1}{RT_1} = \frac{2.10^5\,.37{,}4.10^{-3}}{8{,}32\,.\,300} \approx 3 \text{ moles} ;$$

le nombre de moles d'oxygène est

$$n_2 = \frac{p_2 v_2}{RT_2} = \frac{0{,}8.10^5.41{,}6.10^{-3}}{8{,}32.400} \approx 1 \text{ mole} ;$$

le nombre de moles d'hydrogène est

$$n_3 = \frac{p_3 v_3}{RT_3} = \frac{5.10^5.16{,}6.10^{-3}}{8{,}32.250} \approx 4 \text{ moles.}$$

Or, le mélange des gaz s'effectue sans échange de travail ni de chaleur avec le milieu extérieur : donc l'énergie interne n'a pas varié.

La conservation de l'énergie interne du système gazeux s'écrit (les capacités calorifiques molaires étant indépendantes de la température)

$$(n_1 + n_2 + n_3)\, c_v T = n_1 c_{v_1} T_1 + n_2 c_{v_2} T_2 + n_3 c_{v_3} T_3 .$$

Comme tous les gaz sont diatomiques, ils ont même capacité calorifique molaire :

$$c_{v_1} = c_{v_2} = c_{v_3} = c_v = \frac{5}{2} R.$$

On en déduit la température d'équilibre du mélange :

$$\boxed{T = \frac{n_1 T_1 + n_2 T_2 + n_3 T_3}{n_1 + n_2 + n_3}}\ .$$

Application numérique : $T = \dfrac{3.300 + 1.400 + 4.250}{8} = \mathbf{287{,}5\ K}.$

2° Le mélange gazeux, à la température d'équilibre T, comprendra $n = n_1 + n_2 + n_3 = 8$ moles, contenues dans le volume

$$v = v_1 + v_2 + v_3 = 95{,}6 \text{ l.}$$

La pression totale du mélange est donc

$$p = \frac{nRT}{v} = \frac{8.8{,}32.287{,}5}{95{,}6.10^{-3}} = 2.10^5 \text{ Pa} = \mathbf{2\ atm.}$$

D'après la loi de Dalton, la pression partielle du $i^{\text{ème}}$ constituant (pression du constituant s'il occupait seul tout le volume du mélange) est

$$p_i = x_i p ,$$

où p est la pression totale du mélange et x_i est la concentration molaire du $i^{\text{ème}}$ constituant (ou fraction molaire) :

$$x_i = \frac{n_i}{\Sigma n_i}.$$

Les pressions partielles sont donc, pour chaque constituant :

– azote : $p_{N_2} = \frac{3}{8} \cdot 2 = 0{,}75$ atm,

– oxygène : $p_{O_2} = \frac{1}{8} \cdot 2 = 0{,}25$ atm,

– hydrogène : $p_{H_2} = \frac{4}{8} \cdot 2 = 1$ atm.

3° Le potentiel chimique du $i^{\text{ème}}$ constituant, formé de n_i moles, est par définition

$$\mu_i = \left(\frac{\partial G}{\partial n_i}\right).$$

Or, pour une mole de gaz parfait, l'enthalpie libre est

$$G = H - TS \qquad \text{avec} \qquad H = \int c_p \, \mathrm{d}T + H_0$$

et

$$S = \int \frac{c_p}{T} \mathrm{d}T - R \ln p + S_0 \; ;$$

donc

$$G = \int c_p \, \mathrm{d}T - T \int c_p \frac{\mathrm{d}T}{T} + RT \ln p + H_0 - TS_0 \, ,$$

soit

$$G = RT \ln p + f(T),$$

où $f(T)$ est fonction de la température seule.

L'enthalpie libre du système gazeux est donc

$$G = \Sigma n_i \, [RT \ln p_i + f(T)],$$

et le potentiel chimique du $i^{\text{ème}}$ constituant sera donc

$$\mu_i = \left(\frac{\partial G}{\partial n_i}\right) = RT \ln p_i + \mu_i^0.$$

D'après les hypothèses, la constante μ_i^0 est nulle, donc

$$\boxed{\mu_i = RT \ln p_i}.$$

Les potentiels chimiques seront, dans ces conditions :

– pour l'azote : $\mu_{N_2} = 8{,}32 . 287{,}5 \ln (0{,}75 . 10^5) = \mathbf{2{,}69 . 10^4 \ J}$;

– pour l'oxygène : $\mu_{O_2} = 8{,}32 . 287{,}5 \ln (0{,}25 . 10^5) = \mathbf{2{,}42 . 10^4 \ J}$;

– pour l'hydrogène : $\mu_{H_2} = 8{,}32 . 287{,}5 \ln 10^5 = \mathbf{2{,}75 . 10^4 \ J}$.

3 – PROPRIETES DU POTENTIEL CHIMIQUE D'UN SYSTEME HOMOGENE DE COMPOSITION VARIABLE

Un système est formé de plusieurs constituants dont le nombre n_i de moles du $i^{\text{ème}}$ constituant peut varier (système ouvert, ou système fermé de composition variable). On désignera p et T la pression et la température du système homogène.

1° Exprimer le potentiel chimique μ_i du $i^{\text{ème}}$ constituant, dans une phase donnée, en fonction des dérivées partielles des fonctions d'état U, H, F, G ou S par rapport au nombre n_i de moles.

2° Exprimer les dérivées partielles du potentiel chimique du $i^{\text{ème}}$ constituant : $\left(\frac{\partial \mu_i}{\partial T}\right)_{p,n_i}$ et $\left(\frac{\partial \mu_i}{\partial p}\right)_{T,n_i}$ en fonction de l'énergie molaire partielle ou du volume molaire partiel de ce constituant.

3° En utilisant la relation obtenue pour $\left(\frac{\partial \mu_i}{\partial p}\right)_{T,n_i}$, exprimer le potentiel chimique du $i^{\text{ème}}$ constituant d'un mélange de gaz parfaits en fonction de sa pression partielle p_i et de sa température T.

4° On considère, dans une enceinte indéformable, deux phases Φ_1 et Φ_2 d'un même corps pur contenant n_1 moles de la phase Φ_1 à la température T_1, à la pression p_1 et n_2 moles dans la phase Φ_2, à la température T_2 et à la pression p_2. Les deux phases peuvent échanger de la matière. Comparer les températures, les pressions et les potentiels chimiques du corps pur dans chacune des deux phases, à l'équilibre.

Solution

1° Les différentielles des fonctions d'état U, $H = U + pv$, $F = U - TS$, $G = H - TS$ et S du système homogène pvT, de composition variable, sont :

$$\mathrm{d}U = T\mathrm{d}S - p\mathrm{d}v + \sum_i \mu_i \,\mathrm{d}n_i = T\mathrm{d}S - p\mathrm{d}v + \sum_i \left(\frac{\partial U}{\partial n_i}\right)_{S,v} \mathrm{d}n_i \qquad (1)$$

$$\mathrm{d}H = T\mathrm{d}S + v\mathrm{d}p + \sum_i \mu_i \,\mathrm{d}n_i = T\mathrm{d}S + v\mathrm{d}p + \sum_i \left(\frac{\partial H}{\partial n_i}\right)_{S,p} \mathrm{d}n_i$$

$$dF = -SdT - pdv + \sum_i \mu_i \, dn_i = -SdT - pdv + \sum_i \left(\frac{\partial F}{\partial n_i}\right)_{T,v} dn_i \qquad (2)$$

$$dG = -SdT + vdp + \sum_i \mu_i \, dn_i = -SdT + vdp + \sum_i \left(\frac{\partial G}{\partial n_i}\right)_{T,p} dn_i$$

et, d'après (1),

$$dS = \frac{1}{T}\, dU + \frac{p}{T}\, dv - \frac{1}{T} \sum_i \mu_i \, dn_i = \frac{1}{T}\, dU + \frac{p}{T}\, dv + \sum_i \left(\frac{\partial S}{\partial n_i}\right)_{U,v} dn_i \qquad (3)$$

On en déduit les diverses expressions du potentiel chimique du $i^{\text{ème}}$ constituant :

$$\mu_i = \left(\frac{\partial U}{\partial n_i}\right)_{S,v,n_{j\neq i}} = \left(\frac{\partial H}{\partial n_i}\right)_{S,p,n_{j\neq i}} = \left(\frac{\partial F}{\partial n_i}\right)_{T,v,n_{j\neq i}} = \left(\frac{\partial G}{\partial n_i}\right)_{T,p,n_{j\neq i}} = -T\left(\frac{\partial S}{\partial n_i}\right)_{U,v,n_{j\neq i}} \qquad (4)$$

2° • La variation isobare du potentiel chimique du $i^{\text{ème}}$ constituant avec la température est, compte tenu de (4),

$$\left(\frac{\partial \mu_i}{\partial T}\right)_{p,n_i} = \left[\frac{\partial}{\partial T}\left(\frac{\partial G}{\partial n_i}\right)_{T,p,n_j}\right]_{p,n_i} = \left[\frac{\partial}{\partial n_i}\left(\frac{\partial G}{\partial T}\right)_{p,n_i}\right]_{T,p,n_j}$$

avec, d'après (2), $\left(\frac{\partial G}{\partial T}\right)_{p,n_i} = -S$; on en déduit :

$$\left(\frac{\partial \mu_i}{\partial T}\right)_{p,n_i} = -\left(\frac{\partial S}{\partial n_i}\right)_{T,p,n_{j\neq i}}$$

Ainsi, la dérivée partielle $\left(\frac{\partial \mu_i}{\partial T}\right)_{p,n_i}$ est égale à l'opposé de l'entropie molaire partielle $\left(\frac{\partial S}{\partial n_i}\right)_{T,p,n_j}$.

• De même, la variation isotherme du potentiel chimique du $i^{\text{ème}}$ constituant avec la pression est, compte tenu de (4),

$$\left(\frac{\partial \mu_i}{\partial p}\right)_{T,n_i} = \left[\frac{\partial}{\partial p}\left(\frac{\partial G}{\partial n_i}\right)_{T,p,n_j}\right]_{T,n_i} = \left[\frac{\partial}{\partial n_i}\left(\frac{\partial G}{\partial p}\right)_{T,n_i}\right]_{T,p,n_j}$$

avec, d'après (2), $\left(\dfrac{\partial G}{\partial p}\right)_{T,n_i} = v$; on en déduit :

$$\boxed{\left(\frac{\partial \mu_i}{\partial p}\right)_{T,n_i} = \left(\frac{\partial v}{\partial n_i}\right)_{T,p,n_{j\neq i}}} \quad . \tag{5}$$

Ainsi, la dérivée partielle $\left(\dfrac{\partial \mu_i}{\partial p_i}\right)_{T,n_i}$ est égale au volume molaire partiel $\left(\dfrac{\partial v}{\partial n_i}\right)_{T,p,n_j}$

3° Pour un mélange de gaz parfaits de volume total v, de pression totale p, l'équation d'état du $i^{\text{ème}}$ constituant de pression partielle p_i, de nombre de moles variable n_i, est : $p_i v = n_i RT$. Le volume molaire partiel de ce constituant est donc

$$\left(\frac{\partial v}{\partial n_i}\right)_{T,p,n_j} = \frac{RT}{p_i} \tag{6}$$

On en déduit, d'après (5) et (6),

$$\left(\frac{\partial \mu_i}{\partial p}\right)_{T,n_i} = \frac{RT}{p_i} .$$

L'expression du potentiel chimique du $i^{\text{ème}}$ constituant du mélange gazeux parfait est donc

$$\boxed{\mu_i = RT \ln p_i + \mu_i^0(T)}$$

où $\mu_i^0(T)$ est la constante d'intégration, fonction de la température seulement, qui représente le potentiel chimique du $i^{\text{ème}}$ constituant dans son état standard (sous $p = 1$ atmosphère) à la température T.

4° Au cours de l'échange d'une petite quantité de matière entre les deux phases du corps pur, il y a variation de la composition, du volume et de l'entropie de chaque phase ; la variation élémentaire de l'énergie interne $U(S, v, n)$ du corps pur est donc, d'après (1),

$$\mathrm{d}U = \mathrm{d}U_1 + \mathrm{d}U_2 = (T_1 \mathrm{d}S_1 + T_2 \mathrm{d}S_2) - (p_1 \mathrm{d}v_1 + p_2 \mathrm{d}v_2) + (\mu_1 \mathrm{d}n_1 + \mu_2 \mathrm{d}n_2)$$

avec

$$\begin{cases} \mathrm{d}U_1 + \mathrm{d}U_2 = 0\,, & \text{car le système est isolé ;} \\ \mathrm{d}S_1 + \mathrm{d}S_2 = 0\,, & \text{car l'entropie } S \text{ est maximale à l'équilibre ;} \\ \mathrm{d}v_1 + \mathrm{d}v_2 = 0\,, & \text{car l'enceinte est indéformable ;} \\ \mathrm{d}n_1 + \mathrm{d}n_2 = 0\,, & \text{car le système est fermé (conservation de la matière).} \end{cases}$$

On en déduit

$$dU = (T_1 - T_2)\, dS_1 - (p_1 - p_2)\, dv_1 + (\mu_1 - \mu_2)\, dn_1 = 0 .$$

Comme les variations dS_1, dv_1 et dn_1 sont indépendantes, leurs coefficients sont nuls, soit

$$\boxed{T_1 = T_2} \qquad \boxed{p_1 = p_2} \qquad \text{et} \qquad \boxed{\mu_1 = \mu_2} .$$

Ainsi, à l'équilibre, les deux phases du corps pur ont *même température* (équilibre thermique), *même pression* (équilibre mécanique) et *même potentiel chimique* (équilibre chimique).

4 – VARIATION DES FONCTIONS H, G ET S AU COURS D'UN MELANGE IDEAL DE GAZ PARFAITS

Un récipient est séparé en trois compartiments (grâce à deux cloisons diathermes) qui contiennent respectivement, à la même pression p et à la même température T, n_1 moles du gaz A_1, n_2 moles du gaz A_2 et n_3 moles du gaz A_3. Déterminer, lorsqu'on retire les deux cloisons :

1° les variations d'énergie interne ΔU et d'enthalpie ΔH du système,
2° la variation d'enthalpie libre ΔG du système,
3° et la variation d'entropie ΔS du système,
produites lors du mélange des trois gaz supposés parfaits

Application numérique :

$R = 8{,}32$ J/K ; $T = 273$ K ; $n_1 = 1$; $n_2 = 2$; $n_3 = 1$.

Solution

1° • Le mélange des gaz s'effectue de façon irréversible *à pression et à température constantes.*

Lorsqu'on retire les cloisons, l'énergie interne U du système gazeux parfait ne varie pas (T = cte) : le travail et la chaleur échangée sont nuls ($W = -Q = 0$) :

$$\boxed{\Delta U = 0}$$

• De plus, le produit pv ne varie pas au cours du mélange des gaz, donc

$$H = U + pv = \text{cte}, \quad \text{soit} \quad \boxed{\Delta H = 0}$$

2° • Le potentiel chimique du $i^{\text{ème}}$ constituant du mélange gazeux est

$$\mu_i(p, T) = \mu_i^0(T) + RT \ln p_i$$

où $\mu_i^0(T)$ est le potentiel chimique standard (sous 1 atmosphère) du $i^{\text{ème}}$ constituant, et $p_i = px_i$ est sa pression partielle proportionnelle à sa fraction molaire $x_i = \dfrac{n_i}{\sum_i n_i}$

- L'enthalpie libre du mélange idéal est donc (Cf. problème 6)

$$G_m = \sum_i n_i \mu_i = \sum_i n_i [\mu_i^0(T) + RT \ln p] + RT \sum_i n_i \ln x_i$$

alors qu'avant le mélange, l'enthalpie libre du système était

$$G = \sum_i n_i [\mu_i^0(T) + RT \ln p].$$

Le mélange s'accompagne donc de la variation d'enthalpie libre

$$\Delta G = G_m - G, \quad \text{soit} \quad \boxed{\Delta G = RT \sum_{i=1}^{3} n_i \ln x_i}$$

Dans le cas envisagé, on a :

$$\Delta G = RT \left[n_1 \ln \left(\frac{n_1}{n_1 + n_2 + n_3} \right) + n_2 \ln \left(\frac{n_2}{n_1 + n_2 + n_3} \right) + n_3 \ln \left(\frac{n_3}{n_1 + n_2 + n_3} \right) \right]$$

ou

$$\boxed{\Delta G = -RT \ln \frac{(n_1 + n_2 + n_3)^{n_1 + n_2 + n_3}}{(n_1)^{n_1} (n_2)^{n_2} (n_3)^{n_3}}} = -3RT \ln 4 \simeq -\mathbf{9{,}45\ KJ}$$

N.B ; Cette diminution d'enthalpie libre peut être récupérée sous forme de travail grâce à des pistons hémi-perméables

3° *A température constante*, la différentielle de l'enthalpie libre est

$$\mathrm{d}G = \mathrm{d}(H - TS) = \mathrm{d}H - T\,\mathrm{d}S.$$

Le mélange s'effectue de façon isenthalpique ($\mathrm{d}H = 0$) donc s'accompagne d'une variation d'entropie

$$\mathrm{d}S = -\frac{\mathrm{d}G}{T}, \quad \text{soit}$$

$$\boxed{\Delta S = -\frac{\Delta G}{T} = R.\ln \frac{(n_1 + n_2 + n_3)^{n_1 + n_2 + n_3}}{(n_1)^{n_1} (n_2)^{n_2} (n_3)^{n_3}}}$$

Application numérique :

$$\Delta S = + \mathbf{34{,}6\ J\text{-}K^{-1}}.$$

Cette augmentation d'entropie correspond à une augmentation du désordre moléculaire.

5 – FUGACITE. ENTHALPIE ET ENTROPIE RESIDUELLES D'UN GAZ REEL

Une mole de gaz carbonique obéit à l'équation d'état de Van der Waals

$$\left(p + \frac{a}{v^2}\right)(v - b) = RT$$

avec $a = 0{,}37\ \mathrm{J.m^3/mole^2}$ et $b = 4{,}32 \cdot 10^{-5}\ \mathrm{m^3/mole}$.

On prendra 1 atmosphère = 10^5 pascal.

1° On définit la "fugacité" f d'un gaz à partir de la différentielle de son enthalpie libre molaire :

$$\mathrm{d}G = RT\mathrm{d}(\ln f), \text{ à température } T \text{ constante.}$$

a) Exprimer la fugacité f du gaz de Van der Waals, à la pression p et à la température T.

b) Calculer le "coefficient d'activité" $\dfrac{f}{p}$ du gaz carbonique à 27 °C sous 20 atmosphères.

2° Jusqu'à quelle pression peut-on confondre la fugacité du gaz carbonique et sa pression à mieux que 1 % près ? Conclusion ?

3° Une fonction d'état résiduelle $\mathcal{F}_r$ est, par définition, la différence entre la fonction d'état $\mathcal{F}$ du gaz réel (à la pression p et à la température T) et la fonction d'état $\mathcal{F}_0$ du gaz parfait (à la même pression et à la même température) :

$$\mathcal{F}(p, T) = \mathcal{F}_0(p, T) + \mathcal{F}_r$$

a) Déterminer l'enthalpie libre, l'enthalpie, et l'entropie *résiduelles* G_r, H_r et S_r d'un gaz réel en fonction de sa pression p, sa température T et sa fugacité $f(p, T)$.

b) En déduire, pour le gaz de Van der Waals, G_r, H_r et S_r en fonction de p et T.

Solution

1° *a*) La variation de l'enthalpie libre du gaz est

$$\mathrm{d}G = v\mathrm{d}p - S\mathrm{d}T \qquad (1)$$

Donc, à température constante ($\mathrm{d}T = 0$), la variation d'enthalpie d'une mole de gaz est

$$\mathrm{d}G = v\mathrm{d}p = RT\mathrm{d}(\ln f), \quad \text{soit} \quad \boxed{\ln f = \int^{\cdot} \frac{v}{RT}\,\mathrm{d}p} \qquad (2)$$

• Puisque le gaz réel considéré obéit à l'équation de Van der Waals, on a :

$$v = b + \frac{RT}{p + \frac{a}{v^2}} = b + \frac{RT}{p\left(1 + \frac{ap}{p^2v^2}\right)}$$

et, puisque $\frac{a}{v^2} \ll p$ et $pv \cong RT$, il vient :

$$v \simeq b + \frac{RT}{p}\left(1 - \frac{ap}{R^2T^2}\right), \quad \text{soit} \quad \frac{v}{RT} = \frac{1}{p} - \left(\frac{a}{RT} - b\right)\frac{1}{RT} \qquad (3)$$

La fugacité f du gaz est donc, d'après (2) et (3),

$$\ln f = \int \frac{dp}{p} - \int \left(\frac{a}{RT} - b\right)\frac{dp}{RT} = \ln p - \left(\frac{a}{RT} - b\right)\frac{p}{RT} + \text{cte}$$

Si $p \to 0$, le gaz réel a le même comportement qu'un gaz parfait dont la variation d'enthalpie libre molaire est : $dG = RT\,d(\ln p)$; donc $f \to p$ si $p \to 0$; la constante d'intégration est donc nulle, et il vient

$$\ln\frac{f}{p} = -\left(\frac{a}{RT} - b\right)\frac{p}{RT} \qquad (4)$$

soit

$$\boxed{f(p, T) = p.e^{-\left(\frac{a}{RT} - b\right)\frac{p}{RT}}} \qquad (5)$$

b) Le coefficient d'activité du gaz réel (qui vaut 1 pour un gaz parfait, car f se confond avec p) est, pour $p = 20.10^5\ Pa$ et $T = 300$ K :

$$\frac{f}{p} = e^{-\left(\frac{a}{RT} - b\right)\frac{p}{RT}} = e^{-0,084} = \mathbf{0,92}$$

2° La fugacité du gaz se confond avec sa pression à mieux que 1 % près si

$$e^{-\left(\frac{a}{RT} - b\right)\frac{p}{RT}} \geqslant 0,99$$

soit, puisque l'exposant de l'exponentielle est petit devant l'unité,

$$\left(\frac{a}{RT} - b\right)\frac{p}{RT} < 0,01 \quad \text{ou} \quad \boxed{p < \frac{RT}{100\left(\frac{a}{RT} - b\right)}} = \mathbf{2,4\ atmosphères}$$

Ainsi, aux températures usuelles et aux pressions de l'ordre de l'atmosphère, la fugacité du gaz se confond pratiquement avec sa pression, comme par un gaz parfait.

3° *a)* • L'enthalpie libre du gaz réel est, en intégrant :

$$G = RT \ln f + \varphi(T) \qquad (6)$$

où $\varphi(T)$ est une fonction de la température seule.

L'enthalpie libre du gaz parfait (pour lequel $f = p$) est donc

$$G_0 = RT \ln p + \varphi(T).$$

L'enthalpie libre résiduelle est donc

$$\boxed{G_r = G - G_0 = RT \ln \left(\frac{f}{p}\right)} \qquad (7)$$

• L'enthalpie du gaz réel est, d'après la relation d'Helmoltz et d'après (6),

$$H = G - T \left(\frac{\partial G}{\partial T}\right)_p = - RT^2 \left[\frac{\partial (\ln f)}{\partial T}\right]_p + \varphi(T),$$

et celle du gaz parfait (pour lequel $f = p$) est $H_0 = \varphi(T)$. On en déduit l'enthalpie résiduelle

$$\boxed{H_r = H - H_0 = - RT^2 \left[\frac{\partial(\ln f)}{\partial T}\right]_p} \qquad (8)$$

• Enfin, l'entropie du gaz réel est, d'après (1) et (6),

$$S = - \left(\frac{\partial G}{\partial T}\right)_p = - R \ln f - RT \left[\frac{\partial(\ln f)}{\partial T}\right]_p + \frac{\partial \varphi}{\partial T}$$

et celle du gaz parfait est

$$S_0 = - R \ln p + \frac{\partial \varphi}{\partial T}.$$

L'entropie résiduelle est donc :

$$\boxed{S_r = S - S_0 = - R \ln \left(\frac{f}{p}\right) - RT \left[\frac{\partial(\ln f)}{\partial T}\right]_p} \qquad (9)$$

b) Pour le gaz carbonique qui obéit à l'équation de Van der Waals, on a d'après (5) :

$$\left[\frac{\partial(\ln f)}{\partial T}\right]_p = \left(\frac{2a}{RT} - b\right) \frac{p}{RT^2}$$

et, compte tenu de (4), les équations (7), (8) et (9) donnent :

$$G_r = G - G_0 = -\left(\frac{a}{RT} - b\right)p$$

$$H_r = H - H_0 = -\left(\frac{2a}{RT} - b\right)p \qquad S_r = S - S_0 = -\frac{a}{RT^2}\,p$$

6 – RELATION DE GIBBS-DUHEM. POTENTIELS CHIMIQUES DANS UNE SOLUTION NON IDEALE. ACTIVITE

1° Soit n_i le nombre de moles du constituant i (de potentiel chimique μ_i) dans un mélange formant une seule phase "ouverte", à la température T et à la pression p.

a) Montrer que l'enthalpie libre du mélange est $G = \sum_i \mu_i n_i$.

b) Etablir la relation de Gibbs-Duhem :

$$\sum_i n_i \, d\mu_i = v\,dp - S\,dT$$

(où S est l'entropie et v le volume du mélange).

2° L'enthalpie libre d'une *solution non idéale* de deux constituants est :

$$G = n_1 \left[G_1^0(p, T) + RT \ln \frac{n_1}{n_1 + n_2}\right] + n_2 \left[G_1^0(p, T) + RT \ln \frac{n_2}{n_1 + n_2}\right] + K \cdot \frac{n_1 n_2}{n_1 + n_2}$$

où n_1 et n_2 désignent les nombres de moles de chacun des constituants, et K une constante.

a) Calculer les potentiels chimiques μ_1 et μ_2 de chacun des constituants de la solution.

b) Vérifier ainsi la relation de Gibbs-Duhem, à pression et température constantes.

c) En déduire l'équation différentielle liant n_1, n_2 et les activités a_1 et a_2 des deux constituants, au cours d'une évolution du système à pression et température constantes.

d) Exprimer les activités a_1 et a_2 en fonction de la température T et des titres molaires x_1 et x_2 des deux constituants.

Solution

1° Choisissons les paramètres p , T et n_i pour décrire le système.

• Puisque les paramètres p et T sont intensifs et les n_i sont extensifs, on a : $G(p, T, \lambda n_i) = \lambda G(p, T, n_i)$, donc

$$\frac{\partial G(p, T, \lambda n_i)}{\partial \lambda} = G(p, T, n_i) \qquad (1)$$

• D'autre part, d'après les propriétés de dérivation, on a :

$$\frac{\partial G(p, T, \lambda n_i)}{\partial \lambda} = \sum_i \left[\frac{\partial G(p, T, \lambda n_i)}{\partial(\lambda n_i)}\right]_{p, T, n_j} \cdot \left[\frac{\partial(\lambda n_i)}{\partial \lambda}\right]_{n_i} \qquad (2)$$

• D'après (1) et (2), et compte tenu de $\left[\frac{\partial(\lambda n_i)}{\partial \lambda}\right]_{n_i} = n_i$, on a :

$$G(p, T, n_i) = \sum_i n_i \left[\frac{\partial G(p, T, \lambda n_i)}{\partial(\lambda n_i)}\right]_{p, T, n_j}.$$

Cette relation est valable pour toute valeur de λ et en particulier pour $\lambda = 1$:

$$G(p, T, n_i) = \sum_i n_i \left[\frac{\partial G(p, T, n_i)}{\partial n_i}\right]_{p, T, n_j}.$$

• Introduisons le potentiel chimique du constituant i qui est, par définition,

$$\mu_i = \left[\frac{\partial G(p, T, n_i)}{\partial n_i}\right]_{p, T, n_j};$$

on en déduit l'enthalpie libre du système :

$$\boxed{G = \sum_i n_i \mu_i} \qquad (3)$$

b) • La différentielle de l'enthalpie libre du système (cf. problème 2, chap. 7) est

$$\mathrm{d}G = -S\mathrm{d}T + v\mathrm{d}p + \sum_i \mu_i \,\mathrm{d}n_i. \qquad (4)$$

• Or, d'après (3), on a

$$\mathrm{d}G = \sum n_i \,\mathrm{d}\mu_i + \sum \mu_i \,\mathrm{d}n_i. \qquad (5)$$

En comparant (4) et (5), il vient :

$$\boxed{\sum_i n_i \,\mathrm{d}\mu_i = -S\mathrm{d}T + v\mathrm{d}p} \quad \text{(relation de Gibbs-Duhem).}$$

2° *a*) Le potentiel chimique du constituant ①, dont le nombre de moles est n_1, est :

$$\mu_1 = \left(\frac{\partial G}{\partial n_1}\right)_{p,T,n_2} = G_1^0(p\,,T) + RT\ln\left(\frac{n_1}{n_1+n_2}\right) + $$

$$+ n_1 RT\left(\frac{1}{n_1} - \frac{1}{n_1+n_2}\right) - \frac{n_2 RT}{n_1+n_2} + K\cdot\frac{n_2^2}{(n_1+n_2)^2}$$

soit, après simplification :

$$\boxed{\mu_1 = G_1^0(p\,,T) + RT\ln\left(\frac{n_1}{n_1+n_2}\right) + K\left(\frac{n_2}{n_1+n_2}\right)^2.} \qquad (6)$$

Le potentiel chimique du constituant ② est de même

$$\mu_2 = \left(\frac{\partial G}{\partial n_2}\right)_{p,T,n_1}$$

soit

$$\boxed{\mu_2 = G_2^0(p\,,T) + RT\ln\left(\frac{n_2}{n_1+n_2}\right) + K\left(\frac{n_1}{n_1+n_2}\right)^2} \qquad (7)$$

N.B. : On peut vérifier aisément la relation (3) : $G = n_1\mu_1 + n_2\mu_2$

b) La relation de Gibbs-Duhem s'écrit, à T et p constantes :

$\sum n_i\,\mathrm{d}\mu_i = 0$ ou, pour cette solution de deux constituants,

$n_1\,\mathrm{d}\mu_1 + n_2\,\mathrm{d}\mu_2 = 0.$

Pour vérifier cette relation, calculons $n_1\,\mathrm{d}\mu_1$ et $n_2\,\mathrm{d}\mu_2$ d'après (6) et (7), à p et T constantes :

$$\begin{cases} n_1\,\mathrm{d}\mu_1 = \left[\dfrac{RT\,n_2}{n_1+n_2} - \dfrac{2K\,n_1 n_2^2}{(n_1+n_2)^3}\right]\mathrm{d}n_1 + \left[-\dfrac{RT\,n_1}{n_1+n_2} + \dfrac{2K\,n_1^2 n_2}{(n_1+n_2)^3}\right]\mathrm{d}n_2 \\[2ex] n_2\,\mathrm{d}\mu_2 = \left[-\dfrac{RT\,n_2}{n_1+n_2} + \dfrac{2K\,n_1 n_2^2}{(n_1+n_2)^3}\right]\mathrm{d}n_1 + \left[\dfrac{RT\,n_1}{n_1+n_2} - \dfrac{2K\,n_1^2 n_2}{(n_1+n_2)^3}\right]\mathrm{d}n_2 \end{cases}$$

On en déduit par addition :

$$\boxed{n_1\,\mathrm{d}\mu_1 + n_2\,\mathrm{d}\mu_2 = 0}$$

c) Les potentiels chimiques des constituants i sont de la forme

$$\mu_i = \mu_i^0 + RT\ln a_i \qquad (8)$$

Les activités a_1 et a_2 sont donc liées, à p et T constantes, par la relation :

$$\boxed{n_1\,\mathrm{d}(\ln a_1) + n_2\,\mathrm{d}(\ln a_2) = 0}$$

Cette relation a l'avantage de ne pas faire intervenir les potentiels chimiques de référence μ_i^0.

d) • L'équation (6) s'écrit, en introduisant les titres molaires $x_1 = \dfrac{n_1}{n_1 + n_2}$ et $x_2 = \dfrac{n_2}{n_1 + n_2}$ et puisque $x_1 + x_2 = 1$,

$$\mu_1 = G_1^0(p\,,T) + RT\ln x_1 + \mathrm{K}(1 - x_1)^2, \qquad (9)$$

En comparant (8) et (9), il vient $RT\ln a_1 = RT\ln x_1 + \mathrm{K}(1 - x_1)^2$

soit $\ln\dfrac{a_1}{x_1} = \dfrac{\mathrm{K}(1 - x_1)^2}{RT}$ ou $\boxed{a_1 = x_1\;\dfrac{\mathrm{K}(1 - x_1)^2}{RT}}$

• De même, d'après (7) et (9), on obtient $\boxed{a_2 = x_2\;\dfrac{\mathrm{K}(1 - x_2)^2}{RT}}$

7 – PRESSION OSMOTIQUE. APPLICATIONS

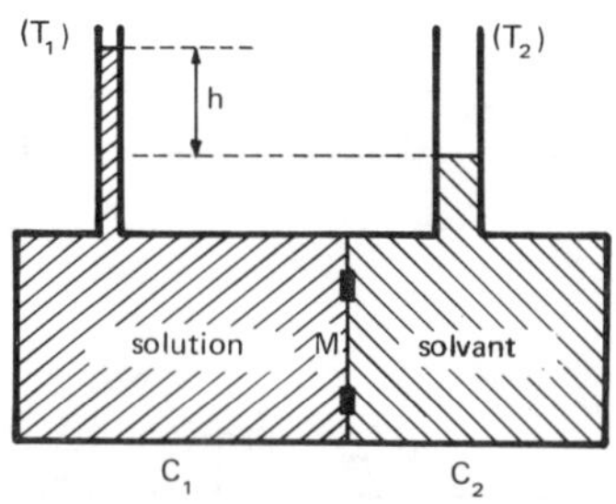

Figure VII,3

Un osmomètre, maintenu à la température T, est formé de deux compartiments C_1 et C_2, contenant un même solvant pur, séparés par une membrane M hémiperméable qui est perméable au solvant et imperméable à tout soluté.

Les niveaux sont les mêmes dans les tubes (T_1) et (T_2) qui surmontent les compartiments C_1 et C_2 (fig. VII,5). Le tube (T_1) est long et très fin.

1° On ajoute dans C_1 une petite quantité de soluté ; il apparaît à l'équilibre une dénivellation h entre les niveaux liquides dans (T_1) et (T_2) traduisant une surpression $\pi = p_1 - p_2$ entre la pression p_1 de la solution et celle p_2 du solvant pur.

On désignera $\mu^0(T, p)$ le potentiel chimique de référence du solvant pur à la température T et à la pression p.

a) Exprimer, à l'équilibre, la différence des potentiels chimiques $\mu^0(T, p_1) - \mu^0(T, p_2)$ du solvant en fonction de T et x_1, fraction molaire du soluté dans la solution diluée contenue dans C_1.

b) En déduire l'expression de la pression osmotique π de la solution en fonction de sa température T et de la concentration molaire c de la solution supposée diluée.

2° Application : Initialement, C_1 et C_2 contiennent respectivement $V_1 = 2{,}50$ l d'eau pure et $V_2 = 1{,}50$ l d'eau pure à la température de 17 °C.

a) On ajoute dans C_1 une masse $m_1 = 1{,}80$ g de glucose $C_6H_{12}O_6$. Calculer la pression osmotique π de cette solution de sucre, ainsi que la dénivellation h.

b) On ajoute ensuite dans C_2 une masse $m_2 = 1{,}25$ g de saccharose. On obtient une dénivellation $h' = 38{,}5$ cm. Calculer la masse molaire du saccharose.

On donne : C = 12, H = 1, O = 16 ; $g = 9{,}8$ m/s² ; masse volumique de l'eau $\rho = 1$ g/cm³.

Solution

1° *a*) • Le potentiel chimique du solvant dans la solution contenue dans C_1 est

$$\mu^0(T, p_1) + RT \ln X_1$$

où $\mu^0(T, p_1)$ est le potentiel chimique du solvant pur à T et p_1, et X_1 est la fraction molaire du solvant dans la solution.

• Le potentiel chimique du solvant pur dans C_2 est (puisque $X_2 = 100\,\% = 1$) : $\mu^0(T, p_2)$.

• A l'équilibre, le solvant doit avoir même potentiel chimique dans les deux compartiments, donc

$$\mu^0(T, p_1) + RT \ln X_1 = \mu^0(T, p_2) \qquad (1)$$

Cette relation montre que si $p_1 = p_2$ (ou $h = 0$), l'équilibre est impossible, car on a toujours $X_1 < 1$. C'est pourquoi du solvant pur va passer, à travers M, du compartiment C_2 vers C_1 où se trouve la solution afin d'égaliser les potentiels chimiques.

• Introduisons la fraction molaire x_1 du soluté dans la solution diluée ; on a :

$$x_1 + X_1 = 1 \quad \text{et} \quad x_1 \ll X_1 \quad \text{donc}$$

$\ln X_1 = \ln(1 - x_1) \simeq - x_1$ soit, d'après (1),

$$\boxed{\mu^0 (T, p_1) - \mu^0 (T, p_2) = RT x_1} \qquad (2)$$

b) Puisque le solvant liquide est très peu compressible et que la solution est diluée, la variation de pression est assez faible, donc

$$\mathrm{d}\mu^0 (T, p) \simeq \left(\frac{\partial \mu}{\partial p}\right)_{T,n} \mathrm{d}p \qquad (3)$$

Pour obtenir le taux de variation $\left(\frac{\partial \mu}{\partial p}\right)_{T,n}$ du potentiel chimique avec la pression, écrivons que $\mathrm{d}G = v\,\mathrm{d}p - S\,\mathrm{d}T + \mu\,\mathrm{d}n$ est une différentielle totale exacte :

$$\left(\frac{\partial \mu}{\partial p}\right)_{T,n} = \left(\frac{\partial v}{\partial n}\right)_{T,p}$$

En posant $\overline{v}_1 = \left(\frac{\partial v}{\partial n}\right)_{T,P}$ = volume molaire partiel du solvant, dans C_1, on obtient, par intégration de (3), et puisque $\overline{v}_1$ est pratiquement constant,

$$\mu_1^0 (T, p_1) - \mu_1^0 (T, p_2) = \int_{p_2}^{p_1} \overline{v}_1 \,\mathrm{d}p = \overline{v}_1 (p_1 - p_2) = \overline{v}_1 \,\pi$$

soit, d'après (2),

$$\boxed{\pi \overline{v}_1 = RT x_1} \qquad (4)$$

• Si on désigne N_1 et n_1 les nombres de moles respectifs du solvant et du soluté dans C_1, on a :

$$x_1 = \frac{n_1}{N_1 + n_1} \simeq \frac{n_1}{N_1}, \quad \text{car} \quad n_1 \ll N_1$$

D'après (4), la pression osmotique est donc

$$\pi = \frac{n_1 RT}{N_1 \overline{v}_1} = \frac{n_1}{V_1} RT$$

où $V_1 = N_1 \overline{v}_1$ est le volume total du solvant dans C_1. En confondant le volume du solvant dans C_1 avec le volume V de la solution (car elle est diluée), la concentration de la solution est $c = \dfrac{n_1}{V} \simeq \dfrac{n_1}{V_1}$, donc

$$\boxed{\pi = \frac{n_1}{V} RT = c\,RT}$$

N.B. La pression osmotique d'une solution diluée est égale à la pression qu'exercerait le soluté à l'état de gaz parfait et occupant seul tout le volume de la solution.

2° *a*) Le nombre de moles de glucose (soluté) introduit dans C_1 est $n_1 = \dfrac{m_1}{M_1} = \dfrac{1{,}80}{180} = 10^{-2}$ moles, et la concentration de la solution est $c_1 = \dfrac{n_1}{V_1} = \dfrac{10^{-2}}{2{,}5\ 10^{-3}} = 4$ moles / m³.

- La pression osmotique du la solution du glucose est donc

$$\pi_1 = c_1 RT = 4.8,32.290 = 9650\ Pa \simeq \mathbf{0{,}095\ atm.}$$

- La dénivellation correspondante est donc $h = \dfrac{\pi_1}{\rho g} = \mathbf{98{,}5\ cm}$

b) La nouvelle dénivellation obtenue traduit la différence des pressions osmotiques des solutions de part et d'autre de la membrane *M* semi perméable, donc

$$\pi_1 - \pi_2 = \rho g h' \quad \text{ou} \quad \pi_2 = \rho g(h - h').$$

La concentration de la solution de C_2 est donc

$$c_2 = \frac{\pi_2}{RT} = \frac{\rho g(h - h')}{RT} \quad , \quad \text{avec} \quad c_2 \simeq \frac{m_2/M_2}{V_2}$$

On en déduit l'expression de la masse molaire du soluté de C_2 :

$$\boxed{M_2 = m_2 \frac{RT}{\rho g(h - h')V_2}}$$

Application numérique :

$m_2 = 1{,}25$ g ; $h - h' = 0{,}6$ m ; $V_2 = 1{,}5\ 10^{-3}$ m³ ; on obtient $M \cong$ **341,9 g** en accord avec la formule du saccharose ($C_{12}H_{22}O_{11} = 342$ g).

8 – SOLUTIONS IDEALES. LOI DE RAOULT. APPLICATIONS

I. EQUILIBRE BINAIRE LIQUIDE-VAPEUR

1° On considère une solution idéale de deux liquides ① et ② en équilibre avec sa vapeur (assimilée à un gaz parfait) qui la surmonte.

On désignera x_i la fraction molaire du constituant (i) dans le mélange *liquide*, et $\mu_i^0(T)$ et $p_{s_i}(T)$ respectivement le potentiel chimique de référence et la pression de vapeur saturante, à la température T, du constituant (i) à l'état pur.

Le potentiel chimique du constituant (i) dans la phase liquide (idéale) est :

$$\mu_i = \mu_i^0(T) + RT \ln x_i \, .$$

Montrer que la pression partielle du constituant (i) dans la phase vapeur est : $p_i = x_i . p_{s_i}(T)$.

2° *Application* : On considère le mélange liquide de 900 g d'eau (H_2O) et 80 g de méthanol (CH_3OH) à la température uniforme de 20 °C. Les pressions de vapeur saturante de l'eau et du méthanol sont respectivement 18 et 94 mm de Hg, à 20 °C ; déterminer :

a) la pression totale du mélange gazeux qui surmonte la solution, supposée idéale.

b) la fraction molaire des constituants dans la phase vapeur. Conclusion ?

On donne : $C = 12$; $H = 1$; $0 = 16$.

II. EQUILIBRE D'UNE SOLUTION BINAIRE ET D'UNE VAPEUR PURE

Dans un solvant (1) volatil de masse molaire M_1, de chaleur de vaporisation L_1 et de pression de vapeur saturante p_{s_1} (à la température d'ébullition T_1), on ajoute un soluté (2) non volatil. Cette solution diluée, caractérisée par la fraction molaire x_2 du soluté, se comporte comme une solution idéale.

1° Déterminer, en fonction de x_2, M_1, L_1 et T_1 ;

a) l'abaissement relatif de la pression de vapeur

b) l'élévation de la température d'ébullition de la solution.

2° *Application* : Déterminer, en gramme/litre, la concentration d'une solution aqueuse de chlorure de sodium (liquide physiologique) qui bout sous une atmosphère à 100, 143 °C. On donne : chaleur de vaporisation de l'eau : 2 250 kJ/kg ; $R = 8{,}32$ S.I ; Na = 23 et Cl = 35,5.

Solution

I. 1° A l'équilibre, le constituant (i) doit avoir même potentiel chimique dans la phase liquide et dans la phase vapeur, soit :

$$\underbrace{\mu_i^0(T) + RT \ln x_i}_{\text{en phase liquide}} = \underbrace{\mu_i'^0(T) + RT \ln p_i}_{\text{en phase vapeur}} \quad (1)$$

où $\mu_i'^0(T)$ désigne le potentiel chimique standard du constituant (i) à l'état gazeux pur (sous 1 atmosphère). La relation (1) reste vraie si le constituant (i) est à l'état pur, auquel cas $x_i = 100\ \% = 1$ et $p_i = p_{s_i}(T)$ donc

$$\mu_i^0(T) = \mu_i'^0(T) + RT \ln p_{s_i} . \quad (2)$$

Soustrayons membre à membre (1) et (2) ; il vient :

$$RT \ln x_i = RT \ln \frac{p_i}{p_{s_i}}$$

soit $$x_i = p_i/p_{s_i} \quad \text{ou} \quad \boxed{p_i = x_i . p_{s_i}(T)} \quad (3)$$

La pression partielle du constituant (i) dans la phase vapeur est donc proportionnelle à la fraction molaire de ce constituant dans la phase liquide (*Loi de Raoult*).

2° *a*) Les nombres de moles d'eau et de méthanol sont respectivement $\frac{900}{18} = 50$ moles et $\frac{80}{32} = 2,5$ moles. Les fractions molaires de l'eau et du métanol sont donc :

$$x_1 = \frac{50}{50 + 2,5} = \mathbf{95,2\ \%} \quad \text{et} \quad x_2 = \frac{2,5}{50 + 2,5} = \mathbf{4,8\ \%}.$$

Les pressions partielles des vapeurs qui surmontent le mélange liquide sont, d'après (3),

* vapeur d'eau : $p_1 = x_1\, p_{s_1}(T) = 0,952 . 18 = 17,1$ mm de Hg
* vapeur de méthanol: $p_2 = x_2\, p_{s_2}(T) = 0,048 . 94 = 4,5$ mm de Hg

La pression totale de vapeur est donc : $p = p_1 + p_2 =$ **21,6 mm de Hg.**

b) Les fractions molaires des deux constituants dans la phase vapeur sont :

* vapeur d'eau : $\frac{p_2}{p_1 + p_2} = \frac{17,1}{21,6} = 79,2\ \%$
* vapeur de méthanol : $\frac{p_2}{p_1 + p_2} = \frac{4,5}{21,6} = \mathbf{20,8\ \%}$.

Conclusion : La composition obtenue confirme le fait que le constituant le plus volatil (méthanol) est en plus grande proportion dans la vapeur (20,8 %) que dans le liquide (4,8 %).

II. 1° *a*) La pression de vapeur du soluté non volatil est négligeable ; donc, en pratique, seule la vapeur du solvant surmonte la solution. La pression totale de vapeur de cette solution diluée (idéale) est donc, d'après (3) :

$$p = p_1 = x_1 . p_{s_1}(T)\,, \quad \text{avec} \quad x_1 + x_2 = 1\,,$$

alors qu'en l'absence de soluté, la pression de vapeur est p_{s_1} (celle du solvant pur).

L'addition du soluté produit donc un abaissement relatif de pression de vapeur égal à la fraction molaire x_2 du soluté :

$$\boxed{\frac{p_{s_1} - p_1}{p_{s_1}} = 1 - x_1 = x_2} \qquad (4)$$

b) Le solvant pur bout à la température T_1 sous la pression de vapeur p_{s_1} (point représentatif A sur la courbe de vaporisation p, T : fig. VII,4). Par suite de l'abaissement de la pression de vapeur $\Delta p = p_{s_1} - p_1$, à la température T_1, la solution bout à une température supérieure $T_1 + \Delta T$ sous la pression p_{s_1} (point représentatif B).

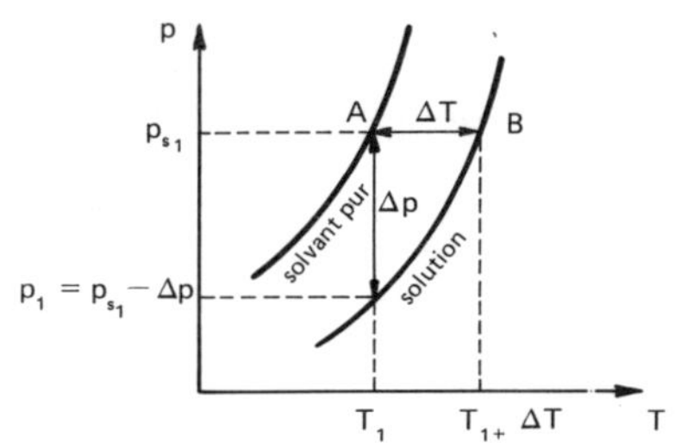

Figure VII,4

Puisque la solution est diluée, on peut confondre la pente $\frac{\mathrm{d}p}{\mathrm{d}T}$ de la courbe de vaporisation avec $\frac{\Delta p}{\Delta T}$; donc la formule de Clapeyron s'écrit, si on néglige le volume massique du liquide u_ℓ devant le volume massique $u_v = \frac{RT_1}{M_1 p_{s_1}}$ de la vapeur :

$$\frac{\Delta p}{\Delta T} = \frac{L_v}{T_1 u_v} = \frac{L_v M_1 p_{s_1}}{RT_1^2}\,.$$

Compte tenu de $\Delta p = x_2 p_{s_1}$, d'après (4), l'élévation du point d'ébullition est donc

$$\boxed{\Delta T = \frac{RT_1^2}{L_v M_1} \cdot x_2} \qquad (5)$$

2° • La fraction molaire du chlorure de sodium, qui a élevé le point d'ébullition de $\Delta T = 100,143 - 100 = 0,143°$, est d'après (5) :

$$x_2 = \frac{L_v M_1}{RT_1^2} \cdot \Delta T = \frac{2250 \, . \, 18}{8,32(373)^2} \cdot 0,143 = \mathbf{5,0 \, . \, 10^{-3}}.$$

• Dans 1 litre de solution diluée, il y a $\frac{1000}{18}$ moles d'eau et n moles de chlore de sodium dissociées en $2n$ moles (n moles de Na^+ et n moles de $C\ell^-$) de sorte que

$$x_2 = \frac{2n}{\frac{1000}{18} + 2n} = 5 \, . \, 10^{-3} \; ; \quad \text{on en déduit } n = 0,1395 \text{ mole/l.}$$

Le liquide physiologique a donc une concentration

$$c = 58,5 \, . \, 0,1395 = \mathbf{8,16 \ g/l.}$$

9 – DIAGRAMME D'EQUILIBRE ISOTHERME D'UN MELANGE BINAIRE : COURBES DE ROSEE ET D'EBULLITION

1° On considère le mélange liquide idéal, constitué de 40 % en masse de benzène C_6H_6 et 60 % de toluène $C_6H_5CH_3$, maintenu à la température de 27 °C pour laquelle les pressions de vapeur saturante sont respectivement $p_{s_1} = 123$ mm de Hg et $p_{s_2} = 33$ mm de Hg.

a) Calculer, à 27 °C, les fractions molaires x_1 et x_2 du benzène et du toluène dans la phase liquide, ainsi que la pression totale P de la vapeur en équilibre avec le mélange liquide.

b) En déduire les fractions molaires y_1 et y_2 des constituants dans la vapeur.

2° La pression totale P de la vapeur en équilibre isotherme avec la solution idéale varie avec la fraction molaire de chacun des constituants.

a) Déterminer l'équation de la courbe d'ébullition $P(x_1)$ à 27 °C.

b) Déterminer l'équation de la courbe de rosée $P(y_1)$ à 27 °C.

c) Tracer les diagrammes d'équilibre isotherme $P(x_1)$ et $P(y_1)$ sur un même graphe. On distinguera 3 régions.

3° *Applications* : Les expériences sont réalisées à la température constante de 27 °C.

a) On comprime progressivement le mélange gazeux, de pression initiale $P_0 = 20$ mm de Hg, constitué de benzène (de fraction molaire 70 %) et de toluène (30 %) ; déterminer :

* à quelle pression la vapeur commence à se condenser
* la composition de la première goutte du liquide formé
* à quelle pression la vapeur disparaît.

b) On détend un mélange équimolaire benzène-toluène entièrement liquide ; déterminer :

* à quelle pression le liquide commence à bouillir
* la composition de la première bulle de vapeur formée.

Solution

1° *a*) Les masses molaires du benzène et du toluène sont respectivement 78 g et 92 g.

• Les fractions molaires des constituants dans la *phase liquide* sont donc

– benzène : $x_1 = \dfrac{40/78}{(40/78) + (60/92)} = \mathbf{44}\ \%$

– toluène : $x_2 = 1 - x_1 = \mathbf{56}\ \%$.

• Les pressions partielles de chaque constituant dans la phase vapeur sont, d'après la loi de Raoult des solutions idéales, proportionnelles à la fraction molaire du constituant dans *la phase liquide,* soit :

– vapeur de benzène : $p_1 = x_1\, p_{s_1} = 0{,}44 \times 123 = \mathbf{54{,}1\ mm\ de\ Hg}$

– vapeur de toluène : $p_2 = x_2\, p_{s_2} = 0{,}56 \times 33 = \mathbf{18{,}5\ mm\ de\ Hg}$

La pression totale de la vapeur est donc $P = p_1 + p_2 = \mathbf{72{,}6\ mm\ de\ Hg}$.

b) Puisque la pression partielle d'un gaz est proportionnel au nombre de moles de gaz, les fractions molaires des constituants de la vapeur sont

– vapeur de benzène : $y_1 = \dfrac{p_1}{p_1 + p_2} = \dfrac{p_1}{P} = 74{,}5\ \%$.

– vapeur de toluène : $y_2 = \dfrac{p_2}{p_1 + p_2} = \dfrac{p_2}{P} = 25{,}5\ \%$.

2° *a*) D'après la loi de Raoult, les pressions partielles du benzène et du toluène dans la vapeur sont :

$$p_1 = x_1\, p_{s_1} \quad \text{et} \quad p_2 = x_2\, p_{s_2}\,, \quad \text{avec} \quad x_1 + x_2 = 1\,.$$

La pression totale de vapeur est donc :

$$P = p_1 + p_2 = x_1 \, p_{s_1} + (1 - x_1) \, p_{s_2}$$

ou

$$\boxed{P = (p_{s_1} - p_{s_2}) \, x_1 + p_{s_2}} \qquad (1)$$

A température constante, la pression totale de la vapeur est une fonction linéaire de la fraction molaire x_1 du benzène en phase *liquide.*

La *courbe d'ébullition* $P(x_1)$ est la *droite* d'équation

$$\boxed{\underset{\text{(mm Hg)}}{P} = 90 \, x_1 + 33} \qquad (2)$$

b) La fraction molaire du benzène dans la phase vapeur est

$$y_1 = \frac{p_1}{p_1 + p_2} = \frac{x_1 \, p_{s_1}}{P}$$

avec, d'après (1),

$$x_1 = \frac{P - p_{s_2}}{p_{s_1} - p_{s_2}} \quad \text{soit} \quad y_1 = \frac{P - p_{s_2}}{p_{s_1} - p_{s_2}} \cdot \frac{p_{s_1}}{P};$$

on en déduit

$$\boxed{P = \frac{p_{s_1} \cdot p_{s_2}}{p_{s_1} - (p_{s_1} - p_{s_2}) \, y_1}} \, . \qquad (3)$$

A température constante, la pression de vapeur est une fonction homographique et la fraction molaire y_1 du benzène en phase *vapeur ;* la *courbe de rosée* est donc la portion *d'hyperbole* d'équation

$$\boxed{P = \frac{33}{1 - 0{,}732 \, y_1}} \qquad (4)$$

c)

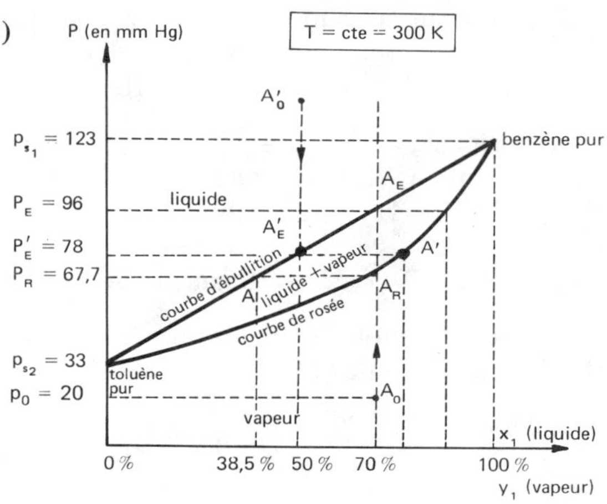

Figure VII-5

• Les courbes d'ébullition et de rosée ont deux points communs, d'après (1) et (3) : celui qui correspond au benzène pur ($x_1 = y_1 = 1$ ou $100\ \%$; $P = p_{s_1}$) et celui qui correspond au toluène pur ($x_1 = y_1 = 0$; $P = p_{s_2}$).

• Les isothermes délimitent trois régions :

* tout point situé au-dessus de la "courbe d'ébullition" représente le mélange entièrement liquide
* tout point situé au-dessous de la "courbe de rosée" représente le mélange entièrement vapeur
* tout point situé entre les deux courbes représente les états diphasés liquide-vapeur du mélange binaire.

3° *a*) • Initialement, la vapeur est sèche (point représentatif A_0 au-dessous de la courbe de rosée) ; elle subit une compression isotherme ($A_0 A_R$) à composition constante ($y_1 = 70\ \%$) ; le début de la condensation se produit à la pression P_R du point A_R situé sur la courbe de rosée correspondant à $y_1 = 0{,}70$ soit, d'après (4),

$$P_R \doteq \frac{33}{1 - 0{,}732 \,.\, 0{,}70} = \mathbf{67{,}7\ mm\ de\ Hg.}$$

• La composition de la première goutte liquide formée est donnée par l'abscisse du point A qui représente l'état de cette goutte en équilibre avec la vapeur sous la pression P_R, soit d'après (1),

$$x_1 = \frac{P_R - p_{s_2}}{p_{s_1} - p_{s_2}} = \mathbf{38{,}5}\ \%\,.$$

La composition de la première goutte liquide formé est donc : benzène ($x_1 = 38{,}5\ \%$) et toluène ($x_2 = 61{,}5\ \%$) ; ainsi la $1^{\text{ère}}$ goutte est plus riche en toluène, constituant *le moins volatil*.

• La pression P_E pour laquelle la vapeur disparaît est la pression du point A_E ($x_1 = 0{,}70$) situé sur la courbe d'ébullition, soit d'après (2),

$$P_E = 90 \,.\, 0{,}7 + 33 = \mathbf{96\ mm\ de\ Hg.}$$

b) Le mélange équimolaire liquide ($x_1 = 50\ \%$) subit une détente représentée par le segment $A'_0 A'_E$, et commence à bouillir à la pression P'_E du point A'_E situé sur la courbe d'ébullition, soit d'après (2),

$$P'_E = 90 \,.\, 0{,}50 + 33 = \mathbf{78\ mm\ de\ Hg.}$$

La composition de la première bulle de vapeur formée est donnée par l'abscisse du point A' qui représente l'état de cette vapeur en équilibre avec le liquide, soit, d'après (4) : $P'_E = \dfrac{33}{1 - 0{,}732\, y_1} = 78$, donc $y_1 = \mathbf{78{,}9}\ \%$.

La composition de la première bulle de vapeur formée est donc : benzène : $y_1 = 78{,}9\ \%$; toluène : $y_2 = 21{,}1\ \%$.

La première bulle de vapeur est plus riche en benzène, constituant *le plus volatil.*

10 – DIAGRAMME D'EQUILIBRE ISOBARE D'UN MELANGE BINAIRE LIQUIDE-VAPEUR

On assimilera la vapeur à un gaz parfait de constante molaire R.

1° Un liquide pur, de chaleur de vaporisation molaire L indépendante de la température, bout à la température T_0 sous la pression P_0.

Exprimer la pression de vapeur saturante $p_s(T)$ de cet équilibre liquide-vapeur, à la température absolue T.

2° On considère maintenant le mélange liquide idéal de deux corps purs ① et ②, de températures d'ébullition T_1 et T_2 sous la pression P_0, de chaleurs molaires de vaporisation L_1 et L_2 supposées constantes. On supposera $T_2 > T_1$. On désignera respectivement x_1 et y_1 les fractions molaires du constituant ① dans la phase liquide et dans la phase vapeur.

a) Déterminer, à pression constante P_0, les lois $x_1(T)$ et $y_1(T)$.

b) Représenter le diagramme d'équilibre isobare. On distinguera trois régions.

Solution

1° D'après la formule de Clapeyron, la chaleur de vaporisation molaire du liquide pur est

$$L = T \cdot \frac{dP}{dT} \cdot (v_V - v_L).$$

On peut négliger le volume molaire v_L du liquide devant le volume molaire $v_V = \dfrac{RT}{p_s}$ de la vapeur (supposée parfaite), donc

$$L = T \cdot \frac{dP_s}{dT} \cdot \frac{RT}{p_s}, \quad \text{soit} \quad \frac{dp_s}{p_s} = \frac{L}{R} \cdot \frac{dT}{T^2}.$$

La pression de vapeur saturante est donc, par intégration,

$$\ln p_s = -\frac{L}{R} \cdot \frac{1}{T} + \text{cte}.$$

Par hypothèse, si $T = T_0$, $p_s = P_0$, donc

$$\text{cte} = \ln P_0 + \frac{L}{R} \cdot \frac{1}{T_0} .$$

On en déduit :

$$\ln \frac{p_s}{P_0} = -\frac{L}{R}\left(\frac{1}{T} - \frac{1}{T_0}\right), \quad \text{soit} \quad \boxed{p_s(T) = P_0 \cdot e^{-\frac{L}{R}\left(\frac{1}{T}-\frac{1}{T_0}\right)}} \qquad (1)$$

2° *a*) D'après (1), les pressions de vapeur saturante de chacun des constituants ① et ②, à la température T, sont :

$$p_{s_1}(T) = P_0\, e^{-\frac{L_1}{R}\left(\frac{1}{T}-\frac{1}{T_1}\right)}, \quad \text{et} \quad p_{s_2}(T) = P_0\, e^{-\frac{L_2}{R}\left(\frac{1}{T}-\frac{1}{T_2}\right)} \qquad (2)$$

• D'après la loi de Raoult, les pressions partielles des vapeurs sont proportionnelles à la fraction molaire des constituants dans la phase liquide ; donc, compte tenu de $x_2 = 1 - x_1$,

$$p_1 = x_1\, p_{s_1}(T) \quad \text{et} \quad p_2 = (1 - x_1)\, p_{s_2}(T) .$$

La pression totale de la vapeur est donc $P = p_1 + p_2$ ou

$$P = [p_{s_1}(T) - p_{s_2}(T)]\, x_1 + p_{s_2}(T) \qquad (3)$$

Sous la pression constante $P = P_0$, l'équation (3) s'écrit, compte tenu de (2) :

$$P_0 = P_0 \left[e^{-\frac{L_1}{R}\left(\frac{1}{T}-\frac{1}{T_1}\right)} - e^{-\frac{L_2}{R}\left(\frac{1}{T}-\frac{1}{T_2}\right)}\right] x_1 + P_0\, e^{-\frac{L_2}{R}\left(\frac{1}{T}-\frac{1}{T_2}\right)}$$

soit

$$\boxed{\underset{\text{(liquide)}}{x_1} = \frac{1 - e^{-\frac{L_2}{R}\left(\frac{1}{T}-\frac{1}{T_2}\right)}}{e^{-\frac{L_1}{R}\left(\frac{1}{T}-\frac{1}{T_1}\right)} - e^{-\frac{L_2}{R}\left(\frac{1}{T}-\frac{1}{T_2}\right)}}} \qquad (4)$$

• La fraction molaire du corps ① dans la phase vapeur est :

$$y_1 = \frac{p_1}{p_1 + p_2} = \frac{x_1 . p_{s_1}(T)}{P}$$

soit, d'après (2) et (4) et compte tenu de $P = P_0$,

$$y_1 = \frac{\left[1 - e^{-\frac{L_2}{R}\left(\frac{1}{T}-\frac{1}{T_2}\right)}\right] e^{-\frac{L_1}{R}\left(\frac{1}{T}-\frac{1}{T_1}\right)}}{e^{-\frac{L_1}{R}\left(\frac{1}{T}-\frac{1}{T_1}\right)} - e^{-\frac{L_2}{R}\left(\frac{1}{T}-\frac{1}{T_2}\right)}}$$

ou

$$\underset{\text{(vapeur)}}{y_1} = \frac{1 - e^{-\frac{L_2}{R}\left(\frac{1}{T} - \frac{1}{T_2}\right)}}{1 - e^{-\frac{1}{R}\left(\frac{L_2 - L_1}{T} - \frac{L_2}{T_2} + \frac{L_1}{T_1}\right)}} \qquad (5)$$

b)

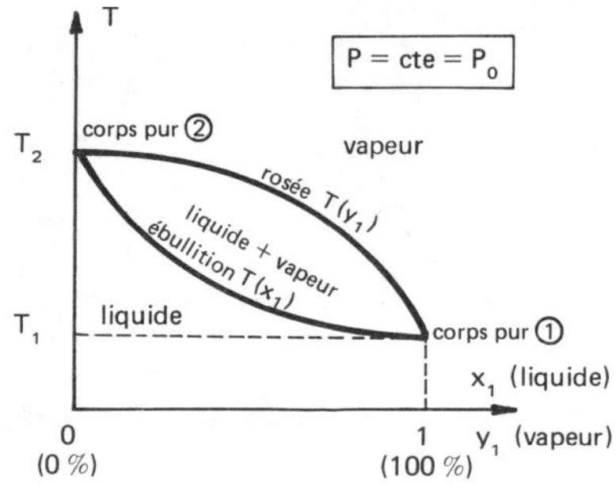

Figure VII,6

Les équations (4) et (5) permettent de déterminer, à pression constante P_0, la courbe d'ébullition $T(x_1)$ et la courbe de rosée $T(y_1)$ qui ont deux points communs : celui qui correspond au corps ① pur ($x_1 = y_1 = 1$, $T = T_1$) et celui qui correspond au corps ② pur ($x_1 = y_1 = 0$, $T = T_2$).

Le diagramme d'équilibre isobare représenté (fig. VII,8) délimite donc 3 régions :

* vapeur sèche au-dessus de la courbe de rosée
* mélange liquide au-dessous de la courbe d'ébullition
* système diphasé (liquide + vapeur), entre la courbe de rosée et la courbe d'ébullition (à l'intérieur du fuseau).

N.B. : On pourra se reporter au problème précédent (3e question) pour la lecture d'un digramme d'équilibre.

11 – DIAGRAMME D'EQUILIBRE SOLIDE-LIQUIDE. IMMISCIBILITE TOTALE. EUTECTIQUE

On considère un mélange or-thallium dont les constituants ne sont pas miscibles à l'état solide. Les températures de fusion de l'or et du thallium sont respectivement $T_{f_1} = 1336$ K et $T_{f_2} = 575$ K ; leurs chaleurs latentes de fusion sont respectivement $L_{f_1} = 12{,}7$ KJ/mole et $L_{f_2} = 4{,}3$ KJ/mole.

1° En supposant le mélange idéal, la loi de Van't Hoff associée à la loi d'action de masse permet d'écrire, pour l'équilibre solide-liquide, la relation :

$$\frac{\partial(\ln x)}{\partial T} = \frac{\Delta H_f}{RT^2}$$

où x est la fraction molaire, à la température T, du constituant dont l'enthalpie de fusion molaire (supposée constante) est ΔH_f. On donne $R = 8{,}32$ J/mole-K.

a) Etablir la loi de variation $x(T)$ pour l'équilibre solide-liquide.

b) En déduire la température T_E du mélange eutectique or-thallium.

2° La composition du mélange est définie par la fraction massique X globale du thallium.

L'expérience fournit les coordonnées du point eutectique E du mélange or-thallium : $T_E = 404$ K et $X_E = 73$ %.

a) Tracer à pression constante (1 atmosphère) le diagramme d'équilibre $T(X)$, composé du liquidus et du solidus. On admettra pour simplifier que le liquidus se compose de deux branches rectilignes.

Indiquer, pour chacune des 4 régions délimitées par le diagramme, les phases en présence ainsi que la variance du système à pression constante.

b) On refroidit, sous $P = 1$ atmosphère = cte, un mélange liquide or-thallium contenant $X_1 = 20$ % de thallium

* à quelle température T_1 apparait le premier cristal ?
* à quelle température T la masse du solide déposé est-elle moitié de la masse du liquide présent ?

Solution

1° • La variation d'enthalpie de fusion est égale à la chaleur de fusion : $\Delta H_f = L_f$.

La relation thermodynamique donnée :

$$\frac{\partial(\ln x)}{\partial T} = \frac{\Delta H_f}{RT^2} = \frac{L_f}{RT^2}$$

s'intègre facilement : $\ln x = -\dfrac{L_f}{RT} + \text{cte}$. Si le constituant est pur $(x = 1)$, les phases liquides et solides coexistent à la température de fusion $(T = T_f)$, donc $\text{cte} = \dfrac{L_f}{RT_f}$, soit $\ln x = \dfrac{L_f}{R}\left(\dfrac{1}{T_f} - \dfrac{1}{T}\right)$

ou

$$x(T) = e^{\frac{L_f}{R}\left(\frac{1}{T_f} - \frac{1}{T}\right)} \quad (1)$$

• Au point eutectique, les deux solides or et thallium sont en équilibre avec le liquide ; donc $x_1(T_E) + x_2(T_E) = 1$, soit d'après (1),

$$e^{\frac{L_{f1}}{R}\left(\frac{1}{T_{f1}} - \frac{1}{T_E}\right)} + e^{\frac{L_{f2}}{R}\left(\frac{1}{T_{f2}} - \frac{1}{T_E}\right)} = 1$$

ou numériquement : $f(T_E) = e^{1526\left(\frac{1}{1336} - \frac{1}{T_E}\right)} + e^{517\left(\frac{1}{575} - \frac{1}{T_E}\right)} = 1$.

Par la méthode d'encadrement, on obtient $f(490) = 0{,}995$ et $f(500) = 1{,}022$ et finalement T_E = **492 K**

Ce résultat est en accord avec le fait que la température de l'eutectique est inférieure aux températures de fusion T_{f_1} et T_{f_2} des deux constituants, mais la valeur de T_E obtenue est supérieure à la valeur expériementale T_E = 404 K. Ce désaccord est dû au fait qu'on a supposé le mélange idéal.

2° *a*)

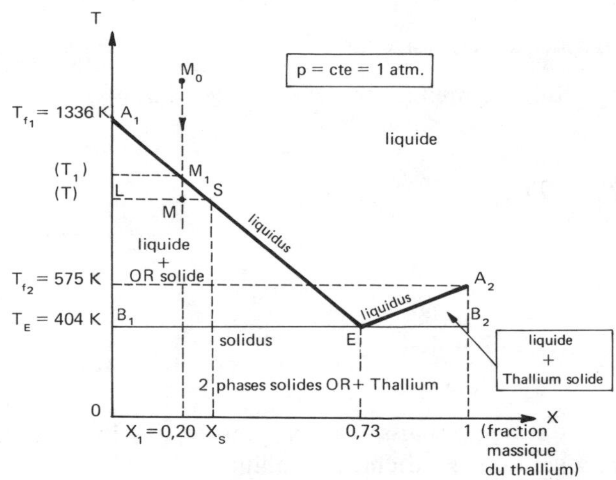

Figure VII,7

• Le diagramme d'équilibre binaire tient compte de l'immiscibilité totale de l'or et du thallium en phase solide et de leur miscibilité totale en phase liquide.

• La variance, qui vaut habituellement $c + 2 - \varphi$, doit être diminuée d'une unité car la pression est imposée. La pseudo-variance cherchée est donc $v = (c + 2 - \varphi) - 1 = (2 + 2 - \varphi) - 1 = 3 - \varphi$ (φ = nombre de phases).

• Le diagramme isobare met en évidence quatre régions :

① au-dessus du liquidus $A_1 E A_2$, on a 1 phase liquide homogène constituée d'or et de thallium; la variance est $v = 3 - \varphi = 2$

② dans la région $A_1 E B_1$, on a 2 phases : une phase liquide homogène + or pur solide ; la variance est $v = 3 - \varphi = 1$

③ dans la région $A_2 E B_2$, on a 2 phases : une phase liquide homogène + thallium pur solide ; la variance est $v = 3 - \varphi = 1$

④ dans la région au-dessous du solidus $B_1 B_2$, on a 2 phases solides (or pur et thallium pur) ; la variance est $v = 3 - \varphi = 1$

N.B : Au point eutectique E, le système contient 3 phases : une phase liquide + or solide + thallium solide, et la variance est nulle : $v = 3 - \varphi = 0$; dont la température et la composition de E sont imposées à pression constante.

b) • Au cours du refroidissement isobare du liquide, le point représentatif décrit le segment $M_0 M_1$ (fig. VII,9). Le premier dépôt de la phase solide (or pur) apparaît en M_1, d'abscisse $X_1 = 0{,}20$, situé sur le liquidus $A_1 E$ supposé rectiligne d'équation $T = -\dfrac{T_{f_1} - T_E}{X_E} X + T_{f_1}$; la température d'apparition du premier cristal d'or pur est donc :

$$T_1 = T(X_1) \quad \text{soit} \quad \boxed{T_1 = -(T_{f_1} - T_E)\frac{X_1}{X_E} + T_{f_1}}$$

Application numérique :

$$T_1 = -\frac{1\,336 - 404}{0{,}73} \, . \, 0{,}20 + 1\,336 \simeq \mathbf{1\,080\ K\ ou\ 807\ °C.}$$

• Si on continue d'abaisser la température, la solution s'appauvrit en or (qui se dépose) et donc s'enrichit en thallium. Soit M le point représentatif du mélange lorsque la masse liquide est double de la masse solide déposé (or) ; le mélange de composition globale $X_1 = 20\ \%$ est formé du liquide, de composition X_S (abscisse de S) et d'or pur solide, de composition $X = 0$ (abscisse de L) en thallium ; on en déduit :

$$\frac{\text{masse du liquide}}{\text{masse du solide (or)}} = \frac{ML}{MS} = \frac{X_1}{X_S - X_1}$$

Ce rapport vaut 2 par hypothèse ; donc $X_S = \frac{3}{2} X_1 = 0{,}30$;

la température cherchée est donc

$$\boxed{T = -(T_{f_1} - T_E)\frac{X_S}{X_E} + T_{f_1}} \qquad = \mathbf{953\ K\ ou\ 680\ °C.}$$

12 – VARIATION DES CHALEURS DE REACTION AVEC LA TEMPERATURE

1° Soit la réaction chimique, effectuée à pression constante, à la température T,

$$\sum_i n_i A_i \rightarrow \sum_f n_f A_f + Q_p(T).$$

$Q_p(T)$ représente la chaleur de réaction dégagée à la température T.

On désigne respectivement par c_{p_i} et c_{p_f} les capacités calorifiques molaires à pression constante, à la température T, des corps A_i et A_f.

En utilisant le 1er principe, démontrer que

$$\frac{\mathrm{d}Q_p}{\mathrm{d}T} = \sum_i n_i c_{p_i} - \sum_f n_f c_{p_f}.$$

2° *Application* : Soit la réaction exothermique

$$\mathrm{C} + \frac{1}{2}\mathrm{O_2} \rightarrow \mathrm{CO} \qquad (\Delta \mathrm{H} = -\ 110\ \mathrm{kJ}).$$

On donne $c_p = 27{,}2 + 4{,}2 \,.\, 10^{-3}\, T$ joule . K^{-1} . $mole^{-1}$ pour l'oxygène et l'oxyde de carbone, et $c'_p = 4{,}6 + 2 \,.\, 10^{-2}\, T$ joule . K^{-1} . $mole^{-1}$ pour le carbone.

Déterminer la variation de chaleur de réaction, à pression constante, pour une élévation de température de 50°C, à partir de 427°C.

Solution

1° Rappelons qu'à pression constante la variation d'enthalpie du système chimique est égale à la quantité de chaleur reçue, soit $\Delta H = -\ Q_p$.

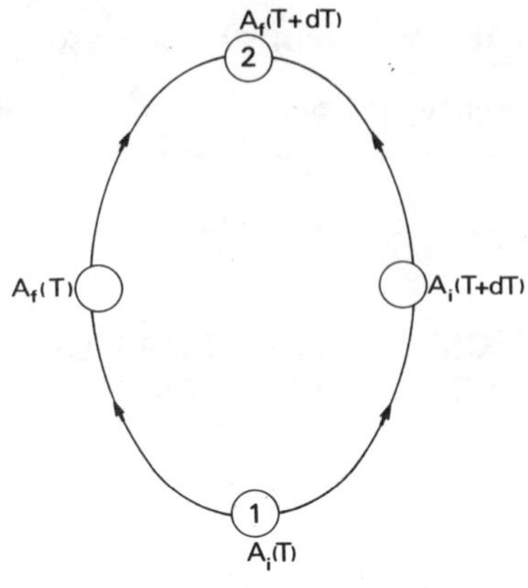

Figure VII,8

Considérons à l'état initial ① l'ensemble des corps A_i à la température T, et à l'état final ② l'ensemble des corps A_f à la température $T + \mathrm{d}T$. Le passage de l'état ① à l'état ② peut se faire de plusieurs façons :

1er **chemin** : réaction effectuée à la température T, suivie d'un échauffement :

$$(\Sigma\, n_i A_i)_T \rightarrow (\Sigma\, n_f A_f)_T \rightarrow (\Sigma\, n_f A_f)_{T+\mathrm{d}T}.$$

La variation d'enthalpie est alors

$$H_2 - H_1 = -\,Q_p(T) + \sum_f (n_f c_{p_f})\,\mathrm{d}T. \tag{1}$$

2e **chemin** : échauffement de T à $T + \mathrm{d}T$, suivi de la réaction chimique à la température $T + \mathrm{d}T$:

$$(\Sigma\, n_i A_i)_T \rightarrow (\Sigma\, n_i A_i)_{T+\mathrm{d}T} \rightarrow (\Sigma\, n_f A_f)_{T+\mathrm{d}T}.$$

La variation d'enthalpie est alors

$$H_2 - H_1 = \Sigma\,(n_i c_{p_i})\,\mathrm{d}T - [Q_p(T) + \mathrm{d}Q_p]\,; \tag{2}$$

$Q_p + \mathrm{d}Q_p$ représente la chaleur de réaction à la température $T + \mathrm{d}T$. L'enthalpie H est une fonction d'état : ses variations sont indépendantes du chemin suivi. On a donc, en tenant compte des relations (1) et (2),

$$H_2 - H_1 = -\,Q_p + \mathrm{d}T\,\Sigma\, n_f c_f = -\,Q_p - \mathrm{d}Q_p + \mathrm{d}T\,\Sigma\, n_i c_{p_i},$$

d'où

$$\boxed{\frac{\mathrm{d}Q_p}{\mathrm{d}T} = \Sigma\, n_i c_{p_i} - \Sigma\, n_f c_{p_f}}\,. \tag{3}$$

② D'après la relation (3), on a

$$\frac{dQ_p}{dT} = \left(c'_p + \frac{1}{2}c_p\right) - c_p = c'_p - \frac{1}{2}c_p .$$

Application numérique : $\frac{dQ_p}{dT} = 17{,}9 \,.\, 10^{-3}\,\mathrm{T} - 9{,}0$, soit

$$dQ_p = 17{,}9 \,.\, 10^{-3} T dT - 9{,}0 \; dT.$$

L'intégration fournit la variation de la chaleur de réaction à pression constante (donc l'enthalpie) :

$$\Delta Q_p = 17{,}9 \,.\, 10^{-3} \left[\frac{T^2}{2}\right]_{T_1}^{T_2} - 9{,}0\,[T]_{T_1}^{T_2} \approx \left[17{,}9 \,.\, 10^{-3} \,.\, \frac{(T_1 + T_2)}{2} - 9\right] (T_2 - T_1).$$

Application numérique : $T_1 = 700$ K, $T_2 = 750$ K ; on obtient

$$\Delta Q_p = (17{,}9 \,.\, 10^{-3} \,.\, 725 - 9{,}0)\, 50 = \mathbf{199\ J}.$$

On remarque que la variation relative de chaleur de réaction est très faible :

$\frac{\Delta Q_p}{Q_p} = \frac{199}{110\,000} \approx 1{,}8\ ‰$ pour une élévation de température de 50 K.

13 – APPLICATION DU PREMIER PRINCIPE AUX REACTIONS CHIMIQUES : ENERGIE DE LIAISON

A 298 K, les enthalpies de formation du méthane CH_4, de l'éthane C_2H_6, de l'éthylène C_2H_4 et de l'acétylène C_2H_2 sont respectivement – 76, – 85, + 52, et + 227 kilojoules/mole. D'autre part, à 298 K, la rupture de la liaison entre les deux atomes de la molécule d'hydrogène exige une énergie de 437 kJ/mole ; enfin, le passage du carbone (graphite) au carbone à l'état gazeux exige 718 kJ/mole.

A l'aide de ces données expérimentales, déterminer les énergies des liaisons chimiques C–H, C–C, C=C et C≡C, à la température de 298 K. On admettra que l'énergie de liaison C–H est la même dans toutes les molécules considérées.

Solution

Les réactions chimiques de formation des carbures d'hydrogène se formulent ainsi :

$$C_{graphite} + 2H_2 \rightarrow CH_4 \qquad (\Delta H_1 = -76 \text{ kJ}), \qquad (1)$$

$$2C_{graphite} + 3H_2 \rightarrow C_2H_6 \qquad (\Delta H_2 = -85 \text{ kJ}), \qquad (2)$$

$$2C_{graphite} + 2H_2 \rightarrow C_2H_4 \qquad (\Delta H_3 = +52 \text{ kJ}), \qquad (3)$$

$$2C_{graphite} + H_2 \rightarrow C_2H_2 \qquad (\Delta H_4 = +227 \text{ kJ}). \qquad (4)$$

D'autre part, on a par hypothèse

$$H_2 \rightarrow 2H \qquad (\Delta H_5 = +437 \text{ kJ}) \qquad (5)$$

et

$$C_{graphite} \rightarrow C_{gaz} \qquad (\Delta H_6 = +718 \text{ kJ}). \qquad (6)$$

• Désignons par E_0, E_1, E_2 et E_3 les énergies de liaison C–H, C–C, C=C et C≡C.

La réaction (1) de formation du méthane peut s'effectuer

– soit directement : $C_{graphite} + 2H_2 \rightarrow CH_4 \quad (\Delta H_1)$,

– soit en deux étapes

puis
$$\begin{cases} C_{graphite} + 2H_2 \rightarrow C_{gaz} + 4H & (\Delta H_6 + 2\Delta H_5) \\ C_{gaz} + 4H \rightarrow CH_4 & (\Delta H = -4E_0). \end{cases}$$

D'après le 1er principe de la thermodynamique, la variation d'enthalpie est indépendante du chemin suivi, donc

$$\Delta H_1 = \Delta H_6 + 2\Delta H_5 - 4E_0 \ ;$$

on en déduit l'énergie de liaison C–H :

$$E_0 = \frac{\Delta H_6 + 2\Delta H_5 - \Delta H_1}{4} = \mathbf{417 \ kJ/mole.}$$

De même, la réaction (2) peut s'effectuer en deux étapes :

puis
$$\begin{cases} 2C_{graphite} + 3H_2 \rightarrow 2C_{gaz} + 6H & (2\Delta H_6 + 3\Delta H_5), \\ 2C_{gaz} + 6H \rightarrow C_2H_6 & (\Delta H = -6E_0 - E_1). \end{cases}$$

D'après le 1er principe, on a

$$\Delta H_2 = 2\Delta H_6 + 3\Delta H_5 - 6E_0 - E_1 \ ;$$

l'énergie de liaison C–C est donc

$$E_1 = 2\Delta H_6 + 3\Delta H_5 - 6E_0 - \Delta H_2 = \mathbf{330\ kJ/mole.}$$

• La réaction (3) de formation de l'éthylène (possédant la double liaison C=C) peut s'effectuer en deux étapes :

$$\begin{cases} 2C_{graphite} + 2H_2 \rightarrow 2C_{gaz} + 4H & (2\Delta H_6 + 2\Delta H_5), \\ 2C_{gaz} + 4H \rightarrow C_2H_4 & (\Delta H = -4E_0 - E_2). \end{cases}$$

puis

D'après le 1er principe, on a

$$\Delta H_3 = 2\Delta H_6 + 2\Delta H_5 - 4E_0 - E_2 \ ;$$

l'énergie de la liaison C=C est donc

$$E_2 = 2\Delta H_6 + 2\Delta H_5 - 4E_0 - \Delta H_3 = \mathbf{590\ kJ/mole.}$$

• Enfin, la réaction (4) de formation de l'acétylène (possédant une triple liaison C≡C) peut s'effectuer en deux étapes :

$$\begin{cases} 2C_{graphite} + H_2 \rightarrow 2C_{gaz} + 2H & (2\Delta H_6 + \Delta H_5), \\ 2C_{gaz} + 2H \rightarrow C_2H_2 & (\Delta H = -2E_0 - E_3). \end{cases}$$

puis

La variation globale d'enthalpie est

$$\Delta H_4 = 2\Delta H_6 + \Delta H_5 - 2E_0 - E_3 \ ;$$

et l'énergie de la triple liaison C≡C est donc

$$E_3 = 2\Delta H_6 + \Delta H_5 - 2E_0 - \Delta H_4 = \mathbf{812\ kJ/mole.}$$

On remarque que $E_1 < E_2 < E_3$; l'énergie de liaison entre deux atomes croît avec le nombre de liaisons chimiques.

14 – LOI D'ACTION DES MASSES. TAUX DE CONVERSION. DEPLACEMENT D'EQUILIBRE

1° Pour réaliser la synthèse de l'ammoniac selon la réaction exothermique

$$N_2 + 3H_2 \rightleftharpoons 2NH_3 \ (\Delta H = -109\ KJ)$$

on chauffe à 450 °C, sous la pression totale P = 300 atmosphères, un mélange formé au départ de 1 mole d'azote et de 3 moles d'hydrogène (proportions stoechiométriques).

La constante d'équilibre, relative aux pressions partielles mesurées en atmosphère, est $K_p = 7{,}2 \,.\, 10^{-5}$ à 450 °C

Déterminer :

a) le taux α de conversion, c'est-à-dire la fraction d'azote initial transformé en gaz ammoniac à l'équilibre :

b) la pression partielle de chacun des gaz en présence à équilibre.

2° On comprime le mélange précédent jusqu'à 600 atmosphères, à la température constante de 450 °C. Calculer le nouveau taux β de conversion. Justifier ce déplacement d'équilibre.

3° On revient au premier équilibre (300 atmosphères : 450 °C) et on abaisse la température du mélange jusqu'à 380 °C, en maintenant la pression totale $P = 300$ atm. On supposera que l'enthalpie de réaction ΔH demeure constante dans l'intervalle de température [380 °C, 450 °C].

Calculer :

a) la nouvelle constante d'équilibre K'_p à 380 °C ;

b) le nouveau taux α' de conversion. Justifier ce nouveau déplacement d'équilibre.

On donne : constante molaire des gaz parfaits $R = 8{,}31\ J.\ K^{-1}\ \text{mole}^{-1}$.

Solution

1° Puisque les pressions partielles p_i des constituants du mélange gazeux à l'équilibre sont proportionnelles aux nombres n_i de moles dans ce mélange, on a :

$$\frac{p_{N2}}{1-\alpha} = \frac{p_{H2}}{3(1-\alpha)} = \frac{p_{NH3}}{2\alpha} = \frac{p_{N2} + p_{H2} + p_{NH3}}{1-\alpha+3(1-\alpha)+2\alpha} = \frac{P}{2(2-\alpha)}$$

soit

	N_2	H_2	NH_3	mélange gazeux
Nbre de moles à l'équilibre	$1-\alpha$	$3(1-\alpha)$	2α	$2(2-\alpha)$
Pression	$P.\dfrac{1-\alpha}{2(2-\alpha)}$	$P.\dfrac{3(1-\alpha)}{2(2-\alpha)}$	$P.\dfrac{2\alpha}{2(2-\alpha)}$	P

La constante d'équilibre est donc

$$K_p = \frac{(p_{NH3})^2}{(p_{N2})\,(p_{H2})^3} = \frac{16\,\alpha^2}{27\,P^2}\frac{(2-\alpha)^2}{(1-\alpha)^4}$$

soit
$$\frac{\alpha(2-\alpha)}{(1-\alpha)^2}=\sqrt{\frac{27P^2 \, . \, K_p}{16}}$$

ou
$$\boxed{\frac{\alpha(2-\alpha)}{(1-\alpha)^2}=\frac{3P}{4}\sqrt{3K_p}} \qquad (1)$$

• Dans les conditions définies ($P = 300$ atm et $K_p = 7{,}2.10^{-5}$ à 450°C), il vient

$$\boxed{f(\alpha)=\frac{\alpha(2-\alpha)}{(1-\alpha)^2}=3{,}307} \qquad (2)$$

Pour déterminer $\alpha\,(0<\alpha<1)$, on utilise la méthode d'encadrement : $f(0{,}50) = 3{,}00$ et $f(0{,}60) = 5{,}25$, donc $0{,}50 < \alpha < 0{,}60$. Puis on calcule $f(0{,}51) = 3{,}16$ et $f(0{,}52) = 3{,}34$, donc $0{,}510 < \alpha < 0{,}520$. On obtient finalement le taux de conversion $\alpha = 0{,}518 =$ **51,8 %**.

b) On en déduit les pressions partielles des trois constituants gazeux à l'équilibre

* azote : $p_{N2} = P\cdot\frac{1-\alpha}{2(2-\alpha)}=$ **48,8 atm**

* hydrogène : $p_{H2} = P\cdot\frac{3(1-\alpha)}{2(2-\alpha)}=$ **146,4 atm**

* ammoniac : $p_{NH3} = P\cdot\frac{\alpha}{2-\alpha}=$ **104,8 atm**

2° A température constante, K_p conserve la même valeur et, puisque la pression a doublé, le nouveau taux de conversion β (ou rendement) est donné d'après (1) et (2) par :

$$\frac{\beta(2-\beta)}{(1-\beta)^2}=6{,}614$$

On obtient par la méthode d'encadrement $\beta = 0{,}638 =$ **63,8 %**. Ainsi, l'augmentation de pression a favorisé la formation d'ammoniac ; ce résultat était prévisible car toute compression déplace l'équilibre dans le sens d'une diminution du nombre de moles, donc dans le sens $N_2 + 3H_2 \rightarrow 2NH_3$.

3°

a) L'intégration de la relation de Vant'Hoff : $\frac{\partial(\ln K_p)}{\partial T}=\frac{\Delta H}{RT^2}$ donne, puisque $\Delta H =$ cte,

$$\ln\left(\frac{K_p'}{K_p}\right)=\frac{\Delta H}{R}\left(\frac{1}{T}-\frac{1}{T'}\right)$$

soit $$\boxed{K'_p = K_p \cdot e^{\frac{\Delta H}{R}\left(\frac{1}{T}-\frac{1}{T'}\right)}}$$

Application numérique :

Pour $T' = 380 + 273 = 653$ K, on a : $K'_p = 7{,}2.10^{-5} \cdot e^{-\frac{109.10^3}{8{,}31}\left(\frac{1}{723}-\frac{1}{653}\right)}$ $= \mathbf{5{,}0.10^{-4}}$ **atm**$^{-2}$.

b) La relation (1) s'écrit donc

$$\frac{\alpha'(2-\alpha')}{(1-\alpha')^2} = \frac{3P}{4}\sqrt{3K'_p} = 8{,}714$$

Par la méthode d'encadrement, on obtient le nouveau taux de conversion en ammoniac : $\alpha' = 0{,}679 =$ **67,9 %**.

Ainsi, l'abaissement de température a favorisé la formation d'ammoniac. Ce résultat était prévisible car un refroidissement déplace l'équilibre dans le sens d'une réaction exothermique ($\Delta H < 0$), donc dans le sens $N_2 + 3H_2 \rightarrow 2NH_3$.

En conclusion, la synthèse exothermique de l'ammoniac est favorisée par une augmentation de la pression totale et une diminution de la température du mélange gazeux.

15 – REACTION DE SYNTHESE DE L'AMMONIAC. ENTHALPIE ET ENTROPIE DE REACTION. CALCUL DE K_p (T) : LOI DE VANT'HOFF.

Pour chacun des composés gazeux qui entrent en jeu dans la réaction chimique de synthèse de l'ammoniac :

$$N_2 + 3H_2 \rightleftarrows 2NH_3$$

les tables thermodynamiques fournissent l'entropie molaire standard S^0 à 25°C et l'enthalpie molaire standard H^0 à 25°C.

	N_2	H_2	NH_3
$S°$ (en $J.K^{-1}$/mole)	191,5	130,6	192,5
$H°$ (en KJ/mole)	0	0	– 46,19

1°

a) Calculer l'entropie standard $\Delta S^0_{298\,K}$ et l'enthalpie standard $\Delta H^0_{298\,K}$ de réaction de synthèse de l'ammoniac, à 25 °C (298 K).

b) En déduire l'enthalpie libre standard de réaction $\Delta G^0_{298\,K}$ à 298 K, ainsi que la constante d'équilibre K_p à 298 K.

2° On suppose, en première approximation, l'entropie standard et l'enthalpie standard de réaction constantes dans l'intervalle de température : 298 K $\leqslant T \leqslant$ 400 K. Exprimer numériquement, dans ce domaine de température :

a) la loi approchée donnant $ln\ K_p$ en fonction de la température absolue T ;

b) puis l'enthalpie libre standard de réaction ΔG^0 en fonction de T, par trois méthodes.

c) Calculer K_p et ΔG^0 à la température T = 400 K ; on donne la constante des gaz parfaits : $R = 8{,}31$ J.K^{-1}/mole.

3° Dans l'intervalle considéré, la capacité calorifique molaire C_p des gaz varie avec T suivant la loi approchée $C_p = a + bT$:

	N_2	H_2	NH_3
a (en $J.K^{-1}$/mole)	27,8	28,6	24,7
b (en $J.K^{-2}$/mole)	$4{,}2.10^{-3}$	$1{,}2.10^{-3}$	$37{,}9.10^{-3}$

Déterminer numériquement :

a) l'enthalpie standard de la réaction $\Delta H^0(T)$ en fonction de T ;

b) la nouvelle loi $ln\ K_p$ en fonction de la température T ;

c) calculer K_p, ΔG^0, ΔH^0 et ΔS^0 à T = 400 K.

Solution

1°

a) L'entropie standard de réaction à 25 °C (298 K) est

$$\Delta S^0_{298\,K} = 2 \,.\, S^0_{298}(NH_3) - S^0_{298\,K}(N_2) - 3\, S^0_{298\,K}(H_2)$$

soit $\Delta S^0_{298\,K} = 2\,.\,(192{,}5) - 191{,}5 - 3\,(130{,}6) = \mathbf{-\,198{,}3\,J.\,K^{-1}}$.

• L'enthalpie standard de la réaction à 25 °C (298 K) est

$$\Delta H^0_{298\,K} = 2\, H^0_{298\,K}(NH_3) - H^0_{298\,K}(N_2) - 3\, H^0_{298\,K}(H_2) = \mathbf{92\,380\ J.}$$

(le signe — indique que la réaction de synthèse de l'ammoniac est exothermique).

b) • L'enthalpie libre standard de la réaction à $T_0 = 298$ K est

$$\boxed{\Delta G^0_{298\,K} = \Delta H^0_{298} - T_0\ \Delta S^0_{298\,K}}$$

soit $\Delta G^0_{298\,K} = -92\,380 - 298\,(-198{,}3) = \mathbf{-33\,287\ J}$.

• De la condition d'équilibre :

$$\Delta G = \Delta G^0\,(T) + RT\,ln\,K_p\,(T) = 0 \tag{1}$$

on en déduit $ln\,K_p\,(T) = -\dfrac{\Delta G^0\,(T)}{R\,.\,T}$ soit

$$\boxed{K_p\,(T_0) = e^{-\frac{\Delta G^0(T_0)}{RT_0}}}$$

A.N : Pour $T_0 = 298$ K $K_p\,(298) = e^{-\frac{33\,287}{8{,}31.298}} = e^{13{,}44}$, soit $K_p = \mathbf{6{,}88.10^5}$.

2°

a) La "constante" K_p varie avec la température T suivant la relation de Vant'Hoff :

$$\frac{\mathrm{d}\,(ln\,K_p)}{\mathrm{d}T} = \frac{\Delta H^0}{RT^2} \tag{2}$$

qui peut s'écrire $\mathrm{d}\,(ln\,K_p) = -\dfrac{\Delta H_0}{R}\,.\,d\left(\dfrac{1}{T}\right)$ soit, par intégration, puisque ΔH^0 est supposé constant :

$$ln\,\frac{K_p\,(T)}{K_p\,(T_0)} = \frac{\Delta H^0}{R}\left[\frac{1}{T_0} - \frac{1}{T}\right]$$

on en déduit $ln\,K_p\,(T) = \left[ln\,K_p\,(T_0) + \dfrac{\Delta H^0}{RT_0}\right] - \dfrac{\Delta H^0}{R}\,.\,\dfrac{1}{T}$

ou numériquement

$$\boxed{ln\,K_p\,(T) = -23{,}86 + \frac{11\,117}{T}} \tag{3}$$

b)

1re méthode : *Calcul de ΔG^0 à partir de K_p.*

D'après la condition (1) d'équilibre, l'enthalpie libre standard de réaction est, à la température T :

$$\Delta G^0\,(T) = -RT\,ln\,K_p\,(T)$$

soit d'après (3), $\Delta G^0\,(T) = -8{,}31\,.\,T\left[-23{,}86 + \dfrac{11\,117}{T}\right]$ ou

$$\boxed{\Delta G^0\,(T) = 198{,}3\,T - 92\,380}$$
(en Joule)

2e méthode : *Calcul de* ΔG^0 à partir de ΔH^0 et ΔS^0

On a :

$$\boxed{\Delta G^0\,(T) = \Delta H^0\,(T) - T.\,\Delta S^0\,(T)}$$

et puisque l'on a supposé par hypothèse $\Delta H^0\,(T) = \Delta H^0_{298}$ et $\Delta S^0\,(T) = \Delta S^0_{298}$, il vient

$$\Delta G^0\,(T) = -92\,380 - T(-198{,}3) = (198{,}3\,T - 92\,380) \text{ Joule.}$$

3e méthode : *Calcul de* ΔG^0 *par intégration*

La relation $\dfrac{\partial G}{\partial T} = -S$ permet d'écrire pour la réaction chimique :

$$\boxed{\frac{\partial\,(\Delta G^0)}{\partial T} = -\Delta S^0}$$

soit en intégrant : $\Delta G^0\,(T) = \Delta G^0\,(T_0) - \displaystyle\int_{T_0}^{T} \Delta S^0\,.\,\mathrm{d}T$ et, puisque ΔS^0 est supposé indépendant de T,

$$\Delta G^0\,(T) = \Delta G^0_{298\,\mathrm{K}} - \Delta S^0_{298\,\mathrm{K}}\,(T - T_0)$$

ou

$$\Delta G^0\,(T) = (\Delta G^0_{298\,\mathrm{K}} + T_0\,\Delta S^0_{298\,\mathrm{K}}) - T\,\Delta S^0_{298\mathrm{K}} = 198{,}3\,T - 92\,380$$

c) Pour $T = 400$ K, $ln\ K_p = 3{,}93$, soit $K_p =$ **50,9** et $\Delta G^0_{400\,\mathrm{K}} =$ **– 13 060 J**

3°

a) La relation $\dfrac{\partial H}{\partial T} = c_p$ permet d'écrire pour la réaction chimique

$$\boxed{\frac{\partial\,(\Delta H^0)}{\Delta T} = \Delta C_p}$$

soit, par intégration

$$\Delta H^0 = (T) = \Delta H^0_{298\,\mathrm{K}} + \int_{T_0 = 298\,\mathrm{K}}^{T} (\Delta C_p)\,.\,\mathrm{d}T$$

avec

$$\Delta C_p = 2\,(24{,}7 + 37{,}9.10^{-3}\,T) - [(27{,}8 + 4{,}2.10^{-3}\,T) + 3\,(28{,}6 + 1{,}2.10^{-3}\,T)]$$
$$= -64{,}2 + 68.10^{-3}\,T$$

donc

$$\Delta H^0\,(T) = -\,92\,380 + \int_{298\,\mathrm{K}}^{T} (-\,64{,}2 + 68.10^{-3}\,T)\,\mathrm{d}T$$

$$= -\,92\,380 - 64{,}2\,(T - 298) + 34\,[T^2 - (298)^2]\,10^{-3}$$

L'enthalpie standard de réaction à la température T est donc

$$\boxed{\Delta H^0\,(T) = -\,76\,268 - 64{,}2.T + 34.10^{-3}\,T^2 \quad \text{(en joules)}} \qquad (4)$$

b) L'intégration de la relation (2) de Vant'Hoff donne :

$$ln\,K_p\,(T) = ln\,K_p\,(T_0) + \int_{T_0}^{T} \frac{\Delta H^0\,(T)}{RT^2}\,\mathrm{d}T \quad \text{d'où, d'après (4)}$$

$$ln\,K_p\,(T) = 13{,}44 + \int_{T_0 = 298\,\mathrm{K}}^{T} \left(-\,\frac{9\,178}{T^2} - \frac{7{,}726}{T} + 4{,}09.10^{-4}\right)\,\mathrm{d}T$$

soit $ln\,K_p\,(T) = 13{,}44 + 9\,178\left(\frac{1}{T} - \frac{1}{298}\right) - 7{,}726\,ln\,\frac{T}{298} + 4{,}1.10^{-4}\,(T - 298)$

et finalement

$$\boxed{ln\,K_p\,(T) = 26{,}54 + \frac{9\,178}{T} - 7{,}726\,ln\,T + 4{,}1.10^{-4}\,T} \qquad (5)$$

c) • La relation (5) donne $ln\,K_p = 3{,}36$, soit $K_p = \mathbf{28{,}8}$ à 400 K.

• L'enthalpie libre de la réaction à $T = 400$ K est :

$$\Delta G^0_{400\,\mathrm{K}} = -\,RT\,ln\,K_p\,(T) = -\,8{,}31.400.3{,}36 = \mathbf{-\,11\,170\ J.}$$

• La relation (4) donne $\Delta H^0_{400\,\mathrm{K}} = \mathbf{-\,96\,508\ J.}$

• Enfin, l'entropie de réaction à 400 K est

$$\Delta S^0_{400\,\mathrm{K}} = \frac{\Delta H^0_{400\,\mathrm{K}} - \Delta G^0_{400\,\mathrm{K}}}{400} = \mathbf{-\,213{,}3\ J}$$

N.B. : La variation relative de l'enthalpie de réaction entre 298 K et 400 K est faible (de moins de 5 %), ce qui justifie l'approximation de la 2e question ; cependant le désaccord sur K_p est très important.

16 – TRANSFORMATION ALLOTROPIQUE DU SOUFRE : VARIATIONS DE H, G ET S. TEMPERATURE DE TRANSITION

Le soufre existe sous deux forme allotropiques notées α et β. La forme S_α et la forme S_β sont en équilibre sous $p_1 = 1$ atmosphère à $T_1 = 368$ K (température de transition). On donne 1 atm $= 10^5$ pascals.

On donne les capacités calorifiques molaires (en Joule.mole^{-1}.K^{-1}) en fonction de la température absolue pour les deux variétés :

* soufre α : $C_{p_\alpha} = 17{,}2 + 19{,}7.10^{-3}\ T$

* soufre β : $C_{p_\alpha} = 15{,}1 + 30{,}1.10^{-3}\ T$

La réaction $S_\alpha \rightarrow S_\beta$ absorbe une quantité de chaleur de 345 joules/mole à la température standard $T_0 = 298$ K sous 1 atmosphère.

1° Déterminer, à la température d'équilibre $T_1 = 368$ K, sous 1 atmosphère :

a) la chaleur molaire Q_1 absorbée lors de la transition $S_\alpha \rightleftarrows S_\beta$;

b) la variation d'entropie molaire de réaction.

2° Sachant que le volume molaire de S_β est supérieur de 0,41 cm^3 à celui de S_α, déterminer la nouvelle température de transition T'_1 sous la pression $p'_1 = 60$ atmosphères. On rappelle que la pression est un facteur d'équilibre qui modifie très peu les équilibres en phase condensée.

3°

a) Calculer l'enthalpie libre ΔG et l'entropie ΔS de la transformation $S_\alpha \longrightarrow S_\beta$ à la température T quelconque sous 1 atmosphère. En déduire l'enthalpie libre standard ΔG^0 et l'entropie standard ΔS^0 de réaction (à $T_0 = 298$ K, et 1 atm.).

c) Des deux variétés S_α et S_β, quelle est la forme stable pour $T < T_1$?

Solution

1°

a) • Au cours de la transformation $S_\alpha \rightarrow S_\beta$, à la température T_0, l'enthalpie standard de la réaction est égale à la chaleur reçue par le système à pression constante p_1, donc $\Delta H(T_0) = 345$ joules/mole.

• D'autre part, puisque l'on a, à pression constante $p_1 = 1$ atm,

$$\frac{\partial}{\partial T}(\Delta H) = C_{p_\beta} - C_{p_\alpha}\ ,$$

la variation d'enthalpie molaire à la température T quelconque et sous $p_1 =$ 1 atm est :

$$\Delta H(T) = \Delta H(T_0) + \int_{T_0}^{T} (C_{p_\beta} - C_{p_\alpha})\, dT$$

soit numériquement : $\Delta H(T) = 345 + \int_{T_0 = 298\ K}^{T} (-2{,}1 + 10{,}4.10^{-3}\ T)\, dT$

ou $\Delta H(T) = 345 - 2{,}1\,(T - 298) + 5{,}2.10^{-3}\,(T^2 - 298^2)$

donc

$$\Delta H(T) = 509 - 2{,}1\, T + 5{,}2.10^{-3}\, T^2 \qquad (1)$$

En conclusion, la chaleur molaire absorbée à la température de transition $T_1 = 368$ K sous $p_1 = 1$ atm est

$$\boxed{Q_1 = \Delta H(T_1) = 509 - 2{,}1\ T_1 + 5{,}2.10^{-3}\,(T_1)^2} = \mathbf{440\ J.}$$

b) Les variétés S_α et S_β ont même enthalpie libre à la température d'équilibre T_1 : $G_\alpha(T_1) = G_\beta(T_1)$, donc la variation d'enthalpie libre de la réaction réversible $S_\alpha \rightleftarrows S_\beta$ est nulle à la température T_1, à la pression p_1 :

$$\Delta G(T_1) = \Delta H(T_1) - T_1 \,.\, \Delta S(T_1) = 0$$

soit $Q_1 - T_1 \,.\, \Delta S_1 = 0$ donc $\boxed{\Delta S_1 = \dfrac{Q_1}{T_1}}$

(même résultat que pour une transformation réversible et isotherme).

Application numérique :

$$\Delta S_1 = \frac{440}{368} = \mathbf{1{,}2\ J.K^{-1}}$$

2° La chaleur molaire de transition de la variété S_α à la variété S_β sous $p_1' = 60$ atm à la température d'équilibre T_1' est, d'après la formule de Clapeyron :

$$Q_1' = \Delta H(T_1') = T_1' \,.\, \Delta v \,.\, \frac{dp}{dT} \qquad (2)$$

Puisque l'influence de la pression est faible sur l'équilibre $S_\alpha \rightleftarrows S_\beta$ en phase condensée, on peut admettre que même sous $p_1' = 60$ atm, la température de transition T_1' reste voisine de celle $T_1 = 368$ K sous $p_1 = 1$ atmosphère ; la relation (2) s'écrit donc en première approximation :

$$\Delta H(T_1) \simeq T_1 \,.\, \Delta v \,.\, \frac{dp}{dT}, \text{ soit } \quad dT \simeq \frac{T_1 \,.\, \Delta v}{Q_1}\, dp$$

Intégrons entre $p_1 = 1$ atm et $p'_1 = 60$ atm :

$$T'_1 - T_1 = \frac{T_1 \, \Delta v}{Q_1} (p'_1 - p_1)$$

La température d'équilibre sous $p'_1 = 60$ atmosphères est donc

$$\boxed{T'_1 \doteq T_1 \left[1 + \frac{(p'_1 - p_1) \Delta v}{Q_1} \right]}$$

Application numérique :

$$T'_1 = 368 \left[1 + \frac{(59 \,.\, 10^5) \,.\, 0{,}41 \,.\, 10^{-6}}{440} \right] = \mathbf{370\ K}$$

L'hypothèse est justifiée : en augmentant 60 fois la pression, la température de transition a augmenté que de 2 K.

3°

a) La relation de Gibbs Helmoltz à pression constante s'écrit

$$\frac{\partial}{\partial T} \left(\frac{\Delta G}{T} \right) = - \frac{\Delta H}{T^2}$$

ou, d'après (2),

$$\mathrm{d} \left(\frac{\Delta G}{T} \right) = - 509 \frac{\mathrm{d}T}{T^2} + 2{,}1 \frac{\mathrm{d}T}{T} - 5{,}2 \,.\, 10^{-3} \,.\, \mathrm{d}T$$

Intégrons entre la température d'équilibre T_1 (pour laquelle $\Delta G = 0$) et la température T quelconque :

$$\frac{\Delta G}{T} = 509 \left(\frac{1}{T} - \frac{1}{T_1} \right) + 2{,}1 \ln \frac{T}{T_1} - 5{,}2 \,.\, 10^{-3} \, (T - T_1)$$

Avec $T_1 = 368$ K, on en déduit l'enthalpie libre de réaction en fonction de T :

$$\boxed{\Delta G(T) = 509 + 2{,}1\, T \,.\, \ln T - 11{,}88\, T - 5{,}2 \,.\, 10^{-3} \,.\, T^2 \quad \text{(en Joule/mole)}} \qquad (3)$$

L'entropie de réaction ΔS à la température T et sous 1 atm est donnée par : $\Delta G = \Delta H + T\Delta S$, donc $\Delta S = \dfrac{\Delta S - \Delta H}{T}$, soit d'après (1) et (3)

$$\boxed{\Delta S(T) = - 9.78 + 2{,}1 \ln T - 1{,}04 \,.\, 10^{-2} \,.\, T \quad \text{(en J/mole/}K\text{)}} \qquad (4)$$

b) Sous 1 atm et pour $T = T_0 = 298$ K, les expressions (3) et (4) permettent de calculer :

* l'enthalpie libre standard de réaction :

$$\Delta G^0 = \Delta G(T_0) = 72{,}2\ J\text{-mole}^{-1}$$

* l'entropie standard de réaction :

$$\Delta S^0 = \Delta S(T_0) = -\ \mathbf{0{,}91\ J\text{-mole}^{-1} - K^{-1}}$$

c) D'après 3° *b*), $\Delta G(T_0)$ est positif pour $T = T_0 < T_1$; donc si $T < T_1$, on a : $G_\beta > G_\alpha$ et c'est donc **la variété S_α** (pour laquelle l'enthalpie libre est la plus faible) qui **est la plus stable aux basses températures (inférieures à T_1)**.

N.B. : On peut remarquer que si $T > T_1$, on aura $\Delta G < 0$ donc $G_\beta < G_\alpha$ et la réaction $S_\alpha \longrightarrow S_\beta$ se produira spontanément : c'est alors S_β la forme la plus stable à haute température (supérieure à T_1).

17 – REACTION D'EQUILIBRE HETEROGENE : $C + CO_2 \rightleftarrows 2\,CO$

La constante K_p, relative aux pressions partielles (en atmosphère) de l'équilibre hétérogène avec phase gazeuse,

$$\underset{\text{(solide)}}{C} + \underset{\text{(gaz)}}{CO_2} \rightleftarrows \underset{\text{(gaz)}}{2\,CO}$$

varie avec la température absolue T suivant la relation :

$$\ln K_p = -\frac{20\,580}{T} + 20{,}98$$

1° Calculer la variation d'enthalpie standard de cette réaction.

2° Dans un réacteur initialement vide, de volume invariable V = 100 litres, maintenu à la température de 800 °C, on introduit une mole de monoxyde de carbone. Déterminer, à l'équilibre :

a) le nombre x de moles de dioxyde de carbone formé ;

b) la pression totale du mélange gazeux ;

c) la composition du mélange gazeux et la masse de carbone produit.

3° On met en présence du gaz carbonique pur et du carbone (solide) en excès sous la pression atmosphérique ($P = 1$ atmosphère). A quelle température T_1 doit s'effectuer la réaction chimique pour obtenir un mélange gazeux dans les proportions stœchiométriques (1/3 de CO_2 pour 2/3 de CO en volume) ?

On donne C = 12 et $R = 8{,}31\ J.\,K^{-1}.\text{mole}^{-1}$.

Solution

1° La relation de Vant'Hoff : $\frac{\partial(\ln K_p)}{\partial T} = \frac{\Delta H^0}{RT^2}$ donne l'enthalpie standard de réaction :

$$\Delta H^0 = RT^2 \frac{\partial(\ln K_p)}{\partial T} = RT^2 . \frac{20\,580}{T^2} = 20\,580\,R$$

soit
$$\boxed{\Delta H^0 = +\ 171\ KJ}$$

Le signe + obtenu revèle que la réaction $C + CO_2 \rightleftarrows 2CO$ est endothermique dans le sens 1) : elle est donc favorisée dans le sens 1, par une élévation de température, en accord avec la loi $K_p\ (T)$ donnée.

2°

a) A 800 °C ou 1 073 *K*, la constante d'équilibre K_p est telle que

$$\ln K_p = -\frac{20\,580}{1\,073} + 20,98 = 1,80, \text{ soit } K_p = e^{1,80} = \mathbf{6,05\ atm}$$

• Le tableau ci-dessous indique le nombre de moles de chaque constituant à l'instant initial, puis à l'équilibre :

	C	CO_2	CO	mélange gazeux ($CO + CO^2$)
initialement	O	O	1	1
à l'équilibre	x	x	$1 - 2x$	$1 - x$

Les pressions partielles des gaz sont proportionnelles à leur nombre de moles, donc

$$\frac{p_{CO_2}}{x} = \frac{p_{CO}}{1 - 2x} = \frac{P}{1 - x}$$

où $P = p_{CO_2} + p_{CO}$ est la pression totale du mélange gazeux

• La constante d'équilibre s'écrit donc, en négligeant le volume de la phase solide :

$$K_p = \frac{(p_{CO})^2}{p_{CO_2}} = \frac{\left(P . \frac{1 - 2x}{1 - x}\right)^2}{P . \frac{x}{1 - x}} = P . \frac{(1 - 2x)^2}{(1 - x)\,x} \qquad (1)$$

• L'équation des gaz parfait relative au mélange gazeux s'écrit :

$$P = (1 - x)\frac{RT}{V} = (1 - x)\,P_0$$

où P_0 désigne la pression initiale du mélange, donc la relation (1) s'écrit :

$$K_p = P_0 \cdot \frac{(1-2x)^2}{x}$$

On en déduit l'équation du second degré en x :

$$\boxed{4x^2 - \left(4 + \frac{K_p}{P_0}\right) x + 1 = 0}$$

Application numérique :

$$P_0 = \frac{RT}{V} = \frac{8{,}31 \times 1\,073}{0{,}1} = 89\ \ 166 \text{ pascals} = 0{,}880 \text{ atm} \ ;$$

$\dfrac{K_p}{P_0} = 6{,}88$, soit $4x^2 - 10{,}88\,x + 1 = 0$; la seule solution acceptable $\left(x < \dfrac{1}{2}\right)$ est $x = \dfrac{5{,}44 - 5{,}06}{4} = \mathbf{0{,}095\ mole}$

b) La pression totale à l'équilibre est donc

$$\boxed{P = (1-x)\,P_0} = 0{,}905 \times 0{,}880 = \mathbf{0{,}796\ atm.}$$

c) A l'équilibre, on a au total $1 - x = 0{,}905$ mole qui se répartit en :

$$x = 0{,}095 \text{ mole de } CO_2$$
$$1 - 2x = 0{,}810 \text{ mole de } CO$$

La composition du mélange gazeux est donc

$$\begin{cases} CO_2 = \dfrac{0{,}095}{0{,}905} = \mathbf{10{,}5}\ \% \\[2ex] CO = \dfrac{0{,}810}{0{,}905} = \mathbf{89{,}5}\ \% \end{cases}$$

• Il s'est formé $x = 0{,}095$ mole de carbone solide soit $m = 12 \times 0{,}095 = \mathbf{1{,}14\ g}$

3° Dressons le nouveau tableau du nombre de moles des constituants gazeux :

	CO_2	CO	mélange gazeux
nombre de moles initial	n	O	n
nombre de moles à l'équilibre	$n(1-\alpha)$	$2n\alpha$	$n(1+\alpha)$
pression des gaz	$P\,\dfrac{1-\alpha}{1+\alpha}$	$P\,\dfrac{2\alpha}{1+\alpha}$	P

On aura un mélange stœchiométrique à l'équilibre si $n(1 - \alpha) = \frac{2n\alpha}{2}$ soit $\boxed{\alpha = \frac{1}{2}}$.

Les pressions partielles seront alors :

$$p_{CO_2} = P.\frac{1-\alpha}{1+\alpha} = \frac{P}{3} \quad \text{et} \quad p_{CO} = P.\frac{2\alpha}{1+\alpha} = \frac{2P}{3}$$

La constante d'équilibre est donc :

$$K_p = \frac{(p_{CO})^2}{p_{CO_2}} = \frac{4}{3}\,P = 1{,}33 \text{ atm.}$$

L'expérience doit donc se faire à la température T_1 telle que

$\ln 1{,}33 = -\frac{20\,580}{T_1} + 20{,}98$, soit $T_1 = 994\ K = \mathbf{721\ °C}$.

APPENDICE A

NOTIONS DE THERMODYNAMIQUE STATISTIQUE

La thermodynamique est l'étude des systèmes matériels macroscopiques (formés d'un grand nombre de particules). Son but est double :

– décrire les états d'équilibre des systèmes (température, pression, volume, énergie, . . .) ;

– prévoir le sens d'évolution des systèmes, donc les variations des grandeurs physiques, lorsque l'on modifie les conditions extérieures.

La thermodynamique "classique" a pu prévoir certaines propriétés globales de la matière, sans tenir compte de sa structure particulaire ; elle doit donc être complétée par l'étude de la thermodynamique "statistique", qui s'appuie essentiellement sur la description microscopique de la matière (formée de particules en mouvement incessant) et sur la mécanique statistique.

C'est ainsi que les états d'équilibre définis par la thermodynamique "classique" ne sont que des états d'équilibre statistiques ; c'est seulement la valeur moyenne des grandeur physiques qui garde une valeur constante, car les particules sont continuellement soumises à l'agitation thermique.

I. ETATS MICROSCOPIQUES ET MACROSCOPIQUES D'UNE ASSEMBLEE DE PARTICULES IDENTIQUES

1° Description du système

Dans une assemblée de N particules identiques, d'énergie totale U, chaque particule peut se trouver dans l'un des niveaux d'énergie permis $u_1, u_2, \ldots, u_i$.

L'état microscopique du système est décrit par la connaissance, à chaque instant, du niveau d'énergie de chaque particule, prise individuellement.

L'état macroscopique du système est défini par la connaissance, pour chaque niveau d'énergie u_i, du nombre n_i de particules possédant cette énergie, sans se soucier de quelle particule il s'agit. Cette description est donc moins détaillée que la première.

Il faudra tenir compte de deux conditions :

– la conservation du nombre de molécules : $N = \Sigma n_i$, (1)

– la conservation de l'énergie totale : $U = \Sigma n_i u_i$. (2)

2° Nombre d'états microscopiques

Par suite de l'agitation thermique perpétuelle, les particules passent sans cesse d'un niveau d'énergie à un autre et les états microscopiques possibles sont donc modifiés à chaque instant. Déterminons le nombre d'états microscopiques possibles : il y a $N!$ permutations possibles de N particules de l'assemblée, mais pour ces $N!$ états microscopiques, les $n_1!$ états obtenus en permutant les n_1 particules ayant la même énergie u_1 sont identiques ; de même les $n_2!$ états obtenus en permutant les n_2 particules ayant la même énergie u_2 sont identiques, ...

Le nombre d'états microscopiques est donc

$$\boxed{W = \frac{N!}{n_1!\ n_2!\ \ldots n_i!}} \tag{3}$$

Comme W est grand, on préfère écrire

$$\boxed{\ln W = \ln N! - \Sigma \ln n_i!} \tag{4}$$

(On rappelle que $\ln n! = n \ln n - n \approx n \ln n$, si n est grand).

On peut donc caractériser l'agitation thermique par ce nombre W d'états microscopiques. Un postulat admet que tous ces états d'équilibre ont la *même probabilité* de se réaliser.

3° Exemple

Soit un système constitué par quatre particules A, B, C et D. d'énergie totale $10\,u$, chaque particule ne pouvant occuper que les niveaux d'énergie u, $2u$, $3u$, $4u$.

En supposant d'abord les particules indiscernables, on obtient cinq états macroscopiques M_1, M_2, M_3, M_4 et M_5 (qui obéissent aux relations (1) et (2) : $\Sigma n_i = 4$ et $\Sigma n_i u_i = 10u$).

Energie	Etat M_1	Etat M_2	Etat M_3	Etat M_4	Etat M_5
u	•		• •		•
$2u$		• • •		• •	•
$3u$	• • •			• •	•
$4u$		•	• •		•

A l'état macroscopique M_1 (une particule d'énergie u et trois particules d'énergie $3u$) correspondent 4 états microscopiques, car

$$W_1 = \frac{4!}{1!\ 0!\ 3!\ 0!} = 4 \quad \text{d'après la relation (3).}$$

A l'état macroscopique M_2 correspondent 4 états microscopiques, car

$$W_2 = \frac{4\,!}{0\,!\;3\,!\;0\,!\;1\,!} = 4.$$

A l'état macroscopique M_3 correspondent 6 états microscopiques, car

$$W_3 = \frac{4\,!}{2\,!\;0\,!\;0\,!\;2\,!} = 6.$$

A l'état macroscopique M_4 correspondent également 6 états microscopiques, car

$$W_4 = \frac{4\,!}{0\,!\;2\,!\;2\,!\;0\,!} = 6.$$

Enfin, à l'état macroscopique M_5 correspondent 24 états microscopiques, car

$$W_5 = \frac{4\,!}{1\,!\;1\,!\;1\,!\;1\,!} = 24.$$

Le nombre total d'états microscopiques (ou nombre de complexion) est donc

$$W = \Sigma\, W_i = 44$$

Représentons les états microscopiques correspondant aux états macroscopiques M_1, M_2, M_3 :

u	A	B	C	D					A,B	A,C	A,D	B,C	B,D	C,D
$2u$					A,B,C	B,C,D	A,C,D	A,B,D						
$3u$	B,C,D	A,C,D	A,B,D	A,B,C					C,D	B,D	B,C	A,D	A,C	A,B
$4u$					D	A	B	C						

M_1 $\qquad$ M_2 $\qquad$ M_3

On pourra représenter à titre d'exercice les états microscopiques correspondant aux états M_4 et M_5.

II. RECHERCHE DE L'ETAT D'EQUILIBRE D'UN SYSTEME ISOLE. FONCTION DE PARTITION

1° Loi de répartition

L'état d'équilibre thermique correspond à la distribution la plus probable, celle pour laquelle le nombre d'états microscopiques W est maximal (dans l'exemple précédent, cette condition était réalisée pour l'état M_5), ce qui se traduit par la relation $d(\ln W) = 0$, pour toute variation des n_i. Donc les n_i degrés d'occupation de la distribution la plus probable doivent obéir à l'équilibre aux trois relations :

– Nombre de particules constant : $\Sigma n_i = N$, soit $\Sigma \, \mathrm{d}n_i = 0$, (5)

– Energie constante : $\Sigma u_i n_i = U$, soit $\Sigma u_i \mathrm{d}n_i = 0$, (6)

– W maximal : $\mathrm{d}(\ln W) = 0$, soit $\Sigma \ln n_i \mathrm{d}n_i = 0$, (7)

d'après la relation (4) et la relation approchée $\mathrm{d}(\ln n!) = \ln n \, . \, \mathrm{d}n$.

En multipliant la relation (5) par α et la relation (6) par β et en additionnant membre à membre les deux relations obtenues et la relation (7), on obtient

$$\Sigma(\alpha + \beta u_i + \ln n_i)\,\mathrm{d}n_i = 0.$$

Cette relation doit être vraie quelles que soient les variations $\mathrm{d}n_i$ du degré d'occupation n_i du niveau énergétique ; on en déduit

$$\alpha + \beta u_i + \ln n_i = 0, \tag{8}$$

soit
$$n_i = \mathrm{e}^{-\alpha}\mathrm{e}^{-\beta u_i}. \tag{9}$$

La relation (1) s'écrit alors

$$N = \Sigma\, \mathrm{e}^{-\alpha}\,\mathrm{e}^{-\beta u_i} = \mathrm{e}^{-\alpha}\,\Sigma\,\mathrm{e}^{-\beta u_i}. \tag{10}$$

En divisant membre à membre les relations (9) et (10), on obtient la loi de répartition à l'équilibre :

$$\boxed{\frac{n_i}{N} = \frac{\mathrm{e}^{-\beta u_i}}{\Sigma\,\mathrm{e}^{-\beta u_i}}},$$

c'est-à-dire la probabilité de trouver une particule dans l'état d'énergie u_i.

Le dénominateur $Z = \Sigma\,\mathrm{e}^{-\beta u_i}$ s'appelle *fonction de partition* ; on en déduit

$$\boxed{n_i = \frac{N}{Z}\,\mathrm{e}^{-\beta u_i}}$$

Remarque : Ces résultats se généralisent au cas d'un système non isolé.

2° Entropie

L'entropie, mesure du désordre, est donc une fonction croissante du nombre d'états microscopiques W qui correspond à un état macroscopique donné :

$$S = f(W).$$

Si le système est formé de deux parties indépendantes A et B, le nombre d'états microscopiques de l'ensemble sera

$$W = W_A\,W_B\,, \tag{11}$$

alors que l'entropie (fonction additive) sera

$$S = S_A + S_B$$

ou $$f(W) = f(W_A) + f(W_B). \qquad (12)$$

Les relations (11) et (12) admettent la solution

$$\boxed{S = k \ln W}, \qquad (13)$$

k étant la constante de Boltzmann.

3° Détermination du paramètre β

On fera appel aux deux principes de la thermodynamique "classique" pour déterminer β.

Au cours d'une trransformation élémentaire, la différentielle de l'énergie interne $U = \Sigma\, n_i u_i$ d'un système est, d'après le premier principe,

$$\mathrm{d}U = \delta Q + \delta W = \Sigma\, u_i \mathrm{d}n_i + \Sigma\, n_i \mathrm{d}u_i \ ;$$

par identification, on obtient

$$\delta W = \Sigma\, n_i \mathrm{d}u_i$$

(ce terme correspond à un changement $\mathrm{d}u_i$ de niveau d'énergie, sans modifier la population, donc à un travail mécanique) ; et

$$\delta Q = \Sigma\, u_i \mathrm{d}n_i$$

(ce terme correspond à une variation $\mathrm{d}n_i$ de population d'un niveau d'énergie donné, donc à un transfert de chaleur).

D'après le 2ᵉ principe, la différentielle de l'entropie est

$$\mathrm{d}S = \frac{\delta Q}{T} = \frac{\Sigma\, u_i \mathrm{d}n_i}{T}. \qquad (14)$$

Or, d'après la relation (13), on a

$$\mathrm{d}S = k\mathrm{d}\,(\ln W),$$

et d'après la relation (4), on a, puisque N = cte,

$$\mathrm{d}(\ln W) = \mathrm{d}(-\,\Sigma \ln n_i\,!) = \Sigma\,(-\ln n_i \mathrm{d}n_i)$$

ou, d'après la relation (8),

$$\mathrm{d}(\ln W) = \Sigma\,(\alpha + \beta u_i)\,\mathrm{d}n_i,$$

soit $$\mathrm{d}(\ln W) = \underbrace{\alpha\,\Sigma\,\mathrm{d}n_i}_{=0} + \beta\,\Sigma\, u_i \mathrm{d}n_i = \beta\,\Sigma\, u_i \mathrm{d}n_i\,.$$

On en déduit

$$\mathrm{d}S = k\mathrm{d}\,(\ln W) = k\beta\,\Sigma\, u_i \mathrm{d}n_i. \qquad (15)$$

En comparant les relations (14) et (15), il vient

$$\frac{1}{T} = k\beta,$$

soit

$$\boxed{\beta = \frac{1}{kT}}.$$

Cette importante relation fait le lien entre la thermodynamique classique et la thermodynamique statistique et permet de définir la température T.

4° Expression des fonctions d'état

La loi de partition s'écrit

$$n_i = \frac{N}{Z} e^{-\frac{u_i}{kT}}$$

avec

$$Z = \Sigma\, e^{-\frac{u_i}{kT}}.$$

L'énergie interne est donc

$$U = \Sigma\, u_i n_i = \frac{N}{Z} \Sigma\, u_i e^{-\frac{u_i}{kT}};$$

or,

$$\frac{dZ}{dT} = \frac{1}{kT^2} \Sigma\, u_i e^{-\frac{u_i}{kT}},$$

donc

$$U = N \frac{kT^2}{Z} \frac{dZ}{dT},$$

ou

$$\boxed{U = NkT^2 \frac{\partial (\ln Z)}{\partial T}}. \qquad (16)$$

L'entropie est

$$S = k \ln W.$$

Or, d'après la relation (4), on a

$$\ln W = N \ln N - \Sigma\, n_i \ln n_i$$

avec

$$n_i = \frac{N}{Z} e^{-\frac{u_i}{kT}},$$

soit

$$\ln W = N \ln N - \Sigma\, n_i \left(\ln N - \ln Z - \frac{u_i}{kT}\right),$$

ou

$$\ln W = \underbrace{N \ln N - \ln N\, \Sigma\, n_i}_{=0} + \ln Z \underbrace{\Sigma\, n_i}_{N} + \frac{1}{kT} \Sigma \underbrace{u_i n_i}_{U},$$

donc $$\ln W = N \ln Z + \frac{U}{kT}.$$

La relation (13) s'écrit donc

$$\boxed{S = kN \ln Z + \frac{U}{T}} \tag{17}$$

ou, compte tenu de l'expression (16),

$$\boxed{S = kN \left[\ln Z + T \frac{\partial (\ln Z)}{\partial T}\right]}.$$

L'énergie libre est

$$F = U - TS,$$

soit $$\boxed{F = -kNT \ln Z},$$

d'après la relation (17).

La pression : si le système ne reçoit du travail que de la part des forces de pression, on a déjà établi, en thermodynamique "classique", la relation

$$p = -\left(\frac{\partial F}{\partial v}\right)_T.$$

On en déduit l'expression de la pression :

$$\boxed{p = kNT \left[\frac{\partial (\ln Z)}{\partial v}\right]_T}.$$

Remarque : Dans le cas d'un gaz parfait, on trouve

$$\left[\frac{\partial (\ln Z)}{\partial v}\right]_T = \frac{1}{v},$$

d'où $$p = \frac{kNT}{v},$$

et l'on retrouve l'équation d'état relative à une mole de gaz parfait $pv = RT$, en posant

$$\boxed{k = \frac{R}{\mathcal{N}}},$$

car une mole renferme $N = \mathcal{N}$ molécules, $\mathcal{N}$ étant le nombre d'Avogadro.

On comprend donc l'importance de la fonction de partition Z en thermodynamique, pour la détermination des paramètres d'état.

APPENDICE B

NOTIONS DE THERMODYNAMIQUE DES ÉCOULEMENTS

La thermodynamique des écoulements étudie les transformations thermodynamiques avec transvasement du fluide, que l'on supposera homogène.

I. EXPRESSION GENERALE DU PREMIER PRINCIPE

• Lorsque le fluide est en mouvement (phénomènes d'écoulement), le travail et la chaleur reçus par le système servent à assurer la variation de l'énergie totale.

$$E = U + E_c + E_p$$

(somme de l'énergie interne U, de l'énergie cinétique E_c et de l'énergie potentielle E_p des systèmes) donc

$$\boxed{\mathrm{d}E = \mathrm{d}(U + E_c + E_p) = \delta W + \delta Q} \qquad (1)$$

• Dans le cas particulier où le fluide est au repos, ou si la transformation thermodynamique laisse invariantes l'énergie cinétique et l'énergie potentielle, l'expression générale (1) du premier principe se simplifie :

$$\boxed{\mathrm{d}U = \delta W + \delta Q}$$

II. BILAN ENERGETIQUE LORS DE L'ECOULEMENT D'UN FLUIDE

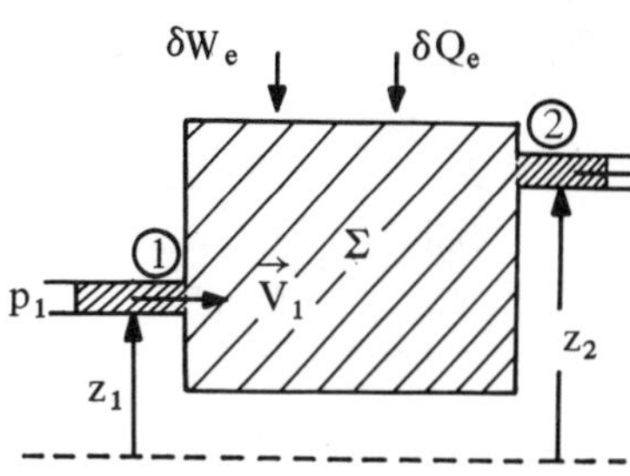

Figure 1

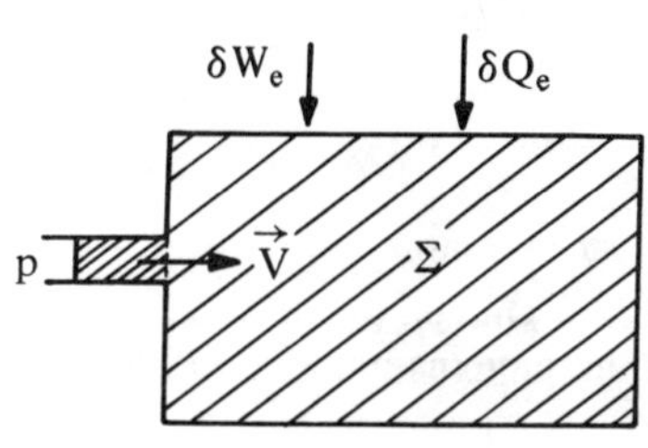

Figure 2

Le fluide pénètre à l'entrée ① du volume de contrôle $\underset{\to}{\Sigma}$ avec une vitesse d'écoulement $\vec{V}_1$, à l'altitude z_1, et sort en ② avec une vitesse $\vec{V}_2$, à l'altitude z_2 (figure 1).

On désignera par u, h, v et p respectivement l'énergie interne molaire, l'enthalpie molaire, le volume molaire et la pression p du fluide, affectés de l'indice 1 à l'entrée de Σ et de l'indice 2 à la sortie de Σ.

1° Equation générale de l'énergie

Entre deux instants voisins t et $t + \mathrm{d}t$, une masse $\mathrm{d}m_1$ de fluide (ou $\mathrm{d}n_1$ moles) pénètre dans Σ et une masse $\mathrm{d}m_2$ de fluide (ou $\mathrm{d}n_2$ moles) sort de Σ.

Le "volume de contrôle" Σ, pendant cet intervalle de temps $\mathrm{d}t$,

– reçoit l'énergie $\delta W_e + \delta Q_e$ de la part du milieu extérieur,

– reçoit l'énergie du fluide qui pénètre,

$$\mathrm{d}E_1 = \underbrace{u_1\,\mathrm{d}n_1}_{\text{énergie interne}} + \underbrace{\frac{1}{2}V_1^2\,\mathrm{d}m_1}_{\text{énergie cinétique}} + \underbrace{gz_1\,\mathrm{d}m_1}_{\text{énergie potentielle}} + \underbrace{p_1 v_1\,\mathrm{d}n_1}_{\text{travail des forces de pression}}$$

– et cède l'énergie du fluide qui sort.

$$\mathrm{d}E_2 = u_2\,\mathrm{d}m_2 + \frac{1}{2}V_2^2\,\mathrm{d}m_2 + gz_2\,\mathrm{d}m_2 + p_2 v_2\,\mathrm{d}n_2$$

Le bilan énergétique de Σ s'écrit donc : $\mathrm{d}E = \delta W_e + \delta Q_e + \mathrm{d}E_1 - \mathrm{d}E_2$ soit, en introduisant les enthalpies molaires $h_1 = u_1 + p_1 v_1$ à l'entrée et $h_2 = u_2 + p_2 v_2$ à la sortie,

$$\boxed{\begin{aligned}\mathrm{d}E = {} & \delta W_e + \delta Q_e + (h_1\,\mathrm{d}n_1 - h_2\,\mathrm{d}n_2)\\ & + \frac{1}{2}(V_1^2\,\mathrm{d}m_1 - V_2^2\,\mathrm{d}m_2) + g(z_1\,\mathrm{d}m_1 - z_2\,\mathrm{d}m_2)\end{aligned}} \quad (2)$$

2° Equation de l'énergie en régime stationnaire

Pour un fluide incompressible non visqueux, on a en régime stationnaire $\mathrm{d}m_1 = \mathrm{d}m_2 = \mathrm{d}m$, donc $\mathrm{d}n_1 = \mathrm{d}n_2 = \mathrm{d}n$, l'équation générale (2) devient alors

$$\boxed{\begin{aligned}\mathrm{d}E = 0 = {} & \delta W_e + \delta Q_e + (h_1 - h_2)\,\mathrm{d}n\\ & + \frac{1}{2}(V_1^2 - V_2^2)\,\mathrm{d}m + g(z_1 - z_2)\,\mathrm{d}m\end{aligned}} \quad (3)$$

où $\mathrm{d}m$ et $\mathrm{d}n$ sont la masse et le nombre de moles du fluide qui pénètrent ou qui sortent du volume Σ pendant l'intervalle de temps $\mathrm{d}t$.

III. CAS PARTICULIERS D'ECOULEMENT

1° Entrée du fluide dans un récipient possédant une seule ouverture (fig. 2)

D'après II, la pénétration de la masse dm du fluide (dn moles) de vitesse $\vec{V}$ dans le récipient fait varier l'énergie totale de Σ de la quantité

$$\mathrm{d}E = \delta W_e + \delta Q_e + (u\,\mathrm{d}n + \frac{1}{2} V^2\,\mathrm{d}m + p\,v\,\mathrm{d}n)$$

(il n'y a pas de variation d'énergie potentielle de pesanteur dans ce cas) ou, en introduisant l'enthalpie molaire à l'entrée : $h = u + p\,v$, on a :

$$\boxed{\mathrm{d}E = \delta W_e + \delta Q_e + h\,\mathrm{d}\,n + \frac{1}{2} V^2\,\mathrm{d}\,m}$$

• Si on néglige les vitesses d'écoulement, on a $E \cong U$, donc $\mathrm{d}U = \delta W_e + \delta Q_e + h\,\mathrm{d}\,n$.

Si de plus, le système n'échange ni travail ni chaleur avec l'extérieur, la variation d'énergie interne du fluide contenue dans Σ est

$$\boxed{\mathrm{d}U = h\,\mathrm{d}\,n}$$

On pourra résoudre le problème 21 du chapitre 3 par cette relation.

• De même, si un fluide sort d'un récipient avec une faible vitesse d'écoulement et si $\delta W_e + \delta Q_e = 0$ les dn moles qui sortent emportent l'énergie $\mathrm{d}U = h\,\mathrm{d}\,n$. C'est cette relation qui a été utilisée sans justification dans la solution du problème 20 du chapitre 3.

2° **Détente de Joule-Thomson** (cf. probl. 19 du chap. 3)

La relation (3) s'écrit, puisque nous sommes dans les conditions où $\delta W_e = 0$, $\delta Q_e = 0$, $z_1 = z_2$ et si on néglige les vitesses d'écoulement du fluide :

$$\mathrm{d}E = 0 = (h_1 - h_2)\,\mathrm{d}\,n$$

on en déduit $\boxed{h_1 = h_2}$; cette détente est donc **isenthalpique**.

IMPRIMERIE LOUIS-JEAN
Publications scientifiques et littéraires
05002 GAP — Tél. : (92) 51.35.23
Dépôt légal : 257 — Mai 1985

Dépôt initial 1984